高等院校化学化工实验教学改革系列教材

物理化学实验

（第三版）

主　编　孙尔康　高　卫　徐维清　易　敏

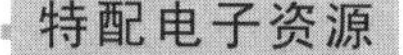

· 视频学习
· 拓展阅读
· 互动交流

南京大学出版社

图书在版编目(CIP)数据

物理化学实验 / 孙尔康等主编. -- 3 版. -- 南京 : 南京大学出版社, 2022.2(2024.8 重印)
ISBN 978-7-305-25436-9

Ⅰ. ①物… Ⅱ. ①孙… Ⅲ. ①物理化学—化学实验 Ⅳ. ①O64-33

中国版本图书馆 CIP 数据核字(2022)第 034345 号

出版发行 南京大学出版社
社　　址 南京市汉口路 22 号　　邮　编 210093

书　　名 物理化学实验
WULI HUAXUE SHIYAN
编　　者 孙尔康 高 卫 徐维清 易 敏
责任编辑 刘 飞　　编辑热线 025-83592146

照　　排 南京南琳图文制作有限公司
印　　刷 南京人民印刷厂有限责任公司
开　　本 787×1092 1/16 印张 18.25 字数 425 千
版　　次 2022 年 2 月第 3 版 2024 年 8 月第 2 次印刷
ISBN 978-7-305-25436-9
定　　价 45.00 元

网址：http://www.njupco.com
官方微博：http://weibo.com/njupco
官方微信号：njupress
销售咨询热线：(025) 83594756

第三版前言

本书于1997年首次出版，目前全国已有几十所高校作为物理化学实验课程教材或参考书。随着高校实验教学改革地不断深入，科学技术日新月异地发展，物理化学实验在实验内容、方法、仪器设备等方面均发生了变化，比如增加了密切结合社会实际和科研成果转化的实验内容；一些自动化、智能化的测试仪器也改变了原有的实验方法，如采用表面张力仪环法测定与经由最大气泡法测定表面张力的方法完全不同；又如新型的微电位仪采用显微镜法改变了界面移动法测试电泳速度。同一个实验可以用不同的实验方法去完成，达到了“同课异构，殊途同归”的实验教学目的，对培养学生的科学思维能力，分析问题、解决问题的能力大有裨益。基于上述原因，本书的第三版仍然保留原有的风格和特色，仅在实验项目上有所增减。对新型的部分仪器如表面张力仪、微电位仪、数字阿贝折射仪、自动控温装置、自动数字显示旋光仪等仪表，以及对物理化学实验中数据处理、作图软件做了简单的介绍。上述内容分散在相关实验的讨论和基础知识与技术部分，仅供参考。

本书在修改与编写过程中得到了南京大学出版社蔡文彬、刘飞两位编辑的大力支持和帮助，在此表示衷心的感谢。

由于编者的水平有限，书中的问题和错误在所难免，敬请有关专家和广大读者提出批评和指正。

编　者

2022年2月于南京大学

第二版前言

物理化学实验是高等学校化学专业、高分子专业、应用化学专业以及化工类专业本科生的必修基础课程，也是环境化学、材料、生物、医学专业学生的必修课。在整个化学实验教学中，物理化学实验对培养学生的科学思维能力、创新能力、动手能力、数据分析能力、数据处理能力的培养都是十分重要的。

南京大学化学化工学院历来十分重视实验教学，本书是从事物理化学实验教学的老师们长期积累的成果。1986 年江苏科学技术出版社出版了由顾良证、武传昌、岳瑛、孙尔康、徐维清编写的《物理化学实验》。随着实验教学不断地改革，南京大学出版社于 1997 年出版了由孙尔康、徐维清、邱金恒在原书的基础上编写而成的《物理化学实验》一书。此教材受到了广泛的欢迎，被一些兄弟院校作为实验教材。

从 1997 年至今，又过去了十余年。在这十余年里，科学技术日新月异地发展，实验教学改革随之不断地深入，尽管高等学校物理化学实验的基本内容变化不大，但是实验方法以及实验技术有了较大的变化。而且由于新老教师不断地交替，年轻教师纷纷走上物理化学实验教学的岗位，他们也希望我们的教材进一步修改。为此本书作了如下修改：

1. 删除繁琐的、陈旧的内容，更新了部分附录。

2. 全书中所使用的符号、单位的表达进一步规范化。

3. 强化讨论部分，尽可能结合社会实际，扩大知识面。

4. 为了使实验的数据更加科学、可靠，对每一个实验提出了规范要求，并增加了部分实验的文献值与之对照，以便考察实验的成败，进行误差分析。

5. 物理化学的特殊玻璃仪器是非标准化仪器，根据我们长期的教学实践，将此类仪器的尺寸号码提供给各校以供参考。

本书由孙尔康、高卫、徐维清、易敏拟定修改大纲，最后由孙尔康、高卫修改并定稿。本书在修改过程中得到南京大学出版社蔡文彬编辑大力支持和帮助，在此表示衷心感谢。

由于编者的水平有限，难免有错误，敬请广大读者提出批评指正。

编　者

2010 年 12 月于南京

前　　言

本书分绪论、实验、基础知识与技术、附录四部分。可用作综合性大学和高等师范院校化学系、环境化学系、生化系、生物系、医学院等院系学生的物理化学实验教材，亦可供其他大专院校从事物理化学实验工作的有关人员参考。

本书是我校化学系物理化学教研室从事物理化学实验教学的同仁们长期积累的成果，并吸收了兄弟院校的一些有益经验。1986 年顾良证、武传昌、岳瑛、孙尔康、徐维清曾编写出版了《物理化学实验》一书，该书获得师生们的好评，且早已脱销。10 余年来，随着教学改革的深入，物理化学实验在教学内容，教学方法，特别在仪器设备上都有较大的发展和变化，故我们重新整理和编写此书。除部分实验基本保持原有的风貌外，在内容上有了较大的删减和增补。由于我们分三段式教学：第一阶段是基本训练和技术讲座相结合，为此我们编写了九章系统地介绍物理化学实验的基本知识、基本测试方法和技术，使学生对物理化学实验的特点、测试原理和方法有较全面系统的了解。第二阶段我们编排了三十一个实验，尽可能在实验中不使用毒性较大的化学试剂和药品，在内容上我们力争一次编排一个实验内容，其中含几种不同的实验方法或安排利用计算机控制实验，以便第三阶段让有余力的学生选做部分实验。在仪器设备上，我们尽量采用国内先进的仪器和直观性强的自制仪器，使学生迅速了解与掌握先进的实验技术。南京大学应用物理研究所为我们研制了温差测量仪、小电容仪、低真空测压仪、微压差测量仪、电子电位差计、各种类型的稳压、稳流电源和改进的磁天平等十余种仪器，设计原理先进，使用直观方便，稳定性好，具有较高的测量精度。现已推广到全国许多高校物理化学实验室使用。

本书由孙尔康、徐维清拟定整理，编写大纲，并由孙尔康、徐维清、邱金恒三人分工整理编写。最后由孙尔康、徐维清统稿，定稿。

南京大学化学系傅献彩教授和姚天扬教授一贯关心和支持我系物理化学实验室的建设和改革，南京大学应用物理研究所徐健健教授为我们设计、研制了十余种新型的仪表和利用计算机控制实验的装置，张嘉芳、易敏、郁清、吴奕等同志为实验做了大量的准备工作，在此一并向他们表示衷心的感谢。

由于我们水平有限，编写时间仓促，书中问题和错误在所难免，敬请有关专家和广大读者提出批评指正。

编　者

1997 年 7 月于南京大学

目　录

Ⅰ　绪　论

Ⅱ　实　验

Ⅲ　基础知识与技术

Ⅳ　附　录

I 绪 论

1. 物理化学实验的目的、要求和注意事项

1.1 物理化学实验目的

(1) 巩固并加深对物理化学课程中某些理论和概念的理解。

(2) 掌握物理化学实验的基本方法、实验技术以及常用仪器的构造原理和使用方法;了解近代大型仪器的性能及在物理化学中的应用。

(3) 培养学生的动手能力、观察能力、查阅文献能力、思维能力、想象能力、表达能力和处理实验结果的能力等。

(4) 激发学生的实验兴趣,培养学生的创新意识和创新能力。

(5) 培养学生综合分析问题和解决问题的能力。

(6) 培养学生勤奋学习、求真、求实、勤俭节约的优良品德和科学精神。

1.2 实验前的准备

(1) 准备预习报告一本。

(2) 对实验内容及有关的参考资料进行仔细阅读、写好实验预习报告,预习报告应包括实验目的,简单的实验操作步骤,实验时注意事项、需测定的数据(也可以列成表格)等项。

(3) 正式实验前,由指导老师检查学生对实验内容的了解程度,准备工作是否完成。经指导老师许可后,方可开始进行实验。

1.3 实验注意事项

(1) 首先核对仪器和药品试剂,对不熟悉的仪器及设备,应仔细阅读说明书,请教指导老师。仪器装置完毕,需经教师检查,方能开始实验。

(2) 特殊仪器需向教师领取,完成实验后归还。

(3) 实验时应按教材进行操作,如有更改意见,须与指导教师进行讨论,经指导教师同意后方可实行。

(4) 公用仪器及试剂瓶不要随意变更原有位置。用毕要立即放回原处。

(5) 对实验中遇到的问题要独立思考,设法解决。实在困难则请指导教师帮助解决。

(6) 实验数据应随时记录在预习报告本上。记录数据要详细准确、整洁清楚,且不得任意涂改。尽量采用表格形式记录数据,要养成良好的记录习惯。

(7) 实验完毕后，将实验数据交指导教师检查。

(8) 实验结束后应洗净并核对仪器、清理实验桌、打扫实验室。若损坏仪器，则应按规定登记。经指导教师同意后，才能离开实验室。

1.4 实验报告

(1) 须在规定时间内独立完成实验报告，交指导老师。

(2) 报告内容包括实验目的、原始数据、结果处理以及问题讨论。

(3) 问题讨论是报告中很重要的一项，主要对实验时所观察到的重要现象、实验原理、操作、实验方法的设计、仪器的设计以及误差来源进行讨论。当实验的数据和处理结果与实验要求相差较大时需分析原因，也可以对实验提出进一步改进的意见。

(4) 实验报告经指导教师批阅后，如认为有必要重做，应在指定时间补做，不经指导教师许可不能任意补做实验。

1.5 实验室规则

(1) 实验时应遵守操作规则，遵守一切安全措施，保证实验安全进行。

(2) 遵守纪律，不迟到，不早退，保持室内安静，不大声谈笑，不到处乱走，不许在实验室内嬉闹及恶作剧。

(3) 使用水、电、煤气、药品试剂等都应本着节约原则。

(4) 未经老师允许不得乱动精密仪器，使用时爱护，如发现仪器损坏，应立即报告指导教师并追查原因。

(5) 随时注意室内整洁卫生。火柴杆、纸张等废物丢入垃圾桶内，不能随地乱丢，更不能丢入水槽，以免堵塞。实验完毕将玻璃仪器洗净，把实验桌打扫干净，将公用仪器、试剂药品整理好。

(6) 实验时要集中注意力，认真操作，仔细观察，积极思考。实验数据要及时如实详细地记在报告本上，不得涂改和伪造，如有记错可在原数据上划一杠，再在旁边记下正确值。

(7) 实验结束后，由同学轮流值日，负责打扫整理实验室，检查水、煤气、门窗是否关好，电闸是否拉掉，以保证实验室的安全。

实验室规则是人们长期从事化学实验工作的总结，它是保持良好环境和工作秩序，防止意外事故，做好实验的重要前提，也是培养学生优良素质的重要措施。

2. 物理化学实验的安全知识

化学是一门实验科学，实验室的安全非常重要，化学实验室常常潜藏着诸如发生爆炸、着火、中毒、灼伤、割伤、触电等事故的危险性。如何防止这些事故的发生以及万一发生又如何来急救是每一个化学实验工作者必须具备的素质。这些内容在先行的化学实验课中均已反复地做了介绍。本节主要结合物理化学实验的特点着重介绍安全用电知识，高压钢瓶的使用安全知识参阅本书(Ⅲ3.5)。

在物理化学实验室里，经常使用电学仪表、仪器，应用交流电源进行实验，因而介绍交流电源的基本常识非常重要，以利安全用电。

2.1 保险丝

在实验室中，经常使用220 V、50 Hz的交流电，有时也用到三相电。任何导线或电器设备都有规定的额定电流值(即允许长期通过而不致过度发热的最大电流值)，当负荷过大或发生短路时，通过电流超过了额定电流，则会发热过度，致使电器设备绝缘损坏或设备烧坏，甚至引起电着火。为了安全用电，从外电路引入电源时，必须先经过能耐一定电流的适当型号的保险丝。

保险丝是一种自动熔断器，串联在电路中，当通过电流过大时，则会发热过度而熔断，自动切断电路，达到保护电线、电器设备的目的。普通保险丝是指铅(25%)、锡(25%)合金丝，其额定电流值列于表Ⅰ-2-1。

表Ⅰ-2-1 常用保险丝

线 型 号	直 径(mm)	额定电流值(A)
22	0.71	3.3
21	0.82	4.1
20	0.92	4.8
18	1.22	7.0
16	1.63	11.0
15	1.83	13.0
14	2.03	15.0
12	2.65	22.0
10	3.26	30.0

保险丝应接在相线引入处，在接保险丝时应把电闸拉开。更换保险丝时应换上同型号的，不能用型号比其小的代替(型号小的保险丝粗，额定电流值大)，更不能用铜丝代替，否则就失去了保险丝的作用，容易造成严重事故。

2.2 三相电源

三相发电机发生三相交流电，发电机三相绕组间有两种连接方式，即所谓星形接法(图Ⅰ-2-1)和三角形接法(图Ⅰ-2-2)。

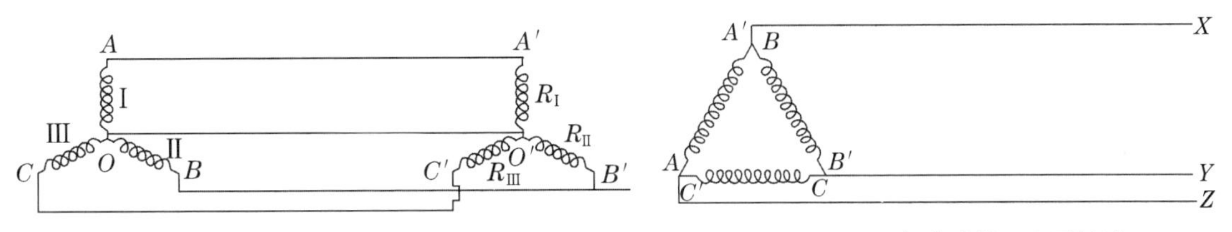

图Ⅰ-2-1 三相电路的星形接法(四线制)

图Ⅰ-2-2 三相电路的三角形接法

图Ⅰ-2-1中的Ⅰ、Ⅱ、Ⅲ为三相交流发电机的三绕组，分别产生220 V的正弦波交流电(称为相电压)，由于它们之间的相位差120°，故AB、BC或AC间的电压(称为线电压)为$220\times\sqrt{3}=380(\mathrm{V})$。因此，星形接线法的三相电路能供给220 V的单相交流电和380 V的三相交流电。OO'称为中性线(中线)，是各绕组的公共回路。AA'，BB'，CC'分别为三条相线，通过中性线回到发电机。电流应该等于三相电流相量的总和，故当负载平衡时($R_{\mathrm{I}}=R_{\mathrm{II}}=R_{\mathrm{III}}$)，在中性线上并没有电流通过。

有中性线的三相电路在我国最为常用，其优点是既可以供给220 V的单相电，也可以供给380 V的三相电。

实验室常用的单相电三孔电流插座上注明“相”“中”“地”等字样，分别表示该孔接相线(AA'，BB'，CC'三者之一)、中线性(OO')和地线。相线和中性线之间接上所用仪器而构成一通路。若仪器有漏电现象，则可将仪器外壳接上地线，仪器即可安全使用。但应注意，若仪器内部和外壳形成短路而造成严重漏电者(可以用万用电表测量仪器外壳的对地电压)，则应立即检查修理。此时如接上地线使用仪器，则会产生很大的电流而烧坏保险丝或出现更为严重的事故。

当应用三相电动机、三相电热器等时，由于负荷平衡，可以免去中性线。供给三相电的四孔电源插座中三个一样大小的孔分别为AA'，BB'和CC'三条相线，另外一个较大的孔接地线，以消除仪器外壳的漏电现象。三相电功率瞬时值的总和是一条平稳的直线，不随时间而发生起伏波动，对三相电动机可以发生平稳的转矩，与单相电动机中电功率瞬时值或转矩有起伏的情况相比，这显然是一个重要的优点。

2.3 安全用电

人体若通过50 Hz 25 mA以上的交流电时会发生呼吸困难，100 mA以上则会致死。因此，安全用电非常重要，在实验室用电过程中必须严格遵守以下操作规程。

(1) 防止触电

① 不能用潮湿的手接触电器。

② 所有电源的裸露部分都应有绝缘装置。

③ 已损坏的接头、插座、插头或绝缘不良的电线应及时更换。

④ 必须先接好线路再插上电源，实验结束时，必须先切断电源再拆线路。

⑤ 如遇人触电，应切断电源后再行处理。

(2) 防止着火

① 保险丝型号与实验室允许的电流量必须相配。

② 负荷大的电器应接较粗的电线。

③ 生锈的仪器或接触不良处，应及时处理，以免产生电火花。

④ 如遇电线走火，切勿用水或导电的酸碱泡沫灭火器灭火。应立即切断电源，用沙子或二氧化碳灭火器灭火。

(3) 防止短路　电路中各接点要牢固，电路元件两端接头不能直接接触，以免烧坏仪器或产生触电、着火等事故。

(4) 实验开始以前，应先由教师检查线路，经同意后，方可插上电源。

3. 物理化学实验中的误差及数据的表达

在测量时,由于所用仪器、实验方法、条件控制和实验者观察局限等的限制,任何实验都不可能测得一个绝对准确的数值,测量值和真值之间必然存在着一个差值,称为“测量误差”。只有知道结果的误差,才能了解结果的可靠性,决定这个结果对科学研究和生产是否有价值,进而研究如何改进实验方法、技术以及考虑仪器的正确选用和搭配等问题。如在实验前能清楚该测量允许的误差大小,则可以正确地选择适当精度的仪器、实验方法和条件控制,不致过分提高或降低实验的要求,造成浪费和损失。此外,将数据列表、作图、建立数学关系等处理方法,对于实验也是一个重要的方面。

3.1 误差的分类

一切物理量的测定,可分为直接测量和间接测量两种。直接表示所求结果的测量称为直接测量,如用天平称量物质的质量,用电位计测定电池的电动势等。若所求的结果由数个测量值以某种公式计算而得,则这种测量称为间接测量。如用电导法测定乙酸乙酯皂化反应的速率常数,是在不同时间测定溶液的电阻,再由公式计算得出。物理化学实验中的测量大都属于间接测量。

根据性质的不同可将误差分为三类,即系统误差、过失误差、偶然误差。

1. *系统误差*

系统误差是由于有关测量方法中某些经常的原因而致。如:

(1) 实验方法本身的限制,如反应没有完全进行到底,指示剂选择不当,计算公式有某些假定及近似等。

(2) 使用的仪器不够精确,如滴定管的刻度不准,仪器的失灵或不稳,或药品不纯等。

(3) 实验者个人习惯所引入的主观误差,使测量数据有习惯性的偏高或偏低等。

系统误差总是以同一符号出现,在相同条件下重复实验无法消除,但可以通过测量前对仪器进行校正或更换,选择合适的实验方法,修正计算公式和用标准样品校正实验者本身所引进的系统误差来减少。只有不同实验者用不同的校正方法、不同的仪器所得数据相符合,才可认为系统误差基本消除。

2. *过失误差*

过失误差主要是由于实验者粗心大意、操作不正确等引起。此类误差无规则可循,只要正确、细心操作就可避免。

3. *偶然误差*

偶然误差是由于实验时许多不能预料的其他因素造成的。如实验者视觉、听觉不灵敏,对仪器最小分度值以下的估计难于完全相同或操作技巧的不熟练。又如在测量过程中外界条件的改变,如温度、压力不恒定,机械的震动,电磁场的干涉等。仪器中常包含的某些活动部件,如水银温度计或压力计中的水银柱、电流计中的游丝与指针,在对同一物理量进行重复测量时,这些部件所达的位置难以完全相同(尤其是使用年久或质量较差的仪器更为明显),造成偶

然误差。偶然误差的特点是其数值时大时小、时正时负。在相同条件下对同一物理量重复多次测量，偶然误差的大小和正负完全由概率决定。如图Ⅰ-3-1所示，误差分布具有对称性，即正、负误差出现的概率相等。因此多次重复测量的算术平均值是其最佳的代表值。

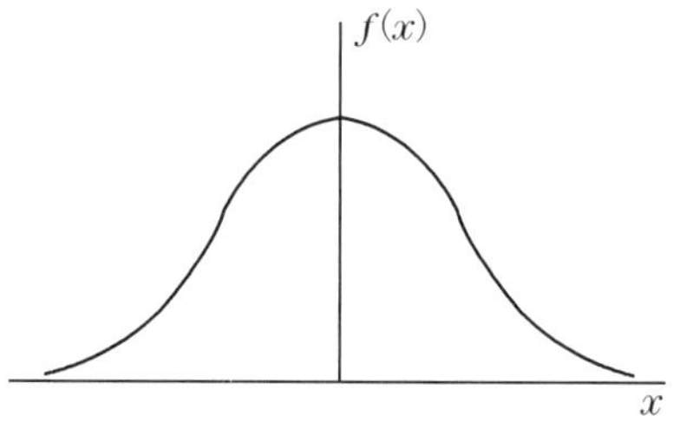

图Ⅰ-3-1 误差的正态分布曲线

3.2 偶然误差的表达

1. 误差和相对误差

在物理量的测定中，偶然误差总是存在的，所以测得值 a 和真值 $a_{真}$ 之间总有着一定的偏差 Δa，这个偏差称为误差。

$$\Delta a = a - a_{真} \tag{3.1}$$

误差和真值之比，称为相对误差，即

$$相对误差 = \frac{误差}{真值} = \frac{\Delta a}{a_{真}} \tag{3.2}$$

误差的单位与被测量的单位相同，而相对误差无因次，因此不同物理量的相对误差可以互相比较。误差的大小与被测量的大小无关，而相对误差则与被测量的大小及误差的值都有关，因此评定测定结果的精密程度以相对误差更为合理。

例如测量 0.5 m 的长度时所用的尺可以引入 ±0.000 1 m 的误差，平均相对误差为 $\frac{0.0001}{0.5} \times 100\% = 0.02\%$，但用同样的尺测量 0.01 m 的长度时相对误差为 $\frac{0.0001}{0.01} \times 100\% = 1\%$，是前者的 50 倍。显然用这一尺子来测量 0.01 m 长度是不够精密的。

由误差理论可知，在消除了系统误差和过失误差的情况下，由于偶然误差分布的对称性，进行无限次测量所得值的算术平均值为真值，即

$$a_{真} = \lim_{n \to \infty} \frac{\sum_{i=1}^{n} a_i}{n} \tag{3.3}$$

然而在大多数情况下，我们只是做有限次的测量。故只能把有限次测量的算术平均值作为可靠值，即

$$\overline{a}_i = \frac{\sum_{i-1}^{n} a_i}{n} \tag{3.4}$$

并把各次测量值与其算术平均值的差作为各次测量的误差。

$$\Delta a_i = a_i - \overline{a}_i \tag{3.5}$$

又因各次测量误差的数值可正可负，对于整个测量来说不能由它来表达其特点，为此引入平均误差，即

$$\overline{\Delta a} = \frac{|\Delta a_1| + |\Delta a_2| + |\Delta a_3| \cdots + |\Delta a_n|}{n} = \frac{\sum_{i=1}^{n} |a_i - \overline{a}_i|}{n} \tag{3.6}$$

而平均相对误差为

$$\frac{\overline{\Delta a}}{\bar{a}_i}=\frac{|\Delta a_1|+|\Delta a_2|+\cdots+|\Delta a_n|}{n\bar{a}_i}\times 100\% \tag{3.7}$$

2. 准确度与精密度

准确度是指测量结果的正确性,即偏离真值的程度,准确的数据只有很小的系统误差。精密度是指测量结果的可复性与所得数据的有效数字,精密度高指的是所得结果具有很小的偶然误差。

按准确度的定义:

$$\frac{1}{n}\sum_{i=1}^{n}|a_i-a_{真}| \tag{3.8}$$

由于大多数物理化学实验中 $a_{真}$ 是我们要求测定的结果,一般可近似地用 a 的标准值 $a_{标}$ 来代替 $a_{真}$。所谓标准值是指用其他更为可靠的方法测出的值或载之文献的公认值。因此测量的准确度可近似地表示为

$$\frac{1}{n}\sum_{i=1}^{n}|a_i-a_{标}| \tag{3.9}$$

精密度是指各次测量值 a_i 与可靠值 $\bar{a}_i\left(=\frac{\sum_{i=1}^{n}a_i}{n}\right)$ 的偏差程度,也就是指在 n 次测量中测得值之间相互偏差的程度。它可判断所做的实验是否精细(注意不是准确度),常用三种不同方式来表示:

(1) 平均误差 $\Delta\bar{a}$　　$\Delta\bar{a}=\frac{\sum_{i=1}^{n}|a_i-\bar{a}_i|}{n}$

(2) 标准误差 σ　　$\sigma=\sqrt{\frac{\sum_{i=1}^{n}(a_i-\bar{a}_i)^2}{n-1}}$

(3) 或然误差 P　　$P=0.674\,5\sigma$

以上三种均可用来表示测量的精密度,但数值上略有不同,它们的关系是

$$P:\Delta\bar{a}:\sigma=0.675:0.794:1.00$$

在物理化学实验中通常是用平均误差或标准误差来表示测量精密度。平均误差的优点是计算方便,但有着把质量不高的测量掩盖住的缺点。标准误差是平方和的开方,能更明显地反映误差,在精密地计算实验误差时最为常用。如甲、乙两人进行某实验,甲的两次测量误差为+1、−3,而乙为+2、−2。显然乙的实验精密度比甲高,但甲、乙的平均误差均为2,而其标准误差甲和乙各为 $\sqrt{1^2+3^2}=\sqrt{10}$、$\sqrt{2^2+2^2}=\sqrt{8}$,由此可见用后者来反映误差比前者优越。

由于不能肯定 a_i 离 $\bar{a}_i$ 是偏高还是偏低,所以测量结果常用 $\bar{a}_i\pm\sigma$(或 $\bar{a}_i\pm\Delta\bar{a}$)来表示。$\sigma$(或 $\Delta\bar{a}$)愈小则表示测量的精密度愈高。有时也用相对精密度 $\sigma_{相对}$ 来表示精密度。

$$\sigma_{相对}=\frac{\sigma}{a_i}\times 100\% \tag{3.10}$$

测量压力的五次有关数据列于表Ⅰ-3-1。

表Ⅰ-3-1

i	p(Pa)	Δp_i	$\mid\Delta p_i\mid$	$\mid\Delta p_i\mid^2$
1	98 294	−4	4	16
2	98 306	+8	8	64
3	98 298	0	0	0
4	98 301	+3	3	9
5	98 291	−7	7	49
	$\sum$491 490	$\sum$0	$\sum$22	$\sum$138

算术平均值 $\overline{p_i} = \frac{1}{5}\sum_{i=1}^{5} p_i = 98\ 298(\text{Pa})$

平均误差 $\Delta\overline{p_i} = \pm\frac{1}{5}\sum_{i=1}^{5}\mid\Delta p_i\mid = \pm 4(\text{Pa})$

平均相对误差 $\frac{\Delta\overline{p_i}}{\overline{p_i}} = \pm\frac{4}{98\ 298}\times 100\% = \pm 0.004\%$

标准误差 $\sigma = \pm\sqrt{\frac{138}{5-1}} = \pm 6(\text{Pa})$

相对误差 $\frac{\sigma}{\overline{p_i}} = \frac{6}{98\ 298}\times 100\% = 0.006\%$

故上述压力测量值的精密度为 98 298 Pa ± 6 Pa(或 98 298 Pa ± 4 Pa)。

从概率论可知大于 3σ 的误差的出现概率只有 0.3%,故通常把这一数值称为极限误差,即

$$\delta_{\text{极限}} = 3\sigma \tag{3.11}$$

如果个别测量的误差超过 3σ,则可认为是过失误差引起而将其舍弃。由于实际测量是为数不多的几次测量,概率论不适用,而个别失常测量对算术平均值影响很大,为避免这一失常的影响,有人提出一个简单判断法,即

$$a_i - \overline{a}_i \geqslant 4\left(\frac{1}{n}\sum_{i=1}^{n}\mid a_i - \overline{a}_i\mid\right) \tag{3.12}$$

a_i 值为可疑值,应齐去。因为这种观察值存在的概率大约只有 0.1%。

3. 怎样使测量结果达到足够的精确度

(1) 首先按实验要求选用适当规格的仪器和药品(指不低于或优于实验要求的精密度),并加以校正或纯化,以避免因仪器或药品引进系统误差。

(2) 测定某物理量 a 时需在相同实验条件下连续重复测量多次,舍去因过失误差而造成的可疑值后,求出其算术平均值 $\overline{a}_i\left(=\frac{\sum_{i=1}^{n}a_i}{n}\right)$ 和精密度(即平均误差 $\Delta\overline{a} = \frac{\sum_{i=1}^{n}\mid a_i - \overline{a}_i\mid}{n}$)。

(3) 将 $\overline{a}_i$ 与 $a_{\text{标}}$ 做比较,若两者差值 $\mid\overline{a}_i - a_{\text{标}}\mid < \Delta\overline{a}$($\overline{a}_i$ 是重复测量 15 次或更多时的平均值)或 $\mid\overline{a}_i - a_{\text{标}}\mid < \sqrt{3}\cdot\Delta\overline{a}_i$($\overline{a}_i$ 是重复 5 次的平均值),测量结果就是对的。如若 $\mid\overline{a}_i - a_{\text{标}}\mid > \Delta\overline{a}$(或 $> \sqrt{3}\ \Delta\overline{a}$),则说明在实验中有因实验条件不当、实验方法或计算公式等引起的系统误差

存在。于是需进一步探索，用改变实验条件、方法或计算公式来寻找原因，直至使 $|\bar{a}_i - a_{标}| \leqslant \Delta\bar{a}$（或 $\leqslant \sqrt{3}\ \Delta\bar{a}$）。如不能达到，同时又能用其他方法证明不存在测定条件、方法或公式等方面的系统误差，则可能是标准值本身存在着误差，需重找新的标准值。

(4) 仪器的读数精密度

在计算测量误差时，仪器的精密度不能劣于实验要求的精度，但也不必过分优于实验要求的精度，可根据仪器的规格来估算测量误差值。例如$\frac{1}{10}$的水银温度计 $\Delta\bar{a} = \pm 0.02$ ℃；贝克曼温度计 $\Delta\bar{a} = \pm 0.002$ ℃；100 mL 容量瓶 $\Delta\bar{a} = \pm 0.1$ mL。

3.3 间接测量结果的误差计算

大多数实验的最后结果都是间接的数值，因此个别测量的误差，都反映在最后的结果里。在间接测量误差的计算中，可以看出直接测量的误差对最后的结果产生多大的影响，并可了解哪一方面的直接测量是误差的主要来源。如果我们事先预定最后结果的误差限度，即各直接测量值可允许的最大误差是多少，则由此可决定如何选择适当精密度的测量工具。仪器的精密程度会影响最后结果，但如果盲目地使用精密仪器，不考虑相对误差，不考虑仪器的相互配合，那么非但丝毫不能提高结果的准确度，反而枉费精力并造成仪器、药品的浪费。

1. 间接测量结果的平均误差和相对平均误差

首先来看一下普遍情况。若要求的数值 u 是两个变数 α 和 β 的函数，即 $u = f(\alpha, \beta)$。直接测量 α、β 时其误差为 $\Delta\alpha$、$\Delta\beta$，它所引起数值 u 的误差为 Δu，当误差 Δu、$\Delta\beta$、$\Delta\alpha$ 和 u、α、β 相比较是很小时，可以把它们看作微分 $\mathrm{d}u$、$\mathrm{d}\alpha$、$\mathrm{d}\beta$。应用微分公式时可写成

$$\mathrm{d}u = f'_{\alpha}(\alpha, \beta)\mathrm{d}\alpha + f'_{\beta}(\alpha, \beta)\mathrm{d}\beta \tag{3.13}$$

式中：$f'_{\alpha}(\alpha, \beta)$ 为函数 $f(\alpha, \beta)$ 对 α 的偏导数；$f'_{\beta}(\alpha, \beta)$ 为函数 $f(\alpha, \beta)$ 对 β 的偏导数。按照定义其相对误差为

$$\frac{\mathrm{d}u}{u} = \frac{f'_{\alpha}(\alpha, \beta)}{f(\alpha, \beta)}\mathrm{d}\alpha + \frac{f'_{\beta}(\alpha, \beta)}{f(\alpha, \beta)}\mathrm{d}\beta \tag{3.14}$$

或者是

$$\mathrm{dln}\,u = \mathrm{dln}\,f(\alpha, \beta) \tag{3.15}$$

故计算测量值 u 的相对误差 $\left(\frac{\mathrm{d}u}{u}\right)$ 可先对 u 表示式取自然对数，然后直接按照测量的数值对此对数求微分（这里把这些测量数值当作变数）。示例如下。

(1) 单项式中的相对误差。设

$$u = k\frac{a^p b^q}{c^r e^s} \tag{3.16}$$

式中：p、q、r、s 是已知数值；k 是常数；a、b、c、e 是实验直接测定的数值。对上式取对数

$$\ln u = \ln k + p\ln a + q\ln b - r\ln c - s\ln e \tag{3.17}$$

对(3.17)式取微分

$$\frac{\mathrm{d}u}{u} = p\frac{\mathrm{d}a}{a} + q\frac{\mathrm{d}b}{b} - r\frac{\mathrm{d}c}{c} - s\frac{\mathrm{d}e}{e}$$

我们并不知道这些误差的符号是正还是负，但考虑到最不利的情况下，直接测量的正、负误差不能对消而引起误差的积累，故取相同符号。最后得

$$\frac{du}{u}=p\frac{da}{a}+q\frac{db}{b}+r\frac{dc}{c}+s\frac{de}{e} \tag{3.18}$$

这样所得的相对误差是最大的，称为误差的上限。从(3.18)式可见，若 n 个数值相乘或相除时，最后结果的相对误差比其中任意一个数值的相对误差都大。

(2) 对于其他不同运算过程中相对误差的计算列于表Ⅰ-3-2。

表Ⅰ-3-2

函数关系	绝对误差	相对误差
$u=x+y$	$\pm(\|dx\|+\|dy\|)$	$\pm\left(\frac{d\|x\|+d\|y\|}{x+y}\right)$
$u=x-y$	$\pm(\|dx\|+\|dy\|)$	$\pm\left(\frac{d\|x\|+d\|y\|}{x-y}\right)$
$u=xy$	$\pm(x\|dy\|+y\|dx\|)$	$\pm\left(\frac{d\|x\|}{x}+\frac{d\|y\|}{y}\right)$
$u=\frac{x}{y}$	$\pm\left(\frac{y\|dx\|+x\|dy\|}{y^2}\right)$	同上
$u=x^n$	$\pm(nx^{n-1}dx)$	$\pm\left(n\frac{dx}{x}\right)$
$u=\ln x$	$\pm\left(\frac{dx}{x}\right)$	$\pm\left(\frac{dx}{x\cdot\ln x}\right)$
$u=\sin x$	$\pm(\cos x dx)$	$\pm(\cot x\cdot dx)$

(3) 误差举例

【例 1】 误差的计算。

液体的摩尔折射度公式为 $[R]=\frac{n^2-1}{n^2+2}\cdot\frac{M}{\rho}$，苯的折射率 $n=1.4979\pm0.0003$，密度 $\rho=0.8737\ g/cm^3\pm0.0002\ g/cm^3$，摩尔质量 $M=78.08\ g/mol$。求间接测量$[R]$的误差。

$$[R]=\frac{(1.4979)^2-1}{(1.4979)^2+2}\cdot\frac{78.08}{0.8337}=26.20$$

把折射度公式两边取对数并微分，得

$$d\ln[R]=d\ln(n^2-1)-d\ln(n^2+2)-d\ln\rho$$

整理得
$$\frac{d[R]}{[R]}=\left(\frac{2n}{n^2-1}-\frac{2n}{n^2+2}\right)dn-\frac{d\rho}{\rho}$$

代入有关数据
$$d[R]=0.019$$

则其相对误差
$$\frac{\Delta[R]}{[R]}=\frac{(1.9\times10^{-2})}{26.20}=7.2\times10^{-4}$$

【例 2】 仪器的选择。

用电热补偿法在 12 mol 水中分次加入 KNO_3(固体)的溶解热测定中，KNO_3 在水中的积分溶解热 $Q_s=\frac{101.1IVt}{W_{KNO_3}}$。在直接测量中各物理量的数值分别为：电流 $I=0.5$ A，电压 $V=4.5$ V，最短的时间 $t=400$ s，最少的样品量 $W_{KNO_3}=3$ g。如果要求把相对误差控制在3%以内，那么应选择什么样规格的仪器？

误差计算：

$$\ln Q_s=\ln I+\ln V+\ln t+\ln W$$

$$\frac{\mathrm{d}Q_s}{Q_s}=\frac{\mathrm{d}I}{I}+\frac{\mathrm{d}V}{V}+\frac{\mathrm{d}t}{t}+\frac{\mathrm{d}W}{W}$$
$$=\frac{\mathrm{d}I}{0.5}+\frac{\mathrm{d}V}{4.5}+\frac{\mathrm{d}t}{400}+\frac{\mathrm{d}W}{3}$$

由上式可知最大的误差来源于测定 I 和 V 所用电流表和电压表。因为在时间的测定中用停表误差不会超过 1 s，相对误差为 $\frac{1}{400}=0.25\%$。称 KNO_3 如用分析天平只要读至小数后第三位即 $\mathrm{d}W=0.002$ g，相对误差仅为 0.07%（称量水只需用台天平，$\mathrm{d}W$ 虽为 0.2 g，但其相对误差为 $\frac{0.2}{200}=0.1\%$）。电流表和电压表的选择以及在实验中对 I，V 的控制是本实验的关键。为把 Q_s 的相对误差控制在 3%以下，$\frac{\mathrm{d}I}{I}$ 和 $\frac{\mathrm{d}V}{V}$ 都应控制在 1%以下。故需选用 1.0 级的电表（准确度为最大量程值的 1%），且电流表的全量程为 0.5A。电压表的全量程为 5 V$\left(\frac{\mathrm{d}I}{I}=\frac{0.5\times0.01}{0.5}=1\%,\frac{\mathrm{d}V}{V}=\frac{5\times0.01}{4.5}=1.1\%\right)$。

【例 3】 测量过程中最有利条件的确定。

在利用惠斯登电桥测量电阻时，电阻 R_x 可由下式计算：

$$R_x=R\frac{l_1}{l_2}=R\frac{L-l_2}{l_2}$$

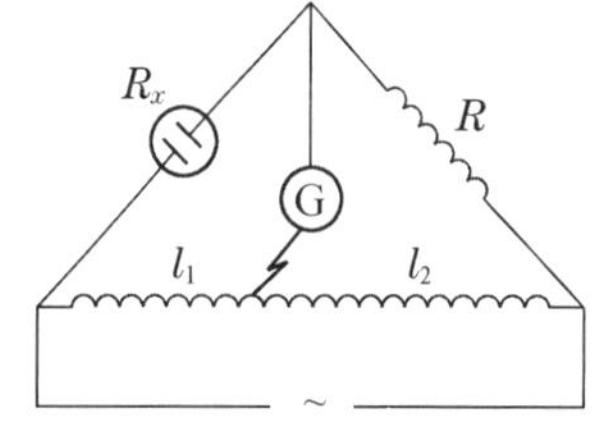

图Ⅰ-3-2 惠斯登电桥

式中：R 是已知电阻；L 是电阻丝全长（$l_1+l_2=L$）。因此，间接测量 R_x 的误差取决于直接测量 l_2 的误差：

$$\mathrm{d}R_x=\pm\left(\frac{\partial R_x}{\partial l_2}\right)\mathrm{d}l_2=\pm\left[\frac{\partial\left(R\frac{L-l_2}{l_2}\right)}{\partial l_2}\right]\mathrm{d}l_2=\pm\left[\frac{RL}{l_2^2}\right]\mathrm{d}l_2$$

相对误差为

$$\frac{\mathrm{d}R_x}{R_x}=\pm\left[\frac{\left(\frac{RL}{l_2^2}\right)\mathrm{d}l_2}{R\left(\frac{L-l_2}{l_2}\right)}\right]=\pm\left[\frac{L}{(L-l_2)l_2}\mathrm{d}l_2\right]$$

因为 L 是常量，所以当 $(L-l_2)l_2$ 为最大时，其相对误差最小，即

$$\frac{\mathrm{d}}{\mathrm{d}l_2}[(L-l_2)l_2]=0$$

故
$$l_2=\frac{L}{2}$$

所以用惠斯登电桥测量电阻时，电桥上的接触点最好放在电桥中心。由测量电阻可以求得电导，而电导的测量是物化实验中常用的物理方法之一。

2. 间接测量结果的标准误差估计

设函数为 $u=f(\alpha,\beta,\cdots)$，式中 $\alpha,\beta,\cdots$的标准误差分别为 $\sigma_\alpha,\sigma_\beta,\cdots$，则 u 的标准误差经推演为

$$\sigma_u=\left[\left(\frac{\partial u}{\partial\alpha}\right)^2\sigma_\alpha^2+\left(\frac{\partial u}{\partial\beta}\right)^2\sigma_\beta^2+\cdots\right]^{\frac{1}{2}}\tag{3.19}$$

如用测定气体的压力（p）和体积（V）及理想气体定律确定温度（T）。已知 $\sigma_p=$

± 13.33 Pa，$\sigma_V = \pm 0.1$ cm^3，$\sigma_n = \pm 0.001$ mol，$p = 6\,665$ Pa，$V = 1\,000$ cm^3，$n = 0.05$ mol，$R = 8.317 \times 10^6$ cm$^3 \cdot$ Pa $\cdot$ mol$^{-1} \cdot$ K^{-1}。

由于 $T = \dfrac{pV}{nR}$，则

$$\sigma T = \left[\left(\frac{\partial T}{\partial p}\right)_{n,V}^2 \sigma_p^2 + \left(\frac{\partial T}{\partial n}\right)_{V,p}^2 \sigma_n^2 + \left(\frac{\partial T}{\partial V}\right)_{p,n}^2 \sigma_V^2\right]^{\frac{1}{2}}$$

$$= \left[\left(\frac{V}{nR}\right)^2 \sigma_p^2 + \left(-\frac{pV}{n^2R}\right)^2 \sigma_n^2 + \left(\frac{p}{nR}\right)^2 \sigma_V^2\right]^{\frac{1}{2}}$$

$$= 16.0(4 \times 10^{-6} + 4 \times 10^{-4} + 1 \times 10^{-8})^{\frac{1}{2}} = 0.3(\text{K})$$

最终结果为 16.0 K ± 0.3 K。

部分函数的标准误差列于表Ⅰ-3-3。

表Ⅰ-3-3

函数关系	绝对误差	相对误差
$u = x \pm y$	$\pm\sqrt{\sigma_x^2 + \sigma_y^2}$	$\pm \dfrac{1}{\lvert x + y \rvert}\sqrt{\sigma_x^2 + \sigma_y^2}$
$u = x \cdot y$	$\pm\sqrt{y^2\sigma_x^2 + x^2\sigma_y^2}$	$\pm\sqrt{\dfrac{\sigma_x^2}{x^2} + \dfrac{\sigma_y^2}{y^2}}$
$u = \dfrac{x}{y}$	$\pm\dfrac{1}{y}\sqrt{\sigma_x^2 + \dfrac{x^2}{y^2}\sigma_y^2}$	$\pm\sqrt{\dfrac{\sigma_x^2}{x^2} + \dfrac{\sigma_y^2}{y^2}}$
$u = x^n$	$\pm n x^{n-1}\sigma_x$	$\pm\dfrac{n}{x}\sigma_x$
$u = \ln x$	$\pm\dfrac{\sigma_x}{x}$	$\pm\dfrac{\sigma_x}{x\ln x}$

3.4 有效数字

根据误差理论，实验中测定的物理量 a 值的结果应表示为 $\bar{a}_i \pm \sqrt{\Delta a}$，$\bar{a}_i$ 有一个不确定范围 $\Delta\bar{a}$。因此在具体记录数据时，没有必要将 $\bar{a}_i$ 的位数记得超过 $\Delta\bar{a}$ 所限定的范围。如压力的测量值为（1 863.5 ± 0.4）Pa，其中 1 863 是完全确定的，最后位数 5 不确定，它只告诉一个范围（1 到 9）。通常称所有确定的数字（不包括表示小数点位置的“0”）和最后不确定的数字一起为有效数字。记录和计算时，只要记有效数字，多余的数字不必记。严格地说，一个数据若未记明不确定范围（即精密度范围），则该数据的含义是不清楚的，一般认为最后一位数字的不确定范围为 ±3。

由于间接测量的效果需通过公式运算后显示，运算过程中要考虑有效数字的位数确定，下面扼要介绍有效数字表示方法。

（1）误差一般只有一位有效数字。

（2）任何一物理量的数据，其有效数字的最后一位，在位数上应与误差的最后一位划齐，如 1.35 ± 0.01 是正确的，若写成 1.351 ± 0.01 或 1.3 ± 0.01，则意义不明确。

（3）为了明确地表明有效数字，凡用“0”表明小数点的位置，通常用乘 10 的相当幂次来表示，例如 0.003 12 应写作 3.12×10^{-3}，对于像 15 800 cm 那样的数，如实际测量只能取三位有效数字（第三位是由估计而得），则应写成 1.58×10^4 cm，如实际测量可量至第四位，则应写成

1.580×10^4 cm。

(4) 在舍弃可舍弃的不必要的数字时，应用四舍五入原则。如可舍弃的数为5，其前一位若为奇数则进1，若前一位为偶数就舍去，如12.033 65取四位为12.03，取五位为12.034，取六位为12.033 6。

在加减运算时，各数值小数点后所取的位数与其中最小者相同。例如$13.65+0.032\,1+1.672$应为$13.65+0.03+1.67=15.35$。

在乘数运算中，各数值所取位数由有效数字位数最少的数值的相对误差决定。运算结果的有效数字位数亦取决于最终结果的相对误差，例如$\frac{2.016\,8\times0.019\,1}{96}$，在此例中并没指明各数值的误差，据前所述，一般最后一位数字的不确定范围为±3。上式中数值96的有效数字位数最少，其相对误差为3.1%$\left(\text{即}\frac{3}{96}\times100\%\right)$。数值2.016 8的3.1%相对误差为0.063，已影响2.016 8的末三位有效数字，故将2.016 8改写为2.02。数值0.019 1的3.1%约为0.0005 9，仍写为0.019 1。故可将上式改写为

$$\frac{2.02\times0.019\,1}{96}$$

其值为0.000 401 9，它的相对误差是

$$\frac{0.000\,3}{2.016\,8}+\frac{0.000\,3}{0.019\,1}+\frac{3}{96}=4.7\%$$

数值0.000 401 9的4.7%为0.000 019，故结果的有效数字应只有两位，即

$$\frac{2.02\times0.019\,1}{96}=4.0\times10^{-4}$$

(5) 若结果允许有0.25%的相对误差，在计算时可使用普通计算尺，否则需用相应位数的对数表或使用计算器。

(6) 若第一次运算结果需代入其他公式进行第二次或第三次运算时，则各中间数值可多保留一位有效数字，以免误差叠加，但在最后的结果中仍要用四舍五入以保持原有的有效数字的位数。

3.5 实验数据的表示法

物理化学实验数据的表示主要有三种方法：列表法、图解法和数学方程式法。

1. 列表法

利用列表法表达实验数据时，最常见的是列出自变量x和应变量y间的相应数值。每一表格都应有简明完备的名称。表中的每一行(或列)上都应详细写上该行(或列)所表示的名称、数量单位和因次。在排列时，数字最好依次递增或递减，在每一行(或列)中，数字的排列要整齐，位数和小数点要对齐，有效数字的位数要合理。

2. 图解法

把实验和计算所得数据作图，更易比较数值，发现实验结果的特点，如极大点、极小点、转折点、线性关系或其他周期性等重要性质，还可利用图形求面积、作切线、进行内插和外推等(外推法不可随意应用，其应用要满足两个条件：第一，外推范围距实际测量的范围不能太远，

且其测量数据间的函数关系是线性或可以认为是线性的;第二,外推所得的结果与已有的正确经验不能有抵触)。在两个变数的情况下,图解法主要是在直角坐标系统中作出相当于变数 x 和 y 值的各点,此处 $y = f(x)$,然后将点连成平滑曲线。根据函数的图形来找出函数中各中间值的方法,称为图形的内插法。当曲线为线性关系时,亦可外推求得实验数据范围以外的 x 值相应的 y 值。图解法还可帮助解方程式。

在画图时应注意以下几点:

(1) 在两个变量中选定主变量与应变量,以横坐标为主变量,纵坐标为应变量,并确定标绘在 x,y 轴上的最大值和最小值。

(2) 制图时选择比例尺是极为重要的,因为比例尺的改变,将会引起曲线外形的变化,特别对于曲线的一些特殊性质如极大点、极小点、转折点等,比例尺选择不当会使图形显示不清楚,如图Ⅰ-3-3和图Ⅰ-3-4。为准确起见,比例尺的选择应该使得由图解法测出量的准确度与实际测量的准确度相适应。为此,通常每小格应能表示测量值的最末一位可靠数字或可疑数字,以使图上各点坐标能表示全部有效数字并将测量误差较小的量取较大的比例尺。同时在方格纸上每格所代表的数值最好等于1、2、5个单位的变量或这些数的 $10^{\pm n}$ 值(n 为整数),以便于查看和内插。要尽可能地利用方格纸的全部,坐标不一定需从零开始,若是直线,则其斜率尽可能与横坐标的交角接近45°。

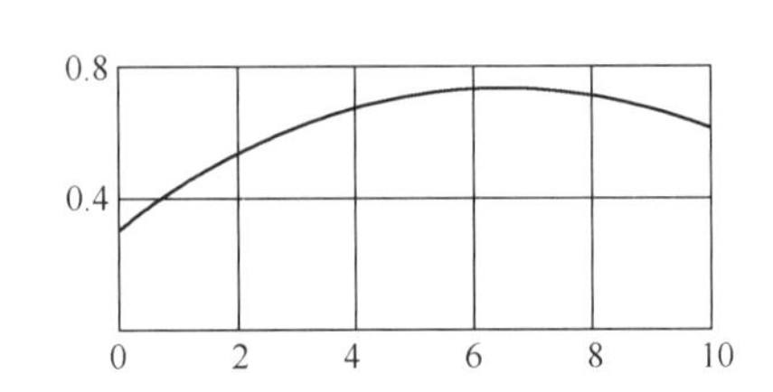

图Ⅰ-3-3　y 轴与 x 轴比例不当时的 $y=f(x)$ 图

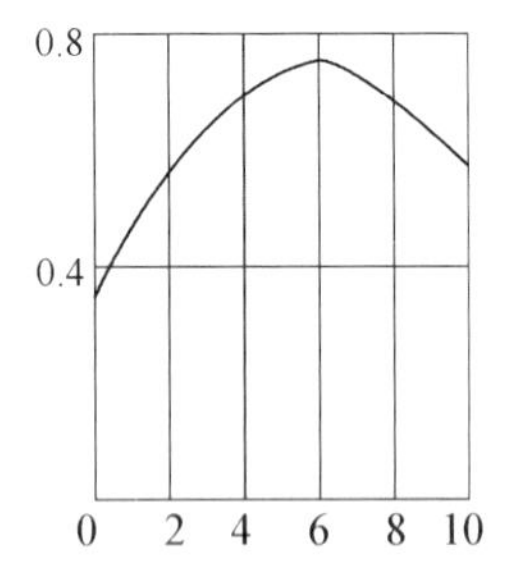

图Ⅰ-3-4　y 轴与 x 轴比例适当时的 $y=f(x)$ 图

当需要由图来决定导数或曲线方程式的系数,或需要外推时,必须将较复杂的函数转换成线性函数,使得到的曲线转化为直线。如指数函数 $y = ae^{bx}$。这种形式的函数在物理化学中是经常遇到的,这可以用对数的方法使之转化为直线方程式:

$$\lg y = \lg a + 0.434\,bx$$

以 $\lg y$ 和 x 作图就是一直线。对于抛物线形状的曲线 $y = a + bx^2$,可以用 y 对 x^2 作图而得一直线。

(3) 作曲线时,先在图上将各实验点用铅笔以×、□、○、△等符号标出(×、□、○、△的大小表示误差的范围),借助于曲线尺或直尺把各点相连成线(不必通过每一点)。在曲线不能完全通过所有实验点时,实验点应该平均地分布在曲线的两边,或使所有的实验点离开曲线距离的平方和为最小,此即“最小二乘法原理”。通常曲线不应当有不能解释的间隙、自身交叉或其他不正常特性。

在物理化学的实验数据处理时,通常是先列成表格然后绘成图,再求曲线方程式,进而加以分析,并做一定的推论。

在曲线上做切线通常有两种方法。

① 镜像法　如要做曲线上某一指定点的切线，可取一块平面镜垂直放在图纸上，使镜的边缘与线相交于该指定点。以此点为轴旋转平面镜，直至图上曲线与镜中曲线的映像连成光滑的曲线时，沿镜面做直线即为该点的法线，再做此法线的垂直线，即为该点的切线。如果将一块薄的平面镜和一直尺垂直组合，使用时更方便，如图Ⅰ-3-5。

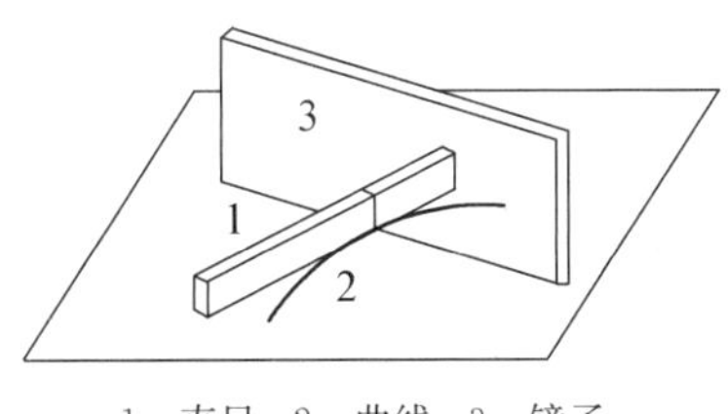

1—直尺；2—曲线；3—镜子。

图Ⅰ-3-5　镜像法做切线的示意图

A B C D E O F

图Ⅰ-3-6　平行线法做切线示意图

② 在选择的曲线段上做两平行线 AB 及 CD，做两线段中点的连线交曲线于 O 点，做与 AB 及 CD 的平行线 EOF，即为 O 点的切线，见图Ⅰ-3-6。

3. 数学方程式法

该法是将实验中各变量间关系用函数的形式，如 $y = f(x)$ 或 $y = f(x, z)$ 等表达出来。

对于比较简单的 $y = f(x)$ 来说，寻找数学方程式中的各常数项最方便的方法是将它直线化，即将函数 $y = f(x)$ 转换成线性函数，求出直线方程式 $y = a + bx$ 中的 a，b 两常数(如不能通过改换变量使原曲线直线化，可将原函数表达成 $y = a + bx + cx^2 + dx^3 + \cdots$ 的多项式)。

通常用作图法、平均值法和最小二乘法三种方法求 a 和 b。现将丙酮的温度和蒸气压的实验数据列于表Ⅰ-3-4 中做具体说明。

表Ⅰ-3-4

i	$1/T \times 10^3 \times \left[\frac{1}{\mathrm{K}}\right]$ $(= x)$	$\lg p(\mathrm{Pa})$ $(= y)$	$(bx_i + a - y_i) \times 10^3$		
			图 解 法	平均值法	最小二乘法
1	3.614	3.045	+6	+4	+2
2	3.493	3.246	+6	+3	+2
3	3.434	3.346	+4	+1	0
4	3.405	3.396	+2	−1	−2
5	3.288	3.588	+4	+1	0
6	3.255	3.647	0	−3	−4
7	3.226	3.696	−1	−4	−5
8	3.194	3.748	+1	−3	−4
9	3.160	3.804	+1	−3	−4
10	3.140	3.836	+2	−2	−2
11	3.117	3.874	+3	−2	−2
12	3.095	3.908	+5	+1	0
13	3.076	3.939	+6	+1	+1
14	3.060	3.963	+8	+4	+3
15	3.044	3.989	+9	+4	+4
$\sum$	48.601	55.025	$\lvert\Delta\rvert = 58$	$\lvert\Delta\rvert = 37$	$\lvert\Delta\rvert = 35$

（1）作图法　其方法是把实验数据以合适的变量作为坐标绘出直线，从直线上取两点的坐标值(x_1,y_1)、(x_2,y_2)，计算斜率和截距。

$$b=\frac{y_2-y_1}{x_2-x_1}$$

按上表所列数据以 $\lg p$ 为 y 轴，$\frac{1}{T}\times 10^3$ 为 x 轴作图后得：$b=-1.662\times 10^{-3}$，$a=9.057$。

（2）平均法　平均法较麻烦，但在有 6 个以上比较精密的数据时，结果比作图法好。

设线性方程为 $y=a+bx$，原则上只要有两对变量(x_1,y_1)和(x_2,y_2)就可以把 a，b 确定下来，但由于测定中有误差的存在，所以这样处理偏差较大，故采用平均值。它的原理是基于 a，b 值应能使 $a+bx_i$ 减去 y_i 之差的总和为零，即 $\sum_{i=1}^{n}(a+bx_i-y_i)=\sum_{i=1}^{n}u_i=0$。具体的做法是把数据代入条件方程式，再将它分为两组（两组方程式数目几乎相等），然后将两组方程式相加得到下列两个方程：

$$\sum_{i=1}^{k}u_i=ka+b\sum_{i=1}^{k}x_i-\sum_{i=1}^{k}y_i=0$$

$$\sum_{i=1}^{n}u_i=(n-k)a+b\sum_{i=1}^{n}x_i-\sum_{i=k+1}^{n}y_i=0$$

联解此两方程，即可得 a 和 b 值。由上表所列数据$(x=1/T\times 10^3)$可得：

① $a+3.614b-3.045=0$

② $a+3.493b-3.246=0$

③ $a+3.434b-3.346=0$

④ $a+3.405b-3.396=0$

⑤ $a+3.288b-3.588=0$

⑥ $a+3.255b-3.647=0$

⑦ $a+3.226b-3.696=0$

$7a+23.715b-23.964=0$

⑧ $a+3.194b-3.748=0$

⑨ $a+3.160b-3.804=0$

⑩ $a+3.140b-3.836=0$

⑪ $a+3.117b-3.874=0$

⑫ $a+3.095b-3.908=0$

⑬ $a+3.076b-3.939=0$

⑭ $a+3.060b-3.963=0$

⑮ $a+3.044b-3.989=0$

$8a+24.886b-31.061=0$

解此联立方程

$$\begin{cases}7a+23.715b-23.964=0\\8a+24.886b-31.061=0\end{cases}$$

按上表所列数据代入得　$b=-1.657\times 10^{-3}$，$a=9.037$

（3）最小二乘法　这种方法处理较繁，但结果较可靠，它需要 7 个以上的数据。它的基本原理是在有限次数的测量中，其 $\sum_{i=1}^{n}u_i=\sum_{i=1}^{n}[(bx_i+a)-y_i]$ 并不是一定为零，因此用平均法处理数据时还有一定的偏差。但可以设想它的最佳结果应能使其标准误差为最小，即 $\sum_{i=1}^{n}[(bx_i+a)-y_i]^2$ 为最小。如

$$S=\sum_{i=1}^{n}[(bx_i+a)-y_i]^2=b^2\sum_{i=1}^{n}x_i^{\,2}+2ab\sum_{i=1}^{n}x_i-2b\sum_{i=1}^{n}x_iy_i+na^2-2a\sum_{i=1}^{n}y_i+\sum_{i=1}^{n}y_i^2$$

则
$$\frac{\partial S}{\partial b}=0=2b\sum_{i=1}^{n}x_i^{\,2}+2a\sum_{i=1}^{n}x_i-2\sum_{i=1}^{n}y_ix_i$$
$$\frac{\partial S}{\partial a}=0=2b\sum_{i=1}^{n}x_i+2an-2\sum_{i=1}^{n}y_i$$

由上两式联立可解出 a,b 分别为

$$a=\frac{\sum_{i=1}^{n}x_iy_i\sum_{i=1}^{n}x_i-\sum_{i=1}^{n}y_i\sum_{i=1}^{n}x_i^2}{(\sum_{i=1}^{n}x_i)^2-n\sum_{i=1}^{n}x_i^2}$$

$$b=\frac{\sum_{i=1}^{n}x_i\sum_{i=1}^{n}y_i-n\sum_{i=1}^{n}x_iy_i}{(\sum_{i=1}^{n}x_i)^2-n\sum_{i=1}^{n}x_i^2}$$

按上表所列数据代入,得

$$a=9.046,\ b=-1.660\times10^{-3}$$

比较以上三种处理方法的 $(bx_i+a-y_i)\times10^3$ (见表Ⅰ-3-4),可知最小二乘法为最小。

3.6 数据处理新技术

在物理化学实验中经常会遇到各种类型不同的实验数据,要从这些数据中找到有用的化学信息,得到可靠的结论,就必须对实验数据进行认真的整理和必要的分析和检验。目前经常利用计算机软件对数据进行处理。计算机处理快速便捷、准确可靠、功能强大,大大减少了处理数据的麻烦,提高了分析数据的可靠程度。用于图形处理的软件非常多,这里仅就目前使用最广泛的微软公司的办公软件 Office 中的 Excel 和科学工作者必备工具 Origin 这两个软件在物理化学实验数据处理中的应用做些简单的介绍。

Origin 软件从它诞生以来,由于强大的数据处理和图形化功能,已被化学工作者广泛应用。它的主要功能和用途包括:对实验数据进行常规处理和一般的统计分析,如计数、排序、求平均值和标准偏差、t 检验、快速傅立叶变换、比较两列均值的差异、进行回归分析等。此外还可用数据作图,用图形显示不同数据之间的关系,用多种函数拟合曲线等等。

· 数据处理

习 题

1. 某一液体的密度经多次测定为① 1.082,② 1.079,③ 1.080,④ 1.076(g/cm^3),求其平均误差、平均相对误差、标准误差和精密度。

2. 以苯为溶剂,用沸点升高法测定萘的摩尔质量按下式计算:

$$M=2.53\times\frac{1\,000W_B}{W_A\Delta T_b}$$

已知纯苯的沸点在贝克曼温度计上的读数为 2.975 ℃ ± 0.005 ℃。溶液(含苯 87.0 g ± 0.1 g(W_A),含萘 1.054 g ± 0.001 g(W_B))的沸点其读数为 3.210 ℃ ± 0.005 ℃。试计算萘的摩尔质量,估计其平均误差和标准误差,并讨论影响该实验的主要误差是什么。

3. 试用误差分析的方法解释为什么用 X 射线粉末法求晶胞常数时,为准确起见,常选取

θ 比较大的衍射线来计算(试以立方晶系为例说明之)。对于这种晶系的晶胞常数 a 是利用如下两公式计算:$2d_{hkl}\sin\theta = n\lambda$ 和 $a = d\sqrt{h^2+k^2+l^2}$,式中 d_{hkl} 是晶面符号,为 (h,k,l) 的面间距。

4. 不同温度下测得氨基甲酸铵的分解反应:

$$NH_2COONH_4(固) \rightleftharpoons 2NH_3(气) + CO_2(气)$$

其数据如表Ⅰ-3-5所示。

表Ⅰ-3-5

T(K)	298	303	308	313	318
$\lg K$	−3.638	−3.150	−2.717	−2.294	−1.877

试用最小二乘法求出 $\lg K$ 对 $\frac{1}{T}$ 的关系式,并求出平均热效应 ΔH(设 ΔH 在此测定温度范围内为一常数)。

Ⅱ 实 验

热力学部分

实验 1 液体饱和蒸气压的测定——静态法

1.1 实验目的及要求

(1) 了解用静态法(亦称等位法)测定异丙醇在不同温度下蒸气压的原理,进一步理解纯液体饱和蒸气压与温度的关系。

(2) 掌握真空泵、恒温槽及气压计的使用。

(3) 学会用图解法求所测温度范围内的平均摩尔汽化热及正常沸点。

1.2 实验原理

一定温度下,在一真空的密闭容器中,液体很快和它的蒸气建立动态平衡,即蒸气分子向液面凝结和液体分子从表面逃逸的速度相等,此时液面上的蒸气压力就是液体在此温度时的饱和蒸气压,液体的蒸气压与温度有一定关系,温度升高,分子运动加剧,因而单位时间内从液面逸出的分子数增多,蒸气压增大。反之,温度降低时,则蒸气压减小。当蒸气压与外界压力相等时,液体便沸腾,外压不同时,液体的沸点也不同。我们把外压为 101 325 Pa 时沸腾温度定为液体的正常沸点。液体的饱和蒸气压与温度的关系可用克劳修斯-克拉贝龙(Clausius-Clapeyron)方程式来表示:

$$\frac{\mathrm{d}\ln p}{\mathrm{d}T}=\frac{\Delta H_{\mathrm{m}}}{RT^{2}} \tag{1.1}$$

式中:p 为液体在温度 T 时的饱和蒸气压(Pa);T 为热力学温度(K);ΔH_{m} 为液体摩尔汽化热;R 为气体常数。在温度变化较小的范围内,则可把 ΔH_{m} 视为常数,当作平均摩尔汽化热,将上式积分得

$$\lg p=-\frac{\Delta H_{\mathrm{m}}}{2.303RT}+A \tag{1.2}$$

式中:A 为积分常数,与压力 p 的单位有关。由(1.2)式可知,在一定温度范围内,测定不

同温度下的饱和蒸气压，以 $\lg p$ 对 $\frac{1}{T}$ 作图，可得一直线，而由直线的斜率可以求出实验温度范围的液体平均摩尔汽化热 ΔH_m。

静态法测蒸气压的方法是调节外压以平衡液体的蒸气压，求出外压就能直接得到该温度下的饱和蒸气压。其实验装置如图Ⅱ-1-1所示，所有接口必须严密封闭。

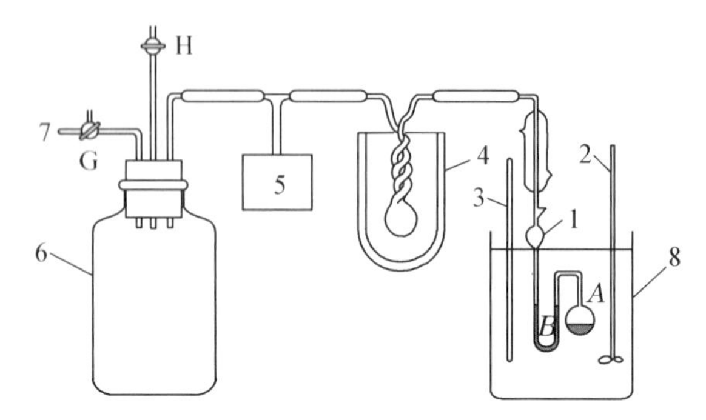

1—等位计；2—搅拌器；3—温度计；4—冷阱；5—低真空测压仪；
6—稳压瓶；7—接真空泵或循环水真空泵；8—恒温槽。

图Ⅱ-1-1　测定液体饱和蒸气压装置

1.3　仪器与药品

恒温装置1套；真空泵及附件1套；气压计1台；等位计1支；数字式低真空测压仪1台。
异丙醇(AR)。

1.4　实验步骤

1. 装样

从等位计R处(见图Ⅱ-1-2)注入异丙醇液体，使A球中装有2/3的液体，U形B的双臂大部分有液体。

2. 检漏

将装妥液体的等位计，按图Ⅱ-1-1接好，打开冷却水，关闭活塞H，G。打开真空泵抽气系统，打开活塞G，使低真空测压仪上显示压差为40 000～53 000 Pa(300～400 mmHg)。关闭活塞G，注意观察压力测量仪的数字的变化。若系统漏气，则压力测量仪的显示数值逐渐变小。这时细致分段检查，寻找出漏气部位，设法消除。

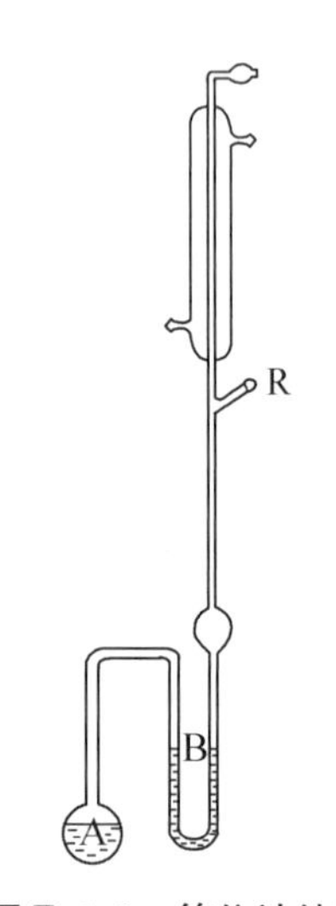

图Ⅱ-1-2　等位计结构

调节恒温槽至所需温度后，打开活塞G缓缓抽气，使A球中液体内溶解的空气和A，B空间内的空气呈气泡状通过B管中液体排出。抽气若干分钟后，关闭活塞G，调节H，使空气缓慢进入测量系统，直至B管中双臂液面等高，从压力测量仪上读出压力差。同法再抽气，再调节B管中双臂等液面，重读压力差，直至两次的压力差读数相差无几，则表示A球液面上的空间已全被异丙醇蒸气充满，记下压力测量仪上的读数。

用上述方法测定6个不同温度时异丙醇的蒸气压(每个温度间隔为5 K)。

在实验开始时，从气压计读取当天的大气压。

1.5 实验注意事项

(1) 整个实验过程中，应保持等位计 A 球液面上空的空气排净。

(2) 抽气的速度要合适。必须防止等位计内液体沸腾过剧，致使 B 管内液体被抽尽。

(3) 蒸气压与温度有关，故测定过程中恒温槽的温度波动需控制在 ±0.1 K。

(4) 实验过程中需防止 B 管液体倒灌入 A 球内。带入空气，会使实验数据偏大。

1.6 数据处理

(1) 自行设计实验数据记录表，既能正确记录全套原始数据，又可填入演算结果。

(2) 计算蒸气压 p 时：$p = p' - E$。式中 p' 为室内大气压(由气压计读出后，加以校正之值)，E 为压力测量仪上读数。

(3) 以蒸气压 p 对温度 T 作图，在图上均匀读取 8 个点，并列出相应表格，绘制成 $\lg p - 1/T$ 图。

(4) 从直线 $\lg p - 1/T$ 上求出实验温度范围的平均摩尔汽化热和正常沸点。

(5) 以最小二乘法求出异丙醇蒸气压和温度关系式 $\left(\lg p = -\dfrac{B}{T} + A\right)$ 中的 A，B 值。

1.7 结果要求及文献值

(1) 实验所得 $\lg p - 1/T$ 图线性良好。所求出的平均摩尔汽化热与文献值的相对误差应在 3%以内，外推法求异丙醇正常沸点为(355±1)K。

(2) 文献值：异丙醇在 247.1～355.7 K 范围内的蒸气压如表Ⅱ-1-1 所示。[①]

表Ⅱ-1-1 异丙醇蒸气压

p(mmHg)	1	10	40	100	400	760
T(℃)	−26.1	2.4	23.8	39.5	67.8	82.5

按上述文献所列的 p 和 T 值用最小二乘法处理，在 247.1～355.7 K 间的平均摩尔汽化热为 ΔH_v=42.11 kJ/mol。

1.8 思考题

(1) 本实验方法能否用于测定溶液的蒸气压，为什么？

(2) 温度愈高测出的蒸气压误差愈大，为什么？

1.9 讨论

(1) 真空泵维修比较麻烦，且噪音大，如果被测液体的沸点较低(比如本实验的异丙醇)，那么可以使用循环水泵代替真空泵。

(2) 实验中第一温度测试点要使 A 球液面上的空气完全被所测液体的蒸气充满，当调节

---

① Weast R C. CRC handbook of chemistry and physics[M]. 70th ed. Boca Raton: CRC Press, 1989: D-200.

等位后，测定的压差准确。在整个系统不漏气的情况下，就可以关闭真空泵，以后各温度测试点只要严格控制温度，调节B管中等位，读出压力差就可以了。

（3）在测定压力和压力差时，过去一直使用固定槽压力计和U形水银压力计，都要按照相关要求进行温度、高度、纬度校正，但目前采用电子式压力计和电子式压差仪，温度、高度、纬度对这类仪器有何影响？如何校正？没有国际和国内公认的标准，所以测出的数值与用水银压力计测出的数值有一定误差。

（4）测定蒸气压的方法除本实验介绍的静态法外，还有动态法、气体饱和法等。但静态法准确性较高。

（5）动态法是利用测定液体沸点求出蒸气压与温度的关系，即利用改变外压测得不同的沸腾温度，从而得到不同温度下的蒸气压，对于沸点较低的液体，用此法测定蒸气压与温度关系是比较好的。实验装置如图Ⅱ-1-3。

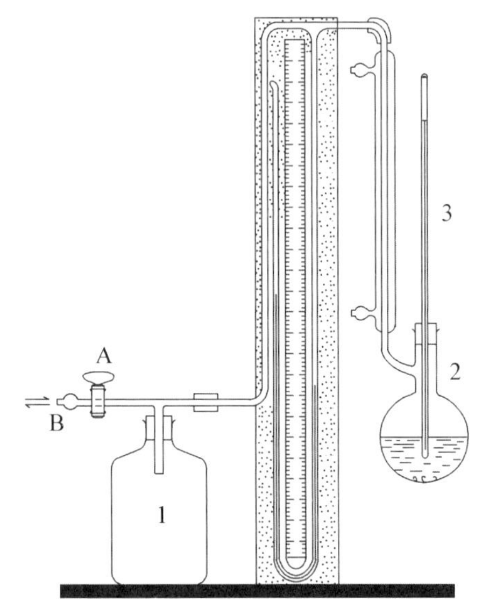

1—缓冲瓶；2—圆底烧瓶；3—温度计。

图Ⅱ-1-3　动态法蒸气压装置

① 实验步骤　测定时将待测液体倒入蒸馏瓶，并加入沸石少许。接通冷却水，打开活塞A用真空泵抽气，使系统压力减到大约 5.33×10^4 Pa，关闭活塞A，停止抽气。加热液体至沸腾，直至温度恒定不变。记录沸点、室温、大气压 p' 和U形压力计两臂水银面高度差 Δh（也可用低真空测压仪代替）。该温度下液体蒸气压为 $p=p'-\Delta h$。停止加热，慢慢打开活塞A，增大系统压力约 4.0×10^3 Pa，再用上述方法测定沸点。以后系统每增加 4.0×10^3 Pa压力，就测定一次沸点，直至系统内压力与大气相等为止。

② 实验注意事项

a. 温度计的水银球浸在液体中，对温度计读数须做露丝校正。

b. U形压力计读数需做温度校正，校正至0 ℃时的读数。

c. 气体饱和法是利用一定体积的空气（或惰性气体）以缓慢的速率通过一种易挥发的待测液体，空气被该液体蒸气饱和。分析混合气体中各组分的量以及总压，再按道尔顿分压定律求算混合气体中蒸气的分压，即是该液体的蒸气压。此法亦可测定固态易挥发物质如碘的蒸气压。它的缺点是通常不易达到真正的饱和状态，因此实测值偏低。故这种方法通常只用来求溶液蒸气压的相对降低。

实验2　凝固点降低法测摩尔质量

2.1　实验目的及要求

（1）用凝固点降低法测定萘的摩尔质量。

（2）通过实验掌握溶液凝固点的测量技术，并加深对稀溶液依数性质的理解。

2.2 实验原理

稀溶液具有依数性，凝固点降低是依数性的一种表现。固体溶剂与溶液成平衡时的温度称为溶液的凝固点。在溶液浓度很稀时，确定了溶剂的种类和数量后，溶剂凝固点降低值仅仅取决于所含溶质分子的数目。

稀溶液的凝固点降低（对析出物为纯固相溶剂的系统）与溶液成分的关系式为：

$$\Delta T_f = \frac{R(T^*)^2}{\Delta H_m} \cdot \frac{n_2}{n_1 + n_2} \tag{2.1}$$

式中：ΔT_f 为凝固点降低值；T^* 为以绝对温度表示的纯溶剂的凝固点；ΔH_m 为摩尔凝固热；n_1 为溶剂的物质的量；n_2 为溶质的物质的量。

当溶液很稀时，$n_2 \ll n_1$，则

$$\Delta T_f = \frac{R(T_f^*)^2}{\Delta H_m} \cdot \frac{n_2}{n_1} = \frac{R(T_f^*)^2}{\Delta H_m} \cdot M_1 m_2 = K_f m_2 \tag{2.2}$$

式中：M_1 为溶剂的摩尔质量；m_2 为溶质的质量摩尔浓度；K_f 称为溶剂的凝固点降低常数。

如果已知溶剂的凝固点降低常数 K_f，并测得该溶液的凝固点降低值 ΔT_f，溶剂和溶质的质量 W_1，W_2，就可以通过下式计算溶质的摩尔质量 M_2。

$$M_2 = K_f \cdot \frac{W_2}{\Delta T_f W_1} \tag{2.3}$$

凝固点降低值的多少，直接反映了溶液中溶质的质点数目。溶质在溶液中有离解、缔合、溶剂化和络合物生成等情况存在，都会影响溶质在溶剂中的表观摩尔质量。因此溶液的凝固点降低法可用于研究溶液的电解质电离度、溶质的缔合度、溶剂的渗透系数和活度系数等。

凝固点测定方法是将已知浓度的溶液逐渐冷却成过冷溶液，然后促使溶液结晶；当晶体生成时，放出的凝固热使系统温度回升，当放热与散热达成平衡时，温度不再改变，此固液两相达成平衡的温度，即为溶液的凝固点。本实验测定纯溶剂和溶液的凝固点之差。

纯溶剂在凝固前温度随时间均匀下降，当达到凝固点时，固体析出，放出热量，补偿了对环境的热散失，因而温度保持恒定，直到全部凝固后，温度再均匀下降，其冷却曲线见图Ⅱ-2-1(a)。实际上纯液体凝固时，由于开始结晶出的微小晶粒的饱和蒸气压大于同温度下的液体饱和蒸气压，所以往往产生过冷现象，即液体的温度要降到凝固点以下才析出固体，随后温度再上升到凝固点，见冷却曲线Ⅱ-2-1(b)。

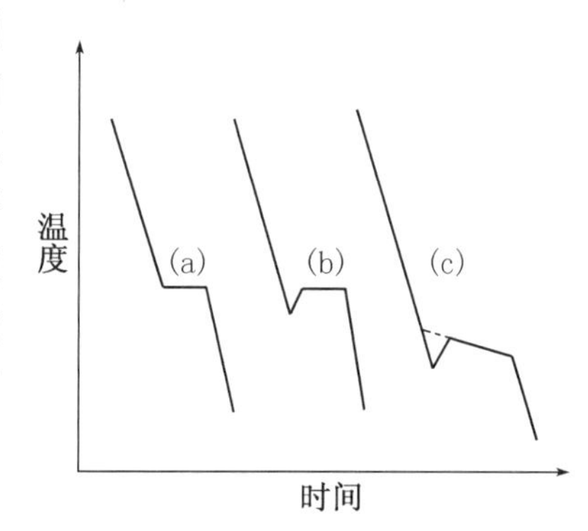

图Ⅱ-2-1 冷却曲线

溶液的冷却情况与此不同，当溶液冷却到凝固点，开始析出固态纯溶剂。随着溶剂的析出，溶液浓度相应增大。所以溶液的凝固点随着溶剂的析出而不断下降，在冷却曲线上得不到温度不变的水平线段。当有过冷情况发生时，溶液的凝固点应从冷却曲线上待温度回升后外推而得，见冷却曲线Ⅱ-2-1(c)。

2.3 仪器与药品

凝固点测定仪1套；普通温度计1支；25 mL移液管1支；压片机1台；精密温差测量仪1台。

环己烷(AR)；萘(AR)。

2.4 实验步骤

(1) 按图Ⅱ-2-2所示安装凝固点测定仪。注意测定管、搅拌棒都须清洁、干燥；温差测量仪的探头、温度计都须与搅拌棒有一定空隙以防止搅拌时发生摩擦。

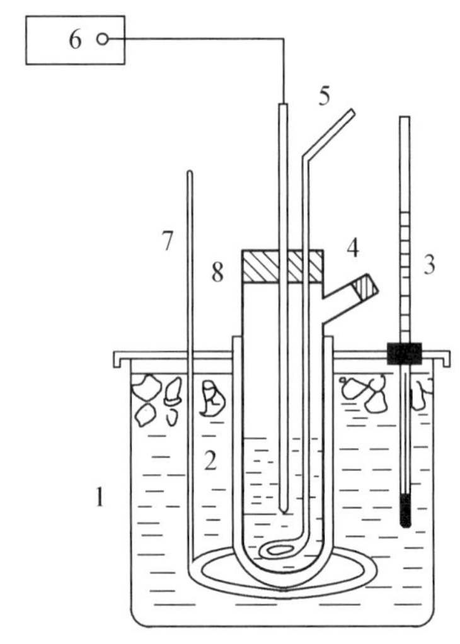

1—大玻璃筒；2—玻璃套管；3—普通温度计；4—被测物加入口；5,7—搅拌器；6—温差测量仪；8—测定管。

图Ⅱ-2-2 实验装置图

(2) 调节水浴温度，使其低于环己烷凝固点温度2～3 ℃。并应经常搅拌，不断加入碎冰以使冰浴温度保持基本不变。

(3) 调节温差测量仪，使探头在测量管中时，数字显示为“0”左右。

(4) 准确移取25 mL环己烷，小心注入测定管中，塞紧软木塞，防止环己烷挥发，记下环己烷的温度值。取出测定管，直接放入冰浴中，不断移动搅拌棒，使环己烷逐步冷却。当刚有固体析出时，迅速取出测定管，擦干管外冰水，插入空气套管中，缓慢均匀搅拌，观察精密温差测量仪的数显值，直至温度稳定，即为环己烷的凝固点参考温度。取出测定管，用手温热，同时搅拌，使管中固体完全熔化，再将测定管直接插入冰浴中，缓慢搅拌，使环己烷迅速冷却，当温度降至高于凝固点参考温度0.5 ℃时，迅速取出测定管，擦干，放入空气套管中，每秒搅拌一次，使环己烷温度均匀下降，当温度低于凝固点参考温度时，应急速搅拌(防止过冷超过0.5 ℃)，促使固体析出，温度开始上升，搅拌减慢，注意观察温差测量仪的数字变化，直至稳定，此即为环己烷的凝固点。重复测定三次。要求环己烷凝固点的绝对平均误差小于±0.003 ℃。

(5) 溶液凝固点的测定

取出测定管，使管中的环己烷熔化，从测定管的支管加入事先压成片状的0.2～0.3 g的萘，待溶解后，用步骤4中方法测定溶液的凝固点。先测凝固点的参考温度，再精确测之。溶液凝固点是取过冷后温度回升所达的最后温度，重复三次，要求绝对平均误差小于±0.003 ℃。

2.5 实验注意事项

(1) 冰浴温度不低于溶液凝固点3 ℃为宜。

(2) 测定凝固点温度时，注意防止过冷温度超过0.5 ℃。可以采用加入少量溶剂的微小晶体作为晶种的方法，以促使晶体生成。

(3) 溶剂、溶质的纯度都直接影响实验的结果。

2.6 数据处理

(1) 用 $\rho(\mathrm{kg/m^3}) = 0.797\,1 \times 10^3 - 0.887\,9\,t$ 计算室温时环己烷密度，然后算出所取环己烷的质量 W_1。

(2) 由测定的纯溶剂，溶液凝固点 T_f^*，T_f 计算萘的摩尔质量。

已知环己烷的凝固点 $T_f^* = 279.7\ \mathrm{K}$；$K_f = 20.1\ \mathrm{kg \cdot K \cdot mol^{-1}}$。

2.7 结果要求及文献值

(1) 由实验所求得的萘的摩尔质量与文献值的相对误差应小于 3%。

(2) 文献值：萘的摩尔质量为 128.171 g·mol⁻¹①。

2.8 思考题

(1) 为什么产生过冷现象？如何控制过冷程度？

(2) 根据什么原则考虑加入溶质的量？太多太少影响如何？

(3) 为什么测定溶剂的凝固点时，过冷程度大一些对测定结果影响不大，而测定溶液凝固点时却必须尽量减少过冷现象？

2.9 讨论

(1) 溶液的凝固点随着溶剂的析出而不断下降，冷却曲线上得不到温度不变的水平线段，因此在测定一定浓度的溶液凝固点时，析出固体越少，测得凝固点才越准确。

(2) 高温高湿季节不宜做此实验，因为水蒸气易进入测量系统，造成测量结果偏低。

(3) 本实验测试过程中，控制搅拌速度很重要，开始时缓慢搅拌，当温度降到高于环己烷凝固点参考温度 0.5 ℃时采取急速搅拌，促使固体骤然析出。并使大量的微小晶体以保证固液两相充分接触，而达到平衡，防止过冷现象。

实验 3　燃烧热的测定

3.1 实验目的及要求

(1) 用氧弹式量热计测定萘、蔗糖的燃烧热，明确燃烧热的定义，了解恒压燃烧热与恒容燃烧热的差别及相互关系。

(2) 掌握有关热化学实验的一般知识和测量技术，了解氧弹式量热计的原理、构造及使用方法。

(3) 明确所测温差值为什么要进行雷诺图的校正。

3.2 实验原理

1 mol 物质完全氧化时的反应热称为燃烧热。所谓完全氧化是指 C → CO_2(气)，H_2 →

---

① Lide D R. CRC handbook of chemistry and physics[M]. 88th ed. Boca Raton：CRC Press，2007—2008：3-382.

H_2O(液)，S → SO_2(气)，而氮、卤素、银等元素变为游离状态。如在 25 ℃苯甲酸的燃烧热为 −3 226.8 kJ/mol 。

$$C_6H_5COOH(固) + 7\frac{1}{2}O_2(气) \longrightarrow 7CO_2(气) + 3H_2O(液)$$

燃烧热可在恒容或恒压情况下测定。由热力学第一定律可知：在不做非膨胀功情况下，恒容燃烧热 $Q_v = \Delta U$，恒压燃烧热 $Q_p = \Delta H$。在氧弹式量热计中测得燃烧热为 Q_v，而一般热化学计算用的值为 Q_p，这两者可通过下式进行换算：

$$Q_p = Q_v + \Delta nRT \tag{3.1}$$

式中：Δn 为反应前后生成物和反应物中气体的物质的量之差；R 为摩尔气体常数；T 为反应温度(K)。

在盛有定量水的容器中，放入内装有一定量的样品和氧气的密闭氧弹，然后使样品完全燃烧，放出的热量传给水及仪器，引起温度上升。若已知水量为 W g，仪器的水当量为 W'(量热计每升高 1 ℃所需的热量)，燃烧前、后的温度为 t_0 和 t_n，则 m g 物质的燃烧热为

$$Q' = (CW + W')(t_n - t_0) \tag{3.2}$$

若水的比热为 1($C = 1$)，摩尔质量为 M 的物质，其摩尔燃烧热为

$$Q = \frac{M}{m}(W + W')(t_n - t_0) \tag{3.3}$$

水当量 W' 的求法是用已知燃烧热的物质(如本实验用苯甲酸)放在量热计中燃烧，测其始、末温度，按式(3.3)求 W'。一般因每次的水量相同，$(W + W')$ 可作为一个定值($\overline{W}$)来处理。故

$$Q = \frac{M}{m}(\overline{W})(t_n - t_0) \tag{3.4}$$

在较精确的实验中，辐射热，铁丝的燃烧热，温度计的校正等都应予以考虑。

3.3 仪器与药品

GR3500 氧弹式量热计及附件 1 套；氧气钢瓶 1 个；万用表 1 台；数字式精密温差测量仪 1 台。

苯甲酸(AR)；萘(AR)；蔗糖(AR)。

3.4 实验步骤

(1) 将量热计及其全部附件加以整理并洗净。

(2) 压片：用电子天平称量燃烧杯质量。用台天平称取 0.7～0.8 g 左右的苯甲酸，然后在压片机中压成片状(松紧适度)。把此样品放入燃烧杯中，用电子天平称量质量。用此质量减去燃烧杯的质量即可求出样品的质量。

(3) 放样、充氧：取 16 cm 长的燃烧丝在细铜丝上绕 8～10 圈，两端留足够长。把氧弹的弹头放在弹头架上，把装有样品的燃烧杯放入燃烧杯架上。然后把燃烧丝的两端分别紧绕在氧弹头的两根电极上，调节燃烧丝使圈状部位紧靠样品，如图Ⅱ-3-1 所示。用万用表测量两电极间的电阻值。把氧弹头放入燃烧杯中，拧紧。再用万用电表测量两电极间的电阻值，若变化不大则可以充氧，否则需打开氧弹，重新绕紧燃

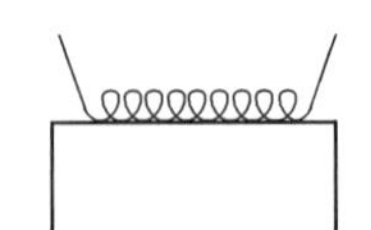

图Ⅱ-3-1 压好的样品与燃烧丝位置示意图

烧丝。

使用高压钢瓶时必须严格遵守操作规则。开始先充少量氧气(约 0.5 MPa),然后开启出口,借以赶出弹中空气,接着充入氧气(1.5 MPa)。氧弹结构见图Ⅱ-3-2。充好氧气后,再用万用表检查两电极间电阻,变化不大时,将氧弹放入内筒(量热计结构参看图Ⅲ-1-15)。

(4) 调节水温　将温差测量仪探头放入外筒水中(环境),待温度变化不大时记下读数。取 3 000 mL 以上自来水,将温差测量仪探头放入水中,调节水温,使其低于外筒水温 1 K 左右(为什么?)。用容量瓶取 3 000 mL 已调温的水注入内筒,水面盖过氧弹(两电极应保持干燥),如有气泡逸出,说明氧弹漏气,寻找原因并排除。装好搅拌头(搅拌时不可有金属摩擦声),把电极插头插紧在两电极上,盖上盖子,将温差测量仪探头插入内筒水中(拔出探头之前,记下外筒水温读数;探头不可碰到氧弹)。

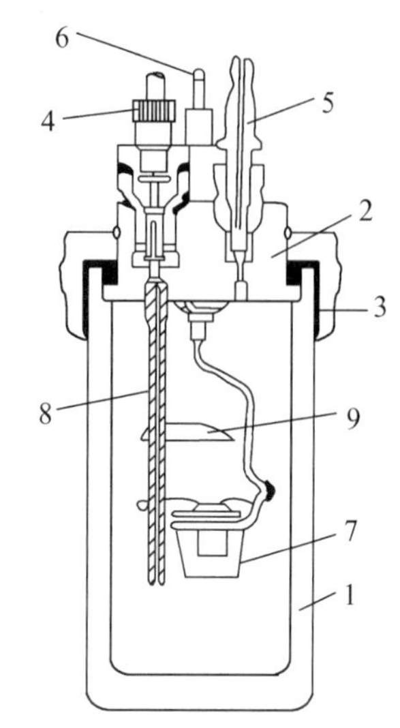

1—厚壁圆筒;2—弹盖;3—螺帽;4—进气孔;5—排气空;6—电极;7—燃烧皿;8—电极(同时也是进气管);9—火焰遮板。

图Ⅱ-3-2　氧弹的构造

(5) 点火　检查控制箱的开关,注意"振动、点火"开关应拨在振动挡,旋转"点火电源"旋钮到最小。打开总电源开关,打开搅拌开关,待马达运转 2 ～ 3 min 后,每隔 0.5 min读取水温一次(精确至±0.002 ℃)直至连续五次水温有规律微小变化,把"振动、点火"开关由振动挡拨至点火挡,旋转"点火电源"旋钮,逐步加大电流,当数字显示开始明显升温时,表示样品已燃烧。把"振动、点火"开关拨至"振动";把"点火"电源旋钮转至最小。杯内样品一经燃烧,水温很快上升,每 0.5 min 记录温度一次,当温度升至最高点后,再记录 10 次,停止实验。

实验停止后,取出温差测量仪探头放入外筒水中,取出氧弹,打开氧弹出气口放出余气,最后旋下氧弹盖,检查样品燃烧结果。若弹中没有什么燃烧残渣,表示燃烧完全;若留有许多黑色残渣,表示燃烧不完全,实验失败。

用水冲洗氧弹及燃烧杯,倒去内桶中的水,把物件用纱布一一擦干,待用。

(6) 测量萘的燃烧热　称取 0.4 ～ 0.5 g 萘,代替苯甲酸,重复上述实验。

(7) 测量蔗糖的燃烧热　称取 1.2 ～ 1.3 g 蔗糖代替苯甲酸,重复上述实验。

3.5 实验注意事项

(1) 待测样品需干燥,受潮样品不易燃烧且称量有误。

(2) 注意压片的紧实程度,太紧不易燃烧,太松容易破碎。

(3) 在燃烧第二个样品时,须再次调节水温。

3.6 数据处理

(1) 用雷诺图解法求出苯甲酸、萘、蔗糖燃烧前后的温度差 ΔT。

(2) 计算量热计的水当量$\overline{W}$。已知苯甲酸在 298.2 K 的燃烧热:$Q_p = -3\,226.8$ kJ/mol。

(3) 求出萘和蔗糖的燃烧热。

3.7 结果要求及文献值

（1）正确作出雷诺图并求出各样品燃烧前后的温差 ΔT。

（2）由实验所求得的萘和蔗糖的燃烧热 Q_p 与文献值的相对误差应小于 3%。

（3）文献值：如表Ⅱ-3-1 所示。

表Ⅱ-3-1 萘和蔗糖的恒压燃烧热

物质	恒压燃烧热/(kJ·mol^{-1})	测定条件
萘	−5 156.3①	$p^{\ominus}$,25℃
蔗糖	−5 649.0②	$p^{\ominus}$,25℃

3.8 思考题

（1）在这实验中，哪些是系统，哪些是环境？实验过程中有无热损耗？这些热损耗对实验结果有何影响？

（2）加入内桶中水的水温为什么要选择比外筒水温低？低多少为合适？为什么？

（3）实验中，哪些因素容易造成误差？如果要提高实验的准确度应从哪几方面考虑？

3.9 讨论

（1）在精确测量中，燃烧丝的燃烧热和氧气中含氮杂质的氧化所产生的热效应等都应从总热量中扣除。前者可将燃烧丝在实验前称重，燃烧后小心取下，用稀盐酸浸洗，再用水洗净、吹干后称重，求出燃烧过程中失重的量(燃烧丝的热值为 6695 J/g)。后者可用 0.1 mol/L NaOH 溶液滴定洗涤氧弹内壁的蒸馏水(在燃烧前可先在氧弹中加入 0.5 mL 水)，每毫升 0.1 mol/L NaOH 溶液相当于 5.983 J(放热)。

（2）用雷诺图(温度-时间曲线)确定实验中的 ΔT。如图Ⅱ-3-3 所示。

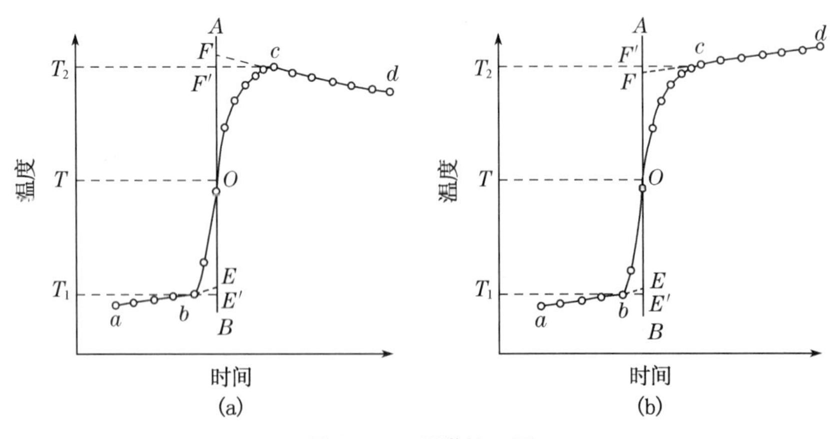

图Ⅱ-3-3 雷诺校正图

① Lide D R. CRC handbook of chemistry and physics[M]. 88th ed. Boca Raton: CRC Press, 2007—2008: 5-70.

② 傅献彩. 实用化学便览[M]. 南京：南京大学出版社，1989:1034.

图Ⅱ-3-3(a)中 b 点相当于开始燃烧的点，c 为观察到的最高点的温度读数。作相当于环境温度的平行线 TO，与 $T-t$ 线相交于 O 点，再过 O 点作垂直线 AB，此线与 ab 线和 cd 线的延长线交于 E，F 两点，则 E 点和 F 点所表示的温度差即为欲求温度的升高值 ΔT。图中 EE' 为开始燃烧到温度升至环境温度这一段时间 Δt_1 内，因环境辐射和搅拌引起的能量造成量热计温度的升高，必须扣除。FF' 为温度由环境温度升到最高温度 c 这一段时间 Δt_2 内，量热计向环境辐射出能量而造成的温度降低，故需添上，由此可见 E，F 两点的温度差较客观地表示了样品燃烧后，使量热计温度升高的值。

有时量热计绝热情况良好，热漏小，但由于搅拌不断引进少量能量，使燃烧后最高点不出现，如图Ⅱ-3-3(b)所示，这时 ΔT 仍可按相同原理校正。

(3) 对其他热效应的测量(如溶解热、中和热、化学反应热等)可用普通杜瓦瓶作为量热计。也是用已知热效应的反应物先求出量热计的水当量，然后对未知热效应的反应进行测定。对于吸热反应可用电热补偿法直接求出反应热效应。

(4) 燃烧热测定的方法在实际工作中有广泛的应用，经常用于测定煤、焦炭以及可燃固体的热值。也可以用于可燃液体燃烧热的测定，如汽油、柴油、乙醇等。测定液体燃烧热时，装样方法有所不同，所测液体封装在薄膜小袋中，然后将燃烧丝绑在袋外。计算燃烧热时要扣除薄膜小袋燃烧放出的热量。

(5) $Q_p = Q_v + \Delta nRT$ 公式中 T 为反应温度(K)，一般在文献值中 Q_p 均为 298.15 K 的数值，因而水当量的测定和反应温度均应在 298.15 K。

实验 4　溶解热的测定

4.1 实验目的及要求

(1) 了解电热补偿法测定热效应的基本原理。

(2) 通过用电热补偿法测定硝酸钾在水中的积分溶解热，并用作图法求出硝酸钾在水中的微分冲淡热、积分冲淡热和微分溶解热。

(3) 掌握电热补偿法仪器的使用。

4.2 实验原理

(1) 物质溶解于溶剂过程的热效应称为溶解热。它有积分溶解热和微分溶解热两种。前者指在定温定压下把 1 mol 溶质溶解在 n_0 mol 的溶剂中时所产生的热效应，由于过程中溶液的浓度逐渐改变，因此也称为变浓溶解热，以 Q_s 表示。后者指在定温定压下把 1 mol 溶质溶解在无限量的某一定浓度的溶液中所产生的热效应。由于在溶解过程中溶液浓度可实际上视为不变，因此也称为定浓溶解热，以 $\left(\dfrac{\partial Q_s}{\partial n}\right)_{T,p,n_0}$ 表示。

把溶剂加到溶液中使之稀释，其热效应称为冲淡热。它有积分(或变浓)冲淡热和微分(或定浓)冲淡热两种。通常都以对含有 1 mol 溶质的溶液的冲淡情况而言。前者系指在定温定压下把原为含 1 mol 溶质和 n_{02} mol 溶剂的溶液冲淡到含溶剂为 n_{01} mol 时的热效应，亦即为某两浓度的积分溶解热之差，以 Q_d 表示。后者系 1 mol 溶剂加到某一浓度的无限量溶液中所产生的热效应，以 $\left(\frac{\partial Q_s}{\partial n_0}\right)_{T,p,n}$ 表示。

（2）积分溶解热由实验直接测定，其他三种热效应则可通过 $Q_s - n_0$ 曲线求得。

设纯溶剂、纯溶质的摩尔焓分别为 $\widetilde{H_1}$ 和 $\widetilde{H_2}$，溶液中溶剂和溶质的偏摩尔焓分别为 $\dot{\widetilde{H_1}}$ 和 $\dot{\widetilde{H_2}}$，对于 n_1 mol 溶剂和 n_2 mol 溶质所组成的系统而言，在溶剂和溶质未混合前

$$H = n_1 \widetilde{H_1} + n_2 \widetilde{H_2} \tag{4.1}$$

当混合成溶液后

$$H' = n_1 \dot{\widetilde{H_1}} + n_2 \dot{\widetilde{H_2}} \tag{4.2}$$

因此溶解过程的热效应为

$$\begin{aligned}\Delta H = H' - H &= n_1(\dot{\widetilde{H_1}} - \widetilde{H_1}) + n_2(\dot{\widetilde{H_2}} - \widetilde{H_2}) \\ &= n_1 \Delta H_1 + n_2 \Delta H_2\end{aligned} \tag{4.3}$$

式中：ΔH_1 为在指定浓度溶液中溶剂与纯溶剂摩尔焓的差，即为微分解释热；ΔH_2 为在指定浓度溶液中溶质与纯溶质摩尔焓的差，即为微分溶解热。根据积分溶解热的定义：

$$Q_s = \Delta H / n_2 = \frac{n_1}{n_2}\Delta H_1 + \Delta H_2 = n_0 \Delta H_1 + \Delta H_2 \tag{4.4}$$

所以在 $Q_s - n_0$ 图上，不同 Q_s 点的切线斜率为对应于该浓度溶液的微分冲淡热，即 $\left(\frac{\partial Q_s}{\partial n_0}\right)_{T,p,n} = \frac{AD}{CD}$。该切线在纵坐标上的截距 OC，即为相应于该浓度溶液的微分溶解热。而在含有 1 mol 溶质的溶液中加入溶剂使溶剂量由 n_{02} mol 增至 n_{01} mol 过程的积分冲淡热 $Q_d = (Q_s)_{n01} - (Q_s)_{n02} = BG - EG$。

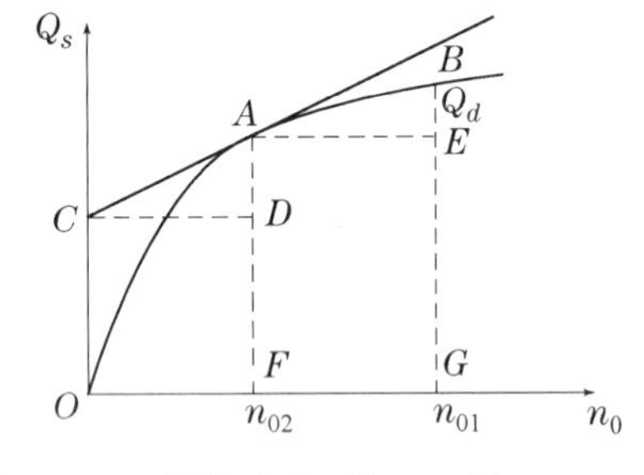

图Ⅱ-4-1　$Q_s - n_0$ 图

（3）本实验测硝酸钾溶解在水中的溶解热，是一个溶解过程中温度随反应的进行而降低的吸热反应。故采用电热补偿法测定。

先测定系统的起始温度 T，当反应进行后温度不断降低时，由电加热法使系统复原至起始温度，根据所耗电能求出其热效应 Q。

$$Q = I^2 Rt = IVt \text{(J)} \tag{4.5}$$

式中：I 为通过电阻为 R 的电阻丝加热器的电流强度(A)；V 为电阻丝两端所加的电压(V)；t 为通电时间(s)。

4.3　仪器与药品

定点式温差报警仪 1 台；数字式直流稳流电源 1 台；直流电压表 1 台；直流电流表 1 台；量热计(包括杜瓦瓶、加热器)1 套；磁力搅拌器 1 台；搅拌子 1 个；停表 1 只；称量瓶 8 只 (20×40 mm)，1 只 (35×70 mm)；毛笔 1 支。

硝酸钾(AR)约 26 g。

4.4 实验步骤

(1) 研磨、烘干 26 g 硝酸钾,放入干燥器中冷却。

(2) 把 8 个称量瓶编号。在台秤上称量,依次加入约 2.5 g、1.5 g、2.5 g、3.0 g、3.5 g、4.0 g、4.0 g 和 4.5 g 的硝酸钾,再至分析天平称出准确数据,把称量瓶依次放入干燥器中待用。

(3) 在台秤上称取 216.2 g 蒸馏水于杜瓦瓶内,按图Ⅱ-4-2 装置接妥线路。

(4) 经教师检查后,打开温差报警仪电源,把温度传感器置于室温中数分钟,按下测温挡开关,再按设定挡开关,把指针调至 0.5(红色刻度)处,按下报警开关。把温度传感器放入杜瓦瓶中,注意勿与搅拌磁子接触。

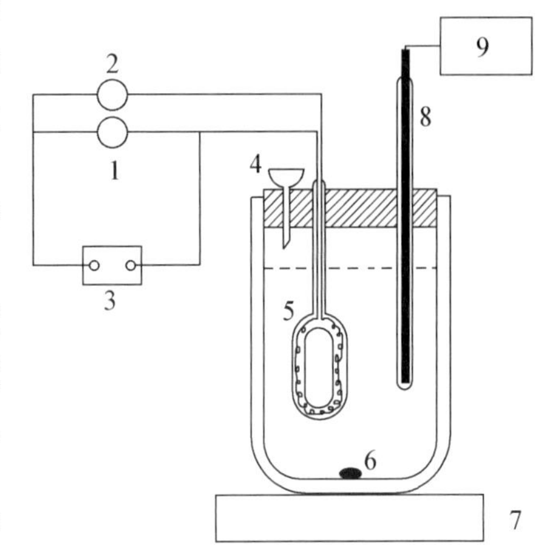

1—直流电压表;2—直流电流表;3—稳流电源;4—漏斗;5—加热器;6—搅拌子;7—磁力搅拌器;8—温度传感器;9—温差报警仪。

图Ⅱ-4-2 量热计及其电路图

(5) 开启磁力搅拌器电源调节合适的转速。打开稳流电源开关,调节电流以使 $IV = 2.3$ W 左右,并保持电流电压稳定。当水温升至比室温高出 0.5 K 时,(表头指针逐渐由 0.5 → 0 靠近),表头指针指零,同时报警仪报警,立即按动秒表开始计时,随即从加料口加入第一份样品,并用毛笔将残留在漏斗上的少量样品全部扫入杜瓦瓶中,用塞子塞住加料口。加入样品后,溶液温度很快下降,报警仪停止报警(此时指针又开始偏离 0 处)。随加热器加热,温度慢慢上升(指针又逐渐接近 0 处),待升至起始温度时,报警仪又开始报警,即记下时间(读准至 0.5 s,切勿按停秒表)。接着加入第二份样品,如上所述继续测定,直至八份样品全部测定完毕。

4.5 实验注意事项

(1) 在实验过程中要求 I、V 保持稳定,如有不稳需随时校正。

(2) 本实验应确保样品充分溶解,因此实验前加以研磨,实验时需有合适的搅拌速度,加入样品时速度要加以注意,防止样品进入杜瓦瓶过速,致使磁子陷住不能正常搅拌,但样品如加得太慢也会引起实验的故障。搅拌速度不适宜时,还会因水的传热性差而导致 Q_s 值偏低,甚至会使 $Q_s - n_0$ 图变形。

(3) 实验过程中加热时间与样品的量是累计的,因而秒表的读数也是累计的,切不可在中途把秒表卡停。

(4) 实验结束后,杜瓦瓶中不应存在硝酸钾的固体,否则需重做实验。

4.6 数据处理

(1) 计算 n_{H_2O}。

(2) 计算每次加入硝酸钾后的累计质量 m_{KNO_3} 和通电累计时间 t。

(3) 计算每次溶解过程中的热效应。

$$Q = IVt = Kt(\text{J}) \tag{4.6}$$

式中：$K = IV$。

（4）将算出的 Q 值进行换算，求出当把 1 mol 硝酸钾溶于 n_0 mol 水中的积分溶解热 Q_s。

$$Q_s = \frac{Q}{n_{KNO_3}} = \frac{Kt}{m_{KNO_3}/M_{KNO_3}} = \frac{101.1Kt}{m_{KNO_3}} \tag{4.7}$$

$$n_0 = \frac{n_{H_2O}}{n_{KNO_3}} \tag{4.8}$$

（5）将以上数据列表并作 $Q_s - n_0$ 图，从图中求出 $n_0 = 80, 100, 200, 300$ 和 400 处的微分溶解热和微分冲淡热，以及 n_0 从 $80 \to 100, 100 \to 200, 200 \to 300, 300 \to 400$ 的积分冲淡热。

4.7 结果要求及文献值

（1）以 $Q_s - n_0$ 作图应得一光滑的曲线，其 $n_0 = 200$ 的 Q_s 应为(35±2)kJ/mol。

（2）文献值：ΔH_{200}(291.2 K)＝35.38 kJ·mol^{-1}①。

4.8 思考题

（1）本实验装置是否适用于放热反应的热效应测定？

（2）设计由测定溶解热的方法求 $CaCl_2(s) + 6H_2O(l) \rightleftharpoons CaCl_2 \cdot 6H_2O(s)$ 的反应热。

4.9 讨论

（1）实验开始时系统的设定温度比环境温度高 0.5 ℃是为了系统在实验过程中能更接近绝热条件，减小热损耗。

（2）本实验中如无定点式温差报警仪，亦可用贝克曼温度计代替，如无磁力搅拌器则可用长短两根滴管插入液体中，不断地鼓泡来代替。

（3）本实验装置除测定溶解热外，还可用来测定液体的比热、水化热、生成热及液态有机物的混合热等热效应。

（4）本实验用电热补偿法测量溶解热时，整个实验过程要注意电热功率的检测准确，但实验过程中电压 V 常在变化，很难得到一个准确值。若实验装置使用计算机控制技术，采用传感器收集数据，使整个实验自动化完成，则可以提高实验的准确度。

附：溶解热测定的计算机控制

1. 目的

（1）初步接触计算机控制化学实验的方法和途径，利用微机的运算和控制，准确和可靠地进行化学参数的测量。

（2）初步了解溶解热实验中数据采集过程。

2. 原理

本装置由 PC 机、MCS8098 控制系统，放大器部分，传感器部分，HSO 控制部分组成。

---

① Hodgman C D. CRC handbook of chemistry and physics[M]. 39th ed. Cleveland: Chemical Rubber Publishing Co., 1957—1958: 1711.

加热电源的电压和电流通过放大器被 8098 系统采集,反应容器中的温度变化由温度传感器经放大器被 8098 系统采集,通过串行口通讯到 PC 机。电热驱动由 PC 机发出信号通过 RS232C 接口到 8098 系统,8098 系统的 HSO 输出高低电平,通过功率驱动带动继电器的吸合、放开进行控制。

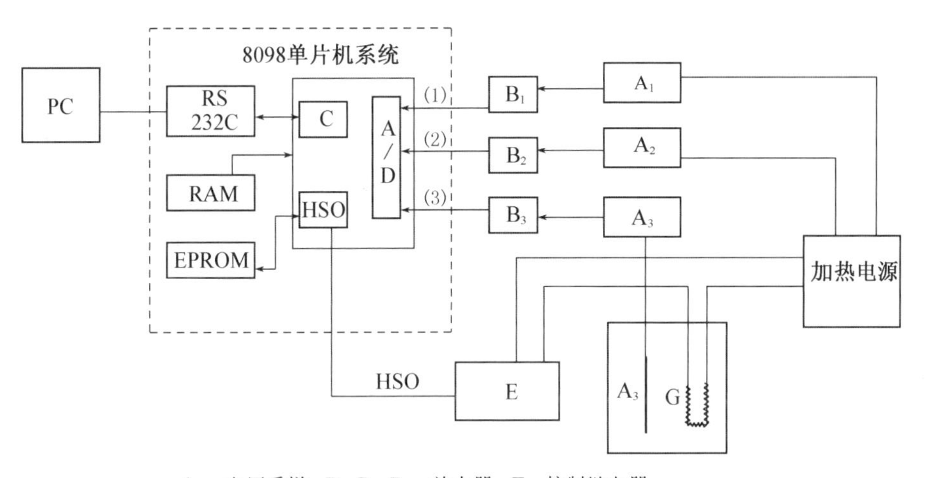

A1—电压采样;B1、B2、B3—放大器;E—控制继电器;

A2—电流采样;C—串行口;A3—传感器采样;G—加热电阻丝。

图Ⅱ-4-3 计算机控制溶解热测量原理图

3. 实验步骤

(1) 首先把系统软件安装妥,运行前先检查微机与接口装置的连接是否可靠,微机接口装置的输出输入线是否接妥,打开微机电源。

(2) 按照计算机指令进行实验。屏幕上会逐步提示实验过程,按步操作。实验完成后,可以调出实验结果的数据文件,用打印机打印出即成。

4. 讨论

(1) 传感器使用前用标准温度计校准后使用,保证测量的准确度和精度。

(2) 实验中的电压值由计算机采集后,取平均值,使 IV 的值提高了准确度。

(3) 时间记录也由计算机自动完成,克服了秒表行进过程中的读数误差。

实验 5 挥发性双液系 $T-X$ 图的绘制

5.1 实验目的及要求

(1) 用回流冷凝法测定沸点时气相与液相的组成,绘制环己烷-异丙醇系统的 $T-X$ 图;并找出恒沸点混合物的组成及恒沸点的温度。

(2) 了解阿贝折光仪的构造原理,熟悉掌握阿贝折光仪的使用。

5.2 实验原理

单组分液体在一定的外压下沸点为一定值，把两种完全互溶的挥发性液体（组分 A 和 B）混合后，在一定的温度下，平衡共存的气、液两相组成通常并不相同。因此在恒压下将溶液蒸馏，测定馏出物（气相）和蒸馏液（液相）的组成，就能找出平衡时气、液两相的成分并绘出 $T-X$ 图。

完全互溶的双液系 $T-X$ 图可分为三类：① 液体与拉乌尔定律的偏差不大，在 $T-X$ 图上溶液的沸点介于 A，B 两纯物质沸点之间，如图Ⅱ-5-1(a)所示。苯-甲苯系统就属于这种类型。② 实际溶液由于 A，B 两组分相互影响，常与拉乌尔定律有较大负偏差，在 $T-X$ 图上出现最高点，如图Ⅱ-5-1(b)所示。属于这类的系统有盐酸-水、丙酮-氯仿系统等。③ A，B 两组分混合后与拉乌尔定律有较大的正偏差。在 $T-X$ 图上出现最低点，如图Ⅱ-5-1(c)所示。水-乙醇和苯-乙醇系统就属于此类。②③类溶液在最高点或最低点时气-液两相组成相同，这些点称为恒沸点，其相应的溶液称为恒沸点混合物，恒沸点混合物靠蒸馏无法改变其组成。

因为本实验中溶液的折射率与组成有关，故可以使用测定折射率的方法来分析溶液的组成。

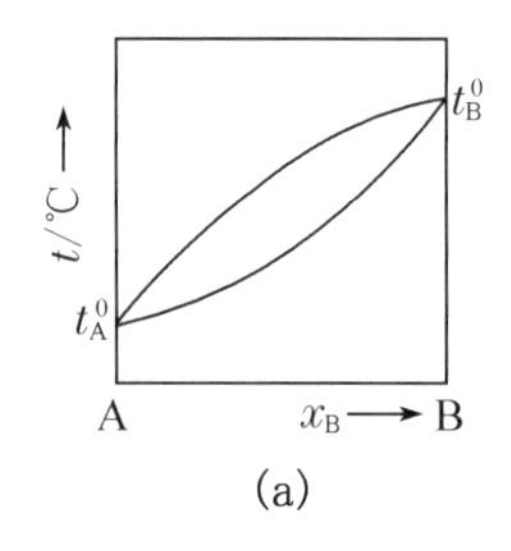

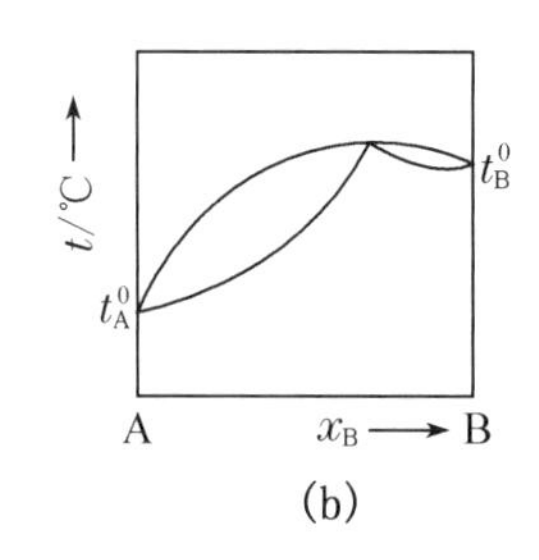

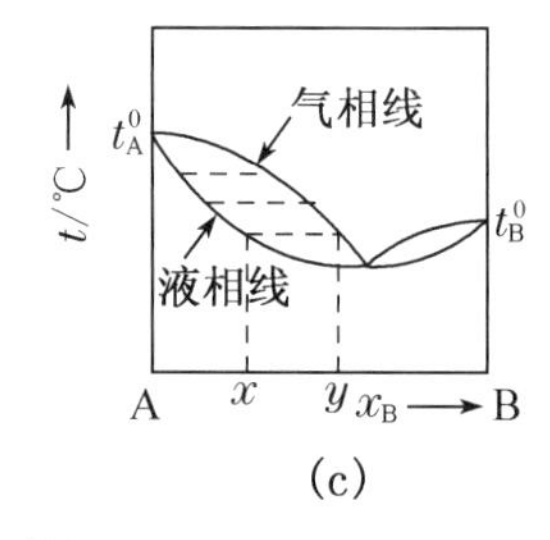

图Ⅱ-5-1 完全互溶双液系的 $T-X$ 图

5.3 仪器与药品

沸点仪 1 只；阿贝折光仪 1 台；温度计（50 ～ 100 ℃，最小分度 0.1 ℃）1 支；稳流电源(2 A)1 台；超级恒温槽 1 台；吸液管（干燥）20 根；小玻璃漏斗 1 只。

环已烷(CP)；异丙醇(CP)。

5.4 实验步骤

(1) 配制含异丙醇约 5%、10%、15%、25%、35%、50%、75%、85%、90%、95%质量的环已烷溶液。

(2) 温度计校正　将沸点仪（见图Ⅱ-5-2）洗净、烘干后（以后每次测定是否都需要先把蒸馏器烘干?）用漏斗从加料口加入异丙醇约 25 mL，使温度水银球的位置一半浸入溶液中，一半露在蒸气中。打开冷却水，通电加热使溶液沸腾（电流不超过 2 A）。待温度恒定后，记录所得温度和室内大气压力。停止通电，倾出异丙醇到原瓶中。

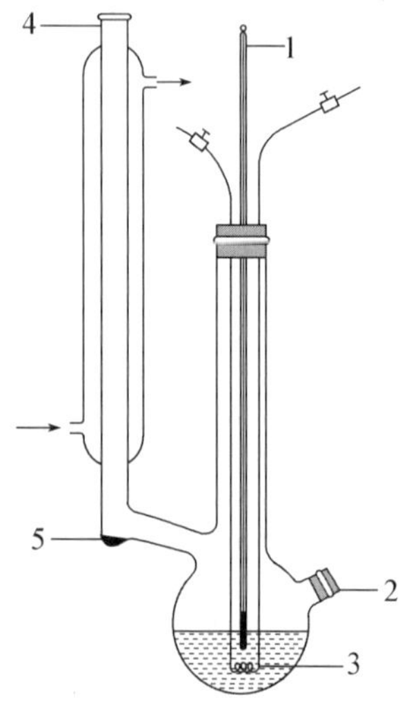

1—温度计；2—加料口；3—加热丝；
4—蒸出液取样口；5—袋状部。

图Ⅱ-5-2 沸点仪的结构图

(3) 在沸点仪中加入 25 mL 含异丙醇约为 5%的环己烷溶液，同法加热使溶液沸腾。最初在冷凝管下端袋状部的液体不能代表平衡时气相的组成（为什么?）。为加速达到平衡可将袋状部内最初冷凝的液体倾倒回蒸馏器底部，并反复 2 ~ 3 次。待温度读数恒定后记下沸点并停止加热。随即在冷凝管上口插入长吸液管吸取袋状部的蒸出液，迅速测其折光率。再用另一根短的吸液管，从沸点仪的加料口吸出液体迅速测其折光率。迅速测定是防止由于蒸发而改变成分。每份样品需读数三次，取其平均值。实验完毕，将沸点仪中溶液倒回原瓶。

同法用含异丙醇约为 10%、15%、25%、35%、50%、75%、85%、90%、95%的环己烷溶液进行实验，各次实验后的溶液均倒回原瓶中。实验过程中应注意室内气压的读数。

5.5 实验注意事项

(1) 电阻丝不能露出液面，一定要被欲测液体浸没，否则通电加热可能会引起有机液体燃烧。通过电流不能太大（在本实验中用电阻丝），只要能使欲测液体沸腾即可，过大会引起欲测液体（有机化合物）的燃烧或烧断电阻丝。

(2) 一定要使系统达到气、液平衡，即温度读数恒定不变。

(3) 只能在停止通电加热后才能取样分析。

(4) 使用阿贝折光仪时，硬物（如滴管）不能触及棱镜，擦棱镜时需用擦镜纸。

(5) 实验过程中必须在冷凝管中通入冷却水，以使气相全部冷凝。

5.6 数据处理

(1) 溶液的沸点与大气压有关。应用特鲁顿（Trouton）规则及克劳修斯-克拉贝龙公式可得溶液沸点随大气压变化而变化的近似式：

$$T_b = T_{0b} + \frac{T_{0b}(p - p_0)}{10 \times 101\ 325}$$

式中：T_{0b} 为在标准大气压（$p_0 = 101\ 325$ Pa）下的正常沸点，异丙醇为 355.5 K；T_b 为在实验时大气压 p 的沸点。

计算纯异丙醇在实验时的大气压下沸点，与实验时温度计上读得的沸点相比较，求出温度计本身误差的修正值。并逐一修正各不同浓度溶液的沸点。

(2) 已知 293.2 K 时环己烷与异丙醇混合液的浓度与折光率的数据如表Ⅱ-5-1 所示。

表Ⅱ-5-1 环己烷和异丙醇混合液的浓度与折光率

异丙醇的摩尔百分数(%)	n_D^{20}	异丙醇的质量百分数(%)	异丙醇的摩尔百分数(%)	n_D^{20}	异丙醇的质量百分数(%)
0	1.426 3	0	40.40	1.407 7	32.61
10.66	1.421 0	7.85	46.04	1.405 0	37.85
17.04	1.418 1	12.79	50.00	1.402 9	41.65
20.00	1.416 8	15.54	60.00	1.398 3	51.72
28.34	1.413 0	22.02	80.00	1.388 2	74.05
32.03	1.411 3	25.17	100.00	1.377 3	
37.14	1.409 0	29.67			

注：摘自 Jean Timmermans:《*The Physico-Chemical Constants of Binary Systems*》Vol. 2, p. 37 (Wiley-Interscience, New York, 1959—1960).

用坐标纸绘出 n_D^{20} 与质量百分数的关系曲线，根据实验测定的结果，从图上查出馏出液及蒸馏液的成分(如测定折光率时的温度不是 20 ℃，则应另找一条在该温度的标准曲线，或者近似地以温度每升高 1 ℃，折光率降低 4×10^{-4}，修正到 20 ℃后再在图上找出相应成分)，列于表Ⅱ-5-2 中。

表Ⅱ-5-2

室温________ 大气压________

序　号	t(沸点)(℃)	液　相		气　相	
		n_D	ω(异丙醇)%	n_D	ω(异丙醇)%

(3) 用以上所得数据绘制 $T-X$ 图，从图求出环己烷-异丙醇系统的最低恒沸点组成及其温度。环己烷的正常沸点为 353.4 K。

5.7 结果要求及文献值

(1) $T-X$ 图曲线平滑，各点处于曲线上或者均匀分布在曲线两侧，其恒沸点的温度为(68.8±0.5)℃，组成(67±1)%(环己烷的质量)。

(2) 文献值：在 101 325 Pa (1 大气压)下环己烷-异丙醇的恒沸点为 68.80 ℃，恒沸物组成为环己烷占 59.2%(摩尔分数)或者 67.0%(质量分数)①。相图见图Ⅱ-5-3②。

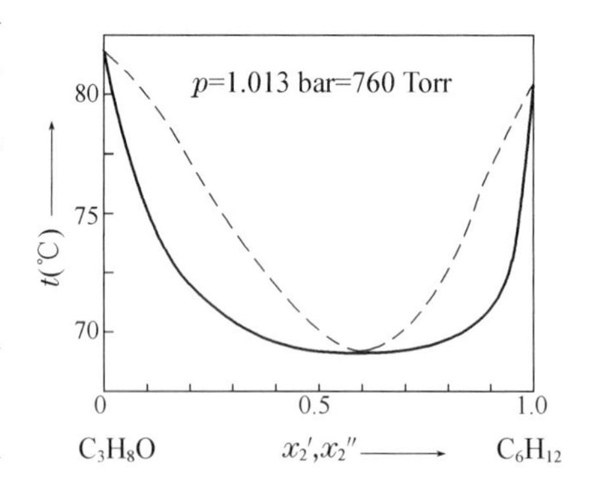

图Ⅱ-5-3　环己烷-异丙醇恒沸物相图

5.8 思考题

(1) 沸点仪中收集气相冷凝液的袋状部的大小对结果有何影响?

(2) 蒸馏时因仪器保温条件欠佳，存在分馏效应时 $T-X$ 图将怎样变化?

(3) 你认为本实验所用的沸点仪尚有哪些缺点?如何改进?

(4) 试分析哪些因素是本实验误差的主要来源。

(5) 试推导沸点校正公式：$T_b = T_{0b} + \dfrac{T_{0b}(p-p_0)}{10\times101\,325}$。

---

① Yuan K S, Lu B C-Y. Vapor-Liquid Equilibria[J]. J. Chem. Eng. Data, 1963, 8(4): 550.

② Weishaupt J. Landolt-Börnstein numerical data and functional relationships in science and technology: new series, IV/3[M]. Berlin: Springer-Verlag, 1975: 191.

5.9 讨论

(1) 具有最低恒沸点的双液系统很多，如环己烷-乙醇系统，苯-乙醇系统以及本实验的环己烷-异丙醇系统。上述系统中苯-乙醇系统可以精确绘制出 $T-X$ 图。其余系统液相线较为平坦，$T-X$ 图欠佳，但苯有毒，故未选用。

(2) 本实验所用沸点仪是较简单的一种，它利用电阻丝在溶液内部加热，这样加热比较均匀，可减少暴沸。所用电阻丝是 26# 镍铬丝，长度约 14 cm，绕成约 3 mm 直径的螺旋圈，再焊接于 14# 铜丝上，然后把铜丝穿过包有锡纸的木塞(铜丝勿与锡纸接触，用锡纸包木塞可防止蒸馏时木塞中的杂质进入溶液中)。最好是用带有二孔的玻璃塞来替代木塞，把铜丝用火漆或环氧树脂固定在玻璃塞的孔上。

(3) 蒸馏气体到达冷凝管前，常会有部分沸点较高的组分被冷凝，因而所测得气相成分可能并不代表真正的气相成分，为减小由此引入的误差，沸点仪中的支管位置不宜太高，沸腾液体的液面与支管上袋状部间的距离不应过远，最好在仪器外再加棉套之类的保温层，以减少蒸气先行冷凝。

(4) 本实验中，水银温度计大部分是在沸点仪内部，露出器外的部分较少，故对温度计的露丝校正可忽略。

(5) 如果已知溶液的密度与组成的关系曲线，也可以由测定密度来定出其组成。但这种方法往往需较多的溶液量，而且费时。而使用测定折射率的方法，简便且液体用量少，但它要求组成系统的两组分的折射率有一定差值。

(6) 本实验的方法在科学研究和工业生产上有广泛的应用，对于完全互溶的与拉乌尔定律偏差不大的二组分系统，可以通过反复蒸馏或精馏使二组分分离，获得两种液态的纯物质。对于与拉乌尔定律有较大的正偏差的二组分系统，其 $T-X$ 图上具有最低恒沸点。如 $H_2O-C_2H_5OH$，$CH_3OH-C_6H_6$，$C_2H_5OH-C_6H_6$ 等这类二组分系统，通过蒸馏或精馏只能获得一种纯物质和一种混合物。例如 $H_2O-C_2H_5OH$ 系统，在标准大气压下其最低恒沸点为 351.8 K。恒沸混合物组成含 C_2H_5OH 95.57%。所以 $H_2O-C_2H_5OH$ 系统在开始时用乙醇含量低于 95.57%的混合物进行蒸馏或精馏得不到无水乙醇。对于与拉乌尔定律产生正偏差的二组分系统，其 $T-X$ 图只有最高恒沸点，形成最高恒沸物，如 H_2O-HNO_3，$HCl-(CH_3)_2O$，H_2O-HCl 等。其中 H_2O-HCl 系统在标准大气压时其最高恒沸点为 381.65 K，恒沸混合物中含 20.24%的 HCl。

(7) 本实验中的溶液有挥发性，每一次实验后溶液浓度有所变化，故在进行 5～6 次实验后，需要添加相关组分以使各溶液恢复到原来的浓度。否则实验点会越来越密集于恒沸点附近，致使无法精确绘制相图。实验中控制 5%、10%两点的浓度很重要，若这两点溶液浓度接近，则难以精确绘制相图。

实验6 二组分简单共熔系统相图的绘制

(一) Cd－Bi 二组分金属相图的绘制

6.1.1 实验目的及要求

(1) 应用步冷曲线的方法绘制 Cd－Bi 二组分系统的相图。

(2) 掌握热电偶温度计和毫伏电位计的基本原理和使用。

6.1.2 实验原理

用几何图形来表示多相平衡系统中有哪些相、各相的成分如何,不同相的相对量是多少,以及它们随浓度、温度、压力等变量变化的关系图,叫相图。

绘制相图的方法很多,其中之一叫热分析法。在定压下把系统从高温逐渐冷却,作温度对时间变化曲线,即步冷曲线。系统若有相变,必然伴随有热效应,即在其步冷曲线中会出现转折点。从步冷曲线有无转折点就可以知道有无相变。测定一系列组成不同样品的步冷曲线,从步冷曲线上找出各相应系统发生相变的温度,就可绘制出被测系统的相图,如图Ⅱ-6-1 所示。

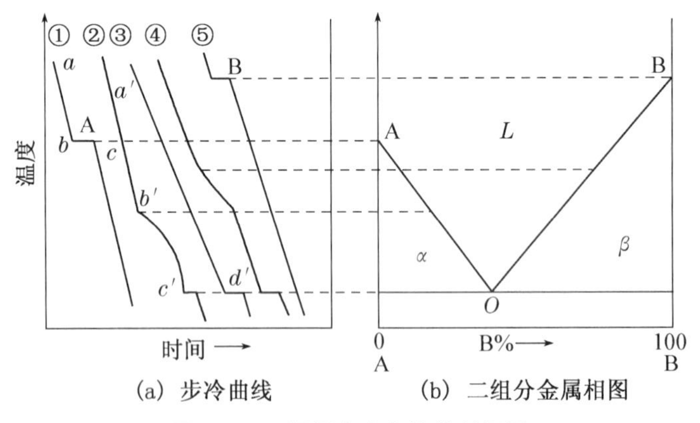

(a) 步冷曲线　(b) 二组分金属相图

图Ⅱ-6-1 根据步冷曲线绘制相图

纯物质的却步冷曲线如①⑤所示,从高温冷却,开始降温很快,ab 线的斜率决定于系统的散热程度。冷却到 A 的熔点时,固体 A 开始析出,系统出现两相平衡(溶液和固体 A),此时温度维持不变,步冷曲线出现 bc 的水平段,直到其中液相全部消失,温度才下降。

混合物步冷曲线(如②④)与纯物质的步冷曲线(如①⑤)不同。如②起始温度下降很快(如 $a'b'$ 段),冷却到 b' 点的温度时,开始有固体析出,这时系统呈两相,因为液相的成分不断改变,所以其平衡温度也不断改变。由于凝固热的不断放出,其温度下降较慢,曲线的斜率较小($b'c'$ 段)。到了低共熔点温度后,系统出现三相,温度不再改变,步冷曲线又出现水平段 $c'd'$,直到液相完全凝固后,温度又迅速下降。

曲线③表示其组成恰为最低共熔混合物的步冷曲线,其图形与纯物相似,但它的水平段是

三相平衡。

用步冷曲线绘制相图是以横轴表示混合物的成分，在对应的纵轴标出开始出现相变（即步冷曲线上的转折点）的温度，把这些点连接起来即得相图。

图Ⅱ-6-1(b)是一种形成简单低共熔混合物的二组分系统相图。图中 L 为液相区；β 为纯 B 和液相共存的二相区；α 为纯 A 和液相共存的二相区；水平段表示 A，B 和液相共存的三相共存线；水平线段以下表示纯 A 和纯 B 共存的二相区；O 为低共熔点。

6.1.3 仪器与药品

陶质坩埚 1 只；500 W 电烙铁芯（作加热电炉用）1 只；热电偶（铜-康铜）1 根；杜瓦瓶 1 只；毫伏电位计 1 只；硬质玻璃试管 8 只；变压器 1 只。

镉（CP）；铋（CP）；液状石蜡。

6.1.4 实验步骤

(1) 配制不同质量百分数的铋、镉混合物各 100 g（含量分别为 0%、15%、25%、40%、55%、75%、90%、100%），分别放在 8 个硬质试管中，再各加入少许液状石蜡（约 3 g），以防止金属在加热过程中接触空气而氧化。

(2) 按图（Ⅲ-1-13）连接装置，依次测纯镉、纯铋和含镉质量百分数为 90%、75%、55%、40%、25%、15%样品的步冷曲线。将样品管放在加热电炉中（电压控制 160 V 左右），让样品熔化，同时将热电偶的热端（连玻璃套管）插入样品管中，热电偶冷端插入冰水中，待样品熔化后，停止加热。用热电偶玻璃套管轻轻搅拌样品，使各处温度均匀一致，避免过冷现象发生。

(3) 样品冷却过程中，冷却速度保持在 6～8 K/min 之间（当环境温度较低时，可加一定的低电压于电炉中），热电偶的热端应放在样品中央，离样品管管底不小于 1 cm，否则将受外界的影响，而不能真实反映被测系统的温度。当样品均匀冷却时，每隔 1 min 测定电动势一次，直到步冷曲线的水平部分以下为止。用纯镉和纯铋来校正热电偶，已知纯镉和纯铋的熔点分别为 594.3 K 和 544.6 K。

6.1.5 实验注意事项

(1) 电炉加热时注意温度不宜升得过高，以防止液状石蜡炭化和欲测金属样品氧化，故所加电压不宜过大，且待金属熔化后即需切断加热电流。

(2) 热电偶热端应插在玻璃套管底部，在搅拌时需注意勿使热端离开底部导致测温点变动。在套管内注入少量液状石蜡盖没热端，以改善其导热情况。

(3) 热电偶的冷端应保持在 273.2 K，作冷阱的杜瓦瓶内应始终有冰存在，每隔一定时间搅动一次，使冷阱内上下温度一致。特别是室温较高时尤要注意。

6.1.6 数据处理

(1) 查热电偶的电势-温度表，求出实验中所测电势对应的温度值。

(2) 把纯镉或纯铋的熔点与测定值比较来校正热电偶，然后逐一修正其他各组成混合物的温度值。

(3) 绘制各组成混合物的步冷曲线。利用所得步冷曲线，绘制铋镉二组分系统的相图，并注出相图中各区域的相平衡。

(4) 从相图中求出低共熔点的温度及低共熔混合物的组成。

6.1.7 结果要求及文献值

(1) 步冷曲线线性良好，转折点明显。

(2) 得到图形较好的二组分相图。最低共熔点温度(145.5±0.5)℃，最低共熔混合物组成含镉(39.7±0.5)%。

(3) 文献值：最低共熔点温度 145.5 ℃，最低共熔混合物组成含镉 39.7%①，相图见同一文献。

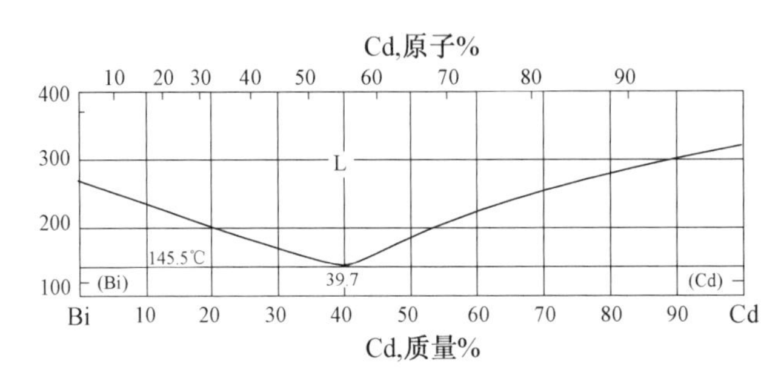

图Ⅱ-6-2 铋-镉共熔混合物相图

6.1.8 思考题

(1) 对于不同成分混合物的步冷曲线，其水平段有什么不同?

(2) 用加热曲线是否可作相图?

(3) 作相图还有哪些方法?

6.1.9 讨论

(1) 步冷曲线的斜率即温度变化速率，取决于系统与环境间的温差、系统的热容量和热传导率等因素，当固体析出时，放出凝固热，因而使步冷曲线发生折变，折变是否明显决定于放出的凝固热能抵消散失热量多少，若放出的凝固热能抵消散失热量的大部分，折变就明显，否则就不明显。故在室温较低的冬天，有时在降温过程中需给电炉加以一定的电压(约 20 V 左右)来减缓冷却速度，以使转折明显。

(2) 测定一系列成分不同的样品的步冷曲线就可绘制相图。但在很多情况下随物相变化而产生的热效应很小，步冷曲线上转折点不明显，在这种情况下，需采用较灵敏的方法进行。另一方面目前实验所用的简单系统为 Cd - Bi，Bi - Sn，Pb - Zn 等，它们挥发的蒸气对人体健康有危害性，而且样品用量大，危害性更大。时间用久了这些混合物难以处理。故改用差热分析(DTA)法或差示扫描(DSC)法较好。

(3) 两组分金属相图，广泛应用于冶炼和合金制备。

---

① 虞觉奇，易文质，陈邦迪，等. 二元合金状态图集[M]. 上海：上海科学技术出版社，1987：225.

（二） DTA 法绘制萘-苯甲酸的二组分相图

6.2.1 实验目的及要求

（1）应用 DTA 法绘制萘和苯甲酸的二组分相图。

（2）掌握差热分析仪的使用原理和操作方法。

6.2.2 实验原理

在程序控制一定的升温速率下，测量样品与参比物之间温差随温度或时间变化的关系，这种方法样品用量少，操作简便易行，并具有较高的精确度等一系列优点。纯样品在受热熔化时要释放或吸收热量，在差热分析仪上就出现特征放热峰或吸热峰，并有一对应的相变温度，若在一纯组分中加入另一组分，其混合物熔化温度下降，并随着样品组分的变化，放热峰或吸热峰的温度也随之相应变化，若以各组分对相应组分的熔化温度作图可得二元系统低共熔混合物相图如Ⅱ-6-4 所示。

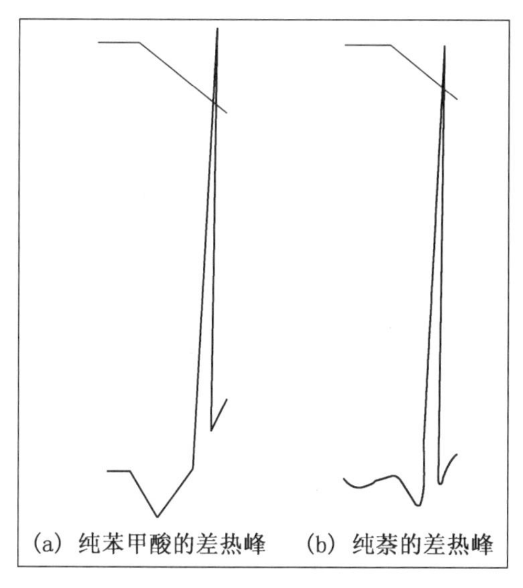

图Ⅱ-6-3 差热峰

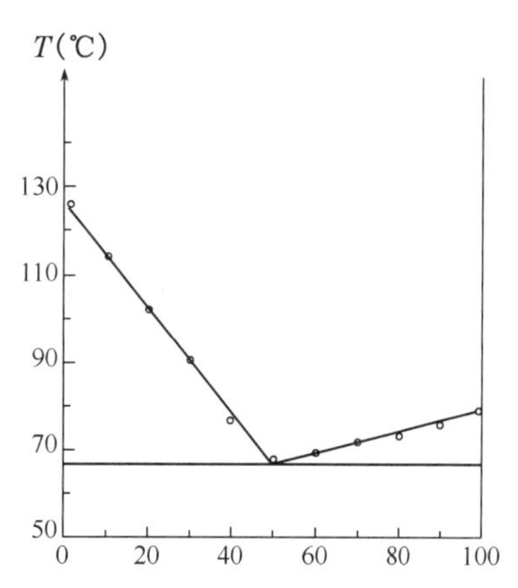

图Ⅱ-6-4 萘和苯甲酸二元系 $T-X$ 图

6.2.3 仪器与药品

差热分析仪 1 台。

纯萘；纯苯甲酸。

6.2.4 实验步骤

（1）将纯萘和纯苯甲酸分别研细并分别放入干燥器干燥 24 h。

（2）配制不同质量百分数的萘和苯甲酸混合物各 1 g，萘含量分别为 0%、10%、20%、30%、40%、50%、60%、70%、80%、90%、100%。混合后充分研细混匀，并分别装入磨口称量瓶中。

(3) 在差热分析仪的样品池中,称取 25 mg 左右上述的混合物,在参比池中称取 25 mg 左右的 α-Al_2O_3。在样品池和参比池上加盖封闭,进行差热分析。

(4) 测试条件:升温速率 5 ℃/min,走纸速度 120 mm/h。

6.2.5 实验注意事项

(1) 在样品池和参比池上要加盖封闭,防止样品池中样品挥发。
(2) 样品需干燥,并且要充分混匀研细。
(3) 样品和参比物用量尽可能保持一致。

6.2.6 数据处理

以样品的相变温度对样品的质量百分数作图,即得萘和苯甲酸低共熔混合物的二组分相图。

6.2.7 思考题

(1) 试分析影响实验的主要因素。
(2) 测试时,在样品池上若不加盖封闭,对实验结果会产生什么影响?

6.2.8 讨论

DTA 曲线转变点确定方法较多,本实验以曲线的陡峭部分的切线和基线交点的温度为温度读数。

实验 7 三液系(三氯甲烷-醋酸-水)相图的绘制

7.1 实验目的及要求

(1) 熟悉相律和用三角形坐标表示三组分相图的方法。
(2) 用溶解度法绘制具有一对共轭溶液的三组分相图。

7.2 实验原理

在萃取时,具有一对共轭溶液的三组分相图对确定合理的萃取条件极为重要。

在定温定压下,三组分系统的状态和组成之间的关系通常可用等边三角形坐标表示,如图Ⅱ-7-1 所示。

等边三角形三顶点分别表示三个纯物 A,B,C。AB,BC,CA 三边分别表示 A 和 B,B 和 C,C 和 A 所组成的二组分系统的组成。三角形内任一点则表示三组分系统的组成。如 O 点的组成为 A% $= Cc'$,B% $= Aa'$,C% $= Bb'$。

在具有一对共轭溶液的三组分系统相图中,A 和 B,A 和 C 完全互溶,而 B 和 C 只能有限度的互溶,如图Ⅱ-7-2 所示。B 和 C 的浓度在 Ba 和 Cd 之间可以完全互溶,介于 ad 之间系统分为两层，一层是B在C中的饱和溶液（d点），另一层是C在B中的饱和溶液（a点），这对溶液称为共轭溶液。曲线abd为溶解度曲线。曲线外是单相区，曲线内是两相区。物系点落在两相区内即分成两相，如O点分成组成为E和F的两相，EF线称为连接线。

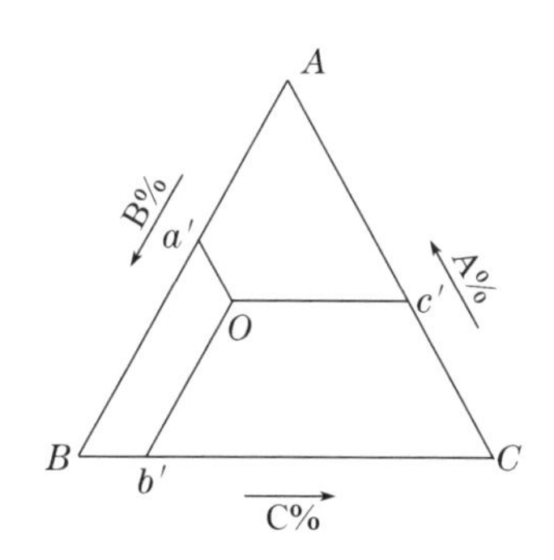

图Ⅱ-7-1 三角形坐标表示法

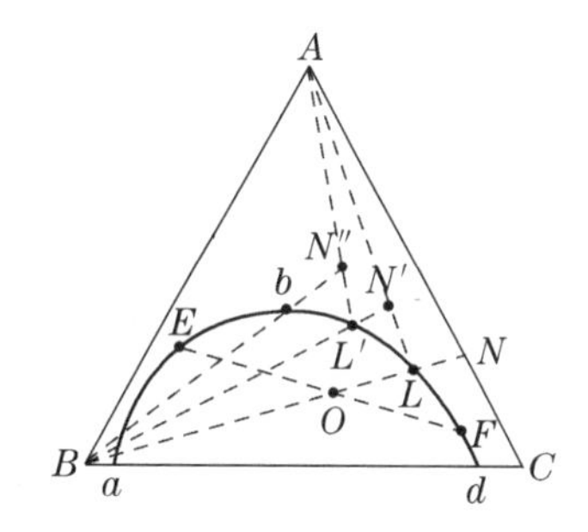

图Ⅱ-7-2 具有一对共轭溶液的三组分系统相图

绘制溶解度曲线的方法较多。本实验是先在完全互溶的两个组分（如A和C）以一定的比例混合所成的均相溶液（如图Ⅱ-7-2上的N点）中滴加入组分B，物系点则沿NB线移动（为什么?），直至溶液变浑，即为L点，然后加入A，物系点沿LA上升至N'点而变清。如再滴加B，则物系点又沿$N'B$移动，当移至L'点时溶液再次变浑。再滴加A使之变清……如此重复，最后连接LL'……即可绘出溶解度曲线。

7.3 仪器与药品

滴定管（50 mL，酸式）1支；滴定管（50 mL，碱式）1支；有塞锥形瓶（100 mL）2只；有塞锥形瓶（25 mL）4只；锥形瓶（100 mL）2只；移液管（2 mL，胖肚）4支；移液管（5 mL，刻度）2支；移液管（10 mL，刻度）1支；分液漏斗（60 mL）2只；漏斗架1只。

氯仿（AR）；冰醋酸（AR）；0.5 mol/L标准NaOH溶液。

7.4 实验步骤

（1）在洁净的酸式滴定管内装水。

移取6 mL氯仿及1 mL醋酸于干燥洁净的100 mL磨口锥形瓶中，然后慢慢滴入水，且不停地振摇，至溶液由清变浑，即为终点，记下水的体积。再向此瓶中加入2 mL醋酸，系统又成均相，继续用水滴至终点。同法再依次加入3.5 mL，6.5 mL醋酸，分别再用水滴定，记录各次各组分用量。最后加入40 mL水，加塞振摇（每隔5 min摇一次），0.5 h后将此溶液作为测量连接线用（溶液Ⅰ）。

另取一干燥洁净的100 mL磨口锥形瓶，用移液管移入1 mL氯仿和3 mL醋酸。用水滴至终点，以后依次再添加2 mL，5 mL，6 mL醋酸。分别用水滴定至终点。记录各次各组分的用量。最后再加入9 mL氯仿和5 mL醋酸，同前法每5 min振摇一次。0.5 h后作为测量另一根连接线用（溶液Ⅱ）。

（2）分别将溶液Ⅰ和Ⅱ迅速转移到干燥清洁的分液漏斗中。在洁净的碱式滴定管内装NaOH溶液。待0.5 h后两层液体分清，把上、下两层液体分离。如不分离可直接用干燥清洁的移液管吸取溶液Ⅰ上层2 mL，取另一根干燥清洁的移液管用洗耳球轻轻吹气并同时插入下层取 2 mL 溶液(这样可以防止上层液体进入移液管中),分别放于已经称重的小的称量瓶中,再称其质量。然后分别转移到 100 mL 洁净的锥形瓶中,以酚酞作指示剂,用 0.5 mol/L NaOH 溶液滴定至终点。

同法吸取溶液Ⅱ上层 2 mL,下层 2 mL,称重并滴定之。

7.5 实验注意事项

(1) 因为所测定的系统含有水的组成,故所用玻璃器皿均需干燥。

(2) 在滴加水的过程中须一滴滴地加入,且不停地振摇锥形瓶,待出现浑浊并在 2～3 min 内不消失,即为终点。特别是在接近终点时要多加振摇,这时溶液接近饱和,溶解平衡需较长的时间。

7.6 数据处理

1. 溶解度曲线的绘制

表Ⅱ-7-1

温度________℃

序号	CH_3COOH		$CHCl_3$		H_2O		W (g)	ω(%)		
	V (mL)	W (g)	V (mL)	W (g)	V (mL)	W (g)		CH_3COOH	$CHCl_3$	H_2O
(Ⅰ)	1		6							
	3		6							
	6.5		6							
	13		6							
	13		6		再加40					
(Ⅱ)	3		1							
	5		1							
	10		1							
	16		1							
	21		10							

根据各点的质量百分数在三角坐标纸上标出,连成线即为溶解度曲线,在 BC 边上的相点即该温度下水在氯仿中的溶解度和氯仿在水中的溶解度。

2. 连接线的绘制

表Ⅱ-7-2

$N_{NaOH}=$

溶液		W(溶液) (g)	V(NaOH) (mL)	$\omega(CH_3COOH)$ (%)
Ⅰ	上			
	下			

(续表Ⅱ-7-2)

溶液		W(溶液) (g)	V(NaOH) (mL)	$\omega(CH_3COOH)$ (%)
Ⅱ	上			
	下			

根据 CH_3COOH(质量)% 在溶解度曲线上找出相应点,其连线即为连接线,它应通过物系点。

7.7 结果要求及文献值

(1) 所得曲线平滑,各点处于曲线上或者均匀分布在曲线两侧,且连接线应通过物系点。

(2) 文献值:室温下该三组分体系的相图①如图Ⅱ-7-3 所示。

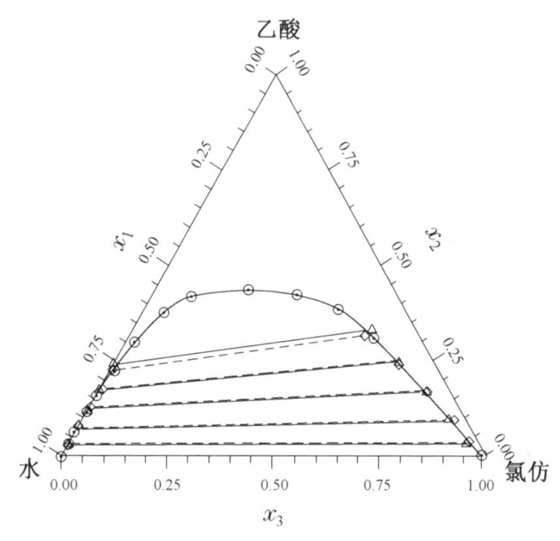

图Ⅱ-7-3 293.15 K 下体系(水 x_1+乙酸 x_2+氯仿 x_3)的液-液平衡(摩尔分数)相图:(⊙) 溶解度(双结点曲线);(△) 实验结果联结线(实线);(◇) 基因贡献法预测的最终组成(虚线)

7.8 思考题

(1) 如连接线不通过物系点,其原因可能是什么?

(2) 在用水滴定溶液Ⅱ的最后,溶液由清到浑的终点不明显,这是为什么?

(3) 从质量的精密度来看,系统的百分组成能用几位有效数字?

(4) 为什么说具有一对共轭溶液的三组分系统的相图对确定各区的萃取条件极为重要?

7.9 讨论

(1) 用水滴定如超过终点,可以再滴加几滴醋酸,至刚由浑变清作为终点。记下实际溶液用量。

---

① Senol A. Liquid-liquid equilibria for the system (water + carboxylic acid + chloroform): thermodynamic modeling [J]. Fluid Phase Equilib, 2006, 243(1-2): 52.

(2) 在温度 T 时密度可按下式计算：

$$\rho_T = \rho_S + \alpha(T - T_S) \times 10^{-3} + \beta(T - T_S)^2 \times 10^{-6} + \gamma(T - T_S)^3 \times 10^{-9}$$

式中：$T_S = 273.2$ K。氯仿和冰醋酸的 ρ_S，α，β，γ 值如表Ⅱ-7-3 所示。

表Ⅱ-7-3 氯仿和冰醋酸的 ρ_S，α，β，γ 值

	ρ_S	α	β	γ
$CHCl_3$	1.526 4	−1.856	−0.531	−8.8
CH_3COOH	1.072	−1.122 9	0.005 8	−2.0

氯仿在水中的溶解度和水在氯仿中的溶解度如表Ⅱ-7-4 所示。

表Ⅱ-7-4 氯仿在水中溶解度和水在氯仿中的溶解度

温度(K)	273.2	283.2	293.2	303.2
$\omega(CHCl_3)$(%)	1.052	0.888	0.815	0.770

温度(K)	276.2	284.2	290.2	295.2	304.2
$\omega(H_2O)$(%)	0.019	0.043	0.061	0.065	0.109

(3) 该相图的另一种测绘方法是：在两相区内以任一比例将此三种液体混合置于一定的温度下，使之平衡，然后分析互成平衡的二共轭相的组成，在三角坐标纸上标出这些点，且连成线。此法较为繁杂。

(4) 含有两固体(盐)和一液体(水)的三组分系统相图的绘制常用湿渣法。原理是平衡的固、液分离后，其滤渣总带有部分液体(饱和溶液)，即湿渣，但它的总组成必定是在饱和溶液和纯固相组成的连接线上。因此，在定温下配制一系列不同相对比例的过饱和溶液，然后过滤，分别分析溶液和滤渣的组成，并把它们一一连成直线，这些直线的交点即为纯固相的成分，由此亦可知该固体是纯物还是复盐。

(5) 具有一对共轭溶液的三组分相图在科学研究和工业生产中有很重要的应用。比如在标准压力下，温度为 397 K 时对苯(A)-正庚烷(B)混合物进行分离，可选用二乙二醇醚作为萃取剂。根据其三组分相图经过连续多级萃取即可实现苯与正庚烷的分离。

实验 8 差 热 分 析

8.1 实验目的及要求

(1) 掌握差热分析的基本原理和方法，用差热分析仪测定硫酸铜的差热图，并掌握定性解释图谱的基本方法。

(2) 掌握差热分析仪的使用方法。

8.2 实验原理

物质在受热或冷却的过程中，如有物理或化学的变化会伴有热效应发生。差热分析法是

测定在同一受热条件下，试样与参比物（在所测定的温度范围内不会发生任何物理或化学变化的热稳定的物质）之间温差（ΔT）对温度（T）或时间（t）关系的一种方法。

差热分析装置的简单原理如图Ⅱ-8-1所示。该仪器结构包括放试样和参比物的坩埚、加热炉、温度程序控制单元、差热放大单元、记录仪单元以及两对相同材料热电偶并联而成的热电偶组。两对热电偶的测温端分别置于试样（S）和参比物（R）的中心，测量它们的温差（ΔT）和它们的温度（T）。

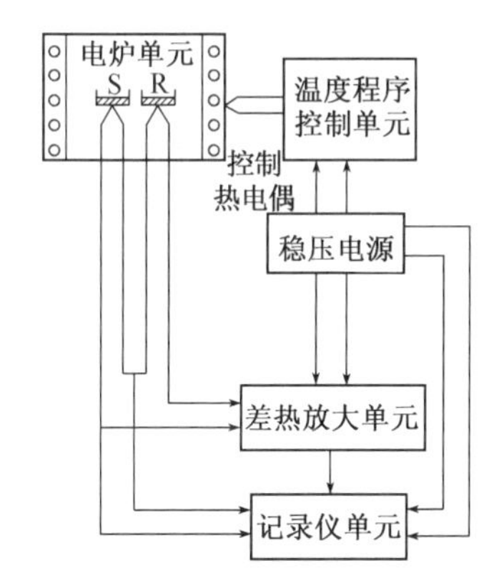

图Ⅱ-8-1　差热分析装置简单原理图

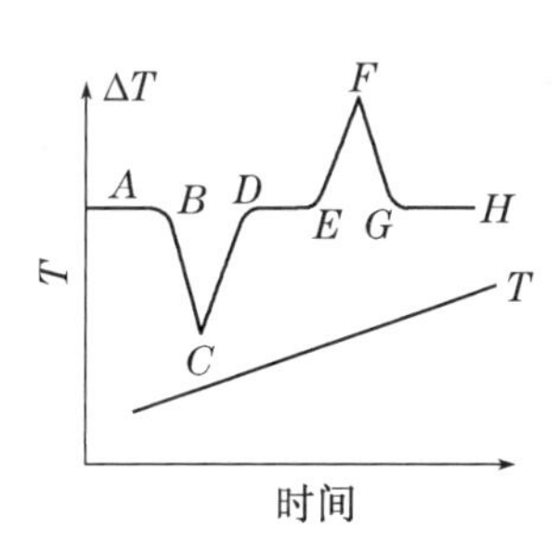

图Ⅱ-8-2　理想差热分析图

试样与参比物放入坩埚后，按一定的速率升温，如果参比物和试样热容大致相同，就能得到理想的差热分析图，图中 T 是由插在参比物的热电偶所反映的温度曲线。AH 线反映试样与参比物间的温差曲线。如试样无热效应发生，那么试样与参比物间 $\Delta T = 0$，在曲线上 AB，DE，GH 是平滑的基线。当有热效应发生而使试样的温度高于参比物，则出现如 BCD 峰顶向下的放热峰。反之，峰顶向上的 EFG 为吸热峰。

差热图中峰的数目、位置、面积、方向、高度、宽度、对称性反映了试样在所测温度范围内所发生的物理变化和化学变化次数、发生转化的温度范围、热效应大小及正负。峰的高度、宽度、对称性除与测试条件有关外，还与样品变化过程的动力学因素有关。所测得的差热图比理想的差热图复杂得多。

8.3 仪器与药品

CRY-1型差热分析仪。

$CuSO_4 \cdot 5H_2O$（AR）；α-Al_2O_3（AR）。

8.4 实验步骤

（1）将试样称重（约 6～7 mg）放入坩埚中，在另一只坩埚中放入质量相等的参比物（α-Al_2O_3），然后将样品坩埚放在样品专架的左侧托盘上，参比物坩埚放在右侧的托盘上。转动手柄，轻轻地放下加热炉体，并打开冷却水。

（2）将记录仪上的温度下限黑针往左边推到底，温度上限的黑针往右边推到所需的最高温度（573 K）。然后开启笔1开关。

（3）将升温方式的选择开关置于升温的位置。开启总电源，打开温度程序升温控制单元及差热放大单元的电源开关(如发现温度程序控制单元上的偏差指示仪表头的指针不在“零”位,则利用“手动”旋钮使偏差至“零”位)。

(4) 把差热放大器量程开关置于±100 μV 处,程序方式“升温”,升温速度采用 10 K/min。

(5) 开启记录仪中笔 2 开关,使处于记录纸中线附近(通过转动差热放大器单元上的“移位”开关来达到)。开启走纸电动机,走纸速度选择 300 mm/h。

(6) 按下温度程序控制单元上的“工作”按钮和电炉开关。

(7) 实验完毕,抬起记录笔,关闭记录仪、差热放大单元、温度程序控制单元并切断总电源,最后关闭冷却水源。

8.5 实验注意事项

(1) 试样需研磨成与参比物粒度相仿(约 200 目),两者装填在坩埚中的紧密程度应尽量相同。

(2) 在欲放下炉体时,务必先把炉体转回原处后(即样品杆要位于炉体中心)才能摇动手柄,否则会弄断样品杆。

(3) 通电加热电炉前需先打开冷却水源。

8.6 数据处理

(1) 指出样品差热图中各峰的起始温度和峰温。

(2) 讨论各峰所对应的可能变化。

8.7 结果要求及文献值

(1) $CuSO_4 \cdot 5H_2O$ 的三个峰温与文献值相差 1 K 以内。

(2) 文献值:$CuSO_4 \cdot 5H_2O$ 的差热峰——第一峰 358.2 K,第二峰 388.2 K,第三峰 503.2 K[①],差热图谱见图Ⅱ-8-3[②]。

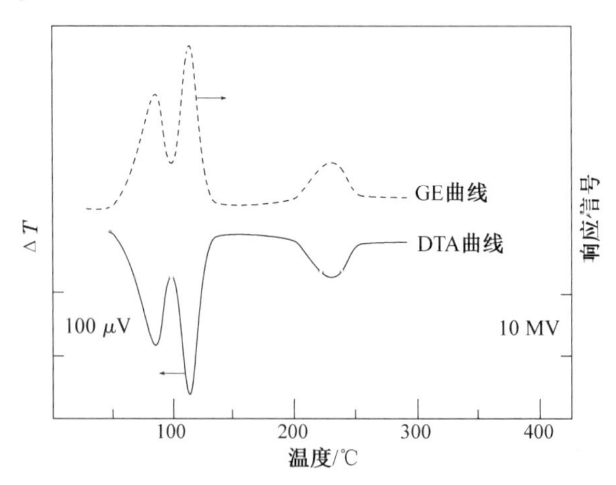

图Ⅱ-8-3 $CuSO_4 \cdot 5H_2O$ 的 DTA 和 GE 曲线(35.7 mg 样品)

注:GE=gas evolution analysis.

① Wendlandt W W. Thermal methods of analysis[M]. New York: Interscience Publishers, 1964:305-306.

② Wendlandt W W. A new apparatus for simultaneous differential thermal analysis and gas evolution analysis[J]. Analytica Chimica Acta,1962, 27: 309-314.

8.8 思考题

(1) 差热分析与简单热分析(步冷曲线法)有何异同?

(2) 在实验中为什么要选择适当的样品量和适当的升温速率?

(3) 测温热电偶插在试样中和插在参比物中,其升温曲线是否相同?

8.9 讨论

(1) 差热分析是一种动态分析方法,因此实验条件对结果有很大的影响。一般要求试样用量尽可能少,这样可得到比较尖锐的峰,并能分辨出靠得很近的峰。样品过多往往会使峰形成“大包”,并使相邻的峰相互重叠而无法分辨。选择适宜的升温速率。低的升温速率基线漂移小,所得峰形显得矮而宽,可分辨出靠得很近的变化过程,但测定时间长。升温速率高时峰形比较尖锐,测定时间短,但基线漂移明显,与平衡条件相距较远,出峰温度误差大,分辨率下降。

(2) 作为参比物的材料,要求在整个测定温度范围内应保持良好的热稳定性,不应有任何热效应产生,常用的参比物有煅烧过的 α-Al_2O_3、MgO、石英砂等。测定时应尽可能选取与试样的比热、导热系数相近的物质作参比物。有时为使试样与参比物热性质相近,可在试样中掺入参比物(为试样量的 1 ～ 2 倍)。

(3) 从理论上讲,差热曲线峰面积(S)的大小与试样所产生的热效应(ΔH)大小成正比,即 $\Delta H = KS$,K 为比例常数,将未知试样与已知热效应物质的差热峰面积相比,就可求出未知试样的热效应。实际上,由于样品和参比物间往往存在着比热、导热系数、粒度、装填紧密程度等方面不同,在测定过程中又由于熔化、分解、转晶等物理或化学性质的改变,未知物试样和参比物的比例常数 K 并不相同,故用它来进行定量计算误差极大。但差热分析可用于鉴别物质,与 X 射线衍射、质谱、色谱、热重法等方法配合可确定物质的组成、结构及进行反应动力学等方面的研究。

(4) 本实验的测试样品为 $CuSO_4 \cdot 5H_2O$,其失水过程为

$$CuSO_4 \cdot 5H_2O \longrightarrow CuSO_4 \cdot 3H_2O \longrightarrow CuSO_4 \cdot H_2O \longrightarrow CuSO_4$$

从失水过程看,失去最后一个水分子显得比较困难,$CuSO_4 \cdot 5H_2O$ 中各水分子的结合力不完全一样,如果与 X 射线仪配合测定,就可测出其结构为$[Cu(H_2O)_4]SO_4 \cdot H_2O$。最后失去的一个水分子是以氢键连在 SO_4^{2-} 上的,所以失去困难。

实验 9　用分光光度法测定弱电解质的电离常数

9.1 实验目的及要求

(1) 掌握一种测定弱电解质电离常数的方法。

(2) 掌握分光光度计的测试原理和使用方法。

(3) 掌握 pH 计的原理和使用。

9.2 实验原理

根据朗伯-比尔(Lambert-Beer)定律，溶液对于单色光的吸收，遵守下列关系式：

$$A = \lg \frac{I_0}{I} = klc \tag{9.1}$$

式中：A 为吸光度；I/I_0 为透光率；k 为摩尔吸光系数，它是溶液的特性常数；l 为被测溶液的厚度；c 为溶液浓度。

在分光光度分析中，将每一种单色光，分别依次地通过某一溶液，测定溶液对每一种光波的吸光度，以吸光度 A 对波长 λ 作图，就可以得到该物质的分光光度曲线，或吸收光谱曲线，如图Ⅱ-9-1 所示。由图可以看出，对应于某一波长有一个最大的吸收峰，用这一波长的入射光通过该溶液就有着最佳的灵敏度。

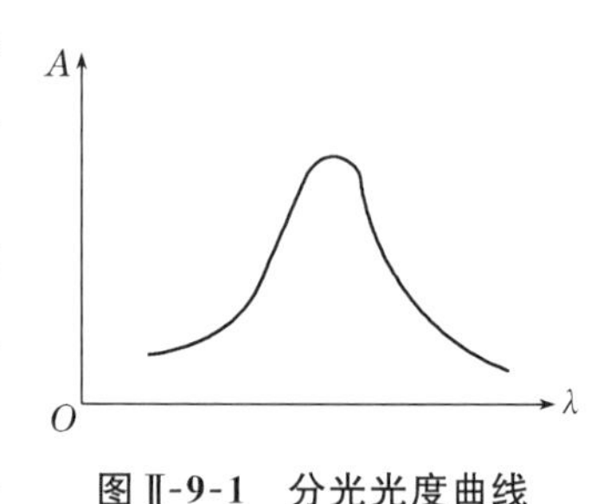

图Ⅱ-9-1　分光光度曲线

从(9.1)式可以看出，对于固定长度吸收槽，在对应最大吸收峰的波长(λ)下测定不同浓度 c 的吸光度，就可作出线性的 $A-c$ 线，这就是光度法的定量分析的基础。

以上讨论是对于单组分溶液的情况，对含有两种以上组分的溶液，情况就要复杂一些。

(1) 若两种被测定组分的吸收曲线彼此不相重合，这种情况很简单，就等于分别测定两种单组分溶液。

(2) 若两种被测定组分的吸收曲线相重合，且遵守朗伯-比尔定律，则可在两波长 λ_1 及 λ_2 时(λ_1，λ_2 是两种组分单独存在时吸收曲线最大吸收峰波长)测定其总吸光度，然后换算成被测定物质的浓度。

根据朗伯-比尔定律，假定吸收槽的长度一定，则

$$\left.\begin{aligned} &\text{对于单组分 A：} A_\lambda^A = K_\lambda^A c^A \\ &\text{对于单组分 B：} A_\lambda^B = K_\lambda^B c^B \end{aligned}\right\} \tag{9.2}$$

设 $A_{\lambda_1}^{A+B}$，$A_{\lambda_2}^{A+B}$ 分别代表在 λ_1 及 λ_2 时混合溶液的总吸光度，则

$$A_{\lambda_1}^{A+B} = A_{\lambda_1}^A + A_{\lambda_1}^B = K_{\lambda_1}^A c^A + K_{\lambda_1}^B c^B \tag{9.3}$$

$$A_{\lambda_2}^{A+B} = A_{\lambda_2}^A + A_{\lambda_2}^B = K_{\lambda_2}^A c^A + K_{\lambda_2}^B c^B \tag{9.4}$$

此处 $A_{\lambda_1}^A$，$A_{\lambda_1}^B$，$A_{\lambda_2}^A$，$A_{\lambda_2}^B$ 分别代表 λ_1 及 λ_2 时组分 A 和 B 的吸光度。由(9.3)式可得

$$c^B = \frac{A_{\lambda_1}^{A+B} - K_{\lambda_1}^A c^A}{K_{\lambda_1}^B} \tag{9.5}$$

将(9.5)式代入(9.4)式得

$$c^A = \frac{K_{\lambda_1}^B A_{\lambda_2}^{A+B} - K_{\lambda_2}^B A_{\lambda_1}^{A+B}}{K_{\lambda_2}^A K_{\lambda_1}^B - K_{\lambda_2}^B K_{\lambda_1}^A} \tag{9.6}$$

这些不同的 K 值均可由单组分溶液求得。也就是说，在单组分溶液的最大吸收峰的波长 λ 处，测定吸光度 A 和浓度 c 的关系。如果在该波长处符合朗伯-比尔定律，那么 $A-c$ 为直线，直线的斜率即为 K 值，$A_{\lambda_1}^{A+B}$，$A_{\lambda_2}^{A+B}$ 是混合溶液在 λ_1，λ_2 处测得的总吸光度，因此根据(9.5)式和(9.6)式即可计算混合溶液中组分 A 和组分 B 的浓度。

(3) 若两种被测组分的吸收曲线相互重合，而又不遵守朗伯-比尔定律。

(4) 混合溶液中含有未知组分的吸收曲线。

(3)与(4)两种情况，由于计算及处理比较复杂，此处不讨论。

本实验是用分光光度法测定弱电解质(甲基红)的电离常数，由于甲基红本身带有颜色，而且在有机溶剂中电离度很小，所以用一般的化学分析法或其他物理化学方法进行测定都有困难，但用分光光度法可不必将其分离，且同时能测定两组分的浓度。甲基红在有机溶剂中形成下列平衡：

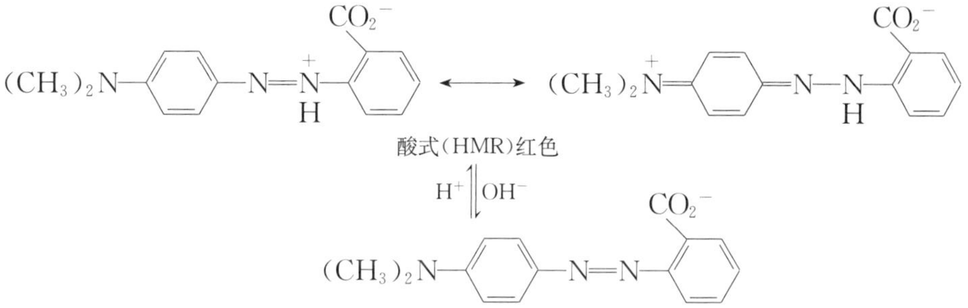

酸式(HMR)红色

H^+ ⇌ OH^-

碱式(MR^-)黄色

可简写为

$$HMR \rightleftharpoons H^+ + MR^-$$

甲基红的电离常数

$$K = \frac{[H^+][MR^-]}{[HMR]}$$

或

$$pK = pH - \lg\frac{[MR^-]}{[HMR]} \tag{9.7}$$

由(9.7)式可知，只要测定溶液中 MR^- 与 HMR 的浓度及溶液的 pH(由于本系统的吸收曲线属于上述讨论中的第二种类型，因此可用分光光度法通过(9.5)(9.6)两式求出 MR^- 与 HMR 的浓度)，即可求得甲基红的电离常数。

9.3 仪器与药品

722 型分光光度计 1 台；pHs-3D 型酸度计 1 台；容量瓶(100 mL)7 只；量筒(100 mL)1 只；烧杯(100 mL)4 只；移液管(25 mL，胖肚)2 支；移液管(10 mL，刻度)2 支；洗耳球 1 只。

酒精(95%，CP)；盐酸(0.1 mol/L)；盐酸(0.01 mol/L)；醋酸钠(0.01 mol/L)；醋酸钠(0.04 mol/L)；醋酸(0.02 mol/L)；甲基红(固体)。

9.4 实验步骤

1. 溶液制备

(1) 甲基红溶液　将 1 g 晶体甲基红加 300 mL 95%酒精，用蒸馏水稀释到 500 mL。

(2) 标准溶液　取 10 mL 上述配好的溶液加 50 mL 95%酒精，用蒸馏水稀释到 100 mL。

(3) 溶液 A　将 10 mL 标准溶液加 10 mL 0.1mol/L HCl，用蒸馏水稀释至 100 mL。

(4) 溶液 B　将 10 mL 标准溶液加 25 mL 0.04mol/L NaAc，用蒸馏水稀释至 100 mL。

溶液 A 的 pH 约为 2，甲基红以酸式存在。溶液 B 的 pH 约为 8，甲基红以碱式存在。把溶液 A、溶液 B 和空白溶液(蒸馏水)分别放入三个洁净的比色槽内，测定吸收光谱曲线。

2. 测定吸收光谱曲线

(1) 用 752 分光光度计测定溶液 A 和溶液 B 的吸收光谱曲线求出最大吸收峰的波长。波长从 360 nm 开始，每隔 20 nm 测定一次（每改变一次波长都要先用空白溶液校正），直至 620 nm 为止。由所得的吸光度 A 与 λ 绘制 A～λ 曲线，从而求得溶液 A 和溶液 B 的最大吸收峰波长 λ_1 和 λ_2。

（2）求 $K_{\lambda_1}^{A}$，$K_{\lambda_2}^{A}$，$K_{\lambda_1}^{B}$，$K_{\lambda_2}^{B}$。于 100 mL 小容量瓶中将 A 溶液用 0.01 mol/L HCl 稀释至开始浓度的 0.75 倍、0.50 倍、0.25 倍。于 100 mL 小容量瓶中，将 B 溶液用 0.01 mol/L NaAc 稀释至开始浓度的 0.75 倍、0.50 倍、0.25 倍。并在溶液 A、溶液 B 的最大吸收峰波长 λ_1，λ_2 处测定上述各溶液的吸光度。如果在 λ_1，λ_2 处上述溶液符合朗伯-比尔定律，则可得到四条 $A-c$ 直线，由此可求出 $K_{\lambda_1}^{A}$，$K_{\lambda_2}^{A}$，$K_{\lambda_1}^{B}$，$K_{\lambda_2}^{B}$。

3. 测定混合溶液的总吸光度及其 pH

（1）配制四种混合液

① 10 mL 标准液＋25 mL 0.04 mol/L NaAc＋50 mL 0.02 mol/L HAc 加蒸馏水稀释至 100 mL。

② 10 mL 标准液＋25 mL 0.04 mol/L NaAc＋25 mL 0.02 mol/L HAc 加蒸馏水稀释至 100 mL。

③ 10 mL 标准液＋25 mL 0.04 mol/L NaAc＋10 mL 0.02 mol/L HAc 加蒸馏水稀释至 100 mL。

④ 10 mL 标准液＋25 mL 0.04 mol/L NaAc＋5 mL 0.02 mol/L HAc 加蒸馏水稀释至 100 mL。

（2）用 λ_1，λ_2 的波长测定上述四种溶液的总吸光度。

（3）测定上述四种溶液的 pH。

9.5 实验注意事项

（1）使用 722 型分光光度计时，电源部分需加一稳压电源，以保证测定数据稳定。

（2）使用 722 型分光光度计时，为了延长光电管的寿命，在不进行测定时，应将暗室盖子打开。仪器连续使用时间不应超过 2 h，如使用时间长，则中途需间歇 0.5 h 再使用。

（3）比色槽经过校正后，不能随意与另一套比色槽个别地交换，需经过校正后才能更换，否则将引入误差。

（4）pH 计应在接通电源 20～30 min 后进行测定。

（5）本实验 pH 计使用的复合电极，在使用前复合电极需在 3 mol/L KCl 溶液中浸泡一昼夜。复合电极的玻璃电极玻璃很薄，容易破碎，切不可与任何硬物相碰。

9.6 数据处理

（1）画出溶液 A、溶液 B 的吸收光谱曲线，并由曲线上求出最大吸收峰的波长 λ_1，λ_2。

（2）将 λ_1，λ_2 时溶液 A、溶液 B 分别测得的浓度与吸光度值作图，得四条 $A-c$ 直线。求出四个摩尔吸光系数 $K_{\lambda_1}^{A}$，$K_{\lambda_1}^{B}$，$K_{\lambda_2}^{A}$，$K_{\lambda_2}^{B}$。

（3）由混合溶液的总吸光度，根据(9.5)和(9.6)两式，求出混合溶液中 A，B 的浓度。

（4）求出各混合溶液中甲基红的电离常数。

9.7 结果要求及文献值

(1) 溶液 A 和溶液 B 的 $A-\lambda$ 曲线应光滑连续，其最大吸收峰的波长 λ_1 为(520±10)nm，λ_2 为(425±10)nm 。

(2) $A-c$ 作图应为一直线。

(3) 在室温范围内甲基红的 pK_a 为 4.9±0.2。

(4) 文献值：在 25 ℃时甲基红 pK_a 为 4.95。①

9.8 思考题

(1) 制备溶液时，所用的 HCl，HAc，NaAc 溶液各起什么作用？

(2) 用分光光度法进行测定时，为什么要用空白溶液校正零点？理论上应该用什么溶液校正？在本实验中用的是什么？为什么？

9.9 讨论

(1) 分光光度法和分析中的比色法相比较有一系列优点，首先它的应用不局限于可见光区，可以扩大到紫外和红外区，所以对于一系列没有颜色的物质也可以应用。此外，也可以在同一样品中对两种以上的物质(不需要预先进行分离)同时进行测定。

(2) 吸收光谱的方法在化学中得到广泛的应用和迅速发展，也是物理化学研究中的重要方法之一，例如用于测定平衡常数以及研究化学动力学中的反应速度和机理等。由于吸收光谱实际上决定于物质内部结构和相互作用，因此对它的研究有助于了解溶液中分子结构及溶液中发生的各种相互作用(如络合、离解、氢键等性质)。

实验 10 气相反应平衡常数的测定

10.1 实验目的及要求

(1) 掌握测定平衡常数的一种方法。

(2) 掌握高温控制和测量的实验技术以及气体的取样和分析的方法。

10.2 实验原理

$$C(固)+CO_2(气) \rightleftharpoons 2CO(气)$$

这是煤气发生炉中 CO_2 上升到还原区与碳作用发生的还原反应。煤气中 CO 主要就是由这个反应产生的。在一般冶金工业中，这一反应也是高炉中还原金属氧化物时 CO 的来源。

由气体的分压定律和分体积定律，可得该反应的平衡常数如下：

---

① Gokel G W. 有机化学手册[M]. 张书圣，温永红，丁彩凤，等译. 北京：化学工业出版社，2006：711.

$$K_p=\frac{p_{CO}^2}{p_{CO_2}}=\frac{(x_{CO}\cdot p)^2}{(x_{CO_2}\cdot p)}=\frac{\left(\frac{V_{CO}}{V}\right)^2\cdot p^2}{\left(\frac{V_{CO_2}}{V}\right)\cdot p}=\frac{V_{CO}^2}{V\cdot V_{CO_2}}\cdot p$$

式中：K_p 为一定温度时的平衡常数；p_{CO}，p_{CO_2} 为平衡时 CO 和 CO_2 的分压；x_{CO}，x_{CO_2} 为平衡时 CO 和 CO_2 的摩尔分数；V_{CO}，V_{CO_2} 为平衡时 CO 和 CO_2 的分体积；p 为总压；V 为平衡气相的总体积。

由上式可知，在一定温度下，若知道平衡时气相总体积 $V(V=V_{CO}+V_{CO_2})$，利用 CO_2 能与 KOH 溶液反应生成 K_2CO_3（先生成 $KHCO_3$，再转变为 K_2CO_3）的特性。把总体积已知的气体用 KOH 溶液吸收，则所剩余的体积就是 V_{CO}，而 $V_{CO_2}=V-V_{CO}$。如果是在总压等于外压的条件下进行实验，那么总压 p 就是大气压，这样，就可以求得一定温度下的平衡常数 K_p。

10.3 仪器与药品

启普发生器（器内以盐酸与 $CaCO_3$ 起反应生成 CO_2）1 只；水准瓶（有下口的细口瓶：300～1 000 mL 1 只、500～700 mL 4 只）；干燥塔（250 mL）1 个；瓷管（25 mm × 3 mm × 600 mm）1 根；三通活塞 3 只；二通活塞 2 只；管式电炉（1 000 W）1 只；高温控制仪 1 台；橡皮球胆 1 只。

无水氯化钙（工业）；氢氧化钾（CP）；直径约 1～2 mm，载有 0.5%（质量）氢氧化钾的碳粒；盐酸（工业）；大理石。

10.4 实验步骤

实验装置如图Ⅱ-10-1 所示。按功能可把装置划分成三部分：① CO_2 气体的发生和净化部分；② 反应部分（CO_2 来回往复通过一定温度的灼热碳层使反应 $CO_2+C\longrightarrow 2CO$ 达到平衡）；③ 气体的取样和分析部分（把平衡气体放一部分到量气管中，然后用 50% KOH 溶液吸收，以求得 V_{CO} 和 V_{CO_2}）。

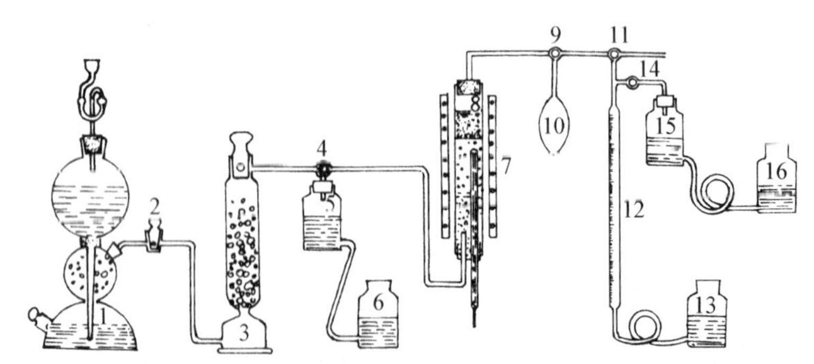

1—启普发生器；2、14—二通活塞；3—$CaCl_2$ 干燥塔；4、9、11—三通活塞；
5、13、15、16—500～700 mL 水准瓶； 6—900～1 000 mL 水准瓶；
7—管式电炉；8—瓷管；10—橡皮球胆；12—量气管。

图Ⅱ-10-1 测定气体平衡常数的装置图

（1）装样 在瓷管中部（即电炉等温区范围）装入碳粒约 10 cm 厚，两端用填料（瓷圈）填紧，以防碳粒松散，塞紧橡皮塞，并把控温热电偶紧贴在瓷管中部的外壁，测温热电偶的热端插入位于瓷管下端的套管中，使其位于碳粒层的中部。

(2) 检漏　在量气管与贮水瓶有液面差的情况下，使贮气瓶(水准瓶5)、反应管、球胆和量气管连通，待稳定后，量气管与其贮水瓶仍有一定的液面差并保持不变(约2～3 min)，则表示不漏，否则要逐段检漏，直至不漏(注意：切勿使贮气瓶内液状石蜡抽入反应器内)。

(3) 通电加热　开启高温控制测量仪至所需测试温度1 073 K。

(4) 排除空气　在贮气瓶灌满液状石蜡的情况下，使启普发生器产生的CO_2气体只通过干燥塔、反应器、球胆并由量气管上端的三通活塞排向大气。通气约10 min以除去系统中的空气(且用少量CO_2气洗涤球胆2～3次以排除其中的空气)。

(5) 贮气　使启普发生器只与贮气瓶通，下降贮油瓶(水准瓶6)以收集实验所需CO_2气约150 mL。

(6) C和CO_2起反应并使之达平衡　待炉温稳定在1 073 K后，使贮气瓶只与反应器、球胆通，用升降贮油瓶的方法使CO_2在其间往复来回与反应管内灼热碳粒充分接触，以便达到平衡(如何判定?)。

(7) 取样分析　使球胆与量气管通，自球胆中抽取一定量的平衡气体于量气管中(约70～100 mL)，读出其体积V，然后使量气管与CO_2吸收瓶(水准瓶15，内装有50%KOH溶液)通，使气样在其间往复来回4～5次(注意：勿使KOH溶液灌入量气管中)，以充分吸收，再由量气管读出未被吸收的剩余气体即为V_{CO}，$V_{CO_2}=V-V_{CO}$。

同法再取样重复分析一次。

(8) 升高炉温至1 123 K，重复贮气，反应，取样分析的步骤进行实验。

(9) 实验结束后，应切断电源，待炉温下降后才能使系统与大气通(为什么?)。

10.5 实验注意事项

(1) 由于本实验装置中活塞较多，故在实验前应熟悉各活塞及气路。

(2) 系统必须密闭而无泄漏，且没有空气。

(3) 达到实验温度后，一定要在此温度下加热一段时间，否则所抽出气体不是此温度下的平衡气相组成。使用高温控制测量仪时，严格按照说明书要求操作，防止温度波动。

(4) 在$CO_2+C\longrightarrow CO$的反应过程中，气体体积是增加的，故反应起始取气不宜太多，否则会使达到平衡时间过长。

(5) 当贮气瓶中气体压到球胆时，要注意流速，切勿使液状石蜡压入反应管，否则液状石蜡高温裂解产生大量低碳烃气体而影响结果。

(6) 用KOH溶液吸收CO_2时切勿使KOH溶液灌入量气管的水中。

(7) 实验结束后不能马上使反应管与大气通，以免灼热的碳粒在空气中燃烧。同时反应管亦不能与贮气瓶通，否则在炉子冷却过程会把贮气瓶中的液状石蜡吸入反应管内。

10.6 数据处理

(1) 计算1 073 K和1 123 K时反应的K_p。

表Ⅱ-10-1

温　　度 (K)	V (mL)	V_{CO} (mL)	V_{CO_2} (mL)	K_p

(2) 计算该反应的活化能。

10.7 结果要求及文献值

(1) K_p(1 073.2 K)＝6±1，K_p(1 123.2 K)＝14±2。

(2) 文献值：K_p 与 T 的关系为 $\lg K_p = -8\,916/T + 9.113$。[①]

10.8 思考题

(1) 反应气体在碳层中来回往复的流速大小对本实验的结果有什么影响？

(2) 如果系统漏气，对结果会产生什么影响？为什么？

(3) 哪些因素会影响本实验的结果？

10.9 讨论

(1) 本实验是吸热反应，温度对平衡常数的影响很大，所以温度的控制极为重要，现在实验室中所用高温控制测量仪在 1 073 K 左右的灵敏度为±2 K，而在有气体往复来回流动时碳粒层的温度偏差会更大些，故由测定两不同温度的 K_p 值后通过公式 $\mathrm{d}\ln K_p/\mathrm{d}T = \Delta H/RT^2$ 算出该反应的 ΔH 时，选择两温度间隔不能太近。

(2) 碳粒在装入瓷管前先在 393～413 K 烘箱中烘干，否则在实验加热过程中水气过多，冷凝在管道中而堵塞通道。为加速反应，缩短平衡时间，可载上碱金属或碱土金属氧化物，本实验中所用碳粒预先用浸渍法载上 0.5%(质量)的 KOH。

(3) 吸收 CO_2 气体亦可用 NaOH 溶液，但因 $NaHCO_3$ 在水中的溶解度只有 $KHCO_3$ 的 1/3，容易析出 $NaHCO_3$ 沉淀而堵塞管道，故一般都采用 KOH 溶液吸收 CO_2。由于 KOH 非常容易吸收 CO_2，所以每次实验完毕后需把装有 KOH 溶液的容器与外界隔绝，以免它不断吸收空气中的 CO_2 而失效。

(4) $CO_2 + C \longrightarrow 2CO$ 反应的动力学机理较复杂，过程不同或所用碳不同，实验所测得的活化能数值变化范围极大(100～380 kJ/mol)。

① 罗斯托夫采夫 CT. 冶金过程理论[M]. 北京钢铁工业学院物理化学及冶金原理教研组译. 北京：冶金工业出版社，1959：344.

实验 11　气相色谱法测定无限稀释溶液的活度系数

11.1　实验目的及要求

(1) 用气相色谱法测定二氯甲烷、三氯甲烷和四氯化碳在邻苯二甲酸二壬酯的无限稀释溶液中的活度系数,并求出各物质的超额混合焓、超额混合熵及溶解热。

(2) 了解气相色谱仪的基本构造和工作原理,正确掌握其使用方法。

11.2　实验原理

实验所用色谱柱内固定相为邻苯二甲酸二壬酯(液相),102G 色谱仪,热导检测器。

当载气(H_2)将某一汽化后的组分(溶质)带过色谱柱时,该组分与固定液相互作用,经过一段时间后流出色谱柱。相对浓度与时间之间的关系如图Ⅱ-11-1 所示。

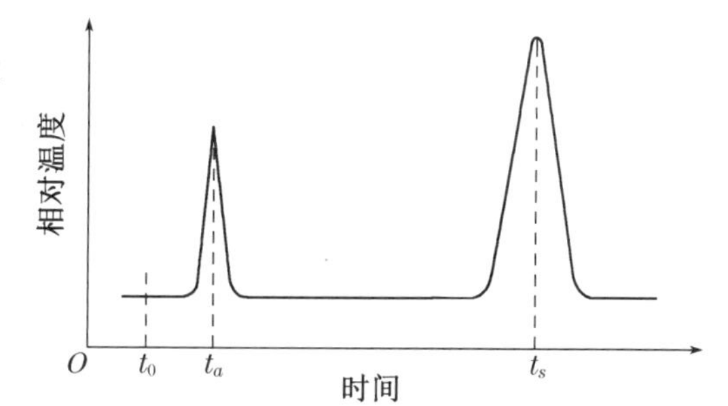

图Ⅱ-11-1　相对浓度与时间关系图

设 t'_i 为保留时间,t_i 为校正保留时间,则

$$t'_i = t_s - t_0 \tag{11.1}$$

$$t_i = t_s - t_a \tag{11.2}$$

上两式中 t_0,t_a 及 t_s 分别为组分 i 的进样时间、随组分 i 带入的空气出峰时间及组分 i 的出峰时间。

气相组分 i 的校正保留体积 V_i 为

$$V_i = t_i\overline{F} \tag{11.3}$$

式中:$\overline{F}$ 为校正到柱温柱压下的载气平均流速。

校正保留体积和液相体积的关系是

$$V_i = K_iV_1 \tag{11.4}$$

而

$$K_i = \frac{c_i^1}{c_i^g} \tag{11.5}$$

式中:V_1 为液相体积;K_i 为分配系数;c_i^1 为溶质在液相中的浓度;c_i^g 为溶质在气相中的浓度。

由(11.4)(11.5)两式可以得

$$\frac{c_i^1}{c_i^g} = \frac{V_i}{V_1} \tag{11.6}$$

若气相为理想气体,则

$$c_i^g = \frac{p_i}{RT_c} \tag{11.7}$$

$$c_i^l = \frac{\rho_l X_i}{M_l} \tag{11.8}$$

式中：ρ_l 为液相密度；M_l 为液相摩尔质量；X_i 为组分 i 的摩尔分数；p_i 为组分 i 的分压；T_c 为柱温。

当气液两相达平衡时，则有

$$p_i = p_i^0 \gamma_i^\infty X_i \tag{11.9}$$

式中：p_i^0 为纯组分 i 在柱温下的饱和蒸气压；γ_i^∞ 为无限稀释溶液中组分 i 的活度系数。

将式(11.7)(11.8)(11.9)代入式(11.6)得：

$$V_i = \frac{W_l \cdot R \cdot T_c}{M_l \cdot p_i^0 \cdot \gamma_i^\infty} \tag{11.10}$$

式中：W_l 为色谱柱中液相质量。

将式(11.3)代入式(11.10)得

$$\gamma_i^\infty = \frac{W_l \cdot R \cdot T_c}{M_l \cdot p_i^0 \cdot \overline{F} \cdot t_i} \tag{11.11}$$

$$\overline{F} = \frac{3}{2}\left[\frac{(p_b/p_0)^2-1}{(p_b/p_0)^3-1}\right]\left(\frac{p_0-p_w}{p_0} \cdot \frac{T_c}{T_a} \cdot F\right) \tag{11.12}$$

由上面两式可以看出，为了要求得 γ_i^∞，需测定下列参数：载气柱后平均流速(F)；校正保留时间(t_i)；柱后压力(p_0)，通常为大气压；柱前压力(p_b)；柱温(T_c)；环境温度(T_a)，通常为室温；在室温(T_a)时水的饱和蒸气压(p_w)。

比保留体积 V_i^0 是 0 ℃时相对于每克固定液的校正保留体积，它与 V_i 的关系为

$$V_i^0 = \frac{273 \cdot V_i}{T_c \cdot W_l} \tag{11.13}$$

将式(11.10)代入上式得

$$V_i^0 = \frac{273R}{M_l \cdot P_i^0 \cdot \gamma_i^\infty} \tag{11.14}$$

上式取对数后对$\frac{1}{T_c}$微分得

$$\frac{\mathrm{d}\ln V_i^0}{\mathrm{d}\frac{1}{T_c}} = -\frac{\mathrm{d}\ln p_i^0}{\mathrm{d}\frac{1}{T_c}} - \frac{\mathrm{d}\ln \gamma_i^\infty}{\mathrm{d}\frac{1}{T_c}}$$

根据 p_i^0，γ_i^∞ 与热力学函数的关系，上式可写成

$$\frac{\mathrm{d}\ln V_i^0}{\mathrm{d}\frac{1}{T_c}} = \frac{\Delta H_v}{R} - \frac{\Delta H_{\mathrm{mix}}}{R}$$

在本实验的温度范围内，ΔH_v，ΔH_{mix} 可视为常数，积分得

$$\ln V_i^0 = \frac{1}{T_c}\left(\frac{\Delta H_v}{R} - \frac{\Delta H_{\mathrm{mix}}}{R}\right) + C \tag{11.15}$$

式中：ΔH_{mix} 和 ΔH_v 分别为组分 i 的摩尔混合热和摩尔汽化热；C 为积分常数。如为理想溶液，上式括号内第二项为零，以 $\ln V_i^0$ 对$\frac{1}{T_c}$作图可从直线斜率求得 ΔH_v。如为非理想溶液，

则以 $\ln V_i^0$ 对$\dfrac{1}{T_c}$作图，从直线斜率求得的是 ΔH_v 与 ΔH_{mix}之差，乘以$-R$ 即为气态组分 i 在液态溶剂中的摩尔溶解热 ΔH_s。

根据两组分溶液的活度系数与热力学函数间的关系，在无限稀释状态下，可得到下式：

$$\ln\gamma_i^{\infty} = \frac{\Delta H_{mix}^E}{R \cdot T_c} - \frac{\Delta S_{mix}^E}{R} \tag{11.16}$$

式中：ΔH_{mix}^E和 ΔS_{mix}^E分别为混合过程的超额热焓和超额熵。

以 $\ln\gamma_i^{\infty}$ 对$\dfrac{1}{T_c}$作图，从所得直线的斜率可求得 ΔH_{mix}^E，从截距可求得 ΔS_{mix}^E。

11.3 仪器与药品

102G 型气相色谱仪(带精密压力表)1 台；氢气钢瓶 1 只；皂沫流量计 1 只；秒表 1 只；微量注射器(10 μL)3 只。

二氯甲烷(AR)；三氯甲烷(AR)；四氯化碳(AR)；邻苯二甲酸二壬酯(色谱纯)；101 白色担体(80～100 目)。

11.4 实验步骤

(1) 色谱柱的制备　根据色谱柱的容量，在分析天平上准确称量 80 ～ 100 目的 101 白色担体和占担体总质量 20％的固定液(邻苯二甲酸二壬酯)。将固定液溶于适量的乙醚中，然后倒入 101 担体，置于薄膜蒸发器中使溶剂蒸发，倒出后再于 380 K 干燥 2 h(或将固定液放入蒸发皿中，加入溶剂溶解，然后倒入 101 担体，在红外灯加热下均匀搅拌至溶剂完全挥发)。在将固定液涂载于担体的过程中应防止固定液及担体的损失，将已涂载好固定液的担体均匀紧密地装入干净的不锈钢色谱柱管内，准确计算装入柱内的固定液质量。制备好的色谱柱连接在色谱仪中，在 323 K 通载气老化 8 h。

(2) 检漏　打开氢气钢瓶，调节减压阀与针形阀使流速为 40～50 $mL \cdot min^{-1}$，柱前精密压力表表压 0.08～0.10 $MPa \cdot cm^{-2}$，然后堵死柱的出口处并关闭氢气钢瓶阀门，观察柱前流量计是否指示在零的位置及表压是否不变。若其指示为零且表压不变，则表示气路不漏气；否则表示漏气。如果漏气需用皂液检查各接头处，找出漏气点并做相应处理。

(3) 在保持一定的流速下，打开色谱仪电源开关，依次开启层析室、检测器和记录仪电源，调节载气流速在 60～80 $mL \cdot min^{-1}$范围，桥流 140 mA，灵敏度 10 000，选择合适的信号衰减和记录走纸速度，调节汽化温度约 373 K，层析室温度 318.2 K。

(4) 待基线稳定后，记下柱前压力、室温、大气压，用皂膜流量计准确测定载气流速。用 10 μL 注射器先吸取 0.3 μL 的二氯甲烷，再吸取 5 μL 的空气，然后注射进样，用秒表测出空气峰和二氯甲烷峰的出峰时间。同法测定三氯甲烷和四氯化碳的出峰时间。

(5) 依次调节层析室温度为 323.2 K、328.2 K、333.2 K、338.2 K 和 343.2 K，在每个温度下重复步骤 4 的操作。

(6) 实验结束后，先关闭电源，待检测器和层析接近室温时再关闭气源。

11.5 实验注意事项

(1) 在进行色谱实验时，必须严格遵守操作规程。实验开始时，先通载气后打开电源开关；实验结束时，先关闭电源，待仪器接近室温时再关闭气源，以防热导池元件损坏。

(2) 色谱柱后排出的尾气必须用管道排向室外，并保持室内通风良好。

(3) 微量注射器是一种精密仪器，易变形，易损坏，用时要倍加小心，切忌把针芯拉出筒外。取样前，需用样品洗 2～3 次。取样后，用滤纸从侧面轻轻吸去针头外的余样。使用完毕后需用丙酮清洗干净。

(4) 注入样品时动作要连续、迅速。

11.6 数据处理

(1) 将实验条件及有关实验数据列表。

(2) 由式(11.11)(11.12)计算各温度下二氯甲烷、三氯甲烷和四氯化碳在邻苯二甲酸二壬酯无限稀释溶液中的活度系数。

(3) 由式(11.14)计算 V_i^0，根据式(11.15)关系作图求出二氯甲烷、三氯甲烷、四氯化碳在邻苯二甲酸二壬酯中的溶解热。根据式(11.16)关系作图求出二氯甲烷、三氯甲烷、四氯化碳与邻苯二甲酸二壬酯混合过程的超额热焓和超额熵。

11.7 结果要求及文献值

(1) 所得图形线性良好。所求得的超额混合焓和超额混合熵与文献值的相对误差应在10%以内。

(2) 文献值：在 DNP 上的无限稀释活度系数如表Ⅱ-11-1 所示。[①]

表Ⅱ-11-1

γ^{∞}	273.2 K	293.2 K	303.2 K	313.2 K
CH_2Cl_2	0.379	0.379	0.379	0.380
$CHCl_3$	0.209	0.234	0.251	0.266
CCl_4	0.594	—	0.600	0.594

在 DNP 上的混合超额焓与混合超额熵如表Ⅱ-11-2 所示。[②]

表Ⅱ-11-2

γ^{∞}	$\Delta H^{e\infty}$(kJ)	$\Delta S^{e\infty}$(J·K^{-1})
CH_2Cl_2	0	+8.08
$CHCl_3$	−4.271	−2.34
CCl_4	0	+4.35

在 DNP 上的无限稀释活度系数如表Ⅱ-11-3 所示。[③]

---

① Freeguard G F, Stock R. Gas Chromatography 1962 ed[M]. London: Butterworths, 1962: 102.

②③ Hardy C J. Determination of activity coefficients at infinite dilution from gas chromatographic measurements[J]. Journal of Chromatography, 1959, 2: 490-8.

表Ⅱ-11-3

γ^{∞}	292.5 K	312.9 K	330.6 K	350.0 K	371.1 K
CH_2Cl_2	0.44	0.42	0.43	0.46	0.49
$CHCl_3$	—	0.33	0.35	0.38	0.37
CCl_4	—	0.71	0.70	0.71	0.71

11.8 思考题

(1) 二氯甲烷、三氯甲烷、四氯化碳在邻苯二甲酸二壬酯中的溶液对拉乌尔定律是正偏差还是负偏差？它们中哪一个活度系数最小？为什么？

(2) 本实验对柱温、柱压和载气流速以及进样量和固定液量有何要求？为什么？

11.9 讨论

(1) 气相色谱法测定无限稀释溶液的活度系数基于以下有根据的假设：

① 因样品进样量非常小，一般只有零点几微升，可假定组分在固定液中是无限稀释的，并服从亨利定律，分配系数 K 为常数。

② 因色谱仪控温精度较高(一般在 ±0.1 ℃ 甚至可达 ±0.05 ℃)，而且色谱柱内温差较小，可认为色谱柱处于等温条件下。

③ 因组分在气、液两相中的量极微，而且在两相中的扩散十分迅速，处于瞬间平衡状态，气相色谱中的动态平衡与真正的静态平衡十分接近，可以假定色谱柱内任何点均达到气液平衡。

④ 因采用的柱压较低，可将气相作理想气体处理。如在柱压较高或要求精确的情况下，可作气相的非理想校正。

⑤ 因所用担体经过酸或碱处理，或是采用硅烷化担体，而固定液与担体之比在 15%～25%，可认为固定液将担体表面全部覆盖，担体对组分不显示吸附效应。

(2) 用经典方法测定非电解质溶液的活度系数既费时间，且结果误差大。利用气相色谱方法测定活度系数的优点是简便、快速、所耗样品少且结果较准确。

(3) 气相色谱法测定活度系数限于那些由一高沸点组分和一低沸点组分组成的二元系统，因为要保证在色谱条件下固定液(高沸点组分)不会引起流失。该方法也只能测定无限稀释活度系数而不能测定有限浓度下的活度系数。此外该方法只能测定高沸点组分液相浓度为 1，低沸点组分液相浓度趋近于零时低沸点组分的无限稀释活度系数。反之则不能。

动力学部分

实验 12　蔗糖水解速率常数的测定

12.1　实验目的及要求

(1) 了解旋光仪的结构、原理和测定旋光物质旋光度的原理；正确掌握旋光仪的使用方法。

(2) 利用旋光仪测定蔗糖水解反应的速率常数。

12.2　实验原理

根据实验确定反应 $A + B \longrightarrow C$ 的速率公式为

$$\frac{dx}{dt} = k'(a - x)(b - x) \tag{12.1}$$

式中：a,b 为 A,B 的起始浓度；x 为时间 t 时生成物的浓度；k' 为反应速率常数。

这是一个二级反应。但若起始时两物质的浓度相差很远，$b \gg a$，在反应过程中 B 的浓度减少很小,可视为常数,上式可写成

$$\frac{dx}{dt} = k(a - x) \tag{12.2}$$

此式为一级反应。把上式移项积分

$$\int_0^x \frac{dx}{a - x} = \int_0^t k\,dt$$

得

$$k = \frac{2.303}{t} \lg \frac{a}{a - x} \tag{12.3}$$

或

$$\int_{x_1}^{x_2} \frac{dx}{a - x} - \int_{t_1}^{t_2} k\,dt$$

得

$$k = \frac{2.303}{t_2 - t_1} \lg \frac{a - x_1}{a - x_2} \tag{12.4}$$

蔗糖水解反应就是属于此类反应,即

$$\underset{\text{蔗糖}}{C_{12}H_{22}O_{11}} + H_2O \xrightarrow{H^+} \underset{\text{葡萄糖}}{C_6H_{12}O_6} + \underset{\text{果糖}}{C_6H_{12}O_6}$$

其反应速率和蔗糖、水以及作为催化剂的氢离子浓度有关,水在这里作为溶剂,其量远大于蔗糖,可看作常数。所以此反应看作一级反应。当温度及氢离子浓度为定值时,反应速率常数为定值。蔗糖及其水解后的产物都具有旋光性,且它们的旋光能力不同,所以可以系统反应过程中旋光度的变化来度量反应的进程。

在实验中，把一定浓度的蔗糖溶液与一定浓度的盐酸溶液等体积混合，用旋光仪测定旋光度随时间的变化，然后推算蔗糖的水解程度。因为蔗糖具有右旋光性，比旋光度 $[\alpha]_D^{20}=66.37°$，而水解产生的葡萄糖为右旋性物质，其比旋度为 $[\alpha]_D^{20}=52.7°$；果糖为左旋光性物质，其比旋度为 $[\alpha]_D^{20}=-92°$。由于果糖的左旋性比较大，故反应进行时，右旋数值逐渐减小，最后变成左旋，因此蔗糖水解作用又称为转化作用。旋光度的大小与溶液中被测物质的旋光性、溶剂性质、光源波长、光源所经过的厚度、测定时温度等因素有关。当这些条件固定时，旋光度 α 与被测溶液的浓度呈直线关系，所以

$$\alpha_0 = A_{反}\, a \quad (当\ t=0\ 蔗糖未转化时的旋光度) \tag{12.5}$$

$$\alpha_\infty = A_{生}\, a \quad (当\ t=\infty\ 蔗糖全部转化时的旋光度) \tag{12.6}$$

$$\alpha_t = A_{反}(a-x)+A_{生}\, x \quad (当\ t=t\ 蔗糖浓度为\ a-x\ 时的旋光度) \tag{12.7}$$

式中：$A_{反}$，$A_{生}$ 为反应物与生成物的比例常数；a 为反应物起始浓度也是水解结束生成物的浓度；x 为 t 时生成物的浓度。

由(12.5)(12.6)(12.7)式得

$$\frac{a}{a-x}=\frac{\alpha_0-\alpha_\infty}{\alpha_t-\alpha_\infty} \tag{12.8}$$

将式(12.8)代入(12.3)，则得

$$k=\frac{2.303}{t}\lg\frac{\alpha_0-\alpha_\infty}{\alpha_t-\alpha_\infty} \tag{12.9}$$

将式(12.9)整理得

$$\lg(\alpha_t-\alpha_\infty)=-\frac{k}{2.303}t+\lg(\alpha_0-\alpha_\infty) \tag{12.10}$$

这样只要测出蔗糖水解过程中不同时间的旋光度 α_t，以及全部水解后的旋光度 α_∞，以 $\lg(\alpha_t-\alpha_\infty)$ 对 t 作图，可由直线斜率求出速率常数 k。

如果测出不同温度时的 k 值，可利用 Arrhenius 公式求出反应在该温度范围内的平均活化能，即

$$\frac{\mathrm{d}\ln k}{\mathrm{d}T}=\frac{E_a}{RT^2}$$

12.3 仪器与药品

旋光仪及其附件 1 套；叉形反应管 2 只；恒温槽及其附件 1 套；停表 1 只；100 mL 容量瓶 1 只；25 mL 容量瓶 3 只；25 mL 胖肚移液管 1 支；25 mL 刻度移液管 1 只；50 mL 烧杯 1 只；洗瓶 1 只；洗耳球 1 个。

蔗糖(CP)；盐酸 1.8 mol/L。

12.4 实验步骤

用移液管吸取 20％蔗糖溶液 25 mL 放入叉形反应管一侧，再用另一支移液管吸取 25 mL 1.8 mol/L HCl 溶液放入叉形反应管的另一侧，将叉形管置于 298.2 K 的恒温槽中恒温，恒温大约 10 min 后，摇动叉形反应管，使溶液混合并同时开始计时。把溶液摇匀，用此溶液荡洗旋光管 2～3 次后，装满旋光管，擦干玻片，勿使留有气泡。由于温度已改变，故需将旋光管再置于恒温槽中恒温 10 min 左右，然后取出擦干，放入旋光仪中。当反应进行到 15 min 时，测定旋

光度(因为旋光度随时间而改变,温度在观察过程中亦在变化,所以测定时要力求动作迅速熟练)。然后将旋光管重新置于恒温槽中恒温,再按下述步骤测定不同时间的旋光度。在开始测定的第一小时内每隔 15 min 测定一次,第二、三小时内每隔 30 min 测定一次,以后可以每隔一小时测定一次,如此测定直至旋光度由右变到左为止。另取 25 mL 20%的蔗糖溶液和 25 mL 1.8 mol/L HCl 溶液在 308.2 K 下进行反应速率的测定(每 5 min 读一次直至 α 为负值)。

要使蔗糖完全水解,通常需 48 h 左右,为了加速实验进度,可把叉形反应管中剩余的混合液放在 323.2 K 左右的水浴中加热(温度过高会引起其他副反应)2 h 左右,使反应接近完成,然后取出使其冷却至测定温度,测定其旋光度即为 α_∞ 的数值。

12.5 实验注意事项

(1) 蔗糖在配制溶液前,需先经 380 K 烘干。

(2) 在进行蔗糖水解速率常数测定以前,要熟练掌握旋光仪的使用,能正确而迅速地读出其读数。

(3) 旋光管管盖只要旋至不漏水即可。旋得过紧会造成损坏,或使玻片受力而产生应力致使有一定的假旋光。

(4) 旋光仪中的钠光灯不宜长时间开启,测量间隔较长时,应熄灭,以免损坏。

(5) 反应速率与温度有关,故叉形管两侧的溶液需待恒温至实验温度后才能混合。

(6) 实验结束时,应将旋光管洗净干燥,防止酸对旋光管的腐蚀。

12.6 数据处理

(1) 将时间 t,旋光度,$(\alpha_t-\alpha_\infty)$,$\lg(\alpha_t-\alpha_\infty)$ 列表。

(2) 以时间 t 为横坐标,$\lg(\alpha_t-\alpha_\infty)$ 为纵坐标作图,从斜率分别求出两温度时的 $k(T_1)$ 和 $k(T_2)$,并求出两温度下的反应半衰期,以及由图外推求出 $t=0$ 时的两个 α,即 α_0。

(3) 从 $k(T_1)$ 和 $k(T_2)$ 利用 Arrhenius 公式求其平均活化能。

12.7 结果要求及文献值

(1) $[\alpha]_D^{298.2\,K}=66\pm1$。

(2) $\lg(a_t-a_\infty)-t$ 图形线性关系良好。

(3) $k(298.2\ K)=(11\pm1)\times10^{-3}\ min^{-1}$。

(4) 文献值:$[\alpha]_D{}^{298.2K}=66.37$[①];HCl 浓度为 $1.8\ mol\cdot L^{-1}$,$k(298.2\ K)=11.16\times10^{-3}\ min^{-1}$,$k(308.2\ K)=46.76\times10^{-3}\ min^{-1}$,$k(318.2\ K)=148.8\times10^{-3}\ min^{-1}$,$E=108\ kJ\cdot mol^{-1}$[②]。

12.8 思考题

(1) 蔗糖的转化速率常数 k 和哪些因素有关?

---

① Lide D R. CRC handbook of chemistry and physics[M]. 58th ed. Boca Raton: CRC Press, 1978: C-503.

② Lamble A, Lewis W C M. Studies in catalysis. II. Inversion of sucrose[J]. J. Chem. Soc. Trans., 1915, 107: 238-240.

(2) 在测量蔗糖转化速率常数时,选用长的旋光管好,还是短的旋光管好?

(3) 如何根据蔗糖、葡萄糖和果糖的比旋光度数据计算 α_∞?

(4) 试估计本实验的误差,怎样减少实验误差?

12.9 讨论

(1) 测定旋光度有以下几种用途:

① 检定物质的纯度;

② 确定物质在溶液中的浓度或含量;

③ 确定溶液的密度;

④ 光学异构体的鉴别。

(2) 蔗糖溶液与盐酸混合时,由于开始时蔗糖水解较快,若立即测定容易引入误差,所以第一次读数需待旋光管放入恒温槽后约 15 min 进行,以减少测定误差。

(3) 蔗糖水解作用通常进行得很慢,但加入酸后会加速反应,其速率的大小与 H^+ 浓度有关(当 H^+ 浓度较低时,水解速率常数 k 正比于 H^+ 浓度,但在 H^+ 浓度较高时,k 和 H^+ 浓度不成比例)。同一浓度的不同酸液(如 HCl,HNO_3,H_2SO_4,HAc,$ClCH_2COOH$ 等)因 H^+ 活度不同,导致蔗糖水解速率亦不一样。故由水解速率之比可求出两酸液中 H^+ 活度比,如果知道其中一个活度,则可以求得另一个活度。

(4) 该实验当$[H^+]$较大反应速度常数 k 正比于 h_0,h_0 定义为:

$$\text{S(蔗糖)} + H^+ \rightleftharpoons SH^+$$

$$h_0 = a_{H^+} \frac{\gamma_S}{\gamma_{SH^+}}$$

式中:a_{H^+} 为氢离子的活度;γ_S 为 S 的活度系数;γ_{SH^+} 为 SH^+ 的活度系数。

利用$[H^+]$对 k 的影响,可以研究蔗糖水解的机理。长期以来对蔗糖水解机理有两种假设。

①

$$\text{S(蔗糖)} + H^+ \xrightleftharpoons{\text{快}} SH^+$$

$$SH^+ \xrightleftharpoons{\text{慢}} X^+$$

$$X^+ + H_2O \xrightarrow{\text{快}} \text{产物} + H^+$$

②

$$\text{S(蔗糖)} + H^+ \xrightleftharpoons{\text{快}} SH^+$$

$$SH^+ + H_2O \xrightarrow{\text{慢}} \text{产物} + H^+$$

按照反应①即为一级反应,从理论上可以推出反应速率常数 k 正比于 h_0。

按照反应②即为假单分子反应(二级反应),从理论上可以推出反应速率常数 k 正比于 H^+ 浓度。

从实验证明①反应机理是正确的,因而蔗糖水解应为一级反应。实验教材将蔗糖水解称假单分子反应是按照②的反应机理解释。

(5) 古根哈姆(Guggenheim)曾经推出了不需测定反应终了浓度(本实验中即为 α_∞)就能够计算一级反应速率常数 k 的方法,他的出发点是一级反应在时间 t 与 $t+\Delta t$ 时反应的浓度 c 及 c' 可分别表示为

$$c = c_0 e^{-kt} \quad (c_0 \text{ 为起始浓度})$$

$$c' = c_0 e^{-k(t+\Delta t)}$$

由此得 $\lg(c-c') = -\dfrac{kt}{2.303} + \lg[c_0(1-e^{-k\Delta t})]$，因此如能在一定的时间间隔 Δt 测得一系列数据，则因为 Δt 为定值，所以 $\lg(c-c')$ 对 t 作图，即可由直线的斜率求出 k。

这个方法的困难是必须使 Δt 为一定值，这通常不易控制，从而需从 $t-c$ 图上求出，因而又多了一步计算手续。

实验 13　乙酸乙酯皂化反应速率常数的测定

13.1　实验目的及要求

(1) 了解测定化学反应速率常数的一种物理方法——电导法。

(2) 了解二级反应的特点，学会用图解法求二级反应的速率常数。

(3) 掌握 DDS-11AT 型数字电导率仪和控温仪使用方法。

13.2　实验原理

对于二级反应：A＋B ⟶ 产物，若 A，B 两物质起始浓度相同，均为 a，则反应速率的表示式为

$$\frac{dx}{dt} = k(a-x)^2 \tag{13.1}$$

式中：x 为 t 时刻消耗掉的 A 或 B 的浓度。

对上式定积分得

$$k = \frac{1}{t \cdot a} \cdot \frac{x}{(a-x)} \tag{13.2}$$

以 $\dfrac{x}{a-x}$ 对 t 作图，若所得为直线，则证明是二级反应，并可以从直线的斜率求出 k。

所以在反应进行过程中，只要能够测出反应物或产物的浓度，即可求得该反应的速率常数。

如果知道不同温度下的速率常数 $k(T_1)$ 和 $k(T_2)$，利用 Arrhenius 公式可计算出该反应的活化能 E。

$$E = \ln\frac{k(T_2)}{k(T_1)} \times R\left(\frac{T_1 T_2}{T_2 - T_1}\right) \tag{13.3}$$

乙酸乙酯皂化反应是二级反应，其反应式为

$$CH_3COOC_2H_5 + Na^+ + OH^- \longrightarrow CH_3COO^- + Na^+ + C_2H_5OH$$

OH^- 电导率大，CH_3COO^- 电导率小。因此，在反应进行过程中，电导率大的 OH^- 逐渐为电导率小的 CH_3COO^- 所取代，溶液电导率有显著降低。对稀溶液而言，强电解质的电导率 κ 与其浓度成正比，而且溶液的总电导率就等于组成该溶液的电解质电导率之和。如果乙酸乙酯皂化在稀溶液下反应，就存在如下关系式：

$$\kappa_0 = A_1 a \tag{13.4}$$

$$\kappa_\infty = A_2 a \tag{13.5}$$

$$\kappa_t = A_1(a-x) + A_2 x \tag{13.6}$$

A_1,A_2 是与温度、电解质性质、溶剂等因素有关的比例常数,κ_0,κ_∞ 分别为反应开始和终了时溶液的总电导率。κ_t 为时间 t 时溶液的总电导率。由(13.4)(13.5)(13.6)三式可得

$$x = \left(\frac{\kappa_0 - \kappa_t}{\kappa_0 - \kappa_\infty}\right) \cdot a$$

代入(13.2)式得

$$k = \frac{1}{t \cdot a}\left(\frac{\kappa_0 - \kappa_t}{\kappa_t - \kappa_\infty}\right) \tag{13.7}$$

重新排列即得

$$\kappa_t = \frac{1}{a \cdot k}\frac{\kappa_0 - \kappa_t}{t} + \kappa_\infty$$

因此,以 κ_t 对 $\frac{\kappa_0 - \kappa_t}{t}$ 作图,如为一直线即为二级反应,由直线的斜率即可求出 k,由两个不同温度下测得的速率常数 $k(T_1)$,$k(T_2)$ 可求出该反应的活化能。

13.3 仪器与药品

DDS-11A(T)型电导率仪(附 DJS-1 型铂黑电极)1 台;停表 1 只;恒温水槽 1 套;叉形电导池 2 只;移液管(25 mL,胖肚)1 支;烧杯(50 mL)1 只;容量瓶(100 mL)1 个;称量瓶(25 mm×23 mm)1 个。

乙酸乙酯(AR);氢氧化钠(0.020 0 mol/L)。

13.4 实验步骤

1. 恒温槽调节及溶液的配制

调节恒温槽温度为 298.2 K。

配制 0.020 0 mol/L 的 $CH_3COOC_2H_5$ 溶液 100 mL。分别取 10 mL 蒸馏水和 10 mL 0.020 0 mol/L NaOH 溶液,加到洁净、干燥的叉形管电导池中充分混合均匀,置于恒温槽中恒温 5 min。

2. κ_0 的测定

用 DDS-11A(T)型数字电导率仪测定上述已恒温的 NaOH 溶液的电导率 κ_0。

3. κ_t 的测定

在另一支叉形电导池直支管中加 10 mL 0.020 0 mol/L $CH_3COOC_2H_5$,侧支管中加入 10 mL 0.020 0 mol/L NaOH,并把洗净擦干的电导电极插入直支管中。在恒温情况下,混合两溶液,同时开启停表,记录反应时间(注意停表一经打开切勿按停,直至全部实验结束),并在恒温槽中将叉形电导池中溶液混合均匀。

当反应进行到 6 min 时测电导率一次,并在 9 min、12 min、15 min、20 min、25 min、30 min、35 min、40 min、50 min、60 min 时各测电导率一次,记录电导率 κ_t 及时间 t。

4. 恒温槽调节及测定

调节恒温槽温度为 308.2 K，重复上述步骤测定其 κ_0 和 κ_t，但在测定 κ_t 时是按反应进行 4 min、6 min、8 min、10 min、12 min、15 min、18 min、21 min、24 min、27 min、30 min 时测其电导率。

13.5 实验注意事项

（1）本实验所用的蒸馏水需事先煮沸，待冷却后使用，以免溶有的 CO_2 致使 NaOH 溶液浓度发生变化。

（2）配好的 NaOH 溶液需装配碱石灰吸收管，以防空气中的 CO_2 进入瓶中改变溶液浓度。

（3）测定 298.2 K、308.2 K 的 κ_0 时，溶液均需临时配制。

（4）所用 NaOH 溶液和 $CH_3COOC_2H_5$ 溶液浓度必须相等。

（5）$CH_3COOC_2H_5$ 溶液需使用时临时配制，因该稀溶液会缓慢水解（$CH_3COOC_2H_5 + H_2O \rightleftharpoons CH_3COOH + C_2H_5OH$）影响 $CH_3COOC_2H_5$ 的浓度，且水解产物（CH_3COOH）又会部分消耗 NaOH。在配制溶液时，因 $CH_3COOC_2H_5$ 易挥发，称量时可预先在称量瓶中放入少量已煮沸过的蒸馏水，且动作要迅速。

（6）为确保 NaOH 溶液与 $CH_3COOC_2H_5$ 溶液混合均匀，需使该两溶液在叉形管中迅速多次来回往复。

（7）不可用纸擦拭电导电极上的铂黑。

13.6 数据处理

（1）将 κ_t，t，$\dfrac{\kappa_0-\kappa_t}{t}$ 列表。

（2）绘制 κ_t-$\dfrac{\kappa_0-\kappa_t}{t}$ 图。

（3）由直线斜率计算反应速率常数 k。

（4）由 298.2 K、308.2 K 所求得的 k(298.2 K)，k(308.2 K)按(13.3)公式计算该反应的活化能 E。

13.7 结果要求及文献值

（1）κ_t-$\dfrac{\kappa_0-\kappa_t}{t}$作图应线性良好。

（2）k (298.2)=(6±1)($mol^{-1}\cdot L\cdot min^{-1}$)，$k$ (308.2)=(10±2)($mol^{-1}\cdot L\cdot min^{-1}$)。

（3）文献值：速率常数与温度的关系的计算公式为

$$\lg k=-1\,780/T+0.007\,54T+4.53$$ [①]

式中：k 为速度常数($mol^{-1}\cdot L\cdot min^{-1}$)；$T$ 为温度(K)。

---

① National Research Council. International critical tables of numerical data, physics, chemistry and technology Ⅷ [M]. New York: McGraw—Hill book company, 1939: 130.

13.8 思考题

(1) 如果 NaOH 和 $CH_3COOC_2H_5$ 起始浓度不相等,试问应怎样计算 k 值?
(2) 如果 NaOH 与 $CH_3COOC_2H_5$ 溶液为浓溶液,能否用此法求 k 值? 为什么?

13.9 讨论

(1) 乙酸乙酯皂化反应系吸热反应,混合后系统温度降低,所以在混合后的起始几分钟内所测溶液的电导率偏低,因此最好在反应 4 ～ 6 min 后开始测量,否则由 κ_t 对 $\frac{\kappa_0 - \kappa_t}{t}$ 作图得到的是一抛物线,而不是直线。

(2) 求反应速率的方法很多,归纳起来有化学分析法及物理化学分析法两类。化学分析法是在一定时间取出一部分试样,使用骤冷或取出催化剂等方法使反应停止,然后进行分析,直接求出浓度。这种方法虽设备简单,但是时间长,比较麻烦。物理化学分析法有旋光、折光、电导、分光光度等方法,根据不同情况可用不同仪器。这些方法的优点是实验时间短,速度快,可不中断反应,还可采用自动化的装置。但是需一定的仪器设备,并只能得出间接的数据,有时往往会因某些杂质的存在而产生较大的误差。

实验 14 催化剂活性的测定——甲醇分解

14.1 实验目的及要求

(1) 测定氧化锌催化剂对甲醇分解反应的催化活性。
(2) 了解用流动法测定催化剂活性的特点和实验方法。
(3) 掌握流量计、稳压管等的原理和使用。
(4) 了解并掌握低温控制、常温控制、高温控制的原理和方法。

14.2 实验原理

催化剂的活性用来作为催化剂催化能力的量度,通常用单位质量或单位体积催化剂对反应物的转化百分率来表示。

测定催化剂活性的实验方法分为静态法和流动法两类。静态法是反应物和催化剂放入一封闭容器中,测量系统的组成与反应时间的关系的实验方法。流动法是使流态反应物不断稳定地经过反应器,在反应器中发生催化反应,离开反应器后反应停止,然后设法分析产物种类及数量的一种实验方法。

在工业连续生产中,使用的装置与条件和流动法比较类似。因此在探讨反应速率,研究反应机理的动力学实验及催化活性测定的实验中,流动法使用较广。

根据实验,一般认为,流动法的关键是要产生和控制稳定的流态。如流态不稳定,则实验结果不具有任何意义。流动法的另一个关键是要在整个实验时间内控制整个反应系统各部分实验条件(温度、压力等)稳定不变。

流动法按催化剂是否流动又可分为固定床和流化床，而流动的流态情况又可分为气相和液相，常压和高压。ZnO 催化剂对甲醇分解反应所用的是最简单的气相、常压、固定床的流动法。

甲醇可由 CO 和 H_2 作原料合成，反应式如下：

$$CO + 2H_2 \rightleftharpoons CH_3OH$$

这是一个可逆反应，反应很慢，关键是要找到优良的催化剂，但按正向反应进行实验需要在高压下进行，而且还有生成 CH_4 等的副反应，对实验不利。按催化剂的特点，凡是对正向反应是优良的催化剂，对逆向反应也同样是优良的催化剂，而甲醇的分解反应可在常压下进行，因此在选择催化剂的（活性）实验中往往利用甲醇的催化分解反应。

$$CH_3OH(气) \xrightarrow[300 \sim 400\ ℃]{ZnO\ 催化剂} CO(气) + 2H_2(气)$$

由于反应物和产物可经冷凝而分离，因此只要测量流动气体经过催化剂后体积的增加，便可求算出催化活性。这种为了便于实验的进行，用逆向反应来评价用于正向反应催化剂的性能的方法是催化实验中常用的方法。

表示催化剂活性的方法很多，现用单位质量 ZnO 催化剂在一定的实验条件下使 100 g 甲醇分解掉的甲醇克数来表示。

14.3 仪器与药品

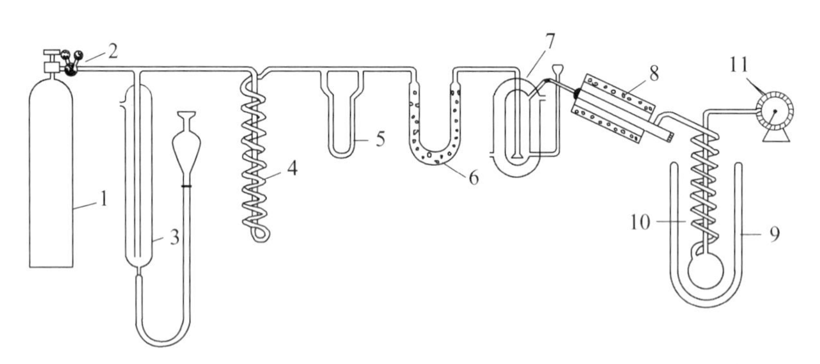

1—氮气钢瓶；2—减压阀；3—稳压管；4—缓冲管；5—毛细管流量计；6—干燥管；
7—液体挥发器；8—反应器；9—杜瓦瓶；10—捕集器；11—湿式流量计。

图Ⅱ-14-1 实验装置简图

颗粒大小 1.5 mm 的氧化锌催化剂（制备方法见讨论）；甲醇（AR）；氢氧化钾（CP）；食盐。

14.4 实验步骤

(1) 按图Ⅱ-14-1 所示连接仪器，并做好下列准备工作。

① 用量筒向各液体挥发器（本实验中为保证甲醇蒸气饱和，共串联三个液体挥发器）内加入甲醇至 2/3。

② 向杜瓦瓶内加食盐及碎冰的混合物作为冷却剂。

③ 调节超级恒温槽温度到 (40 ± 0.1) ℃，打开循环水的出口，使恒温水沿挥发器夹套进行循环。

④ 调节湿式气体流量计至水平位置，并检查计内液面。

(2) 检查整个系统有无漏气,其方法如下:小心开启 N_2 气钢瓶的减压阀,使用小股 N_2 气流通过系统(毛细管流量计上出现压力差)。这时把湿式气体流量计和捕集器间的导管封闭,若毛细管流量计上的压力差逐渐变小直至为零,则表示系统不漏气。否则要分段检查,直至不漏。

(3) 检漏后,缓缓开启 N_2 气钢瓶的减压阀,调节稳压管内液面的高度,使气泡不断地从支管经液状石蜡逸出,其速度约为每秒 1 个(这时稳压管才起到稳压作用)。根据已校正毛细管的流量计校正曲线,调节 N_2 气流速度为每分钟 50 mL 和 70 mL,准确读下这时毛细管流量计上的压力差读数,作为下面测量时判断流速是否稳定的依据。每次测定过程中,自始至终都需要保持 N_2 气流速的稳定,这是本实验成败的关键之一。

(4) 测定

① 空白曲线的测定 通电加热并调节电炉温度为 (573 ± 2)K,在反应管中不放催化剂,调节 N_2 气流为 50 mL/min,稳定后,每 5 min 读湿式气体流量计一次,共计 40 min,以流量读数 V_{N_2}(L)对时间 t(min)作图,得图Ⅱ-14-2 上直线Ⅰ。

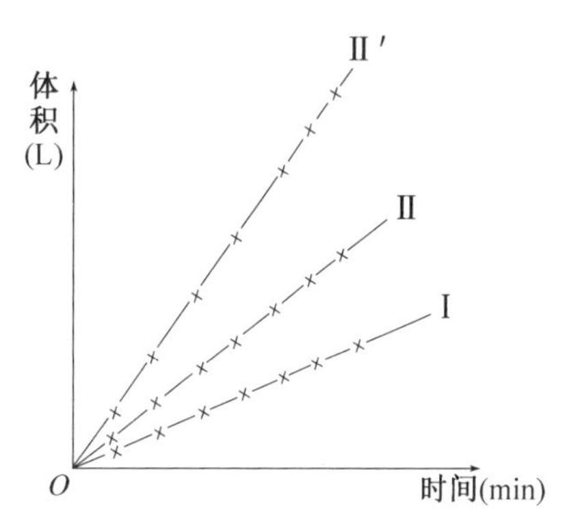

图Ⅱ-14-2 流量和时间关系

② 样品活性的测定 称取存放在真空干燥器内、粒度为 1.5 mm 左右、经 573 K 焙烧的 ZnO 催化剂约 2 g 装入反应管内(管两端填放玻璃布,催化剂放在其中。装催化剂时应沿壁轻轻倒入,并把反应管转动和震动以装匀,但不宜重震以免催化剂破碎而阻塞气流),装妥后记下催化剂层在反应管内的位置,在插入到电炉中时,催化剂层应位于电炉的等温区内。然后接好管道并检漏,打开电炉电源并调节电炉温度到 (573 ± 2) K,调节 N_2 气的流速,使与空白试验(50 mL/min)时相同(由毛细管流速计的压力差来指示),同样每隔 5 min 读一次湿式气体流量计(即 $V_{N_2+H_2+CO}$),共 40 min,其 $V-t$ 的直线即线Ⅱ。在相同的温度下,再测定 N_2 气流速为 70 mL/min 的另一根 $V-t$ 直线Ⅱ′。

同法,在 N_2 气流速为 50 mL/min 和 70 mL/min 的条件下,对经 773 K 焙烧的 ZnO 催化剂进行活性测定。

实验结束后应切断电源和关掉 N_2 气钢瓶并把减压阀内余气放掉。

14.5 实验注意事项

(1) 系统必须不漏气。

(2) N_2 的流量在实验过程中需保持稳定。

(3) 在对比催化剂经不同温度焙烧与不同 N_2 流速的活性时,实验条件(如装样,催化剂在电炉中的位置等)需尽量相同。

(4) 在通入 N_2 前,不要打开干燥管上通向液体挥发器的活塞以防甲醇蒸气或甲醇液体流至装有 KOH 的干燥管,堵塞通路。

(5) 在实验前需检查湿式流量计的水平和水位,并预先使其运转数圈,使水与气体饱和后方可进行计量。

(6) 实验结束后,需用夹子使挥发器不与反应管和干燥管相通,以免因炉温下降使甲醇被倒吸入反应管内。

14.6 数据处理

(1) 对比空白的和加有催化剂的流量(V)-时间(t)的曲线,算出在不同 N_2 流速下,不同焙烧温度的催化剂反应后各增加的 H_2 和 CO 的总体积,并进而算出因反应而分解掉的各甲醇量(g)。

(2) 由甲醇蒸气压和温度的关系算出在 313 K 时,40 min 内,不同 N_2 流速下通入管内的各甲醇量(g)。

(3) 比较不同 N_2 流速下,不同焙烧温度的催化剂的活性(以 1 g 催化剂使 100 g 甲醇中分解掉的甲醇克数表示)。

14.7 结果要求

(1) 流量对时间($V-t$)作图应得一直线,且数据点处于线上或均匀分布在线两侧。

(2) 用 $ZnCO_3$ 加皂土制备的催化剂活性列于表Ⅱ-14-1。

表Ⅱ-14-1 $ZnCO_3$ 加皂土制备的催化剂活性

焙烧温度(K)	N_2 流速(mL/min)	活性
573	50	26±3
573	70	17±2
773	50	16±2
773	70	10±2

14.8 思考题

(1) 毛细管流量计和湿式流量计两者有何异同?

(2) 流动法测定催化剂活性的特点是什么?有哪些注意事项?

(3) 欲得较低的温度,氯化钠和冰应以怎样的比例混合?

(4) 试设计测定合成氨铁催化剂活性的装置。

14.9 讨论

(1) ZnO 催化剂的制备:催化剂的活性随其制备方法的不同而不同。现用的催化剂其制备方法是:取 80 g ZnO(AR)加 20 g 皂土(作黏结剂)和约 50 mL 蒸馏水研压混合使均匀,成型弄碎,过筛。取粒度约 1.5 mm(12～14 目)的筛分,在 383.2 K 烘箱内烘 2 ~ 3 h。然后分成两份,分别放入 573 K 和 773 K 的马弗炉中焙烧 2 h,取出放入真空干燥器内以备用。

(2) 要获得稳定的加料速度,对于挥发性的液体常可采用液体挥发器来达到。其原理是当流速为 V_1 的载气(如 N_2)流经挥发性液体(如甲醇),就被该挥发性的蒸气所饱和。由于液体的挥发,使气流速度由 V_1 增加到 V_2(此即挥发器出口的流速),那这一流速的增值($\Delta V = V_2 - V_1$)和 V_2 之比在数值上等于挥发性液体蒸气在载气中所占的分数,即

$$\frac{\Delta V}{V_2} = \frac{p_S}{p_A}$$

式中:p_A 为大气压;p_S 为实验温度下挥发性液体的蒸气压。因此只要控制适宜的温度和载气流速就可以得到稳定的加料速度。

实验 15 纳米 TiO_2 光催化降解甲基橙

15.1 实验目的及要求

(1) 测定纳米 TiO_2 对甲基橙光催化降解反应的催化性能。
(2) 掌握一种光催化反应的实验方法。
(3) 了解光化学反应与热化学反应的区别。
(4) 了解光催化反应的实验原理。
(5) 了解光催化反应评价的实验步骤。

15.2 实验原理

作为稳定、无毒、可重复使用、无光腐蚀和无二次污染的光催化剂，TiO_2 对于有机物出色的光降解作用使其在有机废水的净化处理过程中得到了实际应用。TiO_2 常见有锐钛矿型和金红石型两种晶体构型，其中，锐钛矿型 TiO_2 因具有较高的光催化性能，被广泛地研究和应用。

TiO_2 光催化反应过程如图Ⅱ-15-1 所示：在光照作用下，TiO_2 价带电子跃迁至导带，产生一定量的激发态电子 e^- 和电子空穴 h^+，它们中的一部分会在催化剂内部复合回到基态，另一部分则转移至催化剂的表面。在催化剂表面的激发态电子 e^- 和电子空穴 h^+ 仍有部分会复合，剩余的部分则通过与系统中处于催化剂周围的分子或离子发生电子交换而回到基态，发生化学反应，整个过程就是光催化反应过程。具体说来，在水溶液中，TiO_2 受光激发产生的激发态电子 e^- 传递到 TiO_2 表面时被 O_2 分子俘获，产生过氧物种 O_2^{2-}，最终产生自由基 · OH；受光激发产生的电子空穴 h^+ 传递到 TiO_2 表面时，被 H_2O 分子俘获，生成 H^+ 和 · OH 自由基，这些 · OH 自由基最终促使有机物发生分解反应。

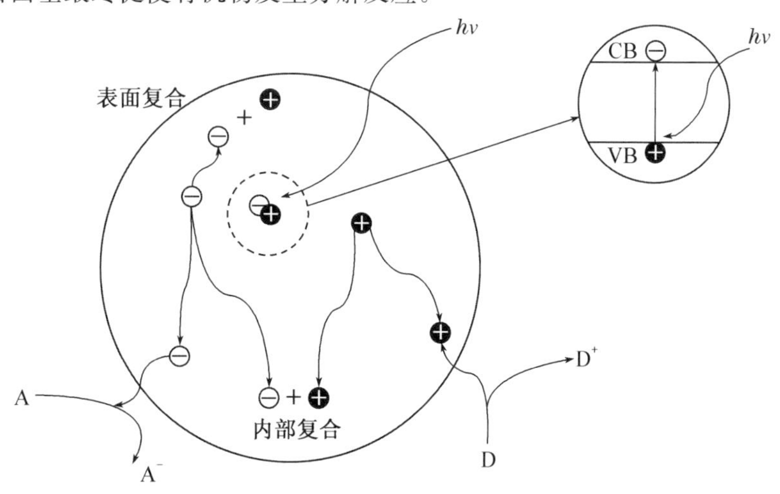

(A 和 D 代表被还原或被氧化的物质，CB 是导带，VB 是价带)

图Ⅱ-15-1 光催化反应过程图

光催化反应是光化学反应的一种，它与通常的化学反应(也称为热化学反应)有许多不同的地方，主要有以下几个方面。

(1) 在定温定压下，自发进行的热反应必是$(\Delta_r G)_{T,p} \leqslant 0$的反应，但是光化学反应可以是$(\Delta_r G)_{T,p} \leqslant 0$的反应，也可以是$(\Delta_r G)_{T,p} > 0$的反应，例如光合作用就是$(\Delta_r G)_{T,p} > 0$的反应。

(2) 热化学反应中，反应分子靠频繁的相互碰撞而获得克服能垒所需要的活化能；而光化学反应中，分子靠吸收外界光能后受激发克服能垒。

(3) 热化学反应的反应速率受温度影响比较明显。在光化学反应中，分子吸收光子而激发的步骤，其速率与温度无关，而受激发后的反应步骤，又常常是活化能很小的步骤，故一般来说，光化学反应速率常数的温度系数较小。

有机物在TiO_2表面的光催化降解反应属于多相催化反应，反应物在催化剂表面要经过扩散、吸附、表面反应以及脱附、扩散等步骤。经研究表明，在无搅拌的情况下，有机反应物的扩散过程为速率控制步骤，而在剧烈搅拌情况下，加大了扩散的速率，表面反应成为速率控制步骤。假定反应速率r为

$$r = k\theta_A C^* \tag{15.1}$$

式中：k为表面反应速率常数；θ_A为有机反应物分子A在TiO_2表面的覆盖度；C^*为TiO_2表面的催化活性中心数目。

在一个恒定的系统中，C^*可以认为不变。假定产物吸附较弱，则θ_A可由Langmuir公式求得，式(15.1)可整理为

$$\frac{1}{r} = \frac{1}{kK_A c_A} + \frac{1}{k} \tag{15.2}$$

式中：K_A为有机反应物A在TiO_2表面的吸附平衡常数；c_A为A的浓度，$1/r$与$1/c_A$之间为线性关系。

由式(15.2)可知：

(1) 当A的浓度很低时，$K_A c_A \ll 1$，此时$-\frac{dc_A}{dt} = r = k' c_A$，经积分得

$$\ln \frac{c_{A_0}}{c_{A_t}} = k't \tag{15.3}$$

$\ln \frac{c_{A_0}}{c_{A_t}} - t$为直线关系，表现为一级反应。

(2) 当A的浓度很高时，A在催化剂表面的吸附达饱和状态，此时$-\frac{dc_A}{dt} = r = k$，$c_{A_t} = c_{A_0} kt$，$c_{A_t} - t$为直线关系，表现为零级反应动力学。

(3) 如果浓度适中，反应级数介于0到1。

由上可知，随着反应浓度的增加，光催化降解反应的级数将由一级经过分数级而下降为零级。

本实验采用甲基橙降解为探针反应，研究TiO_2催化剂的光催化性能。

15.3 仪器与药品

光催化反应器1台；752型紫外可见分光光度计1台；GL－24LM离心机1台；移液管

(10 mL)5 支;容量瓶(25 mL)5 只,容量瓶(500 mL)3 只。

$C_{14}H_{14}N_3NaO_3S$(甲基橙,AR);纳米 TiO_2(自制)。

15.4 实验步骤

(1) 分别配制质量浓度为 2 mg·L^{-1}、5 mg·L^{-1}、10 mg·L^{-1}、15 mg·L^{-1}、20 mg·L^{-1}的甲基橙溶液各 25 mL,在甲基橙最大吸收波长(470 nm)处测定其吸光度。

(2) 另配质量浓度为 20 mg·L^{-1}的甲基橙溶液 500 mL,加入光催化反应器(如图Ⅱ-15-2所示)中,打开冷却水,通入氮气,开动磁力搅拌器,打开光催化反应器中紫外灯管的外接电源,开始计时,每 5 min 用移液管取出约 10 mL 溶液,测定其吸光度,30 min 后停止实验。

(3) 重新配浓度为 20 mg·L^{-1}的甲基橙溶液 500 mL,加入光催化反应器中,加入 0.5 g 纳米 TiO_2 催化剂。打开冷却水,通入氮气,开动磁力搅拌器,开始计时,每 5 min 用移液管取出约 10 mL 溶液于离心管中待用,30 min 后停止实验。

(4) 再重新配浓度为 20 mg·L^{-1}的甲基橙溶液 500 mL,加入光催化反应器中,加入 0.5 g 纳米 TiO_2 催化剂。打开冷却水,通入氮气,开动磁力搅拌器,开启光催化反应器中紫外灯的外接电源,开始计时,每 5 min 用移液管取出约 10 mL 溶液于离心管中待用,30 min 后停止实验。

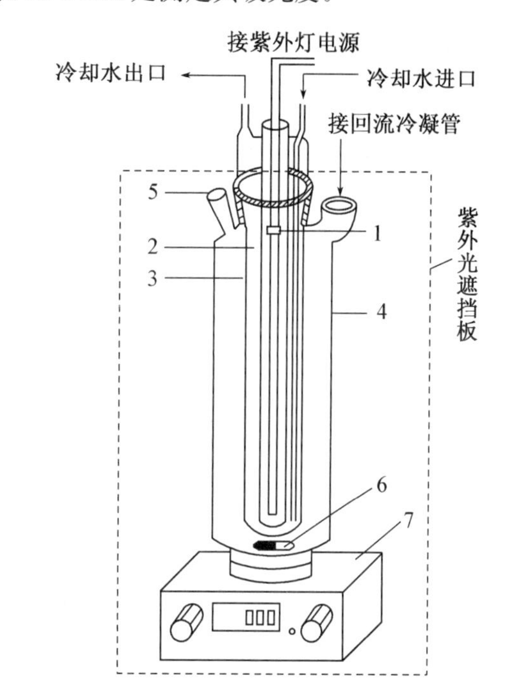

1—紫外灯管;2—灯石英套管;3—冷却层石英管;4—外套管;5—加样、取样、测温共用口;6—磁搅拌子;7—磁力搅拌器。

Ⅱ-15-2 光催化反应器示意图

(5) 将上述所有待用溶液离心分离,取上层清液,分别在甲基橙最大吸收波长(470 nm)处测定其吸光度。

15.5 实验注意事项

(1) 在打开紫外灯管外接电源前,一定要打开冷却水,否则会使反应器温度升高,导致溶液过度挥发。

(2) 在样品离心后,吸取溶液测定吸光度的时候,注意避免将沉淀物吸出,否则影响吸光度的测定结果。

15.6 数据处理

(1) 作出甲基橙溶液的吸光度-浓度工作曲线。

(2) 根据各反应溶液的吸光度数据,从工作曲线获得其浓度。

(3) 计算三种实验条件下,反应 30 min 后的甲基橙降解率。

(4) 根据相关公式作图,由斜率计算光降解反应和光催化降解反应的表现速率常数,并进行比较。同时根据图解结果判断在选定实验条件下光催化反应的级数。

求降解率及做一级反应处理时用吸光度数据即可。

15.7 思考题

（1）光催化反应与照射的光源有没有关系？为什么？

（2）加入催化剂，但未打开紫外灯管的实验目的是什么？

15.8 讨论

（1）纳米 TiO_2 的制备：将 16 mL $TiCl_4$，缓慢滴加到置于冰-水浴的 200 mL 去离子水中，然后将浓度为 2 mol · L^{-1} 的氨水滴加到上述 $TiCl_4$ 溶液至溶液 pH>9，所得沉淀经过滤、洗涤，120 ℃干燥 24 h 和 500 ℃熔烧 3 h，得锐钛矿纳米 TiO_2。

（2）光催化应用于能源化学领域。1972 年日本东京大学教授 Fujishima 和 Honda 首次发现 TiO_2 单晶电极在光的作用下可分解水生成 H_2 和 O_2，从此光催化分解水的研究成为能源化学研究的热点。目前，研究主要方向是开发在可见光下具有高效光催化活性的催化材料，这将是光催化进一步走向实用化的必然趋势。由于 TiO_2 作为光催化材料具有很大的优越性，以 TiO_2 为基础物质的复合半导体材料对可见光响应的研究是当前可见光光催化剂研究的主要内容，如纯 TiO_2、Pt 掺杂、N 掺杂的 TiO_2 等。近年来，新型可见光光催化剂特别是光催化分解水催化剂的研究也成为热点，包括 ZnO 光催化剂、层间复合材料：$CdS/K_4Nb_6O_{17}$，Bi_2MnNbO_7，$GaZnO_4$，$BaCr_2O_4$，$InMnO_4$，$BiTiO_{20}$，Bi_2InTaO_7 等。

（3）光催化应用于环境污染治理领域。由于 TiO_2 光催化剂能够在光照条件下生成氧化性很强的 · OH 自由基等物种，因此很快被应用到治理环境污染领域中。表面有纳米 TiO_2 涂层的玻璃、陶瓷等建筑材料有三种功能：① 自清洁；② 清洁空气；③ 杀灭细菌和病毒。将纳米 TiO_2 涂覆在玻璃上，如建筑玻璃门窗、厨卫设施、汽车挡风玻璃、汽车反光镜玻璃、玻璃幕墙和灯罩等，来自太阳光的紫外光或室内荧光灯光足以维持玻璃表面 TiO_2 涂层的两亲性和催化活性，使得玻璃表面上的亲油和亲水的污染物很容易被冲刷或分解掉，从而使 TiO_2 涂层玻璃具有自清洁、杀菌、清除空气污染的特性。如果将纳米 TiO_2 涂层材料用在公路和隧道上，还可以分解汽车尾气中的 NO_x，消除空气中的有毒烟雾。

实验 16 BZ 振荡反应

16.1 实验目的及要求

（1）了解 Belousov-Zhabotinskii 反应（简称 BZ 反应）的基本原理。

（2）初步理解自然界中普遍存在的非平衡非线性的问题。

16.2 实验原理

非平衡非线性问题是自然科学领域中普遍存在的问题，大量的研究工作正在进行。研究的主要问题是：系统在远离平衡态下，由于本身的非线性动力学机制而产生宏观时空有序结构，称为耗散结构。最典型的耗散结构是 BZ 系统的时空有序结构，所谓 BZ 系统是指由溴酸盐、有机物在酸性介质中，在有（或无）金属离子催化剂催化下构成的系统。它是由苏联科学家 Belousov 发现，后经 Zhabotinskii 深入研究而得名。

1972 年，R. J. Fiela，E. Körös，R. M. Noyes 等人通过实验对 BZ 振荡反应作出了解释。其主要思想是：系统中存在着两个受溴离子浓度控制过程 A 和 B，当$[Br^-]$高于临界浓度$[Br^-]_{crit}$时发生 A 过程，当$[Br^-]$低于$[Br^-]_{crit}$时发生 B 过程。也就是说$[Br^-]$起着开关作用，它控制着从 A 到 B 过程，再由 B 到 A 过程的转变。在 A 过程，由化学反应$[Br^-]$降低，当$[Br^-]$低于$[Br^-]_{crit}$时，B 过程发生。在 B 过程中，Br^-再生，$[Br^-]$增加，当$[Br^-]$达到$[Br^-]_{crit}$时，A 过程发生，这样系统就在 A 过程，B 过程间往复振荡。下面用 $BrO_3^- - Ce^{4+} - MA - H_2SO_4$ 系统为例加以说明。

当$[Br^-]$足够高时，发生下列 A 过程：

$$BrO_3^- + Br^- + 2H^+ \xrightarrow{K_1} HBrO_2 + HOBr \qquad (16.1)$$

$$HBrO_2 + Br^- + H^+ \xrightarrow{K_2} 2HOBr \qquad (16.2)$$

其中第一步是速率控制步，当达到准定态时，有 $[HBrO_2] = \dfrac{K_1}{K_2}[BrO_3^-][H^+]$

当$[Br^-]$低时，发生下列 B 过程，Ce^{3+}被氧化。

$$BrO_3^- + HBrO_2 + H^+ \xrightarrow{K_3} 2BrO_2\cdot + H_2O \qquad (16.3)$$

$$BrO_2\cdot + Ce^{3+} + H^+ \xrightarrow{K_4} HBrO_2 + Ce^{4+} \qquad (16.4)$$

$$2HBrO_2 \xrightarrow{K_5} BrO_3^- + HOBr + H^+ \qquad (16.5)$$

反应(16.3)是速度控制步，反应经(16.3)(16.4)将自催化产生 $HBrO_2$，达到准定态时有

$$[HBrO_2] \approx \frac{K_3}{2K_5}[BrO_3^-][H^+]$$

由反应(16.2)和(16.3)可以看出：Br^- 和 BrO_3^- 是竞争 $HBrO_2$ 的。当 $K_2[Br^-] > K_3[BrO_3^-]$时，自催化过程(16.3)不可能发生。自催化是 BZ 振荡反应中必不可少的步骤。否则该振荡不能发生。Br^-的临界浓度为

$$[Br^-]_{crit} = \frac{K_3}{K_2}[BrO_3^-] = 5 \times 10^{-6}[BrO_3^-]$$

Br^-的再生可通过下列过程实现：

$$4Ce^{4+} + BrCH(COOH)_2 + H_2O + HOBr \xrightarrow{K_6} 2Br^- + 4Ce^{3+} + 3CO_2 + 6H^+ \qquad (16.6)$$

该系统的总反应为

$$2H^+ + 2BrO_3^- + 3CH_2(COOH)_2 \longrightarrow 2BrCH(COOH)_2 + 3CO_2 + 4H_2O \qquad (16.7)$$

振荡的控制物种是 Br^-。

在实验过程中，溶液的电势随物种浓度的变化而周期性的变化，因此记录下电势-时间曲线就可以推测溶液中发生的变化。本实验的装置示意图如图Ⅱ-16-1 所示。BZ 振荡反应数据采集接口装置记录 Pt 丝电极与参比电极间的电势以及温度传感器的信号，经过转换以后传送

到计算机，计算机同时记录时间，就可以得到电势-时间曲线。

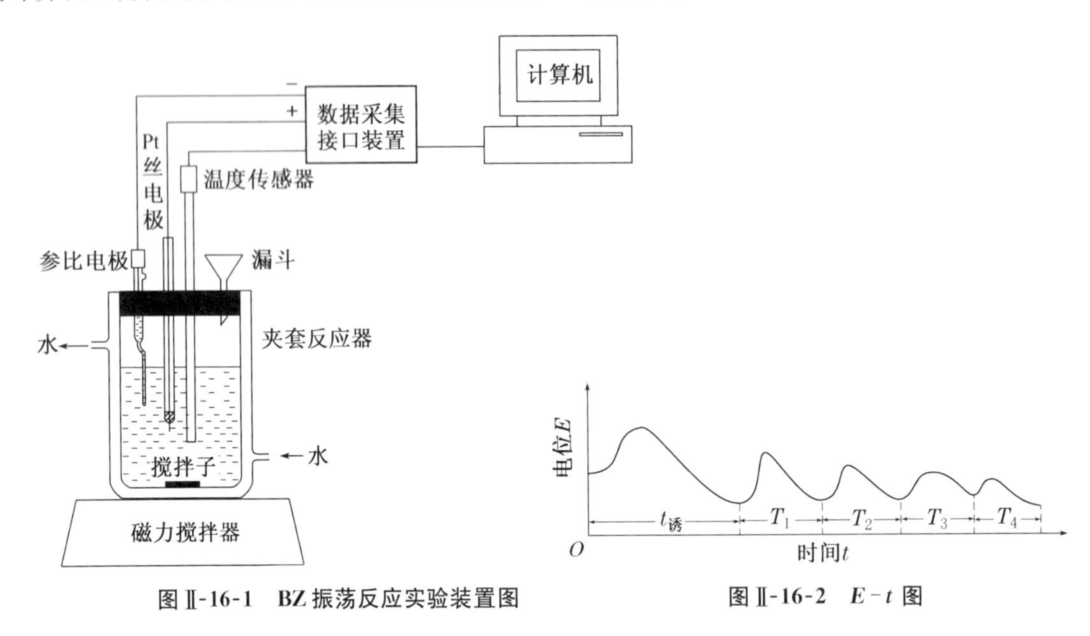

图Ⅱ-16-1　BZ 振荡反应实验装置图　　　**图Ⅱ-16-2　$E-t$ 图**

从电势-时间曲线（如图Ⅱ-16-2）上看，从加入所有反应物种到开始发生周期性振荡的时间为诱导时间 $t_诱$。诱导时间与反应速率 k 成反比，即 $\frac{1}{t_诱}\propto k$，而根据阿仑尼乌斯公式可知 $k=A\exp\left(-\frac{E_表}{RT}\right)$，从而可得到

$$\ln\left(\frac{1}{t_诱}\right)=\ln B-\frac{E_表}{RT} \tag{16.8}$$

式中：A，B 均为常数，$E_表$ 为表观活化能。

如果测出不同反应温度下的 $t_诱$，然后以 $\ln\left(\frac{1}{t_诱}\right)$ 对 $\frac{1}{T}$ 作图，就可以由斜率求出表观活化能 $E_表$。

16.3　仪器与药品

100 mL 夹套反应器1 只；超级恒温槽 1 台；磁力搅拌器 1 台；记录仪 1 台；计算机 1 台；铂丝电极 1 根；217 型甘汞电极 1 根。

丙二酸（AR）；溴酸钾（GR）；硫酸铈铵（AR）；溴化钠（AR）；浓硫酸（AR）；1 mol/L 硫酸溶液；试亚铁灵溶液。

16.4　实验步骤

（1）洗净反应器，按图Ⅱ-16-1 连好仪器，打开超级恒温槽，将温度调节至（25.0±0.1）℃。

（2）配置 0.45 mol/L 丙二酸 250 mL，0.25 mol/L 溴酸钾 250 mL，硫酸 3.00 mol/L 250 mL，4×10^{-3} mol/L硫酸铈铵 250 mL。

（3）打开计算机和记录仪，预热 10 min。运行记录软件，根据使用说明设置各项参数。

(4) 在反应器中加入已配好的丙二酸溶液、溴酸钾溶液、硫酸溶液各 15 mL，恒温 5 min 后加入已在 25 ℃恒温的硫酸铈铵溶液 15 mL，立即按照仪器说明记录电势时间曲线，同时观察溶液的颜色变化。反应足够长的时间后停止记录。

(5) 把反应器内溶液倒出，清洗反应器、电极、漏斗。

(6) 按照上述方法改变温度为 30 ℃、35 ℃、40 ℃、45 ℃、50 ℃重复实验。

(7) 观察 $NaBr-NaBrO_3-H_2SO_4$ 系统加入试亚铁灵溶液后的颜色变化及时空有序现象。

① 配制三种溶液 a，b，c。

a. 取 3 mL 浓硫酸稀释在 134 mL 水中，加入 10 g 溴酸钠溶解。

b. 取 1 g 溴化钠溶在 10 mL 水中。

c. 取丙二酸 2 g 溶解在 20 mL 水中。

② 在一个小烧杯中，先加入 6 mL a 溶液，再加入 0.5 mL b 溶液，再加 1 mL c 溶液，几分钟后，溶液成无色，再加 1 mL 0.025 mol/L 的试亚铁灵溶液充分混合。

③ 把溶液注入一个直径为 9 cm 的培养皿中(清洁)，加上盖。此时溶液呈均匀红色。几分钟后，溶液出现蓝色，并成环状向外扩展，形成各种同心圆状花纹。

16.5 实验注意事项

(1) 实验中溴酸钾试剂纯度要求高。

(2) 217 型甘汞电极洗净氯化钾溶液后注入 1 mol/L 硫酸作液接组成参比电极。

(3) 配制 0.004 mol/L 的硫酸铈铵溶液时，一定要在 0.20 mol/L 硫酸介质中配制。防止发生水解呈浑浊。

(4) 所使用的反应容器一定要冲洗干净，转子位置及速度都必须加以控制。

16.6 数据处理

从软件中读出诱导时间 $t_{诱}$ 和反应温度。

根据 $t_{诱}$ 与温度数据作 $\ln(1/t_{诱})-1/T$ 图，求出表观活化能。

16.7 结果要求

(1) 振荡波形重复性好。

(2) $\ln(1/t_{诱})-1/T$ 图线性关系良好。

16.8 思考题

(1) 影响诱导期的主要因素有哪些?

(2) 本实验记录的电势主要代表什么意思? 与 Nernst 方程求得的电位有何不同?

16.9 讨论

运用微机的控制和运算，可以准确可靠地进行化学参数测量，并直观地把图线展示。

由于记录仪和记录软件的设计不同，有关的操作以各厂家的说明书为准。某种型号的 BZ 振荡反应的计算机控制原理图如图Ⅱ-16-3 所示。此装置由 PC 机、8098 系统、放大部分、传感器部分、控制部分所组成。

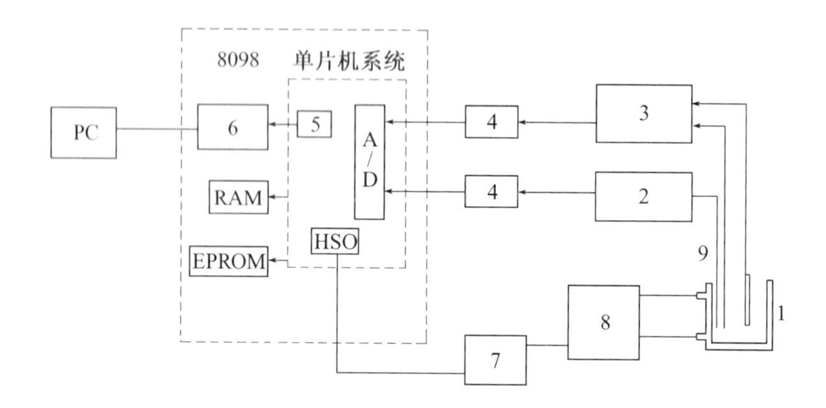

1—反应容器；2—温度传感器数据采集；3—电势差数据采集；4—放大器；5—串行口；
6—RS232C 电平数模；7—继电器控制单元；8—超级恒温槽　9—温度传感器。

图Ⅱ-16-3　BZ 振荡反应原理图

测定电极的电势信号经放大器放大，以及超级恒温槽的温度经温度传感器转变成电压信号，经放大器放大被 8098 系统采集，经通讯口发送到 PC 机。再由 PC 机发出命令通过 RS232C 接口到 8098 触点。8098 的 HSO 输出高/低电平，并通过功率驱动带动继电器吸引放开，控制加热电源，保持温度的需要。

实验时首先把 PC 机与接口装置连接妥，接口装置上的输入输出线与实验装置连接。然后打开电源，按计算机指令(软件提前输入)逐一操作，屏幕上显示当前系统温度，而且进行电势采集扫描，测量曲线就直观地展示在眼前，其扫描速度可根据需要调节。实验结束后，可重新调出图形，进行数据处理。

电化学部分

实验 17　离子迁移数的测定

17.1　实验目的及要求

了解迁移数的意义，并用希托夫(Hittorf)法测定 Cu^{2+} 和 SO_4^{2-} 的迁移数，从而了解希托夫法测定迁移数的原理和方法。

17.2　实验原理

电解质溶液依靠离子的定向迁移而导电。为了使电流能流过电解质溶液，需将两个导体作为电极浸入溶液，使电极与溶液直接接触。当电流流过溶液时，正负离子分别向两极移动，同时在电极上有氧化还原反应发生。根据法拉第定律，电极上发生物质量的变化多少与通入电量成正比。而整个导电任务是由正、负离子共同承担。通过溶液的电量等于正、负离子迁移电量之和。如果正、负离子迁移速率不同或所带电荷不等，它们迁移电量时，所分担的百分数也往往不同。把离子 B 所运载的电流与总电流之比称为离子 B 的迁移数，用符号 t_B 表示。其定义式为

$$t_B = \frac{I_B}{I} \tag{17.1}$$

t_B 是无量纲的量。根据迁移数的定义，正、负离子迁移数分别为

$$\left.\begin{aligned} t_+ &= \frac{I_+}{I} = \frac{\gamma_+}{\gamma_+ + \gamma_-} \\ t_- &= \frac{I_-}{I} = \frac{\gamma_-}{\gamma_+ + \gamma_-} \end{aligned}\right\} \tag{17.2}$$

式中：γ_+，γ_- 为正、负离子的运动速率。

由于正、负离子处于同样的电位梯度中，则

$$\left.\begin{aligned} t_+ &= \frac{u_+}{u_+ + u_-} \\ t_- &= \frac{u_-}{u_+ + u_-} \end{aligned}\right\} \tag{17.3}$$

式中：u_+，u_- 为单位电位梯度时离子的运动速率，称为离子电迁移率(又称为离子淌度)。

$$\frac{t_+}{t_-} = \frac{\gamma_+}{\gamma_-} = \frac{u_+}{u_-} \tag{17.4}$$

$$t_+ + t_- = 1 \tag{17.5}$$

希托夫法是根据电解前后，两电极区电解质数量的变化来求算离子的迁移数。

如果我们用分析的方法求知电极附近电解质溶液浓度的变化，再用电量计求得电解过程中所通过的总电量，就可以从物料平衡来计算出离子迁移数。以铜为电极，电解稀硫酸铜溶液为例，在电解后，阳极附近 Cu^{2+} 的浓度变化是由两种原因引起的：① Cu^{2+} 的迁出；② Cu 在阳极上发生氧化反应 $\left(\frac{1}{2}Cu(s) \longrightarrow \frac{1}{2}Cu^{2+} + e^-\right)$。

因此，阳极区 Cu^{2+} 的物质的量的变化为

$$n_{后} = n_{前} - n_{迁} + n_{电} \tag{17.6}$$

式中：$n_{前}$ 为电解前阳极区存在的 Cu^{2+} 的物质的量；$n_{后}$ 为电解后阳极区存在的 Cu^{2+} 的物质的量；$n_{电}$ 为电解过程中阳极氧化生成的 Cu^{2+} 的物质的量；$n_{迁}$ 为电解过程中阳极区迁出的 Cu^{2+} 的物质的量。

因此

$$n_{迁} = n_{前} - n_{后} + n_{电} \tag{17.7}$$

$$t_{Cu^{2+}} = \frac{n_{迁}}{n_{电}} \tag{17.8}$$

$$t_{SO_4^{2-}} = 1 - t_{Cu^{2+}} \tag{17.9}$$

17.3 仪器与药品

直形迁移管 1 支；铜电量计 1 套；精密稳流电源 1 台；毫安培计 1 台；锥形瓶 4 只；碱式滴定管 1 支。

硫酸铜电解液；0.05 mol/L 硫酸铜溶液；0.050 0 mol/L 硫代硫酸钠溶液；10%碘化钾溶液；1 mol/L 醋酸溶液；1 mol/L 硝酸；乙醇(AR)；淀粉指示剂。

17.4 实验步骤

(1) 洗净直形迁移管，用 0.05 mol/L $CuSO_4$ 溶液荡洗两次(注意，迁移管活塞下的尖端部分也要荡洗)，装入硫酸铜溶液(迁移管活塞下面尖端部分也要充满溶液)。将迁移管直立夹持。把已处理清洁的两电极浸入(浸入前也需用硫酸铜溶液淋洗)。阳极插入管底，两极间距离约为 20 cm 左右，最后调整管内硫酸铜溶液的量，使阴极在液面下大约 4 cm 左右。

(2) 将铜电量计中阴极铜片取下(铜电量计中有三片铜片，中间那片为阴极)，先用细砂纸磨光以除去表面氧化层，然后用水冲洗，接着浸入 1 mol/L HNO_3 溶液中几分钟，再用蒸馏水冲洗，最后用酒精淋洗并吹干。把处理好的阴极铜片在分析天平上称重，然后装入电量计中。按图Ⅱ-17-1 装妥迁移管、毫安计、铜电量计及直流电源。

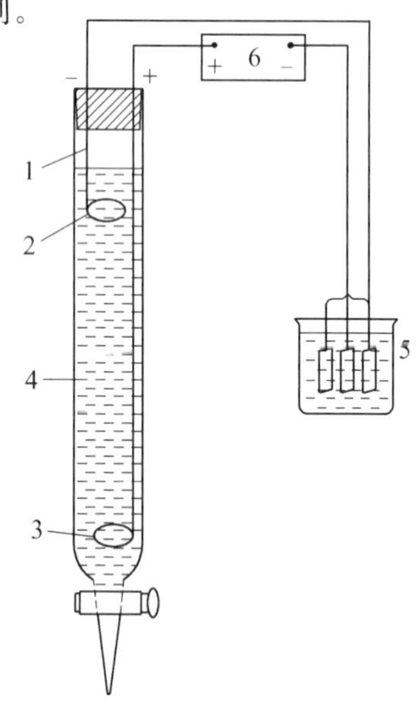

1—阴极棒；2—阴极圈；3—阳极；
4—硫酸铜溶液；5—库仑计；6—稳流电源。

图Ⅱ-17-1 迁移数测定接线图

(3) 接通电源(注意阴、阳极的位置切勿弄错)，然后调节电流强度约为 18 mA，连续通电 90 min(通电时要注

意保持电流稳定)，并记下平均室温。

(4) 停止通电后，从电量计中取出阴极铜片，用水冲洗后，再以酒精淋洗并吹干，称其质量。

(5) 将迁移管中的溶液以 4 ∶ 1 ∶ 1 ∶ 4 的体积比分为“阳极区”“近中阳极区”“近中阴极区”和“阴极区”四区，然后把各区分别缓慢放入已称量过、干燥洁净的锥形瓶中，再次称量。

(6) 各瓶中加 10% KI 溶液 10 mL，1 mol/L 醋酸溶液 10 mL，用标准硫代硫酸钠溶液滴定，滴至淡黄色，加入1 mL 淀粉指示剂，再滴至紫色消失。

17.5 实验注意事项

(1) 实验中所用的铜电极必须用纯度为 99.999%的电解铜。

(2) 实验过程中凡是能引起溶液扩散、搅动、对流的因素都必须避免。电极阴、阳极的位置不能颠倒，管活塞下端以及电极上都不能有气泡，所通电流不能太大。

(3) 本实验中各区溶液的划分很重要。实验前后，近中阳极区、近中阴极区的溶液浓度不变。因而阳极区与阴极区的溶液不可错划入中部，否则会引入误差。若近中阳极区与近中阴极区的分析结果相差甚大，则表示溶液分层不符合要求，应重做实验。

(4) 本实验由库仑计阴极的增重来计算总的通电量。因而称量及前处理都很重要，应特别小心。

17.6 数据处理

(1) 从“近中阳极区”及“近中阴极区”溶液的分析结果求出每克水所含的硫酸铜克数。

$$c_{Na_2S_2O_3} \times V_{Na_2S_2O_3} \times \frac{159.6}{1\,000} = CuSO_4 \text{ 的克数}$$

式中：$c_{Na_2S_2O_3}$ 为滴定用的硫代硫酸钠溶液的浓度(mol/L)；$V_{Na_2S_2O_3}$ 为滴定用的硫代硫酸钠溶液体积(mL)。

$$\text{溶液克数} - \text{硫酸铜克数} = \text{水克数}$$

$$\frac{\text{硫酸铜克数}}{\text{水克数}} = CuSO_4(\text{克})/H_2O(\text{克})$$

由于中极区溶液在通电前后浓度不变，因此，其值即是原硫酸铜溶液的浓度。通过此值可以求出通电前阴极区、阳极区硫酸铜溶液中所含的硫酸铜的克数。

(2) 通过阳极区溶液的滴定结果，计算出通电后阳极区溶液中所含的硫酸铜的克数；并可计算出阳极区溶液中所含的水量，从而求出通电前阳极区溶液中所含的硫酸铜的克数。最后就可以得到 $n_{后}$，$n_{前}$。

(3) 由电量计阴极铜片的增量，算出通入的总电量。即

$$\text{铜片的增量} \div \text{铜的原子量} = n_{电}$$

此为阳极溶入阳极区溶液中的 Cu 的量。

把所得数代入公式(17.7)求出 $n_{迁}$。

(4) 计算出阳极区的 $t_{Cu^{2+}}$ 和 $t_{SO_4^{2-}}$。

(5) 计算阴极区的 $t_{Cu^{2+}}$ 和 $t_{SO_4^{2-}}$，与阳极区的计算结果进行比较、分析。

17.7 结果要求及文献值

（1）$T_{Cu^{2+}}$ 在 0.34～0.40 之间。

（2）文献值：$T_{SO_4^{2-}}=0.625$(18 ℃)[①]。

17.8 思考题

（1）0.1 mol/L KCl 和 0.1 mol/L NaCl 中的 Cl^- 迁移数是否相同？为什么？

（2）如以阴极区电解质溶液的浓度变化计算 $t_{Cu^{2+}}$，其计算公式应如何？

（3）影响本实验的因素有哪些？

17.9 讨论

（1）通电结束后在按比例放溶液时。迁移管活塞下端未参加电迁移的 $CuSO_4$ 溶液放入阳极区溶液中或以后用原 $CuSO_4$ 溶液淋洗迁移管后放入阴极区的溶液或缩小中间部溶液的量、扩大阳极区、阴极区的量都会影响阳、阴极区的浓度，但不会影响最后迁移数的值，证明如下。

中间部溶液的质量为 W'(g)，其中 $CuSO_4$ 的质量为 W_1'(g)，则

$$C=\frac{W_1'}{W'-W_1'}=CuSO_4(g)/H_2O(g)$$

按正常比例 4∶1∶1∶4 划分阳、中、阴部分。设通电后阳极区的质量为 W(g)，其中 $CuSO_4$ 质量为 W_1(g)。若中间部有 xW'(g)溶液放到阳极部，这时阳极中 $CuSO_4$ 的量为 W_1+xW_1'，那么两者的 $N_{前}$ 和 $N_{后}$ 就不同，但 $N_{后}-N_{前}$ 相同，见表Ⅱ-17-1。

表Ⅱ-17-1

	正常比例	如中间部溶液有 xW' 加入阳极部(g)
阳极区溶液的量	W	$W+xW'$
$CuSO_4$ 的量	W_1	W_1+xW_1'
W 中的水量	$W-W_1$	$(W-W_1)+x(W'-W_1')$
$N_{后}$	W_1	W_1+xW_1'
$N_{前}$	$(W-W_1)\cdot C$	$(W-W_1)\cdot C+x(W'-W_1')\cdot C=(W-W_1)\cdot C+xW_1'$
$N_{后}-N_{前}$	$W_1-(W-W_1)\cdot C$	$(W_1+xW_1')-[(W-W_1)\cdot C+xW_1']=W_1-(W-W_1)\cdot C$

（2）由本实验所测得的迁移数，称为希托夫迁移数（又称为表观迁移数），计算过程中假定水是不动的。由于离子的水化作用，离子迁移时实际上是附着水分子的，所以由于阴、阳离子水化程度不同，在迁移过程中会引起浓度的改变。若考虑到水的迁移对浓度的影响，算出阳离子或阴离子实际上迁移的数量，这种迁移数称为真实迁移数。

（3）除了希托夫法测定离子迁移数外，还有界面移动法和电动势法两种。

界面移动法是直接测定电解时溶液界面在迁移管中移动的距离求出迁移数。主要问题是

① 朱元保，沈子琛，张传福，等．电化学数据手册[M]．长沙：湖南科学技术出版社，1985：551.

如何获得鲜明的界面以及如何观察界面移动。为了获得鲜明的界面，首先必须防止对流和扩散。所以实验温度不能太高，管内温度应均匀，时间不能太长，电流密度不能太大，并选用毛细管作为迁移管、以减少两液体的接触面。其次，要使用一个适当的跟随离子。它在单位电位梯度时的移动速度要小于被测离子。

电动势法是通过测量具有或不具有溶液接界的浓差电池的电动势来进行的。例如测定硝酸银溶液的 t_{Ag^+} 和 $t_{NO_3^-}$ 可安排如下两电池。

① 有溶液接界的浓差电池

$$Ag \mid AgNO_3(m_1) \mid AgNO_3(m_2) \mid Ag$$

总的电池反应

$$t_{NO_3^-}\, AgNO_3(m_2) \longrightarrow t_{NO_3^-}\, AgNO_3(m_1)$$

测得电动势为

$$E_1 = 2t_{NO_3^-} \frac{RT}{F} \ln \frac{\gamma_{\pm 2} m_2}{\gamma_{\pm 1} m_1}$$

② 无溶液接界的浓差电池

$$Ag \mid AgNO_3(m_1) \parallel AgNO_3(m_2) \mid Ag$$

总的电池反应

$$Ag^+(m_2) \longrightarrow Ag^+(m_1)$$

测得电动势为

$$E_2 = \frac{RT}{F} \ln \frac{(a_{Ag^+})_2}{(a_{Ag^+})_1}$$

假定溶液中价数相同的离子具有相同活度系数，则可得

$$a_{\pm 1} = (a_{Ag^+})_1 = (a_{NO_3^-})_1 = \gamma_{\pm 1} m_1$$

$$a_{\pm 2} = (a_{Ag^+})_2 = (a_{NO_3^-})_2 = \gamma_{\pm 2} m_2$$

$$\frac{E_1}{E_2} = \frac{2t_{NO_3^-} \dfrac{RT}{F} \ln \dfrac{\gamma_{\pm 2} m_2}{\gamma_{\pm 1} m_1}}{\dfrac{RT}{F} \ln \dfrac{(a_{Ag^+})_2}{(a_{Ag^+})_1}} = 2t_{NO_3^-}$$

因此， $t_{NO_3^-} = \frac{E_1}{2E_2}$，$t_{Ag^+} = 1 - t_{NO_3^-}$。

实验 18　电导的测定及其应用

18.1　实验目的及要求

(1) 了解溶液的电导、电导率和摩尔电导率的概念。
(2) 测量电解质溶液的摩尔电导率，并计算弱电解质溶液的电离常数。

18.2　实验原理

电解质溶液是靠正、负离子的迁移来传递电流。在弱电解质溶液中，只有已电离部分才能

承担传递电量的任务。在无限稀释的溶液中可认为弱电解质已全部电离，此时溶液的摩尔电导率为 Λ_m^∞，而且可用离子极限摩尔电导率相加而得。

一定浓度下的摩尔电导率 Λ_m 与无限稀释的溶液中的摩尔电导率 Λ_m^∞ 是有差别的。这由两个因素造成，一是电解质溶液的不完全离解，二是离子间存在着相互作用力。所以 Λ_m 通常称为表观摩尔电导率。

$$\frac{\Lambda_m}{\Lambda_m^\infty} = \alpha \frac{(u_+ + u_-)}{(u_+^\infty + u_-^\infty)} \tag{18.1}$$

式中：u_+，u_- 为正负离子的电迁移率（又称离子淌度）；u_+^∞，u_-^∞ 为无限稀释溶液中正负离子的电迁移率。

假定离子的电迁移率随浓度的变化了忽略不计，即 $u_+^\infty \approx u_+$，$u_-^\infty \approx u_-$，则上式可简化为：

$$\frac{\Lambda_m}{\Lambda_m^\infty} = \alpha \tag{18.2}$$

式中 α 为电离度。

AB 型弱电解质在溶液中电离达到平衡时，电离平衡常数 K_c，浓度 c，电离度 α 有以下关系：

$$K_c = \frac{c \cdot \alpha^2}{1-\alpha} \tag{18.3}$$

$$K_c = \frac{c\Lambda_m^2}{\Lambda_m^\infty(\Lambda_m^\infty - \Lambda_m)} \tag{18.4}$$

根据离子独立定律，Λ_m^∞ 可以从离子的无限稀释的摩尔电导率计算出来。Λ_m 则可以从电导率的测定求得，然后求算出 K_c。

18.3 仪器与试剂

DDS-11A(T)型电导率仪 1 台；恒温槽 1 套；电导池 1 支。

0.100 0 mol/L 醋酸溶液。

18.4 实验步骤

(1) 调整恒温槽温度为(25±0.3) ℃。

(2) 用洗净、烘干的电导池 1 支，加入 20 mL 的 0.1 mol/L 醋酸溶液，测定其电导率。

(3) 用吸取醋酸的移液管从电导池中吸出 10 mL 溶液弃去，用另一支移液管取 10 mL 电导水注入电导池，混合均匀，等温度恒定后，测其电导率，如此操作，共稀释 4 次。

(4) 倒去醋酸，洗净电导池，最后用电导水淋洗。注入 20 mL 电导水，测其电导率。

18.5 实验注意事项

(1) 本实验配制溶液时，均需用电导水。

(2) 温度对电导有较大影响，所以整个实验必须在同一温度下进行。每次用电导水稀释溶液时，需温度相同。因此可以预先把电导水装入锥形瓶，置于恒温槽中恒温。

18.6 数据处理

(1) 已知 298.2 K 时，无限稀释溶液中离子的无限稀释离子摩尔电导率 $\Lambda_{m(H^+)}^\infty$ =

349.82×10^{-4} S·m²/mol，$\Lambda_{m(Ac^-)}^{\infty}=40.9\times10^{-4}$ S·m²/mol。计算醋酸的 Λ_m^{∞}。

(2) 计算各浓度醋酸的电离度 α 和离解常数 K_c。

18.7 结果要求及文献值

(1) 25 ℃时醋酸的电离常数应在 4.6～4.9 范围内。

(2) 文献值：醋酸 $pK_a=4.756$(25 ℃)[①]。

18.8 思考题

(1) 本实验为何要测水的电导率？

(2) 实验中为何用镀铂黑电极？使用时注意事项有哪些？

18.9 讨论

(1) 电导与温度有关，当测试温度不是 25 ℃时，可用下式计算：

$$G_t=G_{25\,℃}\left[1+\frac{1.3}{100}(t-25)\right] \tag{18.5}$$

(2) 普通蒸馏水中常溶有 CO_2 和氨等杂质，故存在一定电导。因此实验所测的电导值是欲测电解质和水的电导的总和。因此做电导实验时需纯度较高的水，称为电导水。其制备方法为在蒸馏水中加入少许高锰酸钾，用石英或硬质玻璃蒸馏器再蒸馏一次。

(3) 铂电极镀铂黑的目的在于减少极化现象，且增加电极表面积，使测定电导时有较高灵敏度。铂黑电极不用时，应保存在蒸馏水中，不可使之干燥。

实验 19 电动势的测定及其应用

19.1 实验目的及要求

(1) 掌握对消法测定电动势的原理及电位差计、检流计、标准电池的原理和使用方法。

(2) 学会制备银电极、银-氯化银电极、盐桥。

(3) 了解可逆电池电动势的应用。

19.2 实验原理

原电池是由两个“半电池”组成，每一个半电池中包含一个电极和相应的电解质溶液。不同的半电池可以组成各种各样的原电池。电池反应中正极起还原作用，负极起氧化作用，而电池反应是电池中两个电极反应的总和。其电动势为组成该电池的两个半电池的电极电势的代数和。若已知一半电池的电极电势，通过测定电动势，即可求得另一半电池的电极电势。目前尚不能从实验上测定单个半电池的电极电势。在电化学中，电极电势是以某一电极为标准而求出其他电极的相对值。现在国际上采用的标准电极是标准氢电极，即 $a_{H^+}=1$，$p_{H_2}=$

---

① Lide D R. CRC handbook of chemistry and physics[M]. 88th ed. Boca Raton: CRC Press, 2007—2008: 8-42.

101 325 Pa 时被氢气所饱和的铂电极。但氢电极使用比较麻烦，因此常把具有稳定电势的电极，如甘汞电极、银-氯化银电极等作为第二类参比电极。

通过测定电池电动势可求算某些反应的 ΔH，ΔS，ΔG 等热力学函数，还可以求算电解质的平均活度系数、难溶盐的溶度积和溶液的 pH 等数据。要求上述数据，必须设计出一个可逆电池，该电池反应就是所需求的反应。

例如，用电动势法求 AgCl 的 K_{sp}，则需设计成如下电池：

$$Ag(s)+AgCl(s) \mid HCl(m) \parallel AgNO_3(m) \mid Ag(s)$$

电池的电极反应为

负极：$$Ag+Cl^-(m) \longrightarrow AgCl+e^-$$

正极：$$Ag^+(m)+e^- \longrightarrow Ag$$

电池总反应：$$Ag^+(m)+Cl^-(m) \longrightarrow AgCl$$

电池电动势 $E=\varphi_{右}-\varphi_{左}$，即

$$E=\left[\varphi^{\ominus}_{Ag^+|Ag}+\frac{RT}{F}\ln a_{Ag^+}\right]-\left[\varphi^{\ominus}_{Cl^-|AgCl|Ag}+\frac{RT}{F}\ln\frac{1}{a_{Cl^-}}\right]$$

$$=E^{\ominus}-\frac{RT}{F}\ln\frac{1}{a_{Ag^+}\cdot a_{Cl^-}} \tag{19.1}$$

因为 $$\Delta G^{\ominus}=-nE^{\ominus}F=-RT\ln\frac{1}{K_{sp}} \tag{19.2}$$

$$E^{\ominus}=\frac{RT}{nF}\ln\frac{1}{K_{sp}} \tag{19.3}$$

所以 $$\lg K_{sp}=\lg a_{Ag^+}+\lg a_{Cl^-}-\frac{EF}{2.303RT} \tag{19.4}$$

只要测得该电池的电动势，就可以通过上式求得 AgCl 的 K_{sp}。

又例如通过电动势的测定，求溶液的 pH，可设计如下电池：

$$Hg(l)+Hg_2Cl_2(s)\left|\text{饱和 KCl 溶液}\right\|\begin{array}{l}\text{饱和有醌氢醌}\\\text{的未知 pH 溶液}\end{array}\left|\ Pt\right.$$

醌氢醌为等摩尔的醌和氢醌的结晶化合物，在水中溶解度很小，作为正极时其反应为

$$C_6H_4O_2+2H^++2e^- \longrightarrow C_6H_4(OH)_2$$

其电极电势

$$\varphi_{右}=\varphi^{\ominus}_{醌氢醌}-\frac{RT}{2F}\ln\frac{a_{氢醌}}{a_{醌}\cdot a^2_{H^+}}=\varphi^{\ominus}_{醌氢醌}-\frac{2.303RT}{F}pH \tag{19.5}$$

因为 $$E=\varphi_{右}-\varphi_{左}=\varphi^{\ominus}_{醌氢醌}-\frac{2.303RT}{F}pH-\varphi_{甘汞}$$

所以 $$pH=\frac{\varphi^{\ominus}_{醌氢醌}-E-\varphi_{甘汞}}{2.303RT/F} \tag{19.6}$$

只要测得电动势，就可通过上式求得未知溶液的 pH。

电池电动势不能直接用伏特计来测量，因为当伏特计与待测电池接通后，整个线路上便有电流通过，此时电池内部由于存在内电阻而产生电位降，并在电池两电极发生化学反应使溶液浓度改变而导致电动势数值不稳定。所以要准确测定电池电动势，必须在无电流的情况下进行，这可以采用对消法来实现。

19.3 仪器与药品

UJ-25 型电位差计 1 台；检流计 1 台；稳流电源 1 台；电位差计稳压电源 1 台；韦斯顿标准电池 1 台；银电极 2 支；铂电极、饱和甘汞电极各 1 支；盐桥玻管 4 根。

镀银液；盐桥液；硝酸银溶液(0.010 mol/L、0.100 mol/L)；未知 pH 液；盐酸(0.100 mol/L、1 mol/L)；氯化钾溶液(0.01 mol/L、饱和)；醌氢醌。

19.4 实验步骤

本实验测定下列四个电池的电动势：

$Hg(l)+Hg_2Cl_2(s)$ | 饱和 KCl 溶液 ‖ $AgNO_3$(0.100 mol/L) | Ag(s)

Ag(s) | KCl(0.01 mol/L) 与饱和 AgCl 液 ‖ $AgNO_3$(0.010 mol/L) | Ag(s)

$Hg(l)+Hg_2Cl_2(s)$ | 饱和 KCl 溶液 ‖ 饱和有醌氢醌的未知 pH 溶液 | Pt

Ag(s) + AgCl(s) | HCl(0.100 mol/L) ‖ $AgNO_3$(0.100 mol/L) | Ag(s)

1. 电极制备

(1) 铂电极和饱和甘汞电极采用现成的商品，使用前用蒸馏水淋洗干净，若铂片上有油污，应在丙酮中浸泡，然后用蒸馏水淋洗。

(2) 用商品银电极进行电镀，制备成银电极、银-氯化银电极(参见Ⅲ-5.2.3)。

(3) 醌氢醌电极　将少量醌氢醌固体加入待测的未知 pH 溶液中，搅拌使成饱和溶液，然后插入干净的铂电极。

2. 盐桥的制备

为了消除液接电势，必须使用盐桥。其制备方法是把琼脂、KNO_3、H_2O 以质量比为 1.5∶20∶50 的比例加入锥形瓶中，于热水浴中加热溶解，然后用滴管将它灌入干净的 U 形管中(U 形管中以及管两端不能留有气泡)，冷却。

3. 电动势的测定(参见Ⅲ-5.2.3)

(1) 按图Ⅱ-19-1 组成四个电池。

(2) 将标准电池、工作电池、待测电池、检流计接至 UJ25 型电位差计上，注意正、负极不能接错。

(3) 校正工作电流　先读取环境温度，计算标准电池在该温度下的电动势。调节电位差计的温度补偿旋钮至计算值。将转换开关拨至“N”处，转动工作电流调节旋钮粗、中、细、微，依次按下电计按钮“粗”“细”，直至检流计示零。在测量过程中，要经常检查是否发生偏离，加以调整。

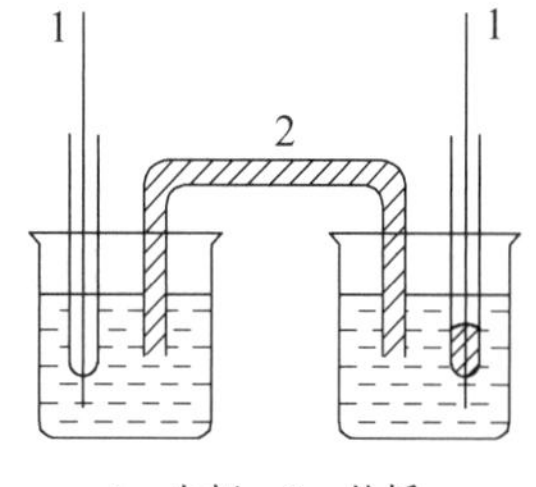

1—电极；2—盐桥。

图Ⅱ-19-1　电池组成图

(4) 测量待测电池电动势　将转换开关拨向 X_1 或 X_2 位置，从大到小旋转测量旋钮按下电计按钮“粗”“细”，直至检流计示零，6 个小窗口内读数即为待测电池电动势。

实验完毕，把盐桥放在水中加热溶解，洗净，其他各仪器复原，检流计短路放置。

19.5 实验注意事项

(1) 连接线路时，正、负极切勿接反。

(2) 测试时必须先按电位计上"粗"按钮，待检流计示零后，再按"细"按钮，以免检流计偏转过大而损坏。按按钮时间要短，不超过 1 s，以防止过多电量通过标准电池和待测电池，造成严重极化现象，破坏电池的电化学可逆状态。

(3) 组成第二个电池时，其左方半电池的制备方法如下：将 0.01 mol/L 的氯化钾溶液中滴加 2 滴 0.1 mol/L 硝酸银溶液，边滴边搅拌(不可多加)，然后插入新制成的银电极即可。

19.6 数据处理

(1) 根据第二、四个电池的测定结果，求算 AgCl 的 K_{sp}。

已知 0 ℃时 0.100 mol/L 的 HCl 溶液的平均活度系数 $\gamma_{\pm}^{0℃}=0.8027$，温度 t ℃时的$\gamma_{\pm}^{t℃}$可通过下式求得：

$$-\lg\gamma_{\pm}^{t℃}=-\lg\gamma_{\pm}^{0℃}+1.620\times10^{-4}t+3.13\times10^{-7}t^2 \tag{19.7}$$

而 0.100 mol/L $AgNO_3$ 的 $\gamma_{Ag^+}^{25℃}=\gamma_{\pm}=0.734$，0.01 mol/L 的 KCl 溶液的 $\gamma_{\pm}^{25℃}=0.901$，0.01 mol/L 的 $AgNO_3$ 的 $\gamma_{\pm}^{25℃}=0.902$。

(2) 由第一个电池求 $\varphi_{Ag^+|Ag}^{\ominus}$。

已知饱和甘汞电极电势与温度关系为

$$\varphi_{甘汞}=0.2412-6.61\times10^{-4}(t-25)-1.75\times10^{-6}(t-25)^2-9.16\times10^{-10}(t-25)^3 \tag{19.8}$$

$\varphi_{Ag^+,Ag}^{\ominus}$与温度关系为

$$\varphi_{Ag^+|Ag}^{\ominus}=0.7991-9.88\times10^{-4}(t-25)+7\times10^{-7}(t-25)^2 \tag{19.9}$$

将实验测得的 $\varphi_{Ag^+|Ag}^{\ominus}$值与理论计算值进行比较，要求相对误差小于 1%。

(3) 由第三个电池求未知溶液的 pH。

已知

$$\varphi_{醌氢醌}^{\ominus}=0.6994-7.4\times10^{-4}(t-25) \tag{19.10}$$

19.7 结果要求及文献值

(1) 由实验求得的 AgCl 的 K_{sp}与文献值之差在$\pm0.5\times10^{-10}$以内。$\varphi_{Ag^+|Ag}^{\ominus}$实测值与理论值比较，其相对误差不大于 1%。

(2) 文献值：$K_{sp}(AgCl)=1.77\times10^{-10}$①。

19.8 思考题

(1) 对消法测定电池电动势的装置中，电位差计、工作电源、标准电池及检流计各起什么作用?

(2) 如果用氢电极作为参比电极排成下面电池，测定银电极电势，实验中会出现什么现

---

① Lide D R. CRC handbook of chemistry and physics[M]. 88th ed. Boca Raton：CRC Press，2007—2008：8-123.

象？如何纠正？

$$Ag \mid AgNO_3(a=1) \parallel H^+(a=1) \mid H_2(P^{\ominus}) \mid Pt$$

(3) 测量过程中，若检流计光点总往一个方向偏转，可能是哪些原因引起的？

(4) 是否可以用两个准确的转盘电阻箱代替电位差计使用？试画出线路图并说明实验过程。

19.9 讨论

(1) 醌氢醌电极使用方便，但有一定使用范围。由于 pH＞8.5 时，氢醌会发生电离而改变分子状态，此外，氢醌在碱性溶液中容易氧化，这些都会影响测定结果，因此使用时要求 pH ≤8.5。绝不能在含硼酸盐的溶液中使用，因氢醌要与其生成络合物。在有其他强氧化剂或还原剂存在时亦不能使用。

(2) 用对消法测电动势，通常使用 UJ－25 型电位差计、光电检流计、稳压电源和标准电池等，操作比较繁琐，随着科学技术的发展，新型的电位差计正在逐步代替上述仪表。

测量原理如图Ⅱ-19-2。此装置将电动势和检流计显示均改为数码管数字显示的方式。工作电源 E 在调节“＊10 V”等数个拨挡开关后得到一个输出电压 U_0，并在电动势指示的表头上显示出来。

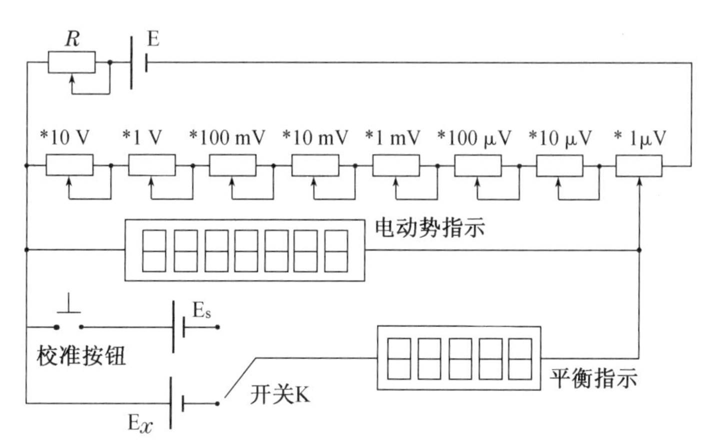

图Ⅱ-19-2 数字式电子电位差计原理图

在“外标”模式下，将开关 K 与 E_s 接通，当 $E_s=U_0$ 时，按下“校准”按钮，平衡指示为 0；

在“测量”模式下，将开关 K 与 E_x 接通，当 $E_x=U_0$ 时，平衡指示为 0，电动势指示即为被测电动势 E_x。

要注意的是，标准电池的电动势使用中有很多注意事项，一般情况下可满足测量要求。

另外，也可用高阻抗的电位差计测定电动势。

实验 20 电动势法测定化学反应的热力学函数

20.1 实验目的及要求

（1）掌握用电动势法测定化学反应热力学函数的原理和方法。

（2）在不同温度下测定电池的电动势，并计算电池反应的热力学函数——$\Delta G, \Delta S, \Delta H$。

20.2 实验原理

在恒温、恒压可逆条件下，电池反应的自由能改变值为

$$\Delta G = -nEF \tag{20.1}$$

式中：n 为电池反应中已经进行反应物质的摩尔数；F 为法拉第常数。

根据热力学函数之间的关系得

$$\Delta G = \Delta H - T\Delta S \tag{20.2}$$

$$\Delta S = -\left(\frac{\partial \Delta G}{\partial T}\right)_p = nF\left(\frac{\partial E}{\partial T}\right)_p \tag{20.3}$$

将(20.1)(20.3)式代入(20.2)式得

$$\Delta H = -nEF + nFT\left(\frac{\partial E}{\partial T}\right)_p \tag{20.4}$$

由实验测得各个温度时的 E 值，以 E 对 T 作图，从曲线斜率可求出任一温度下的 $\left(\frac{\partial E}{\partial T}\right)_p$ 值。根据(20.1)(20.2)(20.4)式即可求出该反应的热力学函数 $\Delta G, \Delta S, \Delta H$。

本实验测定下列电池的电动势：

$$\text{Ag - AgCl} \mid \text{饱和 KCl 溶液} \parallel \text{Hg}_2\text{Cl}_2 - \text{Hg}$$

此电池的两个电极的电极电势为

$$\varphi_{\text{甘汞}} = \varphi^{\ominus}_{\text{甘汞}} - \frac{RT}{F}\ln a_{\text{Cl}^-}$$

$$\varphi_{\text{Cl}^- \mid \text{AgCl} \mid \text{Ag}} = \varphi^{\ominus}_{\text{Cl}^- \mid \text{AgCl} \mid \text{Ag}} - \frac{RT}{F}\ln a_{\text{Cl}^-}$$

$$\begin{aligned} E &= \varphi_{\text{甘汞}} - \varphi_{\text{Cl}^- \mid \text{AgCl} \mid \text{Ag}} \\ &= \varphi^{\ominus}_{\text{甘汞}} - \frac{RT}{F}\ln a_{\text{Cl}^-} - \left(\varphi^{\ominus}_{\text{Cl}^- \mid \text{AgCl} \mid \text{Ag}} - \frac{RT}{F}\ln a_{\text{Cl}^-}\right) \end{aligned} \tag{20.5}$$

所以

$$E = \varphi^{\ominus}_{\text{甘汞}} - \varphi^{\ominus}_{\text{Cl}^- \mid \text{AgCl} \mid \text{Ag}} \tag{20.6}$$

由上可知，如在 298 K 测定此电池电动势 $E^{\ominus}$，即可求出电池反应的 $\Delta G^{\ominus}_{298}$。如测定不同温度下电池电动势，就可求出 $\Delta H^{\ominus}_{298}$，$\Delta S^{\ominus}_{298}$。

20.3 仪器与药品

反应器与磁力搅拌器 1 套；对消法测电动势装置 1 套（参看实验 18）；银电极；甘汞电极。

氯化钾（AR）。

20.4 实验步骤

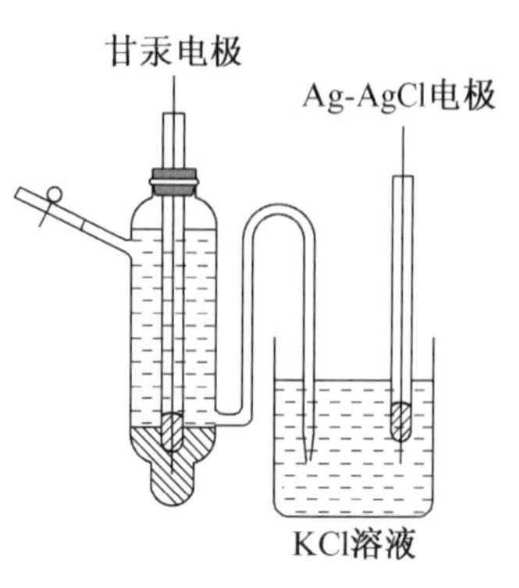

图Ⅱ-20-1 电池组成图

(1) 制备银-氯化银电极。

(2) 按照图Ⅱ-20-1组成电池。在298 K、303 K、308 K、313 K、318 K测定电池电动势。

20.5 实验注意事项

(1) 测定电池电动势时,确保氯化钾溶液达到饱和。

(2) 测定开始时,电池电动势值不太稳定,因此需每隔一定时间测定一次,直至稳定时为止。

20.6 数据处理

(1) 以298 K测得的电动势,计算反应的$\Delta G^{\ominus}_{298}$。

(2) 绘出$E-T$关系曲线,求出$\left(\frac{\partial E}{\partial T}\right)_p$,计算反应的$\Delta S^{\ominus}_{298}$和$\Delta H^{\ominus}_{298}$。

20.7 结果要求及文献值

(1) 在298 K时测得电池电动势在0.043～0.047 V之间。

(2) $\varphi^{\ominus}_{Cl^-|AgCl|Ag}=0.222\ 33$ V①,$\varphi^{\ominus}_{Cl^-|Hg_2Cl_2|Hg}=0.268\ 08$ V②。

相减得到:实验电池的电动势为0.045 75 V。

20.8 思考题

上述电池电动势与电池中氯化钾的浓度是否有关?为什么?

实验21 电势-pH曲线的测定及其应用

21.1 实验目的及要求

(1) 运用测定电池电动势和pH的方法,测定Fe^{3+}/Fe^{2+}-EDTA溶液在不同pH条件下的电极电势,绘制电势-pH曲线。

(2) 了解电势-pH图的意义及应用。

21.2 实验原理

很多氧化还原反应不但与溶液中离子的浓度有关,而且与溶液的pH有关。即电极电势与浓度和酸度成函数关系。若指定溶液的浓度,则电极电势只与溶液的pH有关。在改变溶液的pH时测定溶液的电极电势,然后以电极电势对pH作图,这样就可画出等温、等浓度的

①② Lide D R. CRC handbook of chemistry and physics[M]. 88th ed. Boca Raton: CRC Press, 2007—2008: 8-22

电势-pH 曲线。本实验讨论 Fe^{3+}/Fe^{2+}-EDTA 系统的电势-pH 曲线。

Fe^{3+}/Fe^{2+}-EDTA 系统在不同的 pH 范围内，其配合产物不同。以 Y^{4-} 代表 EDTA 酸根离子，我们将在三个不同 pH 的区间来讨论其电极电势的变化。

(1) 在一定 pH 范围内，Fe^{3+} 和 Fe^{2+} 能与 EDTA 生成稳定的配合物 FeY^- 和 FeY^{2-}，其电极反应为

$$FeY^- + e^- \rightleftharpoons FeY^{2-}$$

根据能斯特(Nernst)方程，其电极电势为

$$\varphi=\varphi^{\ominus}-\frac{RT}{F}\ln\frac{a_{(FeY^{2-})}}{a_{(FeY^-)}} \tag{21.1}$$

式中：$\varphi^{\ominus}$ 为标准电极电势；a 为活度。

由 a 与活度系数 γ 和质量摩尔浓度 m 的关系，可得

$$a=\gamma\cdot m$$

则式(21.1)可改写成

$$\varphi=\varphi^{\ominus}-\frac{RT}{F}\ln\frac{\gamma_{(FeY^{2-})}}{\gamma_{(FeY^-)}}-\frac{RT}{F}\ln\frac{m_{(FeY^{2-})}}{m_{(FeY^-)}}=(\varphi^{\ominus}-b_1)-\frac{RT}{F}\ln\frac{m_{(FeY^{2-})}}{m_{(FeY^-)}} \tag{21.2}$$

式中：$b_1=\frac{RT}{F}\ln\frac{\gamma_{(FeY^{2-})}}{\gamma_{(FeY^-)}}$。

当溶液离子强度和温度一定时，b_1 为常数，在此pH 范围内，该系统的电极电势只与 $m_{(FeY^{2-})}/m_{(FeY^-)}$ 的值有关。在 EDTA 过量时，生成的配合物的浓度可近似看作为配制溶液时铁离子的浓度，即 $m_{(FeY^{2-})}\approx m_{(Fe^{2+})}$，$m_{(FeY^-)}\approx m_{(Fe^{3+})}$。当 $m_{(Fe^{2+})}$ 与 $m_{(Fe^{3+})}$ 的比值一定时，则 φ 为一定值。曲线中出现平台区。如图Ⅱ-21-1 中 bc 段。

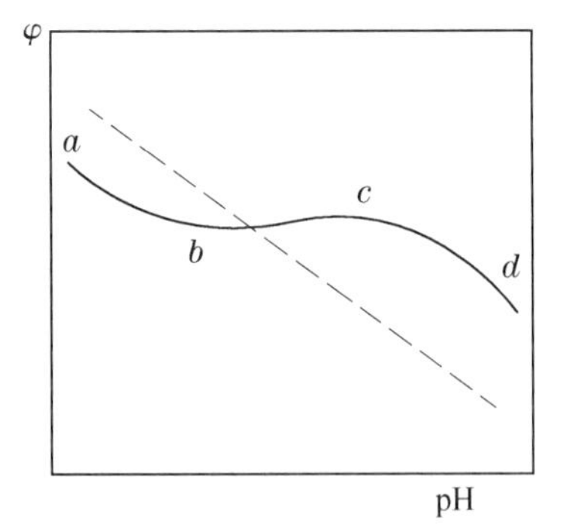

图Ⅱ-21-1　φ-pH 图

(2) 在低 pH 时的基本电极反应为

$$FeY^- + H^+ + e^- = FeHY^-$$

则可求得

$$\varphi=(\varphi^{\ominus}-b_2)-\frac{RT}{F}\ln\frac{m_{(FeHY^-)}}{m_{(FeY^-)}}-\frac{2.303RT}{F}\text{pH} \tag{21.3}$$

式中 $b_2=\frac{RT}{F}\ln\frac{\gamma_{(FeHY^-)}}{\gamma_{(FeY^-)}}$，在 $m_{(Fe^{2+})}/m_{(Fe^{3+})}$ 不变时，φ 与 pH 呈线性关系。如图Ⅱ-21-1 中 ab 段。

(3) 在高 pH 时有

$$Fe(OH)Y^{2-} + e^- = FeY^{2-} + OH^-$$

则可求得

$$\varphi=\varphi^{\ominus}-\frac{RT}{F}\ln\frac{a_{(FeY^{2-})}\cdot a_{(OH^-)}}{a_{[Fe(OH)Y^{2-}]}} \tag{21.4}$$

稀溶液中水的活度积 K_w 可看作水的离子积，又根据 pH 定义，则式(21.4)可写成：

$$\varphi=(\varphi^{\ominus}-b_3)-\frac{RT}{F}\ln\frac{m_{(FeY^{2-})}}{m_{[Fe(OH)Y^{2-}]}}-\frac{2.303RT}{F}\text{pH} \tag{21.5}$$

式中 $b_3=\frac{RT}{F}\ln\frac{\gamma_{(FeY^{2-})}\cdot K_w}{\gamma_{[Fe(OH)Y^{2-}]}}$ 在 $m_{(Fe^{2+})}/m_{(Fe^{3+})}$ 不变时，φ 与 pH 呈线性关系，如图Ⅱ-21-1

中 cd 段。

21.3 仪器与药品

电位差计(或数字电压表)1 台;数字式 pH 计 1 台;200 mL 夹套五颈瓶 1 只;电磁搅拌器 1 台;饱和甘汞电极 1 支;玻璃电极 1 支;铂电极 1 支;超级恒温槽 1 台;10 mL 酸式滴定管 1 支;50 mL 碱式滴定管 1 支。

六水氯化铁(AR);四水氯化亚铁(AR);EDTA 二钠盐二水化合物(AR);盐酸(AR);氢氧化钠(AR);氮气。

21.4 实验步骤

(1) 配制溶液:先将反应瓶充满蒸馏水,通入氮气将水排尽。迅速称取 1.720 9 g $FeCl_3 \cdot 6H_2O$,1.175 1 g $FeCl_2 \cdot 4H_2O$,倾入反应容器。称取 7.003 5 g EDTA 二钠盐二水化合物,用适量蒸馏水溶解,倾入五颈瓶中。在迅速搅拌的情况下用滴定管缓慢滴加 2% NaOH 溶液直至瓶中溶液 pH 达到 8 左右[注意避免局部生成 $Fe(OH)_3$ 沉淀],总用水量约 125 mL,用碱量约 1.5 g。

(2) 将玻璃电极、甘汞电极、铂电极分别插入反应容器盖子上三个孔内,浸于液面下,并调节超级恒温槽水温为 25 ℃,通入反应容器夹套,保持容器内溶液温度恒定。

(3) 将甘汞电极和玻璃电极的导线分别接到 pH 计的"+""—"两端,测定溶液的 pH。然后将甘汞电极、铂电极接在电位差计(或数字电压表)的"+""—"两端,测定两极间的电动势,此电动势是相对于饱和甘汞电极的电动电势。用 10 mL 酸式滴定管,从反应容器的第四个孔(即氮气出气口),滴入少量 4 mol/L HCl,改变溶液 pH 0.3 左右,测 pH,再测电动势,如此重复测定,得出该溶液的一系列电势和 pH,直至溶液出现浑浊,停止实验。

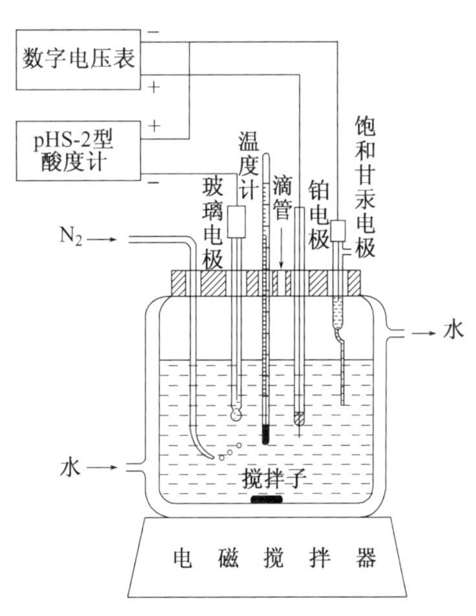

图Ⅱ-21-2 电势-pH 测定装置图

21.5 实验注意事项

(1) $FeCl_2 \cdot 4H_2O$ 的纯度要高,防止氧化。也可以改用摩尔盐。

(2) 搅拌速度必须加以控制,防止由于搅拌不均匀造成加入 NaOH 时,溶液上部出现少量的 $Fe(OH)_3$ 沉淀。

21.6 数据处理

(1) 用表格形式记录所得的电动势 E 和 pH,把测得的相对于饱和甘汞电极的电动势换算成相对标准氢电极的电动势。

(2) 绘制 Fe^{3+}/Fe^{2+}-EDTA 系统的电势-pH 曲线,由曲线确定 FeY^- 和 FeY^{2-} 稳定存在

的 pH 范围。

20.7 结果要求

绘制的电势－pH 曲线光滑，数据点在曲线上或者均匀分布在曲线两侧。

21.8 思考题

(1) 写出 Fe^{3+}/Fe^{2+}－EDTA 系统在电势平台区的基本电极反应及对应的 Nernst 公式的具体形式。

(2) 用酸度计和电位差计测电动势的原理，各有什么不同？

21.9 讨论

电势－pH 图在解决水溶液中发生的一系列反应及平衡问题（例如元素分离、湿法冶金、金属防腐等方面）中得到广泛应用。本实验讨论的 Fe^{3+}/Fe^{2+}－EDTA 系统，可用于消除天然气中的有害气体 H_2S。利用 Fe^{3+}－EDTA 溶液可将天然气中 H_2S 氧化成元素硫除去，而溶液中 Fe^{3+}－EDTA 配合物被还原为 Fe^{2+}－EDTA 络合物，通入空气可以使 Fe^{2+}－EDTA 被氧化成 Fe^{3+}－EDTA，使溶液得到再生，不断循环使用，其反应如下：

$$2FeY^- + H_2S \xrightarrow{\text{脱硫}} 2FeY^{2-} + 2H^+ + S\downarrow \tag{21.6}$$

$$2FeY^{2-} + \frac{1}{2}O_2 + H_2O \xrightarrow{\text{再生}} 2FeY^- + 2OH^- \tag{21.7}$$

在用 EDTA 配合铁盐脱除天然气中硫时，Fe^{3+}－Fe^{+2}－EDTA 系统的电势－pH 曲线可以帮助我们选择较适宜的脱硫条件。例如，低含硫天然气 H_2S 含量约 $1\times10^{-4}\sim6\times10^{-4}$ kg/m^3，在 25 ℃时相应的 H_2S 分压为 7.29～43.56 Pa。

根据电极反应：

$$S + 2H^+ + 2e^- \longrightarrow H_2S(\text{气}) \tag{21.8}$$

在 25 ℃时的电极电势 E 与 H_2S 的分压 p_{H_2S} 及 pH 的关系应为

$$\varphi(V) = -0.072 - 0.029\,61\lg p_{H_2S} - 0.059\,1\text{pH} \tag{21.9}$$

在图Ⅱ-21-1 中以虚线标出这三者的关系。

由电势－pH 图可见，对任何一定 $m_{(Fe^{3+})}/m_{(Fe^{2+})}$ 比值的脱硫液而言，此脱硫液的电极电势与反应 $S+2H^++2e^- \longrightarrow H_2S$(气) 的电极电势之差值，在电势平台区的 pH 范围内，随着 pH 的增大而增大，到平台区的 pH 上限时，两电极电势差值最大，超过此 pH，两电极电势值不再增大而为定值。这一事实表明，任何具有一定的 $m_{(Fe^{3+})}/m_{(Fe^{2+})}$ 比值的脱硫液，在它的电势平台区的上限时，脱硫的热力学趋势达最大，超过此 pH 后，脱硫趋势保持定值而不再随 pH 增大而增加，由此可知，根据图Ⅱ-21-1，从热力学角度看，用 EDTA 配合铁盐法脱除天然气中的 H_2S 时，脱硫液的 pH 选择在 6.5～8，或高于 8 都是合理的，但 pH 不宜大于 12，否则会有 $Fe(OH)_3$ 沉淀出来。

表面性质与胶体化学部分

实验 22　溶液中的吸附作用和表面张力的测定

（一）最大气泡法

22.1.1　实验目的及要求

(1) 了解表面张力的性质，表面能的意义以及表面张力和吸附的关系。
(2) 掌握一种测定表面张力的方法——最大气泡法。

22.1.2　实验原理

(1) 物体表面分子和内部分子所处的境遇不同，表面层分子受到向内的拉力，所以液体表面都有自动缩小的趋势。如果把一个分子由内部迁移到表面，就需要对抗拉力而做功。在温度、压力和组成恒定时，可逆地使表面增加 dA 所需对系统做的功，叫表面功，可以表示为

$$-\delta W' = \sigma \mathrm{d}A \tag{22.1}$$

式中：σ 为比例常数。

σ 在数值上等于当 T，p 和组成恒定的条件下增加单位表面积时所必须对系统做的可逆非膨胀功，也可以说是每增加单位表面积时系统自由能的增加值。环境对系统做的表面功转变为表面层分子比内部分子多余的自由能。因此，σ 称为表面自由能，其单位是焦耳每平方米（$\mathrm{J/m^2}$）。若把 σ 看作为作用在界面上每单位长度边缘上的力，通常称为表面张力。

从另外一方面考虑表面现象，特别是观察气液界面的一些现象，可以觉察到表面上处处存在着一种张力，它力图缩小表面积，此力称为表面张力，其单位是牛顿每米（N/m）。表面张力是液体的重要特性之一，与所处的温度、压力、浓度以及共存的另一相的组成有关。纯液体的表面张力通常是指该液体与饱和了其本身蒸气的空气共存的情况而言。

(2) 纯液体表面层的组成与内部层相同，因此，液体降低系统表面自由能的唯一途径是尽可能缩小其表面积。对于溶液则由于溶质会影响表面张力，因此可以调节溶质在表面层的浓度来降低表面自由能。

根据能量最低原则，溶质能降低溶剂的表面张力时，表面层中溶质的浓度应比溶液内部来得大。反之溶质使溶剂的表面张力升高时，它在表面层中的浓度比在内部的浓度来得低，这种表面浓度与溶液内部浓度不同的现象叫作吸附。显然，在指定温度和压力下，吸附与溶液的表面张力及溶液的浓度有关。Gibbs 用热力学的方法推导出它们间的关系式：

$$\Gamma=-\frac{c}{RT}\left(\frac{\mathrm{d}\sigma}{\mathrm{d}c}\right)_T \tag{22.2}$$

式中：Γ 为表面超量($\mathrm{mol/m^2}$)；σ 为溶液的表面张力($\mathrm{J/m^2}$)；T 为热力学温度；c 为溶液浓度($\mathrm{mol/m^3}$)；R 为气体常数。

当 $\left(\frac{\mathrm{d}\sigma}{\mathrm{d}c}\right)_T<0$ 时，$\Gamma>0$ 称为正吸附；反之，当 $\left(\frac{\mathrm{d}\sigma}{\mathrm{d}c}\right)_T>0$ 时，$\Gamma<0$ 称为负吸附。前者表明加入溶质使液体表面张力下降，此类物质称表面活性物质。后者表明加入溶质使液体表面张力升高，此类物质称非表面活性物质。因此，从 Gibbs 关系式可看出，只要测出不同浓度溶液的表面张力，以 σ-c 作图，在图的曲线上做不同浓度的切线，把切线的斜率代入 Gibbs 吸附公式，即可求出不同浓度时气-液界面上的吸附量 Γ。

在一定的温度下，吸附量与溶液浓度之间的关系由 Langmuir 等温式表示：

$$\Gamma=\Gamma_\infty\frac{Kc}{1+Kc} \tag{22.3}$$

式中：Γ_∞ 为饱和吸附量；K 为经验常数，与溶质的表面活性大小有关。将(22.3)式化成直线方程，则

$$\frac{c}{\Gamma}=\frac{c}{\Gamma_\infty}+\frac{1}{K\Gamma_\infty} \tag{22.4}$$

若以 $\frac{c}{\Gamma}$-c 作图可得一直线，由直线斜率即可求出 Γ_∞。

假若在饱和吸附的情况下，在气-液界面上铺满一单分子层，则可应用下式求得被测物质分子的横截面积 S_0。

$$S_0=\frac{1}{\Gamma_\infty\widetilde{N}} \tag{22.5}$$

式中：$\widetilde{N}$ 为阿伏伽德罗常数。

(3) 本实验选用单管式最大气泡法，其装置和原理如图Ⅱ-22-1 所示。

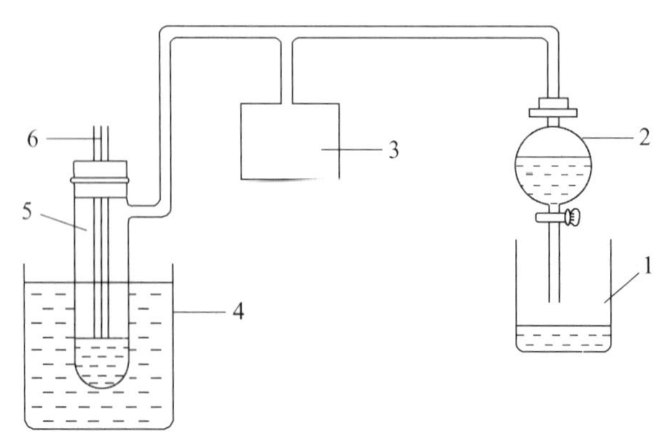

1—烧杯；2—滴液漏斗；3—数字式微压差测量仪；
4—恒温装置；5—带有支管的试管；6—毛细管。

图Ⅱ-22-1　最大气泡法测定表面张力的装置图

当表面张力仪中的毛细管端面与待测液体面相切时，液面即沿毛细管上升。打开分液漏斗的活塞，使水缓慢下滴而减少系统压力，这样毛细管内液面上受到一个比试管中液面上大的压力，当此压力差在毛细管端面上产生的作用力稍大于毛细管口液体的表面张力时，气泡就从毛细管口逸出，这一最大压力差可由数字式微压差测量仪上读出。其关系式为

$$p_{最大} = p_{大气} - p_{系统} = \Delta p \tag{22.6}$$

如果毛细管半径为 r，气泡由毛细管口逸出时受到向下的总压力为 $\pi r^2 p_{最大}$。

气泡在毛细管受到的表面张力引起的作用力为 $2\pi r\sigma$。刚发生气泡自毛细管口逸出时，上述两力相等，即

$$\pi r^2 p_{最大} = \pi r^2 \Delta p = 2\pi r\sigma \tag{22.7}$$

$$\sigma = \frac{r}{2}\Delta p \tag{22.8}$$

若用同一根毛细管，对两种具有表面张力为 σ_1 和 σ_2 的液体而言，则有下列关系：

$$\sigma_1 = \frac{r}{2}\Delta p_1, \sigma_2 = \frac{r}{2}\Delta p_2$$

则

$$\sigma_1 = \sigma_2 \Delta p_1 / \Delta p_2 = K\Delta p_1 \tag{22.9}$$

式中：K 为仪器常数。

因此，以已知表面张力的液体为标准，从式(22.9)即可求出其他液体的表面张力 σ_1。

22.1.3 仪器与药品

恒温装置 1 套；烧杯(25 mL)1 个；带有支管的试管(附木塞)1 支；毛细管(半径为 0.15～0.020 mm)1 根；容量瓶(50 mL)8 只；数字式微压差测量仪 1 台。

正丁醇(AR)。

22.1.4 实验步骤

(1) 洗净仪器并按图Ⅱ-22-1 装置连接。对需干燥的仪器作干燥处理，分别配制 0.02 mol/L、0.05 mol/L、0.10 mol/L、0.15 mol/L、0.20 mol/L、0.25 mol/L、0.30 mol/L、0.35 mol/L 正丁醇溶液各 50 mL。

(2) 调节恒温为 25 ℃。

(3) 仪器常数测定　以水作为待测液测定仪器常数。方法是将干燥的毛细管垂直地插到使毛细管的端点刚好与水面相切，打开滴液漏斗，控制滴液速度，使毛细管逸出的气泡速度约为 5～10 秒 1 个。在毛细管口气泡逸出的瞬间最大压差在 700～800 Pa 左右(否则需调换毛细管)。通过手册查出实验温度时水的表面张力，利用公式 $K = \sigma_{H_2O}/\Delta p$，求出仪器常数 K。

(4) 待测样品表面张力的测定　用待测溶液洗净试管和毛细管，加入适量样品于试管中，按照测定仪器常数的方法，测定已知浓度的待测样品的压力差 Δp，代入公式(22.9)计算其表面张力。

22.1.5 实验注意事项

(1) 测定用的毛细管一定要洗干净，否则气泡可能不能连续稳定地流过，从而使压差计读数不稳定，如发生此种现象，毛细管应重洗。

(2) 毛细管一定要保持垂直，管口刚好插到与液面接触。

(3) 在数字式微压差测量仪上，应读出气泡单个逸出时的最大压力差。

22.1.6 数据处理

(1) 由附录表中查出实验温度时水的表面张力，算出毛细管常数 K。

(2) 由实验结果计算各份溶液的表面张力 σ，并作 $\sigma-c$ 曲线。

(3) 在 $\sigma-c$ 曲线上分别在 0.050 mol/L、0.100 mol/L、0.150 mol/L、0.200 mol/L、0.250 mol/L和 0.300 mol/L 处作切线，分别求出各浓度的 $\left(\frac{d\sigma}{dc}\right)_T$ 值，并计算在各相应浓度下的 Γ。

(4) 用$\frac{c}{\Gamma}$对 c 作图，应得一条直线，由直线斜率求出 Γ_∞。

(5) 根据公式(22.5)计算正丁醇分子的横截面积 S。

22.1.7 结果要求及文献值

(1) $\sigma-c$ 曲线光滑。

(2) $c/\Gamma-c$ 作图，直线线性良好。

(3) 由实验测定的正丁醇分子的横截面积 $S_0=2.4\times10^{-19}\sim3.2\times10^{-19}\ m^2$。

(4) 文献值：直链醇类 $S_0=2.74\times10^{-19}\sim2.89\times10^{-19} m^2$①。

22.1.8 思考题

(1) 用最大气泡法测定表面张力时为什么要读最大压力差？

(2) 哪些因素影响表面张力测定结果？如何减小以致消除这些因素对实验的影响？

(3) 滴液漏斗放水的速度过快对实验结果有没有影响？为什么？

22.1.9 讨论

(1) 若毛细管深入液面下 H cm，则生成的气泡受到大气压和 $H\rho g$ 的静液压。如能准确测知 H 值，则根据下式来测定 σ 值：

$$\sigma=\frac{r}{2}\Delta p-\frac{r}{2}\Delta p_1(\Delta p_1=H\rho g)$$

但若使毛细管口与液面相切，则 $H=0$，消除了 $H\rho g$ 项，但每次测定时总不可能都使 $H=0$，故单管式表面张力仪总会引入一定的误差。有一种双管式表面张力测定仪，用两根半径不同的毛细管，细毛细管的半径 r_1 约 0.005 ～0.01 cm，粗毛细管半径约为 0.1 ～0.2 cm，同时插入液面下相同深度，同法压入气体使在液面下生成气泡，由于管径不同，所需的最大压力也不相同，设粗、细两毛细管两者的压力差为 Δp，则所测液体的表面张力可通过下式求得

$$\sigma=A\Delta p\left(1+\frac{0.69r_2g\rho}{\Delta p}\right)$$

① 北京大学化学系物理化学教研组. 胶体化学[M]. 北京：人民教育出版社，1961.

式中：r_2 为粗毛细管半径，可由读数显微镜直接测量；A 为仪器的特性常数，可由已知表面张力液体的压力差而求得；ρ 为被测液体的密度。这种仪器的优点是毛细管插入液面的高低对结果没有影响，其准确度可达 0.1%，但对粗细毛细管的孔径有一定要求。

(2) 若室温和液温的变化不大，则不控制恒温对结果影响不大，如室温及液温的变化小于 5 ℃，由此而引起的表面张力的改变，所导致的偏差不大于 1%。

(3) 本实验方法一般用于温度较高的熔融盐表面张力测定，对表面活性剂此法很难测准。

（二） 滴体积法

22.2.1 实验目的及要求

(1) 了解滴体积法测定液体表面张力的原理及方法。

(2) 掌握使用另一种方法测定液体的表面张力。

22.2.2 实验原理

将一定量的液体吸入滴体积管，液体在重力作用下滴落，同时受到向上的表面张力的影响，当所形成液滴刚刚落下时，可以认为这时重力与表面张力相等，因而

$$mg = 2\pi r\sigma$$

式中：m 为液滴质量；g 为重力加速度；r 为管端半径；σ 为表面张力。

但实际上液滴不会全部落下，液体总是发生变形，形成“细颈”，再在“细颈”处断开。细颈以下液体滴落，其余残留管内如图Ⅱ-22-2 所示。因此必须对上式进行校正，即

$$mg = 2K\pi r\sigma$$

$$\sigma = mg/2\pi Kr = F \cdot V \cdot \rho g/r \tag{22.10}$$

式中：V 为液滴体积；F 为校正因子，实验证明 F 为 V/r^3 的函数，F 值在手册中可以查到。但实际实验时往往采用一已知表面张力标准液体对仪器进行校正，对于标准液体：

$$\sigma_0 = F_0 m_0 g/r = F_0 V_0 \rho_0 g/r \tag{22.11}$$

以式(22.10)除以式(22.11)得

$$\sigma/\sigma_0 = Fm/F_0 m_0 = FV\rho/F_0 V_0 \rho_0$$

图Ⅱ-22-2 液体滴下示意图

因为 F 与 V/r^3 有关，V 对 F 的影响较小，当使用同一滴体积管时，可近似地认为 $F = F_0$，则

$$\sigma/\sigma_0 = m/m_0 = V\rho/V_0\rho_0 \tag{22.12}$$

式中：V，V_0 为待测液和标准液在滴体积管中流出的液体体积；ρ，ρ_0 分别为待测液和标准液的密度。

22.2.3 仪器与药品

滴体积管 1 支；恒温装置 1 套；长的大试管 1 根。

正丁醇(AR)。

22.2.4 实验步骤

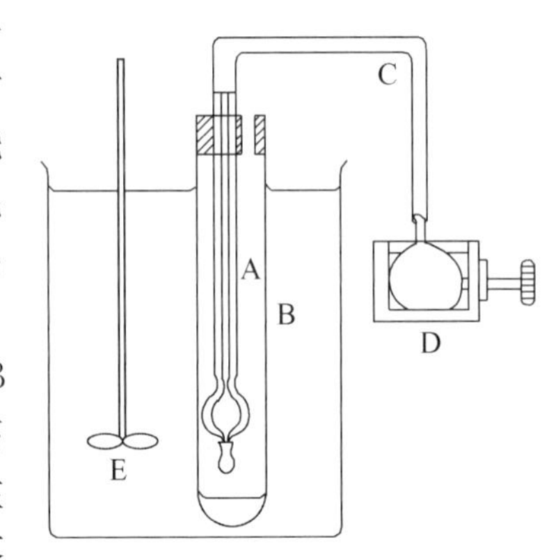

图Ⅱ-22-3 滴体积法装置图

实验装置如图Ⅱ-22-3 所示。图中 A 为滴体积管，将市售 0.2 mL 或 0.1 mL 微量吸管的下部(在刻度 0.01 附近)吹成容积为 1 mL 的膨起部，以增加样品量。将下口烧成内直径约为 0.2～0.4 mm，外直径约为 2～7 mm 的毛细管，长约 1 cm，要求下口平整、光滑、无破口。B 为样品管，C 为橡皮管，D 为洗耳球，E 为恒温槽。

测定时将水装于 B 管内，A 管用橡皮塞(另有一孔使 B 管同外界相通)安于 B 管内。先将水吸入 A 管，使液面高于最高刻度。提起 A 管，移动橡皮塞位置，使 A 管下口在液面之上 1～2 cm。轻轻地旋动丝杆挤压洗耳球，液体落下 1 滴后用读数显微镜读取液面位置 V_1。再挤下一滴，读取液面位置 V_2，V_1-V_2 即为滴体积。为了提高滴体积的测定准确性，可滴 n 滴后再读取 V_2 值，此时滴体积值为$(V_1-V_2)/n$。

吹干滴体积管和样品管，用同法测定待测液体的滴体积。待测液体的密度可用比重瓶法测得。将测得的数据和从手册中查到的标准液体水的有关数值代入式(22.12)，即可算出待测液体的表面张力。

22.2.5 实验注意事项

(1) 滴体积管的端口要求平整、光滑，必须洁净。

(2) 滴体积管须垂直安装。

22.2.6 数据处理

(1) 用滴体积法求得不同浓度的正丁醇 σ 值并作 $\sigma-c$ 曲线，并在各浓度处作切线，分别求出各浓度 c 的 $\left(\frac{d\sigma}{dc}\right)_T$ 值，计算各相应浓度的 Γ_0。

(2) 用 $\frac{c}{\Gamma}$ 对 c 作图，由直线斜率求出 Γ_∞。

(3) 代入(22.5)式，计算正丁醇分子横截面积。

22.2.7 讨论

(1) 滴体积法设备简单，操作方便，滴体积只要求液体铺满管口平面，即 $\theta<90°$ 都能测得准确结果。一般液体都是这种类型。

(2) 滴体积法实验实际从滴重法演化而来，滴体积管要求严格，滴一滴就可以明显测出两种不同浓度的液体体积变化，滴重法的装置类似滴体积法，在滴重管下面放已称重的干燥的称量瓶，滴几滴即去称重，然后代入 $\sigma/\sigma_0=Fm/F_0m_0$ 公式，使用同一根滴重管可以近似地认为 $F=F_0$。如果知道滴下的体积和毛细管半径亦可查表查出 F 的值，但滴重法控制温度比较困难。

(三)毛细管法

22.3.1 实验目的及要求

(1) 熟悉另一种方法测定液体的表面张力。

(2) 掌握毛细管法测定液体表面张力的原理和测试方法。

22.3.2 实验原理

将干净的毛细管一端插入液体中,液体就在毛细管中上升一定高度 h。此时毛细管中液柱的重力被向上的表面张力平衡,如图Ⅱ-22-4 所示。

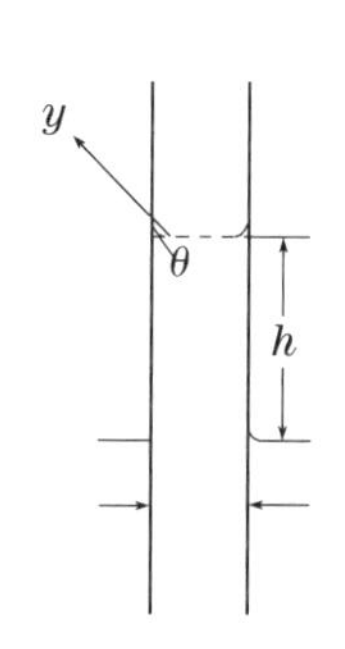

(a) 毛细管表面张力示意图

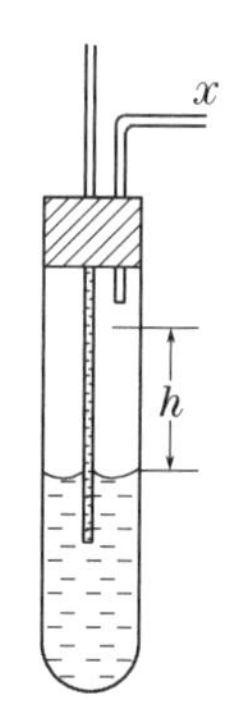

(b) 毛细管法测定表面张力仪

图Ⅱ-22-4

根据毛细管上升外推表面张力的公式为

$$\sigma = \frac{1}{2}h\rho g r/\cos\theta \tag{22.13}$$

式中:σ 为表面张力;h 为液柱高度;ρ 为液体密度;r 为毛细管半径;g 为重力加速度;θ 为接触角。

若玻璃被液体完全润湿,则 $\theta = 0$,即

$$\sigma = \frac{1}{2}h\rho g r \tag{22.14}$$

若玻璃被液体部分润湿,但弯月面很小,可考虑为半球形,体积为 $\pi r^3 - \frac{2}{3}\pi r^3 = \frac{1}{3}\pi r^3$,则

$$\sigma = \frac{1}{2}g\rho r\left(h + \frac{1}{3}r\right) \tag{22.15}$$

22.3.3 仪器与药品

0.1 mm 毛细管 1 根;试管 1 支;读数显微镜 1 台;恒温装置 1 套。

正丁醇(AR)。

22.3.4 实验步骤

装置如图Ⅱ-22-4所示。其实验方法是将一根半径为0.1 mm左右的毛细管洗净烘干，垂直放入已知表面张力的液体中。通过洗耳球向样品管中鼓气，毛细管中液面升高。一旦停止鼓气，则液体在毛细管中回到平衡位置，用读数显微镜读取其高度 h_0，然后用洗耳球吸气，毛细管液面下降。停止吸气，毛细管中液面又恢复到平衡位置，再读取高度。如此重复三次，其高度应相差无几，取其平均值。若三次测量高度相差甚大，说明毛细管不洁净，应重新处理毛细管。

以上述同样方法测定待测液体在毛细管中的上升高度 h_1。

22.3.5 实验注意事项

(1) 毛细管必须干燥、洁净，端口平整、光滑。

(2) 装置应垂直安放。

22.3.6 数据处理

(1) 由测得的标准液的高度和密度及已知的表面张力代入(22.14)式中，计算毛细管的半径 r，如玻璃被液体部分润湿且弯月面很小，可代入(22.15)式计算。

(2) 将测得待测液的高度、密度及已经测得的毛细管半径代入(22.14)式或(22.15)式，可计算出待测液的表面张力。

22.3.7 讨论

毛细管上升法测表面张力最为准确，但要求液体能润湿管壁，所以常用玻璃毛细管，因玻璃毛细管能被大部分液体润湿。但要精确测量接触角比较困难。毛细管必须干净，要求垂直插入溶液。且要求毛细管半径均匀，这一点也比较困难。毛细管半径亦可用读数显微镜测定。

（四）环法

22.4.1 实验目的及要求

掌握环法测定表面张力的基本原理和实验方法。

22.4.2 实验原理

将铂丝制成圆环与液体接触，把铂环慢慢拉离液体所需的拉力 W，由流体表面张力、环的内半径 R' 以及环的外半径 $R'+2r$ 所决定。如图Ⅱ-22-5所示，若环拉起时带起的液体质量所受重力与沿环液体交界处的表面张力相等，则

$$W = mg = 2\pi R'\sigma + 2\pi\sigma(R'+2r) \qquad (22.16)$$

所以

$$\sigma = W/4\pi R \qquad (22.17)$$

式中：$R=R'+r$。

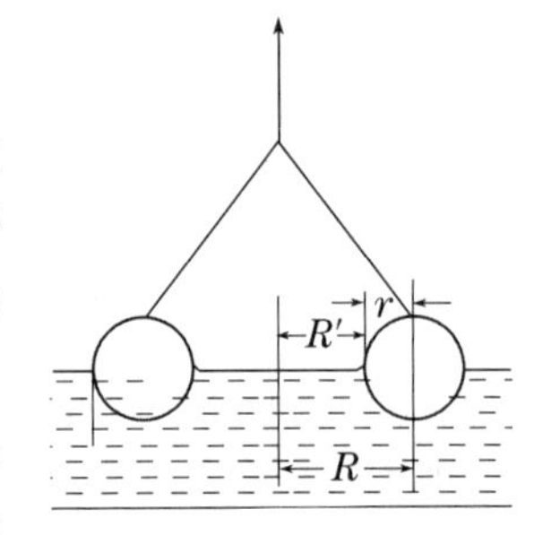

图Ⅱ-22-5 圈环受力示意图

实际上，式(22.17)是一个简化公式，实验证明必须乘上一个校正因子 F，才能获得正确结果，于是得

$$\sigma = F \cdot W/4\pi R \tag{22.18}$$

F 与 R/r 值以及 R^3/V 值有关，V 为圆环带起液体的体积 $(V = W/\rho g)$，ρ 为液体的密度。

环法中直接测定的量是拉力 W，一般常用的测量仪器是扭力天平。图Ⅱ-22-6 是环法测定表面张力仪的一种。

22.4.3 仪器与药品

表面张力仪 1 台；已知半径的 R'，r 的铂丝环。

正丁醇(AR)。

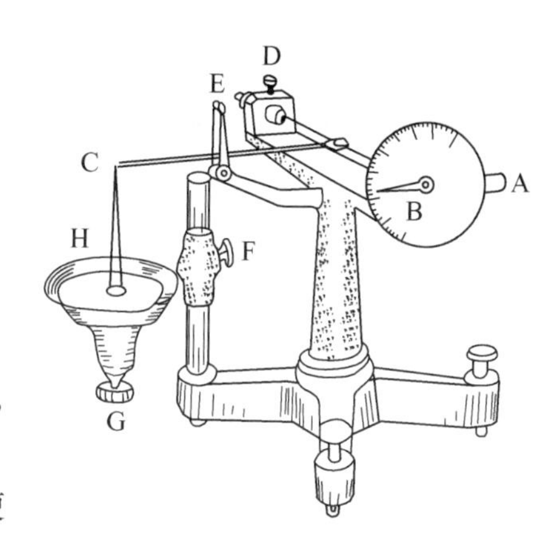

图Ⅱ-22-6 表面张力计

22.4.4 实验步骤

环法测定液体表面张力的步骤如下：

(1) 用热的洗液浸泡铂丝环，然后用蒸馏水洗净，烘干，悬挂在悬臂钩 C 上。

(2) 转动 A 使指针 B 指示零位，松动 D，转动 E 使悬臂处于水平位置。

(3) 将盛液器皿置于平台上，调节 F 及 G 至液面刚好与环接触。然后同时转动 A 及 G，保持悬臂一直处于水平位置，直至铂环离开液面，记下读数，读数为 W，重复数次直到几次数据平行为止。

一般情况下，测定前必须对扭力天平刻度读数进行校正，即把干燥的铂丝挂在钩上，放置一已知质量的砝码于环上，调整指针刻度为 0，然后转动 A 使悬臂处于水平，记下指针所示读数。再加上一已知质量的砝码，重复上述操作数次。将刻度盘上所示读数与已知质量作工作曲线，由工作曲线即可获得刻度盘上读数相应的质量。

22.4.5 实验注意事项

(1) 所使的铂丝环，必须处理干净，先用洗液浸泡，然后用蒸馏水洗净，烘干。

(2) 在测定易挥发性溶液时速度要快，特别在室温较高时，否则由于挥发改变了溶液的浓度，造成较大的误差。

22.4.6 数据处理

根据所测液体在刻度盘上的读数，环的内径 R' 及铂丝的半径 r，计算 R^3/V 及 R/r，并由表Ⅱ-22-1 查出校正因子 F 值，然后代入式(22.18)计算待测液体的表面张力。

目前有些仪器可以使刻度盘上读数在数字上等于表面张力。

校正因子 F 值列于表Ⅱ-22-1。

表Ⅱ-22-1　环法校正因子(F)

R^3/V	F		
	$R/r=32$	$R/r=42$	$R/r=50$
0.3	1.018	1.042	1.054
0.5	0.946	0.973	0.987 6
1.0	0.880	0.910	0.929
2.0	0.820	0.860	0.879 8
3.0	0.783	0.828	0.852 1

22.4.7　讨论

各种测定表面张力方法的比较如下。

环法精确度在1%以内，它的优点是测量快、用量少、计算简单，故对表面张力随时间而很快变化的胶体溶液特别有用。亦可来研究溶液表面温度的变化情况。如果利用适当的仪器也具有好的精度。最大的缺点是控制温度困难，对易挥发性液体常因部分挥发使温度较室温略低。最大气泡法所用设备简单，操作和计算也简单，一般用于温度较高的熔融盐表面张力的测定，对表面活性剂此法很难测准。毛细管上升法最精确(精确度可达0.05%)，因而常用来作等张比容测定以研究分子的结构。但此法的缺点对样品润湿性要求极严，只有对管壁接触角θ为0的样品才能得准确结果，而对θ角不为0的样品，计算式中含有$\cos\theta$项，而θ角难以测准，因此毛细管法在应用上受到限制。滴体积法设备简单操作方便，准确度高，同时易于温度的控制，已在很多科研工作中开始应用，但对毛细管的要求较严，要求下口平整、光滑、无破口。

表Ⅱ-22-2为各种测定表面张力方法的比较。

表Ⅱ-22-2　不同测定方法的比较

方法	表面平衡情况	与润湿性关系	是否要ρ值	仪器	温控	数据处理
毛细管法	很好	密切有关	要	测高仪或读数显微镜	易	要校正
脱环法	不好	有关	要①	扭力天平	不易	应加校正
气泡法	不平衡	基本无关	要①	U型压力计②	不易	应加校正
滴体积	接近平衡但不完全	基本无关	要	微量吸管或天平	易	要校正

注：① 计算校正值时用；② 目前已用数字式微压差测量仪。

(五) Krüss K100型表面张力仪的简介

22.5.1　Krüss K100型表面张力仪的特点

该仪器是目前化学材料领域常用的一种科研、教学前沿仪器。可以测液体和固体表面和界面张力，临界胶束浓度，还可以测固体、纤维束和粉末的接触角，以及液体的密度。本仪器可通过板法、环法测定表面张力(其中环法需要测定密度数值，板法不需要)。该仪器精度高，便

捷快速,温度可控,自动化、智能、易用。

22.5.2 仪器操作面板介绍

仪器操作面板(图Ⅱ-22-7)分为左、中、右三部分。左上角为仪器电源开关,左中部控制样品台迅速达到设定最高和最低位置(一般不会用到),左下角为天平手动控制,包括天平解锁和校正,一般不用。仪器开机时天平处于锁定状态,此时仪器上方插挂钩的金属棒与天平处于断开状态,可以进行插拔铂金板等操作,不会损坏天平。若按解锁,则此金属棒与天平相连,开始称量,此时禁止插拔铂金板和拉金属棒,会损坏天平,切记。仪器正常工作时会自动锁定和解锁天平,不需要我们去手动控制。“CAL”为校正天平用,不要随便动;中间一排上下箭头对应于上移和下移键,可以手动移动样品台位置。中间下面灯泡状键为仪器照明开关;最右边一排上面为磁子搅拌速度调节键,下面“ION”为离子风,用于消除铂金板表面静电,一般吹几秒即可,正常工作时仪器会自动启动和关闭。

图Ⅱ-22-7 Krüss K100 型表面张力仪面板

22.5.3 仪器使用方法

(1) 启动仪器。通过控制面板打开仪器电源,可以通过照明键打开或关闭照明光源。打开配套的低温恒温槽(通过水管与仪器上恒温水夹套相连,已连好),控制温度为 25 ℃。为了减少待测液体用量,在恒温夹套中放入一个金属传热内衬(事先已放好)。将较小的玻璃样品容器(外径 5 cm)洗干净,擦干(或用待测溶液润洗),装入约 2/3 满液体,放入金属内衬中恒温(由于液体量较大,恒温时间长,实际温度可能会比恒温水低,建议事先将装有待测液体的容量瓶放入恒温槽中恒温后,再转移至样品容器中立即测定,减少温度影响和测量时间)。

(2) 装铂金板。在天平锁定情况下(正常开机时是处于锁定状态),把圆柱形木盒(PL01/PLC01)中铂金板取出,握住柄处,不要接触铂金板。用丁烷气喷灯烧红,除去表面吸附杂质。灼烧时先调好火焰大小,边转动铂金板边灼烧,防止变形,待铂金板变红,一般几秒即可,关闭火焰,冷却铂金板(冷却过程很快,半分钟就可以了)。把铂金板柄从金属棒底部中间位置插入到底。(如果样品台较高,操作不方便,可以从控制面板先手动降低样品台,再装铂金板)。装好铂金板后,通过控制面板升高样品台至液面与板底比较接近的位置(可通过液面倒影来判断,不能接触到液面),然后关闭玻璃罩门。

(3) 样品表面张力测试。打开电脑,在桌面找到并打开“ADVANCE”软件,出现仪器主界面,点中“Wilhelmy 板法制量表面张力”图标,再点击右侧创建新的测量,进入设置界面。可将左边显示的“Wilhelmy 板法测量表面张力”改为待测样品名。其他参数:物质性质使用默认状态;探针和容器也为默认信息,其中探针为“PL01/PLC01”(即铂金板),润湿长度“40.2 mm”。容器可改为“SV20 Glass Φ50 mm”(默认为 70 mm,不改对结果也没有影响);自动化程序使用默认方法,包括“Preparation, Surface detection, Pre-weting,测量,Clean up”共五步;仪器控制使用默认条件,离子发生器“10 s”;搅拌器也不用更改,速度“500 mm/min”。参数设置完毕,点击“开始测量”(右下角文件夹状图标),仪器会按照所设定参数完成测量,此时不要接触铂金板,要避免震动。测试完毕(2 分钟左右),仪器自动停止,按屏幕正下方的“∨”图标会翻页显示所测数值和汇总结果。

(4) 仪器自动停止后,天平会自动处于锁定状态,取下铂金板,用丁烷喷枪灼烧除去铂金表面残余物(转动下烧红即可,大约几秒时间)。冷却半分钟就可以重新装入表面张力仪中。取出玻璃样品容器,液体倒回原来容量瓶或倒入废液桶。容器擦干(或用待测溶液荡洗)后,装入第二份恒温后溶液,放入样品台中继续恒温测定。

(5) 如要使用同样条件测量下一份液体,可以点击左边的文件名,在文件名下显示的一排图标中点击复制符号,仪器自动按照该样品方法建立一个新文件,把其文件改为对应的名称,按同样方法测定。

(6) 实验结束,把铂金板取下,灼烧后放回原来的图柱形木盒中。玻璃样品容器中废液倒入废液桶,洗干净,倒扣于桌面。关闭仪器电源和低温恒温槽。

实验 23　流动吸附色谱法测定固体比表面

23.1　实验目的及要求

(1) 用色谱法测定固体比表面。

(2) 了解流动吸附色谱法测定固体比表面的基本原理和方法。

23.2　实验原理

在多孔吸附剂和催化剂的理论研究和生产制备中,比表面积是一个重要的结构参数。

近十多年来,由于气相色谱法的研究表明,色谱峰形及其保留指数与吸附剂(担体)、吸附物(被分析物)的性质和结构有密切关系。因而可用色谱法来研究吸附剂和催化剂的表面性质和结构,如比表面积、孔径分布、有效扩散系数、吸附热等。这一方面取得的进展,已成为催化研究中迅速发展的“催化色谱”领域的重要内容。

色谱法测定比表面积的方法有许多种,其共同特点是设备简单,操作及计算简易、迅速,且能自动记录。其中应用较广者,有以下两种类型,共三种方法。

(1) 保留体积法。此法无须利用 BET 公式,可由对单位吸附剂表面的绝对保留体积直接求出比表面。

(2) 由色谱图求出吸附等温线,再用 BET 公式计算出比表面。

① 用迎头法或冲洗法测定吸附等温线。

② 连续流动法(也称热脱附法)。

上述方法中,以连续流动法应用较广,测量比表面的范围可从 0.01～1 000 m^2/g。理论上不要求做任何假定,其结果准确度较高。基本原理及实验方法如下。

流动吸附色谱法测比表面积,以 BET 理论作为基础。利用下列公式:

$$\frac{p/p_0}{V_a(1-p/p_0)}=\frac{1}{V_mC}+\frac{(C-1)}{V_mC}\times\frac{p}{p_0} \tag{23.1}$$

求出 V_m,再应用下式求得样品的比表面积:

$$S=V_mN_A\sigma/m\times 22\,400 \tag{23.2}$$

以上两式中:p 为 N_2 的分压;p_0 为在液氮的温度下 N_2 的饱和蒸气压;V_a 为平衡吸附的体积;V_m 为吸附剂上吸满单分子层所需的气体体积;C 为与吸附热、凝聚热、温度有关的常数;m 为样品的质量(g);N_A 为阿伏伽德罗常数;σ 为 N_2 分子的截面积。

流动吸附色谱法用惰性气体 He 或 H_2 作为载气,N_2 作为吸附物,其简单流程如图Ⅱ-23-1所示。一定流速的载气和氮气在混合器混合后,依次通过液态氮冷阱、热导池参考臂、平面六通阀、样品管、热导池测量臂,最后经过皂膜流量计放空。另一路氮气作为校准用,流经两个平面六通阀后放空。

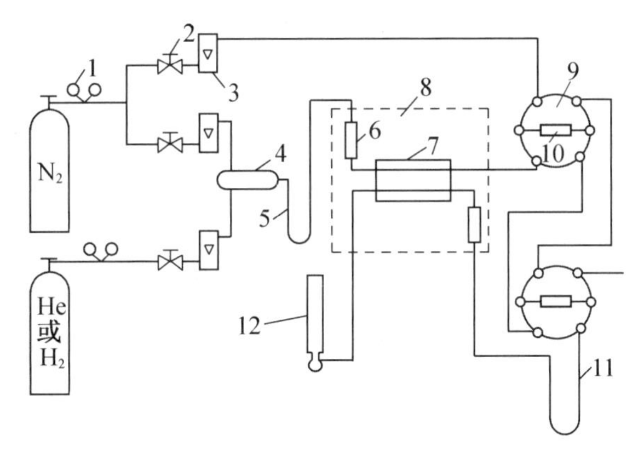

1—减压阀;2—稳压阀;3—流量计;4—混合器;5—冷阱;6—恒温管;7—热导池;
8—油箱;9—六通阀;10—定体积管;11—样品吸附管;12—皂膜流量计。

图Ⅱ-23-1 色谱法测比表面流程图

两种气体以一定的比例混合通过样品管,在室温下,载气和 N_2 不被样品所吸附,热导池桥路处于平衡状态,记录器基线为一直线。当样品管放入液氮中,N_2 发生物理吸附作用,而作载气的惰性气体 He(或 H_2)则不被吸附。此时热导池桥路失去平衡,记录器上出现一个氮吸附峰取走液氮后,吸附的 N_2 就从样品中脱附出来,这样记录器上又出现一个与吸附峰方向相反的脱附峰,见图Ⅱ-23-2。最后转动六通阀,在混合气中注入已知体积的纯 N_2,又可得到一个标样峰。根据标样峰和脱附峰的面积,即可算出在此分压下样品的吸附量。改变 N_2 和载气的混合比例,就可测出几个不同 N_2 分压下的吸附量,然后应用 BET 公式,即可算出比表面积。

23.3 仪器与药品

BC-1 型表面测定仪 1 台;氮气钢瓶 1 个;氢气钢瓶一个;氧蒸气压温度计 1 支;加热炉 1 个;分子筛。

23.4 实验步骤

本实验所用载气为 H_2,仪器为 BC-1 型比表面积测定仪。氮饱和蒸气压的测定用氧蒸气压温度计,如图Ⅱ-23-3 所示。

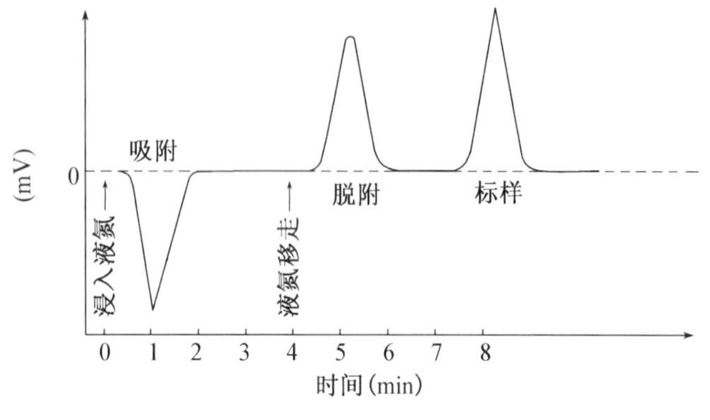

图Ⅱ-23-2 氮的吸附、脱附和标样峰

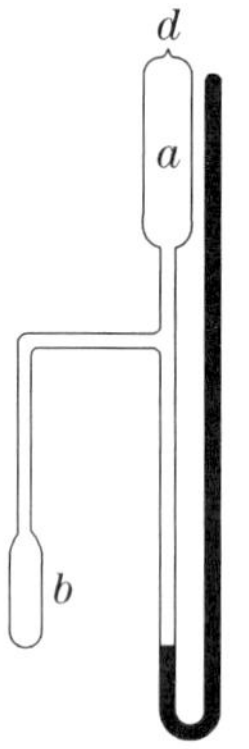

图Ⅱ-23-3 氧蒸气压温度计

(1) 准确称取于 110 ℃烘干的样品 m g 放于样品管中,并接到仪器样品管接头上。将放有液氮的保温杯套在冷阱上(在侧门内)。六通阀均转到测试位置,用加热炉将样品管加热到 200 ℃,用 H_2 扫 1 h,停止加热,冷至室温。

(2) 调节载气流量约 40 mL/min,待流速稳定后,用皂膜流量计准确测定其流量 R_{H_2}(mL/min),以后在测量过程中载气流量保持不变。

(3) 调节 N_2 流量(约为 5 mL/min),待流量稳定,两种气体混合均匀后,用皂膜流量计准确测定混合气体总流量 R_T,由此可求出 N_2 的分流速为

$$R_{N_2} = R_T - R_{H_2} \tag{23.3}$$

N_2 的分压为

$$p = p_B \cdot R_{N_2} / R_T \tag{23.4}$$

式中:p_B 为大气压。

(4) 仪器接通电源(注意一定要在样品管通气后,才能接通电源),调节"电流调节"电位器,将电流调到 100 mA,电压表指示为 20 V。逆时针转动记录器调零旋钮转到尽头,衰减比放在 1/16 处,调节"精""细"调节旋钮,使记录器指针处于零位,也就是调节电桥的输出为零,最后再调"记录器调零"旋钮,此时,记录器的指针可以从零调到最大即为正常。

(5) 此时如条件不变,可采用 1/8(或 1/4)衰减比,待记录器基线确实走稳后,将液氮保温杯套到样品管上,片刻后就在记录纸上出现吸附峰。

(6) 记录器回到原来基线后,将液氮保温杯移走,在记录纸上出现一个与吸附峰方向相反的脱附峰,并计算出峰面积(峰高×半宽度)。

(7) 脱附完毕,记录器基线回到原来位置后,将 10 mL 六通阀转至标定位置(在测量过程

中，六通阀始终在测量位置），记录纸上记下标样峰，并计算出峰面积。

(8) 将液氮保温杯套到氧气压力计的小玻璃球上，记下两边水银面的高度差，再查表Ⅱ-23-1中氮及氧在 77 ～ 84 K 时的饱和蒸气压，求出氮饱和蒸气压 p_0。

(9) 以上完成了在一个 N_2 平衡压力下吸附量的测定。改变 N_2 的流量 3 次(每次较前次增加 3 mL/min，且使相对压力 p/p_0 不超过 0.05 ～ 0.35)，按步骤(5)(6)(7)(8)重复操作，即完成一个样品的测量工作。

(10) 记录实验时的大气压及室温。

23.5 实验注意事项

(1) 在整个测量过程中须保持载气流量恒定。

(2) 在改变 N_2 流量进行测量时使相对压力 p/p_0 不超过 0.05 ～ 0.35。

(3) 实验样品必须干燥再装入仪器，否则水蒸气会聚集在热导池附近而影响测定。

23.6 数据处理

(1) 从皂膜流量计测量的数据，计算出 R_{H_2}，R_T，并求出 R_{N_2} 及其分压 p 值。

(2) 从色谱图上分别求出在氮的各分压下相应的吸附量 V'，再换算成标准状态下的 V_a，即

$$V' = A/A_{标} \times 1.06$$

$$V_a = V' \times 273 p_B / 760 T$$

式中：A 为脱附峰面积；$A_{标}$ 为标样峰面积；1.06 ～ 1 mL 为六通阀体积管体积；T 为室温(K)；p_B 为大气压。

(3) 由氧气压力计读出的 p_{O_2}，查表变换成 p_0(在液氮温度下，N_2 的饱和蒸气压)。

(4) 以 $\dfrac{p/p_0}{V_a(1-p/p_0)}$ 对 p/p_0 作图，求出直线斜率和截距，从斜率和截距求出 V_m。

(5) 将 V_m 代入式(23.2)，求出比表面积 S。

23.7 思考题

(1) 实验中为什么控制 $\dfrac{p}{p_0}$ 在 0.05 ～ 0.35？

(2) 分析影响本实验的误差因素，如何提高实验的精度？

23.8 讨论

一般 BET 重量法或容量法测定比表面虽然再现性、可靠性都较好，但设备复杂，需用高真空系统，并且使用大量汞。而流动吸附法测定固体比表面设备简单，操作简易迅速，且灵敏度高。不需要测定死体积，更适合于测定低比表面的固体物质。

实验 24　胶体电泳速度的测定

24.1　实验目的及要求

（1）掌握凝聚法制备 $Fe(OH)_3$ 溶胶和纯化溶胶的方法。

（2）观察溶胶的电泳现象并了解其电学性质，掌握电泳法测定胶粒电泳速度和溶胶 ζ 电位的方法。

24.2　实验原理

溶胶是一个多相系统，其分散相胶粒的大小约在 1 nm～1 μm 之间。由于本身的电离或选择性地吸附一定量的离子以及其他原因所致，胶粒表面具有一定量的电荷，胶粒周围的介质分布着反离子。反离子所带电荷与胶粒表面电荷符号相反、数量相等，整个溶胶系统保持电中性。胶粒周围的反离子由于静电引力和热扩散运动的结果形成了两部分——紧密层和扩散层。紧密层约有一两个分子层厚，紧密吸附在胶核表面上，而扩散层的厚度则随外界条件（温度、系统中电解质浓度及其离子的价态等）而改变，扩散层中的反离子符合玻尔兹曼分布。由于离子的溶剂化作用，紧密层结合有一定数量的溶剂分子，在电场的作用下，它和胶粒作为一个整体移动，而扩散层中的反离子则向相反的电极方向移动。这种在电场作用下分散相粒子相对于分散介质的运动称为电泳。发生相对移动的界面称为切动面，切动面与液体内部的电位差称为电动电位或 ζ 电位，而作为带电粒子的胶粒表面与液体内部的电位差称为质点的表面电势 φ°（如图Ⅱ-24-1，图中 AB 为切动面）。

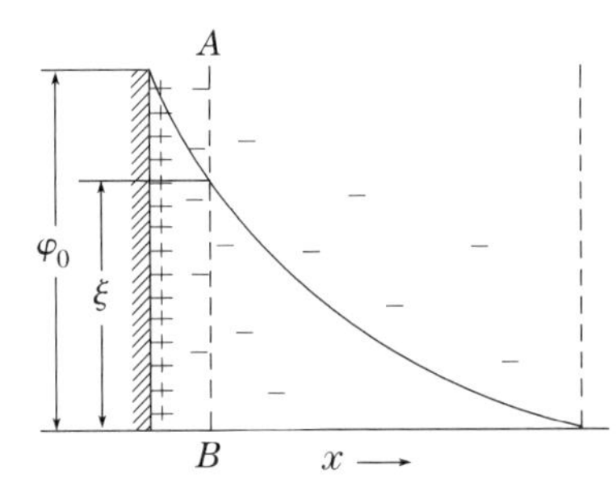

图Ⅱ-24-1　扩散双电层模型

胶粒电泳速度除与外加电场的强度有关外，还与 ζ 电位的大小有关。而 ζ 电位不仅与测定条件有关，还取决于胶体粒子的性质。

ζ 电位是表征胶体特性的重要物理量之一，在研究胶体性质及其实际应用有着重要意义。胶体的稳定性与 ζ 电位有直接关系。ζ 电位绝对值越大，表明胶粒荷电越多，胶粒间排斥力越大，胶体越稳定。反之则表明胶体越不稳定。当 ζ 电位为零时，胶体的稳定性最差，此时可观察到胶体的聚沉。

本实验是在一定的外加电场强度下通过测定 $Fe(OH)_3$ 胶粒的电泳速度然后计算出 ζ 电位。实验用拉比诺维奇-付其曼 U 形电泳仪，如图Ⅱ-24-2 所示。

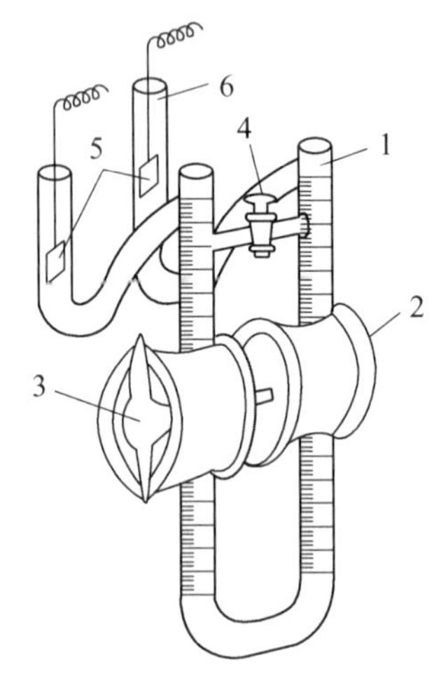

1—U 形管；2、3、4—活塞；
5—电极；6—弯管。

图Ⅱ-24-2　拉比诺维奇-付其曼 U 形电泳仪

活塞 2、3 以下盛待测的溶胶，以上盛辅助液。

在电泳仪两极间接上电位差 E(V)后，在 t(s)时间内溶胶界

面移动的距离为 D(m)，即胶粒电泳速度 U($\mathrm{m \cdot s^{-1}}$) 为

$$U=\frac{D}{t} \tag{24.1}$$

相距为 l(m)的两极间的电位梯度平均值 H($\mathrm{V \cdot m^{-1}}$)为

$$H=\frac{E}{l} \tag{24.2}$$

如果辅助液的电导率 $\overline{L}_0$ 与溶胶的电导率 $\overline{L}$ 相差较大，则在整个电泳管内的电位降是不均匀的，这时需用下式求 H：

$$H=\frac{E}{\frac{\overline{L}}{\overline{L}_0}(l-l_k)+l_k} \tag{24.3}$$

式中：l_k 为溶胶两界面间的距离。

从实验求得胶粒电泳速度后，可按下式求出 ζ(V)电位：

$$\zeta=\frac{K\pi\eta}{\varepsilon H}\cdot U \tag{24.4}$$

式中：K 为与胶粒形状有关的常数(对于球形粒子 $K=5.4\times10^{10}\ \mathrm{V^2 \cdot s^2 \cdot kg^{-1} \cdot m^{-1}}$；对于棒形粒子 $K=3.6\times10^{10}\ \mathrm{V^2 \cdot s^2 \cdot kg^{-1} \cdot m^{-1}}$，本实验胶粒为棒形)；$\eta$ 为介质的黏度($\mathrm{kg \cdot m^{-1} \cdot s^{-1}}$)；$\varepsilon$ 为介质的介电常数。

24.3 仪器与药品

直流稳压电源 1 台；电导率仪 1 台；电泳仪 1 个；铂电极 2 个。

三氯化铁(CP)；棉胶液(CP)。

24.4 实验步骤

1. $Fe(OH)_3$ 溶胶的制备

将 0.5 g 无水 $FeCl_3$ 溶于 20 mL 蒸馏水中，在搅拌的情况下将上述溶液滴入 200 mL 沸水中(控制在 4 ～ 5 min 内滴完)，然后再煮沸 1 ～ 2 min，即制得$Fe(OH)_3$溶胶。

2. 珂璎酊袋的制备

将约 20 mL 棉胶液倒入干净的 250 mL 锥形瓶内，小心转动锥形瓶使瓶内壁均匀铺展一层液膜，倾出多余的棉胶液，将锥形瓶倒置于铁圈上，待溶剂挥发完(此时胶膜已不沾手)，用蒸馏水注入胶膜与瓶壁之间，使胶膜与瓶壁分离，将其从瓶中取出，然后注入蒸馏水检查胶袋是否有漏洞，如无，则浸入蒸馏水中待用。

3. 溶胶的纯化

将冷至约 50 ℃的 $Fe(OH)_3$ 溶胶转移到珂璎酊袋，用约 50 ℃的蒸馏水渗析，约 10 min 换水 1 次，渗析 5 次。

4. 辅助液的配制

将渗析好的 $Fe(OH)_3$ 溶胶冷至室温，测其电导率，用 0.1 mol/L KCl 溶液和蒸馏水配制与溶胶电导率相同的辅助液。

5. 测定 $Fe(OH)_3$ 的电泳速度

(1) 用洗液和蒸馏水把电泳仪洗干净(三个活塞均需涂好凡士林)。

(2) 用少量 $Fe(OH)_3$ 溶胶洗涤电泳仪 2～3 次,然后注入 $Fe(OH)_3$ 溶胶直至胶液面高出活塞 2、活塞 3 少许,关闭两活塞,倒掉多余的溶胶。

(3) 用蒸馏水把电泳仪活塞 2、3 以上的部分荡洗干净后在两管内注入辅助液至支管口,并把电泳仪固定在支架上。

(4) 如图Ⅱ-24-2 将两铂电极插入支管内并连接电源,开启活塞 4 使管内两辅助液面等高,关闭活塞 4,缓缓开启活塞 2、3(勿使溶胶液面搅动)。然后打开稳压电源,将电压调至 150 V,观察溶胶液面移动现象及电极表面现象。记录 30 min 内界面移动的距离。用绳子和尺子量出两电极间的距离。

24.5 实验注意事项

(1) 在制备珂罗酊袋时,加水的时间应适中,如加水过早,因胶膜中的溶剂还未完全挥发掉,胶膜呈乳白色,强度差不能用。如加水过迟,则胶膜变干、脆,不易取出且易破。

(2) 溶胶的制备条件和净化效果均影响电泳速度。制胶过程应很好控制浓度、温度、搅拌和滴加速度。渗析时应控制水温,常搅动渗析液,勤换渗析液。这样制备得到的溶胶胶粒大小均匀,胶粒周围的反离子分布趋于合理,基本形成热力学稳定态,所得的 ζ 电位准确,重复性好。

(3) 渗析后的溶胶必须冷至与辅助液大致相同的温度(室温),以保证两者所测的电导率一致,同时避免打开活塞时产生热对流而破坏了溶胶界面。

24.6 数据处理

(1) 将实验数据 D,t,E 和 l 分别代入(24.1)和(24.2)式计算电泳速度 U 和平均电位梯度 H。

(2) 将 U,H 和介质黏度及介电常数代入(24.4)式求 ζ 电位。

(3) 根据胶粒电泳时的移动方向确定其所带电荷符号。

24.7 结果要求及文献值

(1) 测得的 ζ 电位在 39 mV 到 49 mV 之间。

(2) 文献值:$\zeta_{电位}=44\ mV$[①]。

24.8 思考题

(1) 电泳速度与哪些因素有关?

(2) 写出 $FeCl_3$ 水解反应式,并解释 $Fe(OH)_3$ 胶粒带何种电荷取决于什么因素。

(3) 说明反离子所带电荷符号及两电极上的反应。

(4) 选择和配制辅助液有何要求?

---

① 北京医学院. 物理化学[M]. 北京:人民卫生出版社,1979:277.

24.9 讨论

(1) 电泳的实验方法有多种。本实验方法称为界面移动法,适用于溶胶或大分子溶液与分散介质形成的界面在电场作用下移动速度的测定。此外还有显微电泳法和区域电泳法。显微电泳法用显微镜直接观察质点电泳的速度,要求研究对象必须在显微镜下能明显观察到,此法简便,快速,样品用量少,在质点本身所处的环境下测定,适用于粗颗粒的悬浮体和乳状液。区域电泳是以惰性而均匀的固体或凝胶作为被测样品的载体进行电泳,以达到分离与分析电泳速度不同的各组分的目的。该法简便易行,分离效率高,样品用量少,还可避免对流影响,现已成为分离与分析蛋白质的基本方法。

电泳技术是发展较快,技术较新的实验手段,其不仅用于理论研究,还有广泛的实际应用,如陶瓷工业的黏土精选、电泳涂漆、电泳镀橡胶、生物化学和临床医学上的蛋白质及病毒的分离等。

(2) 界面移动法电泳实验中辅助液的选择十分重要,因为 ζ 电位对辅助液成分十分敏感,最好是用该胶体溶液的超滤液。1-1 型电解质组成的辅助液多选用 KCl 溶液,因为 K^+ 与 Cl^- 的迁移速率基本相同。此外,要求辅助液的电导率与溶胶的一致,避免因界面处电场强度的突变造成两臂界面移动速度不等产生界面模糊。

(3) 由化学反应得到的溶胶都带有电解质,而电解质浓度过高则会影响胶体的稳定性。通常用半透膜来提纯溶胶,称为渗析。半透膜孔径大小可允许电解质通过而胶粒通不过。此外本实验用热水渗析是为了提高渗析效率,保证纯化效果。

(4) 若被测溶胶没有颜色,则与辅助液的界面肉眼观察不到,可利用胶体的光学性质——乳光或利用紫外光的照射而产生荧光来观察其界面的移动。

(5) 新型的 JS94H 型微电位仪是采用显微电泳法测定胶体电泳速度的仪器。

组成:该仪器有光学系统、电泳池,数据采样和数据处理等部分。

原理:该仪器用视频测量技术,根据分散体系中带电颗粒在电场切换作用下的单位时间位移,自动截取并强化带电颗粒图像,软件分析位移像素自动计算出其电泳速度及 Zeta 电位。

特点:该仪器可以直接观察到带电微粒在电场中的运动。准确度高,样品用量极少(每次仅 0.5 mL),易清洗,使用方便、快速。

实验 25 黏度法测定高聚物摩尔质量

25.1 实验目的及要求

(1) 掌握用乌氏(ubbelohde)黏度计测定高聚物溶液黏度的原理和方法。

(2) 测定线型高聚物聚乙二醇的粘均摩尔质量。

25.2 实验原理

单体分子经加聚或缩聚过程便可合成高聚物。并非高聚物每个分子的大小都相同,即聚合度不一定相同,所以高聚物摩尔质量是一个统计平均值。对于聚合和解聚过程机理和动力学的研究，以及为了改良和控制高聚物产品的性能，高聚物摩尔质量是必须掌握的重要数据之一。

高聚物溶液的特点是黏度特别大，原因在于其分子链长度远大于溶剂分子，加上溶剂化作用，使其在流动时受到较大的内摩擦阻力。

黏性液体在流动过程中，必须克服内摩擦阻力而做功。黏性液体在流动过程中所受阻力的大小可用黏度系数 η($kg \cdot m^{-1} \cdot s^{-1}$)（简称黏度）来表示。

高聚物稀溶液的黏度是液体流动时内摩擦力大小的反映。纯溶剂黏度反映了溶剂分子间的内摩擦力，记作 η_0，高聚物溶液的黏度则是高聚物分子间的内摩擦、高聚物分子与溶剂分子间的内摩擦以及 η_0 三者之和。在相同温度下，通常 $\eta > \eta_0$，相对于溶剂，溶液黏度增加的分数称为增比黏度，记作 η_{sp}，即

$$\eta_{sp} = \frac{\eta - \eta_0}{\eta_0} \tag{25.1}$$

而溶液黏度与纯溶剂黏度的比值称作相对黏度，记作 η_r，即

$$\eta_r = \frac{\eta}{\eta_0} \tag{25.2}$$

η_r 反映的也是溶液的黏度行为，而 η_{sp} 则意味着已扣除了溶剂分子间的内摩擦效应，仅反映了高聚物分子与溶剂分子间和高聚物分子间的内摩擦效应。

高聚物溶液的增比黏度 η_{sp} 往往随质量浓度 c 的增加而增加。为了便于比较，将单位浓度下所显示的增比黏度 η_{sp}/c 称为比浓黏度，而 $\ln\eta_r/c$ 则称为比浓对数黏度。当溶液无限稀释时，高聚物分子彼此相隔甚远，它们的相互作用可以忽略，此时有关系式：

$$\lim_{c\to 0} \eta_{sp}/c = \lim_{c\to 0} \ln \eta_r/c = [\eta] \tag{25.3}$$

$[\eta]$称为特性黏度，它反映的是无限稀释溶液中高聚物分子与溶剂分子间的内摩擦，其值取决于溶剂的性质及高聚物分子的大小和形态。由于 η_r 和 η_{sp} 均是无因次量，所以$[\eta]$的单位是浓度 c 单位的倒数。

在足够稀的高聚物溶液里，η_{sp}/c 与 c，$\ln\eta_r/c$ 与 c 之间分别符合下述经验关系式：

$$\eta_{sp}/c = [\eta] + \kappa[\eta]^2 c \tag{25.4}$$

$$\ln \eta_r/c = [\eta] - \beta[\eta]^2 c \tag{25.5}$$

上两式中 κ 和 β 分别称为 Huggins 和 Kramer 常数。这是两直线方程，通过 η_{sp}/c 对 c 或 $\ln\eta_r/c$ 对 c 作图，外推至 $c=0$ 时所得截距即为$[\eta]$。显然，对于同一高聚物，由两线性方程作图外推所得截距交于同一点，如图Ⅱ-25-1。

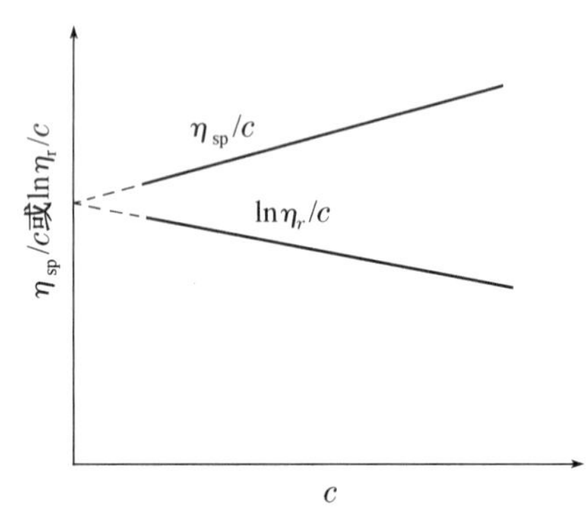

图Ⅱ-25-1　外推法求$[\eta]$图

高聚物溶液的特性黏度$[\eta]$与高聚物摩尔质量之间的关系，通常用带有两个参数的 Mark-Houwink 经验方程式来表示：

$$[\eta] = K \cdot \overline{M}_\eta^\alpha \tag{25.6}$$

式中：$\overline{M}_\eta$ 是粘均摩尔质量，K，α 是与温度、高聚物及溶剂的性质有关的常数，只能通过一些绝对实验方法（如膜渗透压法、光散射法等）确定。

本实验采用毛细管法测定黏度，通过测定一定体积的液体流经一定长度和半径的毛细管

所需时间而获得。本实验使用的乌氏黏度计如图Ⅱ-25-2所示。当液体在重力作用下流经毛细管时,其遵守 Poiseuille 定律:

$$\eta = \frac{\pi p r^4 t}{8lV} = \frac{\pi h\rho g r^4 t}{8lV} \tag{25.7}$$

式中:η 为液体的黏度($kg \cdot m^{-1} \cdot s^{-1}$);$p$ 为当液体流动时在毛细管两端间的压力差($kg \cdot m^{-1} \cdot s^{-2}$)(即是液体密度 ρ,重力加速度 g 和流经毛细管液体的平均液柱高度 h 这三者的乘积);r 为毛细管的半径(m);V 为流经毛细管的液体体积(m^3);t 为 V 体积液体的流出时间(s);l 为毛细管的长度(m)。

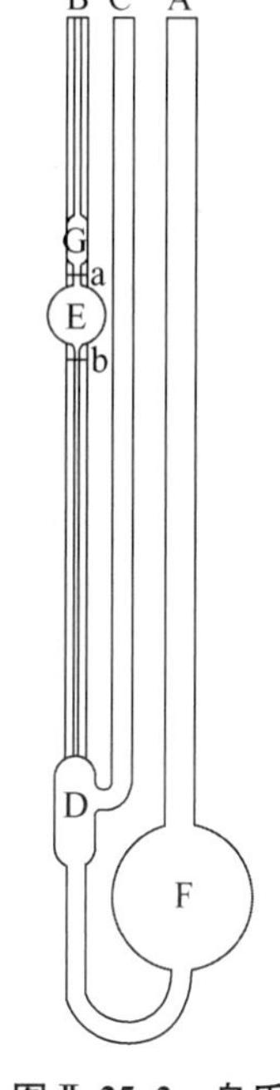

图Ⅱ-25-2 乌氏黏度计

用同一黏度计在相同条件下测定两个液体的黏度时,它们的黏度之比就等于密度与流出时间之比:

$$\frac{\eta_1}{\eta_2} = \frac{p_1 t_1}{p_2 t_2} = \frac{\rho_1 t_1}{\rho_2 t_2} \tag{25.8}$$

如果用已知黏度 η_1 的液体作为参考液体,则待测液体的黏度 η_2 可通过上式求得。

在测定溶剂和溶液的相对黏度时,如溶液的浓度不大($c < 1 \times 10\ kg \cdot m^{-3}$),溶液的密度与溶剂的密度可近似地看作相同,故

$$\eta_r = \frac{\eta}{\eta_0} = \frac{t}{t_0} \tag{25.9}$$

所以只需测定溶液和溶剂在毛细管中的流出时间就可得到 η_r。

25.3 仪器与药品

恒温槽1套;乌氏黏度计1支;有塞锥形瓶(50 mL)2只;洗耳球1只;胖肚移液管(5 mL)1支;胖肚移液管(10 mL)2支;细乳胶管2根;弹簧夹2个;恒温槽夹3个;吊锤1只;容量瓶(25 mL)1只;有盖瓷盆($30\ cm^2 \times 25\ cm^2$)1只;停表(0.1 s)1只。

聚乙二醇(AR)。

25.4 实验步骤

1. 调节温度

将恒温水槽调至(25.0±0.1)℃。

2. 溶液配制

称取聚乙二醇1 g(称准至0.001 g),在25 mL容量瓶中配成水溶液。配溶液时,要先加入溶剂至容量瓶的2/3处,待其全部溶解后恒温10 min,再用同温度的蒸馏水稀释至刻度。

3. 洗涤黏度计

先用热洗液(经砂芯漏斗过滤)浸泡,再用自来水、蒸馏水冲洗(经常使用的黏度计则用蒸馏水浸泡,去除留在黏度计中的高聚物。黏度计的毛细管要反复用水冲洗)。

4. 测定溶剂流出时间 t_0

将黏度计垂直夹在恒温槽内,用吊锤检查是否垂直。将10 mL纯溶剂自A管注入黏度计

内，恒温数分钟，夹紧C管上连接的乳胶管，同时在连接B管的乳胶管上接洗耳球慢慢抽气，待液体升至G球的$\frac{1}{2}$左右即停止抽气，打开C管乳胶管上夹子使毛细管内液体同D球分开，用停表测定液面在a，b两线间移动所需时间。重复测定3次，每次相差不超过0.2～0.3 s，取平均值。

5. 测定溶液流出时间t

取出黏度计，倒出溶剂，吹干。用移液管吸取10 mL已恒温的高聚物溶液，同上法测定流经时间。再用移液管加入5 mL已恒温的溶剂，用洗耳球从C管鼓气搅拌并将溶液慢慢地抽上流下数次使之混合均匀，再如上法测定流经时间。同样，依次加入5 mL、10 mL、10 mL溶剂，逐一测定溶液的流经时间。

6. 整理仪器

实验结束后，将溶液倒入回收瓶内，用溶剂仔细冲洗黏度计3次，最后用溶剂浸泡，备用。

25.5 实验注意事项

(1) 黏度计必须洁净，如毛细管壁上挂有水珠，需用洗液浸泡(洗液经2#砂芯漏斗过滤除去微粒杂质)。

(2) 高聚物在溶剂中溶解缓慢，配制溶液时必须保证其完全溶解，否则会影响溶液起始浓度，而导致结果偏低。

(3) 本实验中溶液的稀释是直接在黏度计中进行的，所用溶剂必须先在与溶液所处同一恒温槽中恒温，然后用移液管准确量取并充分混合均匀方可测定。

(4) 测定时黏度计要垂直放置，否则影响结果的准确性。

25.6 数据处理

(1) 由(25.9)式和关系式$\eta_{sp}=\eta_r-1$计算各相对浓度c'时的η_r和η_{sp}。

(2) 以$\frac{\ln\eta_r}{c'}$及$\frac{\eta_{sp}}{c'}$分别对c'作图并作线性外推求得截距A，以A除以起始浓度c_0即得$[\eta]$。

(3) 取25 ℃时常数κ，α值，按(25.6)式计算出聚乙二醇的粘均摩尔质量$\overline{M}_\eta$。

25.7 结果要求

(1) $\eta_{sp}/c'-c'$与$\ln\eta_r/c'-c'$作图得到两条直线，外推至$c'\to 0$时应相交于纵坐标同一点。若不相交在纵坐标上则会做合理选择。

(2) 得到$\overline{M}_\eta$的相对误差不超过15%。

(3) 实验用聚乙二醇的平均相对分子量为20 000。

25.8 思考题

(1) 乌氏黏度计中的支管C的作用是什么？能否去除C管改为双管黏度计使用？为什么？

(2) 高聚物溶液的η_r，η_{sp}，η_{sp}/c和$[\eta]$的物理意义是什么？

(3) 黏度法测定高聚物的摩尔质量有何局限性？该法适用的高聚物质量范围是多少？

(4) 分析 $\eta_{sp}/c-c$ 及 $\ln\eta_r/c-c$ 作图缺乏线性的原因。

25.9 讨论

(1) 黏性液体在毛细管中流出受各种因素的影响，如动能改正、末端改正、倾斜度改正、重力加速度改正、毛细管内壁粗度改正、表面张力粗度改正等等，其中影响最大的是动能改正项。考虑了动能改正后的 Poiseuille 公式为

$$\eta=\frac{\pi h\rho g r^4 t}{8lV}-\frac{mV\rho}{8\pi lt} \tag{25.10}$$

式中：m 为仪器常数。

本实验使用的(25.7)式是 Poiseuille 定律的另一表达式，忽略了上述诸因素的影响，它的使用必须满足以下条件：

① 液体流动属于牛顿型流动，即液体的黏度与流动的切变速度无关。

② 液体的流动呈层流状态，没有湍流存在，要求液体流动速度不能太大。根据所用溶剂选择 V 和 r，并使溶剂流出时间 t_0 大于 100 s。

③ 液体在毛细管管壁上没有滑动。

④ 毛细管半径与长度的比值要足够小。当 $r/l \ll 1$ 时，末端改正项可以忽略。

(2) 高聚物的平均摩尔质量可因测定方法不同而异，因为不同方法的测定原理和计算方法有所不同。本实验采用的黏度法具有设备简单操作方便的特点，准确度可达±5%。各种高聚物平均摩尔质量的测定方法和适用范围见表Ⅱ-25-1。

表Ⅱ-25-1 各种平均摩尔质量测定法的适用范围

方法名称	适用摩尔质量范围	平均摩尔质量类型	方法类型
端基分析法	3×10^4 以下	数均	绝对法
沸点升高法	3×10^4 以下	数均	相对法
冰点降低法	5×10^3 以下	数均	相对法
气相渗透压法(VPO)	3×10^4 以下	数均	相对法
膜渗透压法	$2\times10^4\sim1\times10^6$	数均	绝对法
光散射法	$2\times10^4\sim1\times10^7$	重均	绝对法
超速离心沉降速度法	$1\times10^4\sim1\times10^7$	各种平均	绝对法
超速离心沉降平衡法	$1\times10^4\sim1\times10^6$	重均、数均	绝对法
粘度法	$1\times10^4\sim1\times10^7$	粘均	相对法
凝胶渗透色谱法	$1\times10^3\sim5\times10^6$	各种平均	相对法

据近年文献报道，可利用脉冲核磁共振仪、红外分光光度计和电子显微镜等实验技术测定高聚物的平均摩尔质量。

(3) 高聚物分子链在溶液中所表现出的一些行为会影响[η]的测定。如某些高分子链的侧基可以电离，电离后的高分子链有相互排斥作用，随 c 的减小，η_{sp}/c 却反常地增大，这称作聚电解质行为。通常可加入少量小分子电解质作为抑制剂，利用同离子效应抑制聚电解质行为。又如某些高聚物在溶液中会发生降解，会使[η]和 $\overline{M}_\eta$ 结果偏低，可加入少量的抗氧剂以抑制降解。

(4) 实验过程中的一些因素可影响到 η_{sp}/c 或 $\ln\eta_r/c$ 对 c 作图的线性。温度的波动可直

接影响到溶液黏度的测定，因此恒温槽的控温精度是重要的。一般而言，对于不同的溶剂和高聚物，温度波动对黏度的影响程度不同。溶液黏度与温度的关系可用 Andraole 方程表示：

$$\eta = Ae^{B/RT} \tag{25.11}$$

式中：A 与 B 对于给定的高聚物和溶剂是常数；R 为气体常数。此外，溶液浓度选择不当或浓度不准确，测定过程中因微粒杂质局部堵塞毛细管而影响流经时间及毛细管垂直发生改变等因素都可对作图线性产生较大影响。

(5) 在测定过程中即使注意了上述各点后仍会遇到一些如图Ⅱ-25-2 所示的异常现象，这并非操作不严格而是高聚物本身的结构及其在溶液中的形态所致。目前尚不能清楚地解释产生这些反常现象的原因，只能做一些近似处理。

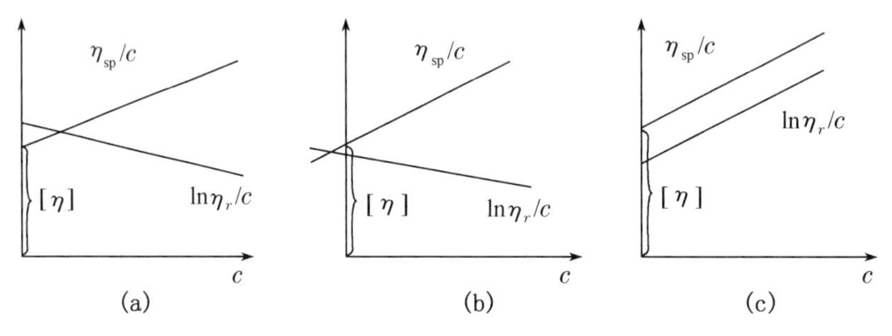

图Ⅱ-25-3 黏度测定中的异常现象示意图

根据 Huggins 公式 $\eta_{sp}/c = [\eta] + \kappa[\eta]^2 c$ 和 Kramer 公式 $\ln\eta_r/c = [\eta] - \beta[\eta]^2 c$，前一式中的 κ 和 η_{sp}/c 值与高聚物结构（如高聚物的多分散性及高分子链的支化等）和形态有关，该式物理意义明确。后一式则基本上是数学运算式，含义不太明确。因此图Ⅱ-25-3 中的异常现象就应以 η_{sp}/c 与 c 的关系作为基准来求得高聚物溶液的特性黏度$[\eta]$。图中的(a)、(b)、(c)三种情况均应以 $\eta_{sp}/c-c$ 线与纵坐标相交的截距求$[\eta]$。

(6) 特性黏度$[\eta]$的单位与浓度 c 的单位互为倒数。在文献和实验教材中 c 及$[\eta]$所用单位不尽相同，本实验 c 的单位为 $kg \cdot m^{-3}$，$[\eta]$的单位为 $kg^{-1} \cdot m^3$。

Mark-Houwink 经验公式中的参数 K 和 α 的求法是：将高聚物样品多次分级，得到的样品的摩尔质量可看作是均一的，求出其$[\eta]$，再用渗透压或光散射等绝对方法测定它们的摩尔质量 M，将$[\eta]$对 M 作图，求出 K 和 α。参数 K 的单位与$[\eta]$相同，而参数 α 则是无因次的量。对同一高聚物，在不同的温度和不同的溶剂下，K 及 α 的值不同。对于聚乙二醇的水溶液，不同温度下的 K，α 值见表Ⅱ 25-2。

表Ⅱ-25-2 聚乙二醇不同温度时的 K，α 值（水为溶剂）

t(℃)	$K\times10^6$($m^3 \cdot kg^{-1}$)	α	$\overline{M}_\eta\times10^{-4}$
25	156	0.50	0.019～0.1
30	12.5	0.78	2～500
35	6.4	0.82	3～700
35	16.6	0.82	0.04～0.4
45	6.9	0.81	3～700

结构化学部分

实验 26 摩尔折射度的测定

26.1 实验目的及要求

(1) 了解阿贝折光仪的构造和工作原理，正确掌握其使用方法。

(2) 测定某些化合物的折光率和密度，求算化合物、基团和原子的摩尔折射度，判断各化合物的分子结构。

26.2 实验原理

摩尔折射度(R)是由于在光的照射下分子中电子(主要是价电子)云相对于分子骨架的相对运动的结果。R 可作为分子中电子极化率的量度，其定义为

$$R = \frac{n^2 - 1}{n^2 + 2} \times \frac{M}{\rho} \tag{26.1}$$

式中：n 为折光率；M 为摩尔质量；ρ 为密度。

摩尔折射度与波长有关，若以钠光 D 线为光源(属于高频电场，$\lambda = 5\,893\ \text{Å}$)，所测得的折光率以 n_D 表示，相应的摩尔折射度以 R_D 表示。根据麦克斯韦尔的电磁波理论，物质的介电常数 ε 和折射率 n 之间的关系为

$$\varepsilon(\upsilon) = n^2(\upsilon) \tag{26.2}$$

ε 和 n 均与波长 υ 有关。将上式代入(26.1)式得

$$R = \frac{\varepsilon - 1}{\varepsilon + 2} \times \frac{M}{\rho} \tag{26.3}$$

ε 通常是在静电场或低频电场(λ 趋于∞)中测定的，因此折光率也应该用外推法求波长趋于∞时的 n_∞，其结果才更准确，这时摩尔折射度以 R_∞ 表示。R_D 和 R_∞ 一般较接近，相差约百分之几，只对少数物质是例外，例如水 $n_D^2 = 1.75$，而 $\varepsilon = 81$。

摩尔折射度有体积的因次，通常以 cm^3 表示。实验结果表明，摩尔折射度具有加和性，即摩尔折射度等于分子中各原子折射度及形成化学键时折射度的增量之和。离子化合物其克式量折射度等于其离子折射度之和。利用物质摩尔折射度的加和性质，就可根据物质的化学式算出其各种同分异构体的摩尔折射度并与实验测定结果做比较，从而探讨原子间的键型及分子结构。表Ⅱ-26-1 列出常见原子的折射度和形成化学键时折射度的增量。

表Ⅱ-26-1　原子折射度及形成化学键时折射度的增量

原　　子	R_D	原　　子	R_D	原　　子	R_D
H	1.028	I	13.954	叁键	1.977
C	2.591	N(脂肪族的)	2.744	三元环	0.614
O(酯类)	1.764	N(芳香族的)	4.243	四元环	0.317
O(缩醛类)	1.607	S(硫化物)	7.921	五元环	−0.19
OH(醇)	2.546	CN(腈)	5.459	六元环	−0.15
Cl	5.844	单键	0		
Br	8.741	双键	1.575		

26.3　仪器与药品

阿贝折光仪1台。

四氯化碳(AR);乙醇(AR);乙酸甲酯(AR);乙酸乙酯(AR);1,2-二氯乙烷(AR)。

26.4　实验步骤

(1) 折光率的测定　使用阿贝折光仪测定上述物质的折光率。

(2) 用密度管法测定上述物质的密度。

26.5　实验注意事项

(1) 阿贝折光仪使用注意事项。

(2) 密度管法测定液体密度注意事项。

26.6　数据处理

(1) 求算所测各化合物的密度,并结合所测各化合物的折光率数据由(26.1)式求出其摩尔折射度。

(2) 根据有关化合物的摩尔折射度,求出CH_2,Cl,C,H等基团或原子的摩尔折射度。

26.7　结果要求

由实验结果求得的摩尔折射度与由表Ⅱ-26-1算出的理论值相对误差不大于3%。

26.8　思考题

(1) 按表Ⅱ-26-1数据,计算上述各化合物的摩尔折射度的理论值,并与实验结果做比较。

(2) 讨论摩尔折射度实验值的误差来源,估算其相对误差。

26.9　讨论

(1) 对于共价键化合物,摩尔折射度的加和性还可表现为分子的摩尔折射度等于分子中各化学键摩尔折射度之和。表Ⅱ-26-2列出了一些由实验总结出来的摩尔键折射度数据。

表Ⅱ-26-2 共价键的摩尔键折射度

键	R_D	键	R_D	键	R_D
C—C	1.296	C—Cl	6.51	C≡N	4.82
C—C(环丙烷)	1.50	C—Br	9.39	O—H(醇)	1.66
C—C(环丁烷)	1.38	C—I	14.61	O—H(酸)	1.80
C—C(环戊烷)	1.26	C—O(醚)	1.54	S—H	4.80
C—C(环己烷)	1.27	C—O(缩醛)	1.46	S—S	8.11
C┅C(苯环)	2.69	C=O	3.32	S—O	4.94
C=C	4.17	C=O(甲基酮)	3.49	N—H	1.76
C≡C(末端)	5.87	C—S	4.61	N—O	2.43
$C_{芳香}$—$C_{芳香}$	2.69	C=S	11.91	N=O	4.00
C—H	1.676	C—N	1.57	N—N	1.99
C—F	1.45	C=N	3.75	N=N	4.12

对于同一化合物，由表Ⅱ-26-1和由表Ⅱ-26-2的数据求得的摩尔折射度有略微差异。

对于某些化合物，由表中数据求得的结果与实验测定结果相差较大，可能是因为表中数据只考虑到相邻原子间的相互作用而忽略了不相邻原子间的相互作用，或忽略了分子中各化学键间的相互作用。如做相应的修正，两者结果将趋于一致。

(2) 折射法的优点是快速、精确度高、样品用量少且设备简单。摩尔折射度在化学上除了可鉴别化合物，确定化合物的结构外，还可分析混合物的成分，测量浓度、纯度，计算分子的大小，测定摩尔质量，研究氢键和推测配合物的结构。此外，根据摩尔折射度与其他物理化学性质的关系可推求出这些性质的数据。

实验27 偶极矩的测定

27.1 实验目的及要求

(1) 用电桥法测定极性物质(乙酸乙酯)在非极性溶剂(环己烷)中的介电常数和分子偶极矩。

(2) 了解溶液法测定偶极矩的原理、方法和计算，并了解偶极矩与分子电性质的关系。

27.2 实验原理

1. 偶极矩与极化度

分子呈电中性，但由于空间构型的不同，正、负电荷中心可重合也可不重合，前者称为非极性分子，后者称为极性分子，分子极性大小常用偶极矩 μ 来度量，其定义为

$$\vec{\mu} = qd \tag{27.1}$$

式中：q 是正、负电荷中心所带的电荷量；d 为正、负电荷中心间距离；$\vec{\mu}$ 为向量，其方向规定为从正到负，因为分子中原子间距离的数量级为 10^{-10} m，电荷数量级为 10^{-20} C，所以偶极

矩的数量级为 10^{-30} C·m。

极性分子具有永久偶极矩,在没有外电场存在时,由于分子热运动,偶极矩指向各方向机会均等,故其偶极矩统计值为零。

若将极性分子置于均匀的外电场中,分子会沿电场方向作定向转动,同时分子中的电子云对分子骨架发生相对移动,分子骨架也会变形,这叫分子极化,极化的程度可由摩尔极化度(p)来衡量。因转向而极化称为摩尔转向极化度($p_{转向}$)。由变形所致的为摩尔变形极化度($p_{变形}$),而 $p_{变形}$ 又是电子极化($p_{电子}$)和原子极化($p_{原子}$)之和。显然:

$$p = p_{转向} + p_{变形} = p_{转向} + (p_{电子} + p_{原子}) \tag{27.2}$$

已知 $p_{转向}$ 与永久偶极矩 μ 的平方成正比,与绝对温度成反比。即

$$p_{转向} = \frac{4}{9}\pi N_A \frac{\mu^2}{KT} \tag{27.3}$$

式中:K 为玻尔兹曼常数;N_A 为阿伏伽德罗常数。

对于非极性分子,因 $\mu = 0$,其 $p_{转向} = 0$,所以 $p = p_{电子} + p_{原子}$。

外电场若是交变电场,则极性分子的极化与交变电场的频率有关。在电场的频率小于 $10^{10}\ s^{-1}$的低频电场下,极性分子产生摩尔极化度为转向极化度与变形极化度之和。若在电场频率为 $10^{12} \sim 10^{14}\ s^{-1}$ 的中频电场下(红外光区),因为电场交变周期小于偶极矩的松弛时间,极性分子的转向运动跟不上电场变化,即极性分子无法沿电场方向定向,即 $p_{转向} = 0$,此时分子的摩尔极化度 $p = p_{变形} = p_{电子} + p_{原子}$。当交变电场的频率大于 $10^{15}\ s^{-1}$(即可见光和紫外光区)极性分子的转向运动和分子骨架变形都跟不上电场的变化,此时 $p = p_{电子}$,所以如果我们分别在低频和中频的电场下求出欲测分子的摩尔极化度,并把这两者相减,即为极性分子的摩尔转向极化度 $p_{转向}$,然后代入(27.3)式,即可算出其永久偶极矩 μ。

因为 $p_{原子}$ 只占 $p_{变形}$ 中 $5\% \sim 15\%$,而实验时由于条件的限制,一般总是用高频电场来代替中频电场。所以通常近似地把高频电场下测得的摩尔极化度当作摩尔变形极化度,即

$$p = p_{电子} = p_{变形}$$

2. 极化度与偶极矩的测定

对于分子间相互作用很小的系统 Clausius-Mosotti-Debye 从电磁理论推得摩尔极化度 p 与介电常数 ε 之间的关系为

$$p = \frac{\varepsilon - 1}{\varepsilon + 2} \cdot \frac{M}{\rho} \tag{27.4}$$

式中:M 为摩尔质量;ρ 为密度。因上式是假定分子与分子间无相互作用而推导出的。所以它只适用于温度不太低的气相系统。然而,测定气相介电常数和密度在实验上困难较大,对于某些物质,气态根本无法获得,于是就提出了溶液法。即把欲测偶极矩的分子溶于非极性溶剂中进行。但在溶液中测定总要受溶质分子间、溶剂与溶质分子间以及溶剂分子间相互作用的影响。若以测定不同浓度溶液中溶质的摩尔极化度并外推至无限稀释,这时溶质所处的状态就和气相时相近,可消除溶质分子间的相互作用。于是在无限稀释时,溶质的摩尔极化度 p_2^{∞} 就可看作为(27.5)式中 p。

$$p = p_2^{\infty} = \lim_{X_2 \to 0} p_2 = \frac{3\alpha\varepsilon_1}{(\varepsilon_1 + 2)^2} \cdot \frac{M_1}{\rho_1} + \frac{\varepsilon_1 - 1}{\varepsilon_2 + 2} \cdot \frac{M_2 - \beta M_1}{\rho_1} \tag{27.5}$$

式中:ε_1,M_1,ρ_1 为溶剂的介电常数;摩尔质量和密度;M_2 为溶质的摩尔质量;α,β 为两常

数，它可由下面两个稀溶液的近似公式求出。

$$\varepsilon_{溶} = \varepsilon_1(1 + \alpha X_2) \tag{27.6}$$

$$\rho_{溶} = \rho_1(1 + \beta X_2) \tag{27.7}$$

式中：$\varepsilon_{溶}$，$\rho_{溶}$ 和 X_2 为溶液的介电常数、密度和溶质的摩尔分数。因此，从测定纯溶剂的 ε_1，ρ_1 以及不同浓度（X_2）溶液的 $\varepsilon_{溶}$，$\rho_{溶}$，代入(27.5)式就可求出溶质分子的总摩尔极化度。

根据光的电磁理论，在同一频率的高频电场作用下，透明物质的介电常数 ε 与折光率 n 的关系为

$$\varepsilon = n^2 \tag{27.8}$$

常用摩尔折射度 R_2 来表示高频区测得的极化度。此时 $p_{转向} = 0$，$p_{原子} = 0$，则

$$R_2 = p_{变形} = p_{电子} = \frac{n^2 - 1}{n^2 + 2} \cdot \frac{M}{\rho} \tag{27.9}$$

同样测定不同浓度溶液的摩尔折射度 R，外推至无限稀释，就可求出该溶质的摩尔折射度公式为

$$R_2^{\infty} = \lim_{X_2 \to 0} R_2 = \frac{n_1^2 - 1}{n_1^2 + 2} \cdot \frac{M_2 - \beta M_1}{\rho_1} + \frac{6n_1^2 M_1 \gamma}{(n_1^2 + 2)^2 \rho_1} \tag{27.10}$$

式中：n_1 为溶剂摩尔折光率；γ 为常数，可由下式求出

$$n_{溶} = n_1(1 + \gamma X_2) \tag{27.11}$$

式中：$n_{溶}$ 为溶液的摩尔折光率。综上所述，可得

$$p_{转向} = p_2^{\infty} - R_2^{\infty} = \frac{4}{9}\pi N \frac{\mu^2}{KT} \tag{27.12}$$

$$\begin{aligned} \mu &= 0.0128\sqrt{(p_2^{\infty} - R_2^{\infty})T}\ (D) \\ &= 0.0426 \times 10^{-30}\sqrt{(p_2^{\infty} - R_2^{\infty})T}\ (\mathrm{c \cdot m}) \end{aligned} \tag{27.13}$$

3. 介电常数的测定

介电常数是通过测定电容，计算得到。按定义：

$$\varepsilon = \frac{C}{C_0} \tag{27.14}$$

式中：C_0 为电容器两极板间处于真空的电容量；C 为充以电介质时的电容量。由于小电容测量仪测定电容时，除电容池两极间的电容 C_0 外，整个测试系统中还有分布电容 C_d 的存在，所以实测的电容应为 C_0 和 C_d 之和，即

$$C_x = C_0 + C_d \tag{27.15}$$

C_0 值随介质而异，但 C_d 对同一台仪器而言是一个定值。故实验时，需先求出 C_d 值，并在各次测量值中扣除，才能得到 C_0 值。C_d 的值可通过测定一已知介电常数的物质来求得。

27.3 仪器与药品

精密电容测定仪 1 台；密度管 1 只；阿贝折光仪 1 台；容量瓶(25 mL)5 只；注射器(5 mL) 1 支；超级恒温槽 1 台；烧杯(10 mL)5 只；移液管(5 mL 刻度)1 支；滴管 5 根。

环己烷(AR)；乙酸乙酯(AR)。

27.4 实验步骤

1. 配制溶液

配制摩尔分数 X_2 为 0.05、0.10、0.15、0.20、0.30 的溶液各 25 mL。为了配制方便，先计算出所需乙酸乙酯的毫升数，移液。然后称量配制，算出溶液的正确浓度。操作时注意防止溶液的挥发和吸收极性较大的水气。

2. 折光率的测定

在(25.0±0.1)℃条件下用阿贝折光仪测定环己烷，以及 5 种溶液的折光率。

3. 密度测定

取一洗净干燥的密度管先称空瓶质量，然后称量水，5 种溶液的量，代入下式

$$\rho_i^{t℃} = \frac{m_i - m_0}{m_{H_2O} - m_0} \cdot \rho_{H_2O}^{t℃} \tag{27.16}$$

式中：m_0 为空管质量；m_{H_2O}为水的质量；m_i 为溶液质量；$\rho_i^{t℃}$ 即为在 t ℃时溶液的密度。

4. 介电常数的测定

(1) C_d 的测定　以环己烷为标准物质，其介电常数的温度关系式为

$$\varepsilon_{环己烷} = 2.052 - 1.55 \times 10^{-3} t \tag{27.17}$$

式中：t 为测定时的温度(℃)。

用吸球将电容池样品室吹干，并将电容池与电容测定仪连接线接上，在量程选择键全部弹起的状态下，开启电容测定仪工作电源，预热 10 min，用调零旋钮调零，然后按下(20PF)键，待数显稳定后记下，此即是 $C'_{空}$。

用移液管量取 1 mL 环己烷注入电容池样品室，然后用滴管逐滴加入样品，至数显稳定后，记录下 $C'_{环己烷}$(注意样品不可多加，样品过多会腐蚀密封材料渗入恒温腔，实验无法正常进行)。然后用注射器抽去样品室内样品，再用吸球吹扫，至数显的数字与 $C'_{空}$ 的值相差无几，(< 0.02 PF)，否则需再吹。

(2) 按上述方法分别测定各浓度溶液的 $C'_{溶}$，每次测 $C'_{溶}$后均需复测 $C'_{空}$，以检验样品室是否还有残留样品。

27.5 实验注意事项

(1) 乙酸乙酯易挥发，配制溶液时动作应迅速，以免影响浓度。

(2) 本实验溶液中防止含有水分，所配制溶液的器具需干燥，溶液应透明不发生浑浊。

(3) 测定电容时，应防止溶液的挥发及吸收空气中极性较大的水气，影响测定值。

(4) 电容池各部件的连接应注意绝缘。

27.6 数据处理

(1) 计算各溶液的摩尔分数 X_2。

(2) 以各溶液的折光率，对 X_2 作图，求出 γ 值。

(3) 计算出环己烷及各溶液的密度 ρ，作 ρ-X_2 图，求出 β 值。

(4) 计算出各溶液的 ε，作 $\varepsilon_{溶}$-X_2 图，求出 α 值。

(5) 代入公式求算出偶极矩 μ 值。

27.7 结果要求及文献值

(1) 所作 $\varepsilon-x_2, n-x_2, \rho-x_2$ 图线性良好。
(2) 在 25 ℃时测得的 $CH_3COOC_2H_5$ 的偶极矩应为 1.9±0.2(D)。
(3) 文献值：$CH_3COOC_2H_5$ 在 CCl_4 中的偶极矩为 1.83 D(19.2 ℃)，1.89 D(25 ℃)[①]。

27.8 思考题

(1) 准确测定溶质摩尔极化度和摩尔折射度时，为什么要外推至无限稀释?
(2) 试分析实验中引起误差的因素，如何改进?

27.9 讨论

(1) 从偶极矩的数据可以了解分子的对称性，判别其几何异构体和分子的主体结构等问题。偶极矩一般是通过测定介电常数、密度，折射率和浓度来求算的。对介电常数的测定除电桥法外，其他主要还有拍频法和谐振法等，对于气体和电导很小的液体以拍频法为好；有相当电导的液体用谐振法较为合适；对于有一定电导但不大的液体用电桥法较为理想。虽然电桥法不如拍频法和谐振法精确，但设备简单，价格便宜。

测定偶极矩的方法除由对介电常数等的测定来求算外，还有多种其他的方法，如分子射线法、分子光谱法、温度法以及利用微波谱的斯塔克效应等。

(2) 溶液法测得的溶质偶极矩和气相测得的真空值之间存在着偏差，造成这种偏差现象主要是由于在溶液中存在有溶质分子与溶剂分子以及溶剂分子及溶剂分子间作用的溶剂效应。

实验 28　磁化率的测定

28.1 实验目的及要求

(1) 掌握古埃(Gouy)法测定磁化率的原理和方法。
(2) 通过测定一些络合物的磁化率，求算未成对电子数和判断这些分子的配键类型。

28.2 实验原理

1. *磁化率*

物质在外磁场作用下，物质会被磁化产生一附加磁场。物质的磁感应强度为

$$\overrightarrow{B} = \overrightarrow{B}_0 + \overrightarrow{B'} = \mu_0 \overrightarrow{H} + \overrightarrow{B'} \tag{28.1}$$

式中：B_0 为外磁场的磁感应强度；B' 为附加磁感应强度；H 为外磁场强度；μ_0 为真空磁导

① McClenllan A L. Tables of Experimental Dipole Moments[M]. San Francisco: Freeman, 1963: 116.

率，其数值等于 $4\pi\times10^{-7}\,N/A^2$。

物质的磁化可用磁化强度 M 来描述，M 也是矢量，它与磁场强度成正比。

$$M=\chi H \tag{28.2}$$

式中：χ 为物质的体积磁化率。在化学上常用质量磁化率 χ_m 或摩尔磁化率 χ_M 来表示物质的磁性质。

$$\chi_m=\frac{\chi}{\rho} \tag{28.3}$$

$$\chi_M=M\cdot\chi_m=\frac{\chi M}{\rho} \tag{28.4}$$

式中：ρ，M 分别是物质的密度和摩尔质量。

2. 分子磁矩与磁化率

物质的磁性与组成物质的原子、离子或分子的微观结构有关，当原子、离子或分子的两个自旋状态电子数不相等，即有未成对电子时，物质就具有永久磁矩。由于热运动，永久磁矩的指向各个方向的机会相同，所以该磁矩的统计值等于零。在外磁场作用下，具有永久磁矩的原子，离子或分子除了其永久磁矩会顺着外磁场的方向排列（其磁化方向与外磁场相同，磁化强度与外磁场强度成正比），表现为顺磁性外，还由于它内部的电子轨道运动有感应的磁矩，其方向与外磁场相反，表现为逆磁性，此类物质的摩尔磁化率 χ_M 是摩尔顺磁化率 $\chi_{顺}$ 和摩尔逆磁化率 $\chi_{逆}$ 的和，即

$$\chi_M=\chi_{顺}+\chi_{逆} \tag{28.5}$$

对于顺磁性物质，$\chi_{顺}\gg|\chi_{逆}|$，可作近似处理，$\chi_M=\chi_{顺}$。对于逆磁性物质，则只有 $\chi_{逆}$，所以它的 $\chi_M=\chi_{逆}$。

第三种情况是物质被磁化的强度与外磁场强度不存在正比关系，而是随着外磁场强度的增加而剧烈增加，当外磁场消失后，它们的附加磁场，并不立即随之消失，这种物质称为铁磁性物质。

磁化率是物质的宏观性质，分子磁矩是物质的微观性质，用统计力学的方法可以得到摩尔顺磁化率 $\chi_{顺}$ 和分子永久磁矩 μ_m 间的关系：

$$\chi_{顺}=\frac{N_0\mu_m^2\mu_0}{3kT}=\frac{C}{T} \tag{28.6}$$

式中：N_0 为阿伏伽德罗常数；k 为波尔兹曼常数；T 为绝对温度。

物质的摩尔顺磁磁化率与热力学温度成反比这一关系，称为居里定律，是居里（P. Curie）首先在实验中发现，C 为居里常数。

物质的永久磁矩 μ_m 与它所含有的未成对电子数 n 的关系为：

$$\mu_m=\mu_B\sqrt{n(n+2)} \tag{28.7}$$

式中：μ_B 为玻尔磁子，其物理意义是单个自由电子自旋所产生的磁矩。

$$\mu_B=\frac{eh}{4\pi m_e}=9.274\times10^{-24}\,(J/T) \tag{28.8}$$

式中：h 为普朗克常数；m_e 为电子质量。因此，只要实验测得 χ_M，即可求出 μ_m，算出未成

对电子数。这对于研究某些原子或离子的电子组态，以及判断络合物分子的配键类型是很有意义的。

3. 磁化率的测定

古埃法测定磁化率装置如图Ⅱ-28-1所示。将装有样品的圆柱形玻管悬挂在两磁极中间，使样品底部处于两磁极的中心，亦即磁场强度最强区域，样品的顶部则位于磁场强度最弱，甚至为零的区域。这样，样品就处于一不均匀的磁场中。设样品的截面积为 A，样品管的长度方向为 $\mathrm{d}S$，则体积为 $A\mathrm{d}S$ 的样品在非均匀磁场中所受到的作用力 $\mathrm{d}F$ 为

$$\mathrm{d}F = \chi\mu_0 HA\mathrm{d}S\frac{\mathrm{d}H}{\mathrm{d}S} \tag{28.9}$$

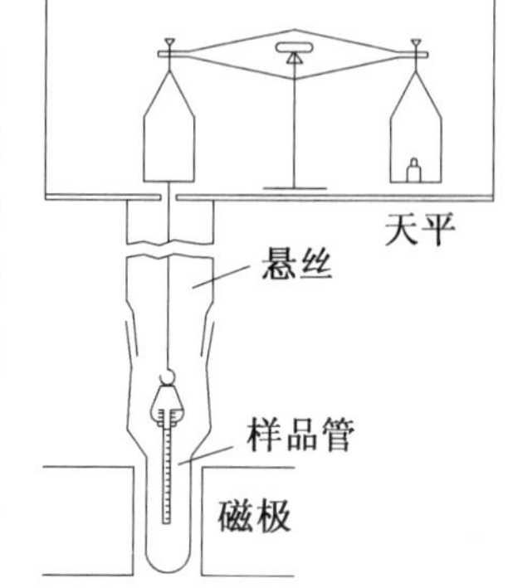

图Ⅱ-28-1 古埃磁天平示意图

式中：$\frac{\mathrm{d}H}{\mathrm{d}S}$为磁场强度梯度，对于顺磁性物质的作用力，指向场强度最大的方向，反磁性物质则指向场强度弱的方向，当不考虑样品周围介质（如空气，其磁化率很小）和 H_0 的影响时，整个样品所受的力为：

$$F = \int_{H=H}^{H_0=0}\chi\mu_0 AH\mathrm{d}S\frac{\mathrm{d}H}{\mathrm{d}S} = \frac{1}{2}\chi\mu_o H^2 A \tag{28.10}$$

当样品受到磁场作用力时，天平的另一臂加减砝码使之平衡，设 Δm 为施加磁场前后的质量差，则

$$F = \frac{1}{2}\chi\mu_0 H^2 A = g\Delta m = g(\Delta m_{\text{空管+样品}} - \Delta m_{\text{空管}}) \tag{28.11}$$

由于 $\chi = \chi_m \cdot \rho$，$\rho = \frac{m}{h \cdot A}$，代入(28.10)式整理得

$$\chi_M = \frac{2(\Delta m_{\text{空管+样品}} - \Delta m_{\text{空管}})h \cdot g \cdot M}{\mu_0 mH^2} \tag{28.12}$$

式中：h 为样品高度；m 为样品质量；M 为样品摩尔质量；ρ 为样品密度；μ_0 为真空磁导率。$\mu_0 = 4\pi \times 10^{-7}\ \mathrm{N/A^2}$；$H$ 为磁场强度。

磁场强度须在真空条件下测量，特斯拉计测的是磁感应强度 B，因为 $H \cdot \mu_0 = B$，所以式(28.12)可变为

$$\chi_M = \frac{2(\Delta m_{\text{空管+样品}} - \Delta m_{\text{空管}})h \cdot g \cdot M \cdot \mu_0}{mB^2}$$

磁感应强度 B 可用已知磁化率的标准物质进行标定得到，例如莫尔盐[$(NH_4)_2SO_4 \cdot FeSO_4 \cdot 6H_2O$]。已知莫尔盐的 χ_m 与热力学温度 T 的关系式为

$$\chi_m = \frac{9\,500}{T+1} \times 4\pi \times 10^{-9}(\mathrm{m^3/kg}) \tag{28.13}$$

28.3 仪器与药品

古埃磁天平（含特斯拉计）1台；样品管1支。

$(NH_4)_2SO_4 \cdot FeSO_4 \cdot 6H_2O$(AR)；$FeSO_4 \cdot 7H_2O$(AR)；$K_4Fe(CN)_6 \cdot 3H_2O$(AR)；$K_3Fe(CN)_6$(AR)。

28.4 实验步骤

(1) 将特斯拉计的探头放入磁铁的中心架中，套上保护套，调节特斯拉计的数字显示为“0”。

(2) 除下保护套，把探头平面垂直置于磁场两极中心，打开电源，调节“调压旋钮”，使电流增大至特斯拉计上显示约“0.3 T”，调节探头上下、左右位置，观察数字显示值，把探头位置调节至显示值为最大的位置，此乃探头最佳位置。用探头沿此位置的垂直线，测定离磁铁中心多高处 $H_0=0$，这也就是样品管内应装样品的高度。关闭电源前，应调节调压旋钮使特斯拉计数字显示为零。

(3) 用莫尔氏盐标定磁场强度。取一支清洁的干燥的空样品管悬挂在磁天平的挂钩上，使样品管正好与磁极中心线齐平(样品管不可与磁极接触，并与探头有合适的距离)。准确称取空样品管质量($H=0$)时，得 $m_1(H_0)$；调节旋钮，使特斯拉计数显为“0.300 T”(H_1)，迅速称量，得 $m_1(H_1)$，逐渐增大电流，使特斯拉计数显为“0.350 T”(H_2)，称量得 $m_1(H_2)$，然后略微增大电流，接着退至“0.350 T”(H_2)，称量得 $m_2(H_2)$，将电流降至数显为“0.300 T”(H_1)时，再称量得 $m_2(H_1)$，再缓慢降至数显为“0.000 T”(H_0)，又称取空管质量得 $m_2(H_0)$。这样调节电流由小到大，再由大到小的测定方法是为了抵消实验时磁场剩磁现象的影响。

$$\Delta m_{空管}(H_1)=\frac{1}{2}[\Delta m_1(H_1)+\Delta m_2(H_1)] \tag{28.14}$$

$$\Delta m_{空管}(H_2)=\frac{1}{2}[\Delta m_1(H_2)+\Delta m_2(H_2)] \tag{28.15}$$

式中：$\Delta m_1(H_1)=m_1(H_1)-m_1(H_0)$；$\Delta m_2(H_1)=m_2(H_1)-m_2(H_0)$；$\Delta m_1(H_2)=m_1(H_2)-m_1(H_0)$；$\Delta m_2(H_2)=m_2(H_2)-m_2(H_0)$。

(4) 取下样品管用小漏斗装入事先研细并干燥过的莫尔氏盐，并不断让样品管底部在软垫上轻轻碰击，使样品均匀填实，直至所要求的高度(用尺准确测量)，按前述方法将装有莫尔盐的样品管置于磁天平上称量，重复称空管时的路程，得 $m_{1空管+样品}(H_0)$，$m_{1空管+样品}(H_1)$，$m_{1空管+样品}(H_2)$，$m_{2空管+样品}(H_2)$，$m_{2空管+样品}(H_1)$，$m_{2空管+样品}(H_0)$。求出 $\Delta m_{空管+样品}(H_1)$ 和 $\Delta m_{空管+样品}(H_2)$。

(5) 同一样品管中，同法分别测定 $FeSO_4\cdot 7H_2O$，$K_3Fe(CN)_6$ 和 $K_4(Fe)(CN)_6\cdot 3H_2O$ 的 $\Delta m_{空管+样品}(H_1)$ 和 $\Delta m_{空管+样品}(H_2)$。

测定后的样品均要倒回试剂瓶，可重复使用。

28.5 实验注意事项

(1) 所测样品应事先研细，放在装有浓硫酸的干燥器中干燥。

(2) 空样品管需干燥洁净。装样时应使样品均匀填实。

(3) 称量时，样品管应正好处于两磁极之间，其底部与磁极中心线齐平。悬挂样品管的悬线勿与任何物件相接触。

(4) 样品倒回试剂瓶时，注意瓶上所贴标志，切忌倒错瓶子。

28.6 数据处理

(1) 由莫尔盐的单位质量磁化率和实验数据计算磁场强度值。

（2）计算 $FeSO_4 \cdot 7H_2O$、$K_3Fe(CN)_6$ 和 $K_4Fe(CN)_6 \cdot 3H_2O$ 的 χ_M，μ_m 和未成对电子数。

（3）根据未成对电子数讨论 $FeSO_4 \cdot 7H_2O$ 和 $K_4Fe(CN)_6 \cdot 3H_2O$ 中 Fe^{2+} 的最外层电子结构以及由此构成的配键类型。

28.7 结果要求及文献值

（1）测定的结果要求如下：

$FeSO_4 \cdot 7H_2O$　$\chi_m=(1.1\pm0.1)\times10^{-2}\ cm^3 \cdot mol^{-1}$

$K_4Fe(CN)_6 \cdot 3H_2O$　$\chi_m=(-1.7\pm0.5)\times10^{-4}\ cm^3 \cdot mol^{-1}$

$K_3Fe(CN)_6$　$\chi_m=(2.3\pm0.5)\times10^{-3}\ cm^3 \cdot mol^{-1}$

（2）文献值[①]：

$FeSO_4 \cdot 7H_2O$　$\chi_m=1.1200\times10^{-2}\ cm^3 \cdot mol^{-1}$

$K_4Fe(CN)_6 \cdot 3H_2O$　$\chi_m=-1.723\times10^{-4}\ cm^3 \cdot mol^{-1}$

$K_3Fe(CN)_6$　$\chi_m=2.290\times10^{-3}\ cm^3 \cdot mol^{-1}$

28.8 思考题

（1）不同励磁电流下测得的样品摩尔磁化率是否相同？

（2）用古埃磁天平测定磁化率的精密度与哪些因素有关？

28.9 讨论

（1）用测定磁矩的方法可判别化合物是共价配合物还是电价配合物。共价配合物则以中央离子的空价电子轨道接受配位体的孤对电子，以形成共价配价键，为了尽可能多成键，往往会发生电子重排，以腾出更多的空的价电子轨道来容纳配位体的电子对。例如 Fe^{2+} 外层含有 6 个 d 电子，它可能有两种配布结构。

Fe^{2+} 未成对电子数为 0，$\mu_m=0$，如图Ⅱ-28-2(b)，$[Fe(CN)_6]^{4-}$ 就属于这种情况，由于 Fe^{2+} 外电子层结构发生了重排，形成 6 个 d^2sp^3 轨道，它们能接受 6 个 CN^- 的 6 对孤对电子，形成 6 个共价配键。所成化合物是共价配合物。

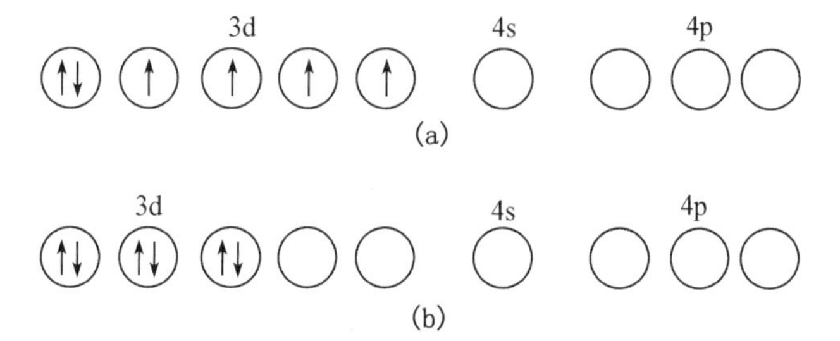

图Ⅱ-28-2 Fe^{2+} 外层电子配布结构图

---

① Lide D R. CRC handbook of chemistry and physics[M]. 88th ed. Boca Raton：CRC Press，2007—2008：4-145.

如图Ⅱ-28-2(a)，Fe^{2+} 在自由离子状态下外层电子结构 $3d^6 4s^0 4p^0$。当它与 6 个 H_2O 配位体形成配离子$[Fe(H_2O)_6]^{2+}$，由于 H_2O 有相当大的偶极矩，与中心离子 Fe^{2+} 以库仑静电引力相结合而成电价配键，此配合物是电价配合物。电价配键不需中心离子腾出空轨道。电价配合物的中心离子与配位体以电价键结合的数目与空轨道无关，而是取决于中心离子与配位体的相对大小和中心离子所带的电荷。因此这种情况下，Fe^{2+} 有 4 个未成对电子。

测定配离子的磁矩是判别共价配键和电价配键的主要方法，但有时以共价配键或电价配键相结合的配离子含有同数的未成对电子，就不能适用。如 Zn^{2+}(未成对电子数为零)，它的共价配离子如 $Zn(CN)_4^{2-}$，$Zn(NH_3)_4^{2+}$ 等，以及电价配离子，如 $Zn(H_2O)_4^{2+}$ 等，其磁矩均为零，所以对于 Zn^{2+} 来说，就无法用测定磁矩的方法，来判别其配键的性质。

(2) 有机化合物绝大多数分子都是由反平行自旋电子对而形成的价键，因此，这些分子的总自旋矩也等于零，它们必然是反磁性的。巴斯卡(Pascol)分析了大量有机化合物的摩尔磁化率的数据，总结得到分子的摩尔反磁化率具有加和性。此结论可用于研究有机物分子结构。

(3) 从磁性测量中还能得到一系列其他资料。例如测定磁化率对温度和磁场强度的依赖性可以判断物质是顺磁性、反磁性或铁磁性的定性结果。对合金磁化率测定可以得到关于合金组成的信息。磁性测量还可用于研究生物系统中血液的成分等。

(4) 磁化率的单位从 CGS 磁单位制改用国际单位 SI 制，必须注意换算关系。质量磁化率，摩尔磁化率的换算关系分别为

$$1\ \mathrm{m^3/kg}(\text{SI 单位}) = \frac{1}{4\pi} \times 10^3\ \mathrm{cm^3/g}(\text{CGS 电磁制})$$

$$1\ \mathrm{m^3/mol}(\text{SI 单位}) = \frac{1}{4\pi} \times 10^6\ \mathrm{cm^3/mol}(\text{CGS 电磁制})$$

磁场强度 H(A/m)与磁感应强度 B(特斯拉)之间的关系

$$\frac{1\,000}{4\pi}(\mathrm{A/m}) \times \mu_0 = 10^{-4}\ \mathrm{T}$$

(5) 古埃磁天平

古埃磁天平是由全自动电光分析天平、悬线(尼龙丝或琴弦)、样品管、电磁铁、励磁电源、DTM-3A 特斯拉计、霍尔探头、照明系统等部件构成。磁天平的电磁铁由单桅水冷却型电磁铁构成，磁极直径为 40 mm，磁极矩为 10～40 mm，电磁铁的最大磁场强度可达 0.6 T。励磁电源是 220 V 的交流电源，用整流器将交流电变为直流电，经滤波串联反馈输入电磁铁，如图Ⅱ-28-3，励磁电流可从 0 调至 10 A。

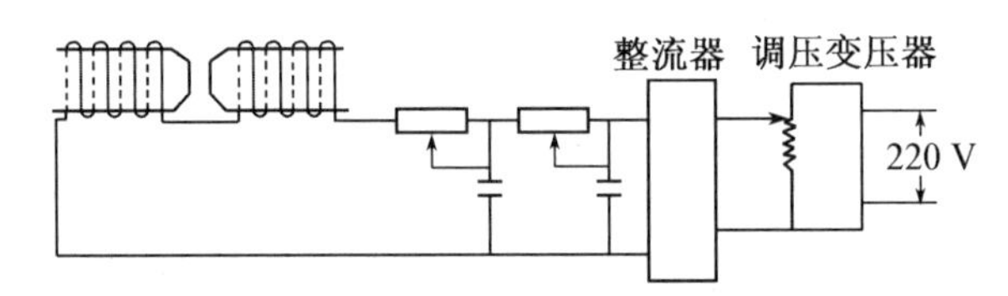

图Ⅱ-28-3　简易古埃磁天平电源线路示意图

磁场强度测量用特斯拉计。仪器传感器是霍尔探头，其结构如图Ⅱ-28-4 所示。

① 测量原理

在一块半导体单晶薄片的纵向二端通电流 I_H，此时半导体中的电子沿着 I_H 反方向移动，见

图Ⅱ-28-5，当放入垂直于半导体平面的磁场 H 中，则电子会受到磁场力 F_g 的作用而发生偏转（劳仑兹力），使得薄片的一个横端上产生电子积累，造成二横端面之间有电场，即产生电场力 F_e 阻止电子偏转作用，当 $F_g=F_e$ 时，电子的积累达到动态平衡，产生一个稳定的霍尔电势 V_H，这现象称为霍尔效应。

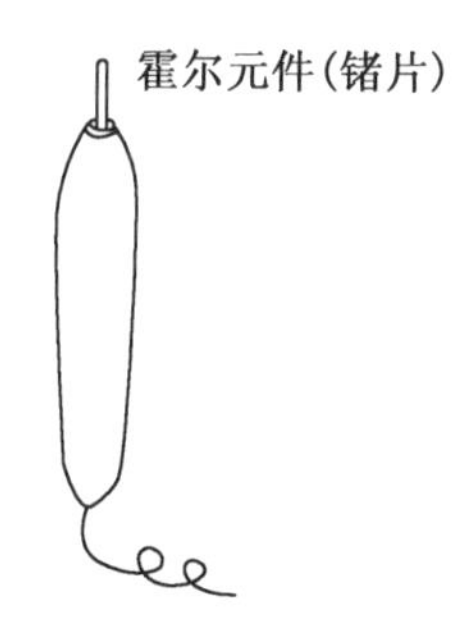

图Ⅱ-28-4 霍尔探头

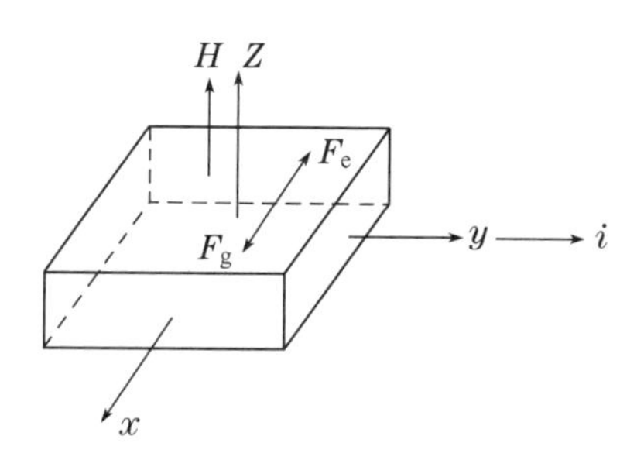

图Ⅱ-28-5 霍尔效应原理示意图

其关系式为

$$V_H = K_H I_H B\cos\theta \tag{28.16}$$

式中：I_H 为工作电流；B 为磁感应强度；K_H 为元件灵敏度；V_H 为霍尔电势；θ 为磁场方向和半导体面的垂线的夹角。

由式(28.16)可知，当半导体材料的几何尺寸固定，I_H 由稳流电源固定，则 V_H 与被测磁场 H 成正比。当霍尔探头固定 $\theta=0°$ 时（即磁场方向与霍尔探头平面垂直时输入最大），V_H 的信号通过放大器放大，并配以双积分型单片数字电压表，经过放大倍数的校正，使数字显示直接指示出与 V_H 相对应的磁感应强度。

② 使用注意事项

a. 霍尔探头是易损元件，必须防止变送器受压、挤扭、变曲和碰撞等，以免损坏元件。

b. 使用前应检查霍尔探头铜管是否松动，如有松动应紧固后使用。

c. 霍尔探头不宜在局部强光照射下，或高于 60 ℃的温度时使用，也不宜在腐蚀性气体场合下使用。

d. 磁场极性判别。在测试过程中，特斯拉计数字显示若为负值，则探头的 N 极与 S 极位置放反，需纠正。

e. 霍耳探头平面与磁场方向要垂直放置。

f. 实验结束后应将霍尔探头套上保护金属套。

实验 29 氧化锌纳米材料的制备与表征

29.1 实验目的及要求

(1) 掌握一种制备 ZnO 纳米材料的方法——均匀沉淀法。

(2) 掌握研究纳米材料的形貌、晶体结构和光学性质的常规方法。

(3) 了解纳米材料的定义、一般合成方法及表征手段。

(4) 了解 ZnO 纳米材料的特点。

(5) 了解本实验相关测试仪器的测试原理和使用方法。

29.2 实验原理

1. 纳米材料

纳米材料是指在三维空间中至少有一维的尺度在 1～100 nm 之间的结构单元或由它们作为基本单元构成的材料，通常应具有不同于该物质常规材料的理化性质。根据纳米材料的维度差异，可将其分为零维纳米材料(纳米颗粒、团簇等)、一维纳米材料(纳米线、纳米棒、纳米管、纳米带等)、二维纳米材料(纳米薄膜、超晶格膜等)。

纳米材料的电、光、热、力、磁、催化等理化性质与常规材料不同。纳米材料的研究重点包括纳米材料的可控制备(形貌和成分可控)、表征(纳米材料的性能、结构和谱学特征)和应用探索。目前纳米材料的潜在应用领域包括纳米电子器件(如纳米集成电路、场发射器件、纳米发电机等)、传感(如化学、生物、气体传感器)、催化(如光催化、固体催化剂及载体)、药物载体、固体光源(如发光二极管、X 射线源等)、能源(如太阳能电池、锂离子电池、超级电容器等)等。

2. 纳米材料的制备

由于材料的成分和结构决定其性质，纳米材料的制备方法很多，其中液相法操作简单，对设备要求不高，且便于大量制备，是最常用的方法之一。液相法是指通过在溶液中发生化学反应而得到纳米材料的方法。常用的液相法主要有均匀沉淀法、直接沉淀法、水(溶剂)热合成法、微乳液法、溶胶-凝胶法、有机配合物前驱体法等。其中均匀沉淀法是利用某一化学反应使溶液中的构晶离子从溶液中缓慢地、均匀地释放出来。此法中，加入的沉淀剂不立刻与被沉淀组分发生反应，而是通过化学反应使沉淀剂在整个溶液中缓慢地析出。在均匀沉淀过程中，由于构晶离子的过饱和度在整个溶液中比较均匀，所得沉淀物的颗粒均匀而致密，制得的产品粒度小、分布窄、团聚少。常用的均匀沉淀剂有六亚甲基四胺和尿素。

3. 纳米材料的表征

纳米材料的表征方法很多，例如可用透射电镜(TEM)、扫描电镜(SEM)或原子力显微镜(AFM)等手段观察纳米材料的形貌和尺寸；可用 XRD 测定纳米材料的物相和晶体结构；可用 X 射线光电子能谱(XPS)、能量色散 X 射线谱(EDX)、电子能量损失谱(EELS)等方法确定纳米材料的成分；可用紫外可见吸收光谱、荧光光谱研究材料的导带-价带能隙和光学性质。

4. ZnO 纳米材料

氧化锌(ZnO)具有六方纤锌矿结构，是一种宽带隙(室温下 3.37 eV)半导体化合物。纳米 ZnO 可广泛应用于气体传感、生物电化学、蓝光 LED、紫外探测和屏蔽、压电、图像记录技术、复合材料增强等领域。通过控制生长条件，人们可以获得多种有重要价值的 ZnO 低维纳米结构，其中 ZnO 一维纳米材料的研究尤为重要。目前，ZnO 一维纳米材料的合成、表征和光学特性等已成为研究热点之一。本实验采用均匀沉淀法，通过两种路径制备 ZnO 纳米棒，比较制备方法对产物形貌的影响，对 ZnO 产物进行表征，掌握纳米材料的某些表征手段。

29.3 仪器与药品

磁力搅拌器(带加热包)2 套；烧瓶(250 mL)2 个；回流冷凝管 2 支；烧杯(100 mL)4 个，量筒(50 mL)1个;移液管(10 mL)1支;滴管2支;电子天平一台;透射电镜;XRD衍射仪;紫外可见吸收光谱仪;荧光光谱仪(Buker)。

$Zn(NO_3)_2 \cdot 6H_2$(AR);$ZnAc_2$(AR);$C_6H_{12}N_4$(六亚甲基四肢,AR);CH_3CH_2OH(AR);$(C_6H_9NO)_n$(聚乙烯吡咯烷酮,AR);NaOH(AR)。

29.4 实验步骤

(1) 称取270 mg醋酸锌,溶入60 mL的无水乙醇中,得溶液Ⅰ;称取210 mg的NaOH,溶入65 mL无水乙醇中,得溶液Ⅱ。在60 ℃水浴和搅拌条件下将溶液Ⅱ连续滴入溶液Ⅰ中,滴完后于60 ℃水浴中维持30 min,最后得到ZnO纳米粒子(晶种)。

(2) 称取1.5 g的$Zn(NO_3)_2 \cdot 6H_2O$,溶于50 mL水中,得溶液Ⅲ;称取0.7 g六亚甲基四胺,溶于50 mL水中,得溶液Ⅳ。将溶液Ⅲ和Ⅳ混合后升温,于60 ℃时加入0.5 g聚乙烯吡咯烷酮,再加入10 mL的ZnO纳米粒子作为晶种,继续升温到95 ℃并反应3 h,得到ZnO纳米棒(样品1)。

(3) 作为比较,不向溶液Ⅲ和Ⅳ的混合溶液中加晶种,重复步骤2,可得到ZnO纳米棒(样品2)。

(4) 表征

① 取1 mg左右的样品,加入2 mL的乙醇溶液(乙醇与水的体积比约为1∶1)中,超声分散5 min,滴一滴溶液到带有机膜的铜网上,晾干后用透射电子显微镜观察样品的形貌。

② 将样品倒入XRD样品槽中,用金属刮刀压实并刮平,使样品表面平整,并与玻片表面保持在同一平面上,然后在XRD-6000型仪器上测定其XRD谱图(扫描范围$2\theta=20°\sim80°$)。

③ 取少量样品均匀铺于$CaSO_4$粉末表面并研磨压实,以$CaSO_4$粉末为参比,在UV-2401PC紫外可见吸收光谱仪上测试样品的漫反射吸收光谱(测试范围:200～600 nm);将样品置于石英样品槽中,在RF-5301PC荧光光谱仪上测试样品的光致发光性质(激发波长:300 nm)。

29.5 实验注意事项

(1) 晶种的制备是非常关键的,所得晶种的大小决定了ZnO纳米棒的直径。

(2) 溶液Ⅲ和Ⅳ混合后升温到95 ℃的过程中,晶种加入时间很重要,应控制在不超过60 ℃时加入,否则会生成其他形状的ZnO产物,影响产物的纯度。

29.6 数据处理

(1) 通过透射电子显微镜照片观察两种ZnO样品的形貌,测定样品1和2的直径和长度,统计其长度及直径的分布范围图,并比较有无晶种诱导对ZnO产物的影响。

(2) 通过XRD谱确认ZnO的晶型。

(3) 研究两种ZnO样品的UV-vis谱和光致发光谱,并根据$\Delta E=hc/\lambda$计算其禁带宽度。

29.7 思考题

(1) 纳米材料的定义是什么?与常规材料相比,纳米材料具有哪些特点?

(2) ZnO纳米材料的表征手段主要有哪些?从这些表征中可分别获得哪些信息?

(3) ZnO纳米棒的发光机理是什么?

29.8 讨论

1. 纳米材料的四大效应

(1) 量子尺寸效应:当纳米粒子的尺寸下降到某一值时,费米能级附近的电子能级由准连续变为离散能级,能隙变宽的现象称为量子尺寸效应,能级间的间距随颗粒尺寸减小而增大。当离散的能级间距大于热能、磁能、电场能及光子能量时,就必须考虑其量子尺寸效应。纳米颗粒的量子尺寸效应将导致其磁、光、热、电及催化等性能与宏观特性有显区别。

(2) 小尺寸效应:由于颗粒尺寸变小所引起的宏观物理性质的变化称为小尺寸效应。当纳米微粒的尺寸与光波波长及德布罗意波长等物理特征尺度相当或更小时,晶体周期性的边界条件将被破坏,纳米微粒的表面层附近原子密度减小,导致光、电、磁、热、力学等特性呈现小尺寸效应。例如,光吸收显著增加,并产生吸收峰的等离子体共振频移,磁有序态向磁无序态,纳米粒子熔点降低等。

(3) 表面效应:随着粒径减小,处于表面的原子比率增加,比表面积和表面能也大大增加。表面原子周围缺少相邻的原子,有许多悬空键,使表面具有很高的化学活性,这种表面原子的活性不但引起纳米粒子表面原子输运和构型变化,而且引起表面电子自旋构象和电子能谱的变化,对纳米材料的光学、光化学、电学及非线性光学性质等具有重要影响。另外,庞大的比表积、键态严重失配,出现许多活性中心和表面台阶,表面表现出非化学平衡、非整数配位的化学价,这就导致纳米材料的化学性质与化学平衡系统出现很大的差异。

(4) 宏观量子隧道效应:微观粒子具有贯穿势垒的能力称为隧道效应。人们发现一些宏观量,例如微颗粒的磁化强度、量子相干器件的磁通量及电荷等亦具有隧道效应,它们可以穿越宏观系统的势垒而产生变化,称为宏观的量于隧道效应。宏观量子效应的研究对基础研究及实用都有重要的意义。量子尺寸效应、隧道效应将会是未来微电子器件的基础,同时它建立了现存微电子器件进一步微型化的极限。当微电子器件进一步细微化时,必须考虑到量子隧道效应。

2. ZnO一维纳米材料的制备

制备ZnO一维纳米材料方法有很多,可分为物理方法和化学方法两种。物理方法包括热蒸发法和分子束外延长法等。热蒸发法是将ZnO粉置于高温区,通过加热形成蒸气,然后用惰性气流运送到反应器的低温区或通过快速降温使蒸气沉积下来,生长成一维ZnO纳米结构;分子束外延生长法是使用分子束外延装置精确控制ZnO一维纳米结构的成核和生长。化学方法包括催化反应生长法和液相合成法等。催化生长法是利用高温气化Zn或含Zn的化合物,或通过化学反应产生Zn或含Zn的物种,然后通过气-液-固(VLS)生长机制制备ZnO一维纳米结构;液相合成法是通过普通液相化学反应或在高压下经历水热、溶剂热处理过程合成ZnO一维纳米结构。

3. 纳米材料的测试

UV - vis和光致发光谱测定时,可以将试样分散在无水乙醇中,超声分散后再测试。由UV - vis谱可计算得到材料的禁带宽度(即导带和价带的能级差);由光致发光谱也可以反映材料的禁带宽度,还可了解其中是否存在缺陷或杂质。光致发光性能的好坏决定了纳米材料在蓝光固体光源方面的应用前景。

实验30 X射线衍射法测定晶胞常数——粉末法

30.1 实验目的及要求

(1) 了解X射线衍射仪简单结构及使用方法。

(2) 掌握X射线粉末法的原理,测出NaCl或NH_4Cl晶体的点阵型式,晶胞常数以及每个晶胞中含正、负离子的个数。

30.2 实验原理

1. X射线衍射法原理

晶体是由具有一定结构的原子、原子团(或离子团)按一定的周期在三维空间重复排列而成的。反映整个晶体结构的最小平行六面体单元称为晶胞。晶胞的形状及大小可通过夹角α,β,γ的三个边长a,b,c来描述。因此,α,β,γ和a,b,c称为晶胞常数。

一个立体的晶体结构可以看成是由其最邻近两晶面之间间距为d的这样一簇平行晶面所组成,也可以看成是由另一簇面间距为d'的晶面所组成……,其数无限。当某一波长的单式X射线以一定的方向投射晶体时,晶体内的这些晶面像镜面一样反射入射线。但不是任何的反射都是衍射。只有那些面间距为d,与入射的X射线的夹角为θ,且两相邻晶面反射的光程差为波长的整数倍n的晶面簇在反射方向的散射波,才会相互叠加而产生衍射如图Ⅱ-30-1所示。

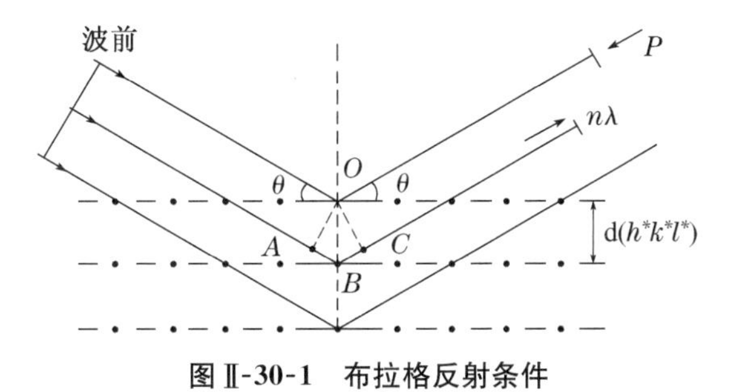

图Ⅱ-30-1 布拉格反射条件

光程差$\Delta = AB + BC = n\lambda$,而$AB = BC = d\sin\theta$,所以

$$2d\sin\theta = n\lambda \tag{30.1}$$

上式即为布拉格(Bragg)方程。

如果样品与入射线夹角为θ,晶体内某一簇晶面符合Bragg方程,那么其衍射方向与入射线方向的夹角为2θ,见图Ⅱ-30-2。对于多晶体样品(粒度在$20 \sim 30\ \mu m$),在试样中的晶体存在着各种可能机遇的晶面取向,与入射X线成θ角的面间距为d的晶簇面晶体不止一个,而是无穷个,且分布在以半顶角为2θ的圆锥面上,见图Ⅱ-30-3。在单色X射线照射多晶体时,满足Bragg方程的晶面簇不止一个,而是有多个衍射圆锥相应于不同面间距d的晶面簇和不

同的 θ 角。当 X 射线衍射仪的计数管和样品绕试样中心轴转动时(试样转动 θ 角,计数管转动 2θ),参看图Ⅲ-8-3,就可以把满足 Bragg 方程的所有衍射线记录下来。衍射峰位置 2θ 与晶面间距(即晶胞大小与形状)有关,而衍射线的强度(即峰高)与该晶胞内(原子、离子或分子)的种类、数目以及它们在晶胞中的位置有关。由于任何两种晶体其晶胞形状、大小和内含物总存在着差异,所以 2θ 和相对强度 $\left(\frac{I}{I_0}\right)$ 可作物相分析的依据。

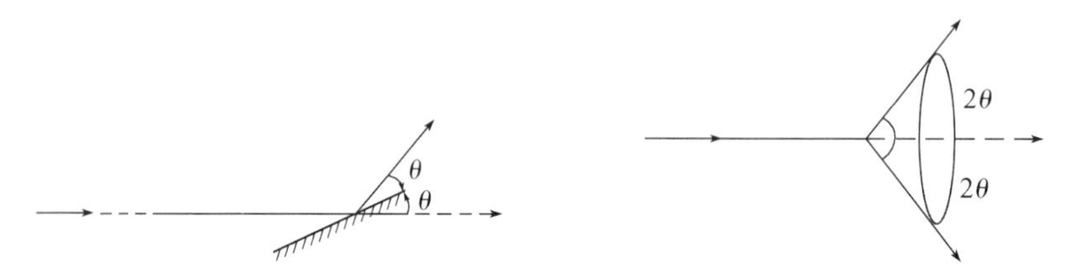

图Ⅱ-30-2 衍射线方向和入射线的夹角　　图Ⅱ-30-3 半顶角为 2θ 的衍射圆锥

2. 晶胞大小的测定

以晶胞常数 $\alpha=\beta=\gamma=90^\circ$, $a\neq b\neq c$ 的正交系为例,由几何结晶学可推出

$$\frac{1}{d}=\sqrt{\frac{h^{*2}}{a^2}+\frac{k^{*2}}{b^2}+\frac{l^{*2}}{c^2}} \tag{30.2}$$

式中:h^*,k^*,l^* 为密勒指数(即晶面符号)。

对于四方晶系,因 $a=b\neq c$, $\alpha=\beta=\gamma=90^\circ$,式(30.2)可简化为

$$\frac{1}{d}=\sqrt{\frac{h^{*2}+k^{*2}}{a^2}+\frac{l^{*2}}{c^2}} \tag{30.3}$$

对于立方晶系,因 $a=b=c$, $\alpha=\beta=\gamma=90^\circ$,式(30.2)可简化为

$$\frac{1}{d}=\sqrt{\frac{h^{*2}+k^{*2}+l^{*2}}{a^2}} \tag{30.4}$$

至于六方、三方、单斜和三斜晶系的晶胞常数、面间距与密勒指数间的关系可参阅任何 X 射线结构分析的书籍。

从衍射谱中各衍射峰所对应的 2θ 角,通过 Bragg 方程求得的只是相对应的各 $\frac{n}{d}\left(=\frac{2\sin\theta}{\lambda}\right)$ 值。因为我们不知道某一衍射是第几级衍射,为此,如把式(30.2)(30.3)(30.4)的等式两边各乘以 n。对于正交晶系:

$$\frac{n}{d}=\sqrt{\frac{n^2h^{*2}}{a^2}+\frac{n^2k^{*2}}{b^2}+\frac{n^2l^{*2}}{c^2}}=\sqrt{\frac{h^2}{a^2}+\frac{k^2}{b^2}+\frac{l^2}{c^2}} \tag{30.5}$$

对于四方晶系:

$$\frac{n}{d}=\sqrt{\frac{n^2h^{*2}+n^2k^{*2}}{a^2}+\frac{n^2l^{*2}}{c^2}}=\sqrt{\frac{h^2+k^2}{a^2}+\frac{l^2}{c^2}} \tag{30.6}$$

对于立方晶系:

$$\frac{n}{d}=\sqrt{\frac{n^2h^{*2}+n^2k^{*2}+n^2l^{*2}}{a^2}}=\sqrt{\frac{h^2+k^2+l^2}{a^2}} \tag{30.7}$$

式(30.5)(30.6)(30.7)中 h,k,l 为衍射指数,它与密勒指数的关系为

$$h = nh^*, k = nk^*, l = nl^*$$

这两者的差异是密勒指数不带有公约数。

因此，若已知入射 X 线的波长 λ，从衍射谱中直接读出各衍射峰的 θ 值，通过 Bragg 方程（或直接从《Tables for Conversion of X-ray diffraction Angles to Interplaner Spacing》的表中查得）可求得所对应的各 $\frac{n}{d}$ 值，如又知道各衍射峰所对应的衍射指数，则立方（或四方或正交）晶胞的晶胞常数就可定出。这一寻找对应各衍射峰指数的步骤称“指标化”。

对于立方晶系，指标化最简单，由于 h、k、l 为整数，所以各衍射峰的 $\left(\frac{n}{d}\right)^2$（或 $\sin^2\theta$），以其中最小的 $\left(\frac{n}{d}\right)$ 值除之，所得 $\frac{\left(\frac{n}{d}\right)_1^2}{\left(\frac{n}{d}\right)_1^2} : \frac{\left(\frac{n}{d}\right)_2^2}{\left(\frac{n}{d}\right)_1^2} : \frac{\left(\frac{n}{d}\right)_3^2}{\left(\frac{n}{d}\right)_1^2} : \frac{\left(\frac{n}{d}\right)_4^2}{\left(\frac{n}{d}\right)_1^2} : \frac{\left(\frac{n}{d}\right)_5^2}{\left(\frac{n}{d}\right)_1^2} : \cdots$（或 $\frac{\sin^2\theta_1}{\sin^2\theta_1} : \frac{\sin^2\theta_2}{\sin^2\theta_1} : \frac{\sin^2\theta_3}{\sin^2\theta_1} : \frac{\sin^2\theta_4}{\sin^2\theta_1} : \frac{\sin^2\theta_5}{\sin^2\theta_1} : \cdots$）的数列应为一整数列。如为 1∶2∶3∶4∶…，则按 θ 角增大的顺序，标出各衍射线的衍射指数，(h、k、l) 为 100，110，200，…

在立方晶系中，有素晶胞(P)、体心晶胞(I)和面心晶胞(F)三种形式。在素晶胞中衍射指数无系统消光。但在体心晶胞中，只有 $h+k+l$ 为偶数的粉末衍射线，而在面心晶胞中，却只有 h、k、l 全为偶数或全为奇数的粉末衍射，其他的衍射线因散射线的相互干扰而消失（称为系统消光）。

对于立方晶系所能出现的 $(h^2+k^2+l^2)$ 值：素晶胞 1∶2∶3∶4∶5∶6∶8…（缺 7，15，23 等），体心晶胞 2∶4∶6∶8∶10∶12∶14∶16∶18 = 1∶2∶3∶4∶5∶6∶7∶8∶9…，面心晶胞 3∶4∶8∶11∶12∶16∶19。

表Ⅱ-30-1 为立方点阵衍射指标规律。

表Ⅱ-30-1　立方点阵衍射指标规律

$h^2+k^2+l^2$	P	I	F	$h^2+k^2+l^2$	P	I	F
1	100			14	321	321	
2	110	110		15			
3	111		111	16	400	400	400
4	200	200	200	17	410，322		
5	210			18	411，330	411	
6	211	211		19	331		331
7				20	420	420	420
8	220	220	220	21	421		
9	300，221			22	332	332	
10	310	310		23			
11	311		311	24	422	422	422
12	222	222	222	25	500，430		
13	320			…			

因此，可由衍射谱的各衍射峰的$\left(\frac{n}{d}\right)^2$或$\sin^2\theta$来定出所测物质所属的晶系、晶胞的点阵形式和晶胞常数。

如不符合上述任何一个数值，则说明该晶体不属立方晶系，需要用对称性较低的四方、六方…由高到低的晶系逐一来分析尝试决定。

知道了晶胞常数，就知道晶胞体积，在立方晶系中，每个晶胞中的内含物（原子、或离子、或分子）的个数n，可按下式求得：

$$n=\frac{\rho\cdot a^3}{M/N_A} \tag{30.8}$$

式中：M为欲测样品的摩尔质量；N_A为阿伏伽德罗常数；ρ为该样品的晶体密度。

30.3 仪器与药品

Shimadzu XD-3A X 射线衍射仪（Cu 靶）1 台；Shimadzu VG-108R 测角仪 1 台。

NaCl(CP)；NH_4Cl(CP)。

30.4 实验步骤

（1）把欲测样品于玛瑙研钵中研磨至粉末状，把此研细的样品倒入下面放有玻璃板的特制铝板的长方形框穴中，如图Ⅱ-30-4 所示，至稍有堆起，在其上用金属刮刀或玻板紧压，将粉末样品压于铝板方形框穴中，然后将铝板放于测角仪的样品架上。

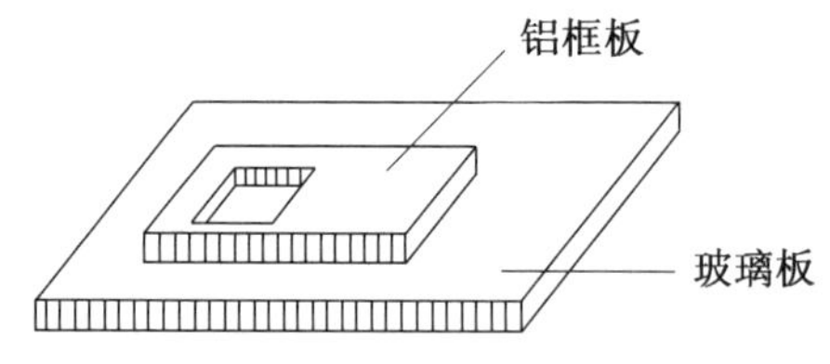

图Ⅱ-30-4　压制样品的铝框板

（2）打开冷却水，使水压为 2.452×10^5 Pa（2.5 kg/cm^2），然后开启 X 射线衍射仪总电源，在管压为 35 kV，管流为 15 mA（Cu 靶），扫描速度为 4 度/min（扫描范围 2θ 由 100° ～ 25°），量程（CPS）为 5 K，时间常数为 0.1×20，记录纸走速为 20 mm/min 的条件下用 CuK_α 线（$\lambda=1.5405$ Å）进行摄谱，具体操作规则见该仪器说明书。

（3）实验完毕，按开启时的反程序复原，然后切断总电源。10 min 后再将水压降至 9.806×10^4 Pa（1 kg/cm^2）（否则会损坏阴极），并关闭水源。最后取出样品架上的铝板，倒出框穴中之样品。

30.5 实验注意事项

（1）必须把样品研磨至 200～325 目的粉末。

（2）使用 X 射线衍射仪时，必须严格按操作规程进行。

30.6 数据处理

（1）标出 X 射线粉末衍射图中各衍射峰的 2θ 值及峰高值，由 2θ 值求出其$\frac{d}{n}$，并以最高的衍射峰为 100（I_0），标出各衍射峰的相对衍射强度（I/I_0），把这些数值列表。通过 PDF（Powder Diffraction file）卡片集（过去习惯上又称 ASTM 卡片）进行物相分析，具体方法参考本书第 8 章 X 射线实验（粉末法）技术及仪器。

(2) 算出各衍射峰的$\left(\frac{n}{d}\right)^2$值，把各衍射峰所对应的$\left(\frac{n}{d}\right)^2$都除以其中最小的$\left(\frac{n}{d}\right)^2$值，$\frac{d_1^2}{d_1^2}:\frac{d_2^2}{d_1^2}:\frac{d_3^2}{d_1^2}:\frac{d_4^2}{d_1^2}:\frac{d_5^2}{d_1^2}:\cdots$得的数列，并化为整数列。与立方晶系可能出现的三种格子的$\left(\frac{n}{d}\right)^2$数列比较，以确定所测样品所属的晶系和格子类型。并把各衍射线指标化，进而求出其晶胞常数(取平均值)。

(3) 按公式$n=\frac{\rho a^3}{M/N_A}$算出单一晶胞中所含原子(或离子、或分子)的个数。$\rho_{NaCl}=2.164$，$\rho_{NH_4Cl}=1.527$。

30.7 结果要求及文献值

(1) 测定的结果要求如下。

NaCl：$a=(5.64\pm0.02)\times10^{-10}$ m；NH_4Cl：$a=(3.88\pm0.02)\times10^{-10}$ m。

(2) 文献值如下。

NaCl：$a=(5.640\,09\pm0.000\,03)\times10^{-10}$ m；NH_4Cl：$a=(3.875\pm0.003)\times10^{-10}$ m。

30.8 思考题

(1) 多晶体衍射能否用含有多种波长的多色X射线？为什么？

(2) 如若NaCl晶体中有少量Na^+位置被K^+所替代，其衍射图有何变化？又若NaCl晶体中混有KCl晶体，其衍射图又如何？

(3) 试计算在所给晶体(NaCl或KCl，NH_4Cl)中，正离子和负离子的接触半径及其半径比R^+/R^-。

30.9 讨论

(1) 用于粉末衍射的样品，其粒度应在20～30 μm(相当于200～325目)，以保证晶粒与入射线有机遇分布，否则衍射不呈连续。

(2) X射线物相分析的优点是：能直接分析样品物相，用量少，且不破坏原样品。其局限性是已知物的PDF卡片有限(目前国内有卡片约50 000张，超出这范围的样品就难于鉴定)。对于混合样品，一般某一物相的含量低于3%时就不易鉴定出，特别对于摩尔质量相差悬殊的混合物。因衍射能力的极大差异，有时甚至含量达40%亦鉴别不出。在混合相中物相太多的情况下，因衍射线重叠分不开，也会造成鉴定困难。此时在其他分析方法的配合下，应用一系列物理方法(如重力、磁力等)或化学方法把一部分物相分离出去，然后分别鉴定。所以X射线衍射物相分析是一种分析手段，但不是唯一最佳的手段，它还需与其他仪器和方法如化学分析、光谱分析等配合使用。

(3) 要得到精确的晶胞常数，必须先得到精确的θ值。除了加快记录纸走速，使θ读数精确外，更主要的应尽量用高θ角的衍射峰。因从三角函数可知，当θ愈接近90°时，$\sin\theta$的变化愈小，θ角大，即使读数有点误差，亦可得到相当精确的$\sin\theta$值，这也可以从误差分析来证明。由Bragg方程

$$\sin\theta=\frac{n\lambda}{2d}$$

微分得

$$\cos\Delta\theta = -\frac{n\lambda}{2d^2}\Delta d = -\frac{\sin\theta}{d}\Delta d$$

移项整理后得

$$\frac{\Delta d}{d} = -\cot\theta\Delta\theta$$

对于立方晶系的粉末样品：$a = d\sqrt{h^2 + k^2 + l^2}$，$a$ 和 d 成正比，故

$$\frac{\Delta a}{a} = \frac{\Delta d}{d} = -\cot\theta\Delta\theta$$

当 $\theta = 90^\circ$ 时，因为 $\cot\theta = 0$，所以

$$\frac{\Delta d}{d} = \frac{\Delta a}{a} = 0$$

在实际实验中，尽量使用高 θ 角的衍射峰，以使 $\cot\theta$ 较小。

表Ⅱ-30-2

θ(度)	20	40	50	60	70	75	80	82	84	85
$\frac{\Delta d}{d}$(%)	0.275	0.12	0.084	0.058	0.036	0.027	0.018	0.014	0.01	0.009

另外，晶胞体积随温度升降而增减，因此当精确测定晶胞常数时，必须说明测试时的试样温度及可能有的温度误差范围。

(4) 在离子晶体中可以近似地把离子看成球状，因为大多数离子具有全满或半满电子壳层，它们的确具有球状电子云分布。但是对离子半径以确切的定义是困难的，只能理解为在晶体中相邻离子之间的平衡距离 r_0 是对应的正、负离子半径之和即 $r_0 = r_+ + r_-$。r_0 可以从 X 射线结构分析确定，但如何来确定正、负离子的分界线，不同的确定方法，结果略微有所不同。按照鲍林的划分法，离子的大小取决于最外层电子的分布，对于相同的电子层的离子，其半径与有效核电荷成反比，即

$$r_1 = \frac{C_n}{Z - \sigma}$$

式中：r_1 为单价离子半径；C_n 为与离子最外电子层的主量数 n 有关的常数；σ 为离子的电子构型有关的屏蔽常数；Z 为原子序数。对于 Ar 型 $\sigma = 11.25$。NaCl、KCl 都是 Ar 的电子结构，以 KCl 晶体为例：

$$\frac{r_{K^+}}{r_{Cl^-}} = \frac{(Z_{Cl^-} - \sigma)}{(Z_{K^+} - \sigma)}$$

只要由 X 射线衍射实验求得 KCl 的晶胞常数，就可求得 r_{K^+}，r_{Cl^-}。

Ⅲ　基础知识与技术

第1章　热效应测量技术及仪器

化学变化常常伴有放热或吸热现象，对这些热效应进行精密测量并作较详尽的讨论成为物理化学的一个分支，称为热化学。热化学实质上可以看作是热力学第一定律在化学中的具体应用。

热化学的实验数据，具有实用和理论上的价值。反应热的多少，就与实际生产中的机械设备、热量交换以及经济价值等问题有关。反应热的数据，在计算平衡常数和其他热力学量时很有用处，尤其是在热力学第三定律中，对于热力学基本常数的测定，热化学的实验方法显得十分重要。

当系统发生变化之后，使反应产物的温度回到反应前始态的温度，系统放出或吸收的热量称为该反应的热效应。热效应可以如下测定：使物质在量热计中作绝热变化，从量热计的温度改变，可以计算出应从量热计中取出或加入多少热才能恢复到始态温度，所得结果就是变化中的热效应。因此可以看出热效应的测量一般就是通过温度的测量来实现的。温度是表征分子无规则运动强度大小（即分子平均动能大小）的物理量。当两个不同温度的物体相接触时，必然有能量以热能形式由高温物体传递至低温物体，当两物体处于热平衡时，温度就相同。这就是温度测量的基础。温度的量值与温标的选定有关。因而本章将根据物化实验的需要对温标、温度计做一些简单的介绍，然后再讨论热效应测量的一些方法与仪器。

1.1　温度的测量

温度是表征物体冷热程度的一个物理量。温度参数是不能直接测量的，一般只能根据物质的某些特性值与温度之间的函数关系，通过对这些特性参数的测量间接地获得。

测量温度的仪表——温度计，按照它们的测量方式分为接触式与非接触式两类。

所谓接触式，即两个物体接触后，在足够长的时间内达到热平衡（动态平衡），两个互为热平衡的物体温度相等。如果将其中一个选为标准，当作温度计使用，它就可以对另一个实现温度测量，这种测温方式称为接触式测温。

所谓非接触式，即选为标准并当作温度计使用的物体，与被测物体相互不接触，利用物体的热辐射(或其他特性),通过对辐射量或亮度的检测实现测量,这种测温方式称为非接触式测温。

1.2 温　　标

1.2.1 摄氏温标和气体温标

表征物体冷热程度的量是温度,温度的数值表示方法叫作温标。

给温度以数值表示,就是用某一测温变量来量度温度。这个变量必须是温度的单值函数。例如,在玻璃液体温度计中,我们以液柱长度作为测温变量。若以 y 表示测量变量,θ 表示相应的温度,则应有

$$y = f(\theta) \tag{1.1}$$

它是一个单值函数。为了方便,把上述函数形式定为简单的线性关系,即

$$y = K\theta + C \tag{1.2}$$

式中:K,C 为常数。要确定常数 K,C,需要两个固定点温度,θ_1 和 θ_2 叫作基本温度。这两个温度之间的间隔叫作基本间隔。K,C 值确定后,这个温标就完全决定了。对一任意温度 θ,可以通过测量测温变量 y 来求得:

$$\theta = \theta_1 + \frac{y - y_1}{y_2 - y_1}(\theta_2 - \theta_1) \tag{1.3}$$

若以冰点为 0 ℃,水沸点为 100 ℃,则上式为

$$\theta = \frac{y - y_1}{y_2 - y_1} \times 100(℃) \tag{1.4}$$

在玻璃液体温度计中,测温变量是液柱长度 L,所以,在摄氏温标中有

$$\theta = \frac{L - L_0}{L_{100} - L_0} \times 100(℃) \tag{1.5}$$

有摄氏温标以水为冰点(0 ℃)和沸点(100 ℃)为两个定点,定点间分为 100 等份,每 1 等份为 1 ℃。但是这样确定的温标有明显的缺陷。例如,把乙醇、甲苯和戊烷分别制成三支温度计,然后将它们在固定点−78.5 ℃和 0 ℃上分度,再将间隔均匀地划分为 78.5 分度,每分度为 1 ℃。假如把这三支温度计同时放入一搅拌良好、温场均匀的恒温槽中,我们可以看到当槽温为−50 ℃时,以乙醇为介质的温度计的示值为−50.7 ℃,甲苯温度计为−51.1 ℃,戊烷温度计为−52.6 ℃。当槽温为−20 ℃时,乙醇为−20.8 ℃,甲苯为−21 ℃,戊烷为−22.4 ℃。为什么这三支温度计所规定的温标有这样大的差别呢?这是由于把这三种液体的膨胀系数都当作与温度无关的常数,简单地用线性函数来表示温度与液柱长度的关系。实际上液体的膨胀系数是随温度改变的。所定的温标除定点相同外,在其他温度往往有微小的差别。为了避免这些差异,提高温度测量的精确度,选用理想气体温标(简称气体温标)作为标准,其他温度计必须用它校正才能得到可靠的温度。

气体温度计有两种,一是定压气体温度计,一是定容气体温度计。定压气体温度计的压强保持不变,而用气体体积的改变作为温度标志,这样所定的温标用符号 t_p 表示,根据上面所说的线性函数法则,得到 t_p 与气体体积的关系为

$$t_p = \frac{V - V_0}{V_1 - V_0} \times 100 \tag{1.6}$$

式中：V 为气体在温度 t_p 时的体积；V_0 为冰点时的体积；V_1 为沸点时的体积。

定容气体温度计使体积保持不变，而用气体压强作为温度标志，这样所定的温标用符号 t_V 表示。根据线性函数法则，得到 t_V 与气体压强的关系为

$$t_V = \frac{p - p_0}{p_1 - p_0} \times 100 \tag{1.7}$$

式中：p 为气体在温度 t_V 时压强；p_0 为冰点时压强；p_1 为沸点时的压强。

实验证明，用不同的定容或定压气体温度计所测的温度值都是一样的。在压强趋于零的极限情形下，t_p 和 t_V 都趋于一个共同的极限温标 t，这个极限温标叫作理想气体温标，简称气体温标。

1.2.2 热力学温标

热力学温标是以热力学第二定律为基础的。根据卡诺定理推论可以看出，一个工作于两个一定温度之间的可逆热机，其效率只与两个温度有关，而与工作物质的性质和所吸收热量及做功的多少无关。因此效率应当是两个温度 θ_1 和 θ_2 的普适函数，这个函数是对一切可逆热机都适用的，即

$$\eta = \frac{W}{Q_1} = 1 - \frac{Q_2}{Q_1} \tag{1.8}$$

$$\frac{Q_2}{Q_1} = F(\theta_2,\ \theta_1) \tag{1.9}$$

式中：$F(\theta_2,\ \theta_1)$ 为 θ_2，θ_1 的普适函数，与工作物质的性质及热量 Q_2 和 Q_1 的大小无关。

还可以进一步证明这个函数具有下列形式：

$$F(\theta_2,\ \theta_1) = \frac{f(\theta_2)}{f(\theta_1)} \tag{1.10}$$

式中，f 的另一普适函数，这个函数形式与温标 θ 的选择有关，但与工作物质的性质及热量 Q 的大小无关。因而可以方便地引进一种新的温标 T，令 $T \propto f(\theta)$ 称为热力学温标。对温标来说，需给以一定的标度。1954 年确定以水的三相点温度 273.16 K 作为热力学温标的基本固定点。

从理论上可以证实，热力学温标、理想气体温标是完全一致的。原则上，测量热力学方程式中某一个参量，就可以建立热力学温标。目前常用的实现热力学温标的方法有下列几种。

1. 气体温度计

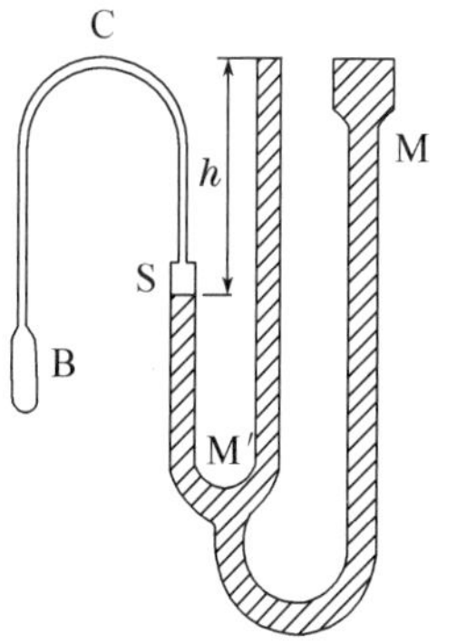

图Ⅲ-1-1 气体温度计

气体温度计是复现热力学温标的一种重要方法，计温学领域中普遍采用定容气体温度计。这是由于压强测量的精度高于容积测量的精度。同时定容式气体温度计又具有较高的灵敏度。定容气体温度计的结构原理如图Ⅲ-1-1 所示。测温介质（气体）置于温泡 B 中，温泡 B 用铂合金制成。用毛细管 C 连接温泡与差压计 M。使用时，调整水银面 M′，使它正好与 S 尖端相接触，以保证气体的容积为一定值。尖端的上部和毛细管 C 中的气体温度与温泡中的气体温度不同，需要加以修正，所以这一部分的体积称为有害体积。显

然有害体积愈小愈好。当温泡分别处于水的三相点的平衡温度及待测温度时,用差压计测量相应的气体压强,然后由下式求得

$$T = T_3 \lim \frac{(pV)_T}{(pV)_3} \tag{1.11}$$

式中:$(pV)_T$ 为气体在 T 温时 pV 的乘积;$(pV)_3$ 为在水三相点时的 pV 乘积;T_3 为水三相点时的温度。

对测量结果需做如下几项修正:

(1) 有害体积修正。有害体积中的气体温度与温泡中的气体温度有差异。

(2) 毛细管 C 中的气体温度存在着温度梯度。

(3) 温泡内的压强与温泡温度有关。压强不同时,温泡、毛细管的体积和有害体积大小都有变化。

(4) 当毛细管的直径与气体分子平均自由程的大小可以比拟时,毛细管中会存在压强梯度。

(5) 有微量气体吸附在温泡及毛细管内壁上,温度愈低吸附量愈大。

(6) 要考虑差压计中水银的可压缩性及温度效应。

2. 声学温度计

在低温端,另一种测量热力学温度的重要方法是测量声波在气体(氦气)中的传播速度,这种测温仪器有时称为超声干涉仪。由于声速是一个内含量,它与物质的量多少无关。所以用声学温度计测量温度的方法有很大吸引力。

3. 噪声温度计

噪声温度计是一种很有发展前途的测量热力学温度的绝对仪器。目前,国际上正在进行研究的有两种噪声温度计,即测温到 1 400 K 的高温噪声温度计和十几开到十毫开的低温噪声温度计。

4. 光学高温计和辐射高温计

用直接接触法测金点(1 064.43 ℃)以上的温度是困难的,不但要求测温元件难熔,而且要求有良好的稳定性和足够的灵敏度。因而金点以上的温度测量常用非接触法。利用物体的辐射特性来测量物体的温度,即辐射高温计和光学高温计。

对于 4 000 K 以上的高温气体,常用谱线强度方法来测量温度。

1.2.3 国际实用温标

前面讨论了各种测量热力学温度的方法,这些装置都很复杂,耗费也很大,国际上只有少数几个国家实验室具备这些装置。因而长期以来各国科学家探索一种实用性温标,要求它既易于使用,并有高精度的复现,又非常接近热力学温标。最早建立的国际温标是 1927 年第七届国际计量大会提出并采用的(简称 ITS-27)。半个多世纪来,经历了几次重大修改,使国际温标日趋完善。现行温标是"1968 年国际实用温标(1975 年修订版)",简称 IPTS-68(75)。

1968 年国际实用温标规定:

热力学温度符号 T,单位开尔文(K),1 开尔文等于水的三相点热力学温度的$\frac{1}{273.16}$,它的摄氏温度符号 t,单位摄氏度(℃),定义为

$$t_{68} = T_{68} - T_0 \tag{1.12}$$

式中：$T_0 = 273.15\ K$。

1968年国际实用温标的内容(也就是它的定义)包括三方面，即定点、插补公式和标准仪器。

表Ⅲ-1-1　IPTS-68定义固定点

定点的名称	平　衡　态	国际实用温标给定值	
		T_{68}(K)	t_{68}(℃)
平衡氢三相点	平衡氢固态、液态、气态间的平衡	13.81	−259.34
平衡氢17.042点	在33 330.6 Pa压力下平衡氢液态、气态间的平衡	17.042	−256.108
平衡氢沸点	平衡氢液态、气态间的平衡	20.28	−252.87
氖沸点	氖液态、气态间的平衡	27.102	−246.048
氧三相点	氧固态、液态、气态间的平衡	54.361	−218.789
氧沸点	氧液态、气态间的平衡	90.188	−182.962
水三相点	水固态、液态、气态间的平衡	273.16	0.01
水沸点	水液态、气态间的平衡	373.15	100
锌凝固点	锌固态、液态间的平衡	692.73	419.58
银凝固点	银固态、液态间的平衡	1 135.08	961.93
金凝固点	金固态、液态间的平衡	1 337.58	1 064.43

注：① 除各三相点和一个平衡氢点(17.042 K)外，温度给定值都是指 p_0 在标准大气压下的平衡态。

② 水沸点也可用锡凝固点($T_{68} = 505.118\,1\ K$，$t_{68} = 231.968\,1$ ℃)来代替。

③ 所用的水应有规定的海水同位素成分。

所谓定点是指某些纯物质各相间可复现的平衡态温度的给定值，也就是所定义的固定点。这些定点的名称、平衡状态和给定值如表Ⅲ-1-1所示。除了定点外，还有其他一些参考点可利用，它们和定点相类似，也是某纯物质的三相点，或在标准大气压下系统处于平衡态的温度值，这些参考点称为次级参考点，如表Ⅲ-1-2所示。

表Ⅲ-1-2　次级参考点

次级参考点	平　衡　态	国际实用温标给定值	
		T_{68}(K)	t_{68}(℃)
正常氢三相点	正常氢固态、液态、气态间的平衡	13.956	−259.194
正常氢沸点	正常氢液态、气态间的平衡	20.397	−252.753
氖三相点	氖固态、液态、气态间的平衡	24.555	−248.595
氮三相点	氮固态、液态、气态间的平衡	63.148	−210.002
氮沸点	氮液态、气态间的平衡	77.348	−195.802
二氧化碳升华点	二氧化碳固态、气态间的平衡	194.674	−78.476
汞凝固点	汞固态、液态间的平衡	234.288	−38.862
冰点	冰和空气饱和水的平衡	273.15	0
苯氧基苯三相点	苯氧基苯(二苯醚)固态、液态、气态间的平衡	300.02	26.87
苯甲酸三相点	苯甲酸固态、液态、气态间的平衡	395.52	122.37
铟凝固点	铟固态、液态间的平衡	429.784	156.634
铋凝固点	铋固态、液态间的平衡	544.592	271.442

(续表Ⅲ-1-2)

次级参考点	平衡态	国际实用温标给定值	
		T_{68}(K)	t_{68}(℃)
镉凝固点	镉固态、液态间的平衡	594.258	321.108
铅凝固点	铅固态、液态间的平衡	600.652	327.502
汞沸点	汞液态、气态间的平衡	629.81	356.66
硫沸点	硫液态、气态间的平衡	717.824	444.674
铜-铝合金易熔点	铜-铝合金易熔点固态、液态间的平衡	821.38	548.23
锑凝固点	锑固态、液态间的平衡	903.89	630.74
铝凝固点	铝固态、液态间的平衡	933.52	660.37
铜凝固点	铜固态、液态间的平衡	1 357.6	1 084.5
镍凝固点	镍固态、液态间的平衡	1 728	1 455
钴凝固点	钴固态、液态间的平衡	1 767	1 494
钯凝固点	钯固态、液态间的平衡	1 827	1 554
铂凝固点	铂固态、液态间的平衡	2 045	1 772
铑凝固点	铑固态、液态间的平衡	2 236	1 963
铱凝固点	铱固态、液态间的平衡	2 720	2 447
钨凝固点	钨固态、液态间的平衡	3 660	3 887

整个温标(13.81 K ~ 1 064.43 ℃ 以上)分成四段,它们分别采用不同的插补公式和标准仪器。标准仪器在定点上分度,而定点间由插补公式建立标准仪器示值与国际实用温标值之间的关系。

(1) 在 13.81 K ~ 630.74 ℃ 范围内分为两段。两段所采用的标准仪器都是铂电阻温度计。13.81 K ~ 273.15 K(0 ℃)以下的插补公式是

$$W(T_{68}) = W_{iCCT-68}(T_{68}) + \Delta W_i(T_{68}) \tag{1.13}$$

式中:$W(T_{68})$为电阻比的测量值。

$$W(T_{68}) = \frac{R(T_{68})}{R(273.15\text{K})}$$

要求在 $T_{68} = 373.15$ K 时,$W(T_{68}) \geqslant 1.392\,50$。

$W_{iCCT-68}(T_{68})$为标准参考函数,它表示某特定铂的电阻比与温度之间的关系,该关系由气体温度计测得。

$\Delta W_i(T_{68})$为偏差函数,$\Delta W_i(T_{68}) = W(T_{68}) - W_{iCCT-68}(T_{68})$。

273.15 K(0 ℃ 以上) ~ 630.74 ℃ 的插补公式是

$$t_{68} = t' + 0.045\left(\frac{t'}{100}\right)\left(\frac{t'}{100} - 1\right) \times \left(\frac{t'}{419.58} - 1\right)\left(\frac{t'}{630.74} - 1\right) \tag{1.14}$$

式中:t'为了计算方便引进的中间变量,它的表示式是

$$t' = \frac{1}{\alpha}[W(t') - 1] + \delta\left(\frac{t'}{100}\right)\left(\frac{t'}{100} - 1\right)$$

其中的 $W(t') = \dfrac{R(t')}{R(0\ ℃)}$,而 $R(0\ ℃)$及常数 α、δ 由水的三相点、沸点(或锡凝固点)和锌

凝固点的电阻实测值决定。

(2) 在 630.74～1 064.43 ℃ 范围内。在此范围内所采用的标准仪器是铂铑-铂标准热电偶，插补公式如下：

$$E(t_{68}) = a + bt_{68} + Ct_{68}^2 \tag{1.15}$$

式中：$E(t_{68})$为铂铑-铂标准热电偶一端为零度，另一端为 t_{68}时的热电势，热电偶的铂丝纯度 W(100 ℃) ≥ 1.392 0，铂铑丝名义上应含有 10%铑，90%铂(质量比)；a，b，c 为常数，由铂电阻温度计在(630.74±0.2)℃及银、金凝固点测得的 E 值决定。

(3) 1 064.43 ℃以上。1 064.43 ℃以上采用基准光学高温计(或光电光谱高温计)来复现温标，其插补公式如下：

$$\frac{\mathrm{Le}(T_{68})}{\mathrm{Le}[T_{68}(\mathrm{Au})]} = \frac{\exp\left[\frac{h}{\lambda T_{68}(\mathrm{Au})}\right]-1}{\exp\left[\frac{h}{\lambda T_{68}}\right]-1} \tag{1.16}$$

式中：$\mathrm{Le}[T_{68}(\mathrm{Au})]$，$\mathrm{Le}(T_{68})$为温度为 T_{68}(Au)和 T_{68}时黑体光谱辐射亮度；h 为普朗克常数；λ 为波长。

当温度高于 2 000 ℃时，可以通过对吸收玻璃减弱值 A 的测量及计算得到温度值。

我国从 1973 年元旦起正式采用 IPTS-68。

1.3 温　度　计

1.3.1 水银温度计

水银温度计是常用的测温工具。水银温度计结构简单，价格便宜，具有较高的精确度，直接读数，使用方便。但是易损坏，损坏后无法修理。水银温度计使用范围为－35～360 ℃(水银的熔点是－38.7 ℃，沸点是 356.7 ℃)，若采用石英玻璃，并充以 80×10^5 Pa 的氮气，则可将上限温度提至 800 ℃。高温水银温度计的顶部有一个安全泡，防止毛细管内的气体压强过大而引起贮液泡的破裂。

1. 水银温度计的种类和使用范围

(1) 一般使用 －5 ～ 105 ℃、150 ℃、250 ℃、360 ℃ 等，每分度 1 ℃ 或 0.5 ℃。

(2) 供量热学用。有 9 ～ 15 ℃、12 ～ 18 ℃、15 ～ 21 ℃、18 ～ 24 ℃、20 ～ 30 ℃ 等，每分度 0.01 ℃。目前广泛应用间隔为 1 ℃ 的量热温度计，每分度 0.002 ℃。

(3) 测温差的贝克曼温度计，是一种移液式的内标温度计，测量范围 －20 ～ 150 ℃，专用于测量温差。

(4) 电接点温度计。可以在某一温度点上接通或断开，与电子继电器等装置配套，可以用来控制温度。

(5) 分段温度计。从 －10 ～ 200 ℃，共有 24 支。每支温度范围 10 ℃，每分度 0.1 ℃，另外有 －40 ～ 400 ℃，每隔 50 ℃ 一支，每分度 0.1 ℃。

2. 水银温度计的使用

(1) 水银温度计的校正

对水银温度计来说，主要校正以下三方面。

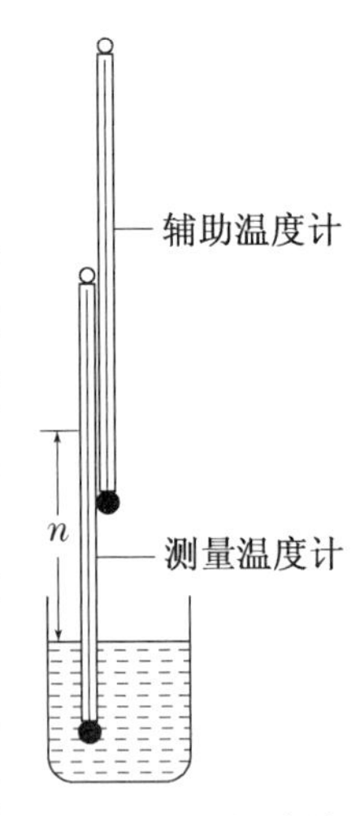

图Ⅲ-1-2　温度计露基校正

① 水银柱露出液柱的校正。以浸入深度来区分，水银温度计有“全浸”“局浸”两种。对于全浸式温度计，使用时要求整个水银柱的温度与贮液泡的温度相同，如果两者温度不同，就需要进行校正。对于局浸式温度计，温度计上刻有一浸入线，表示测温时规定浸入的深度。即标线以下水银柱的温度应当与贮液泡相同，标线以上的水银柱温度应与检定时相同。测温时，小于或大于这一浸入深度，或标线以上的水银柱温度与检定时不一样，就需要校正。这两种校正统称为露出液柱校正。校正公式如下：

$$\Delta t = Kn(t_0 - t_e) \tag{1.17}$$

式中：$\Delta t = t - t_0$ 为读数的校正值；t_0 为温度的读数值；t 为温度的正确值；t_e 为露出待测系统外水银柱的有效温度(从放置在露出一半位置处的另一温度计读出)；K 为水银的视膨胀系数(水银对于玻璃的视膨胀系数为 0.000 16)；n 为水银柱露出待测系统外部分的读数。

【例】 设一全浸式水银温度计的读数为 90 ℃，浸入深度为 80 ℃，露出待测系统外的水银柱有效温度为 60 ℃，试求实际温度为多少。

解：

$$n = 90 - 80 = 10$$

$$t_0 = 90 \quad t_e = 60$$

$$t_0 - t_e = 90 - 60 = 30$$

$$\Delta t = 0.000\,16 \times 10 \times 30 = 0.048(℃)$$

所以实际温度为 90 ℃ + 0.048 ℃，即 90.048 ℃。

② 零位校正。温度计进行测量温度时，水银球(即贮液泡)也经历了一个变温过程，玻璃分子进行了一次重新排列过程。当温度升高时，玻璃分子随之重新排列，水银球的体积增大。当温度计从测温容器中取出，温度会突然降低。由于玻璃分子的排列跟不上温度的变化，这时水银球的体积一定比使用前大，因此测定它的零位，一定比使用前零位要低。实验证明这一降低值是比较稳定的。零位降低是暂时的，随着玻璃分子的构型缓慢恢复，水银球体积也会逐渐恢复的，这往往需要几天或更长的时间。若要准确地测量温度，则在使用前必须对温度计进行零位测定。

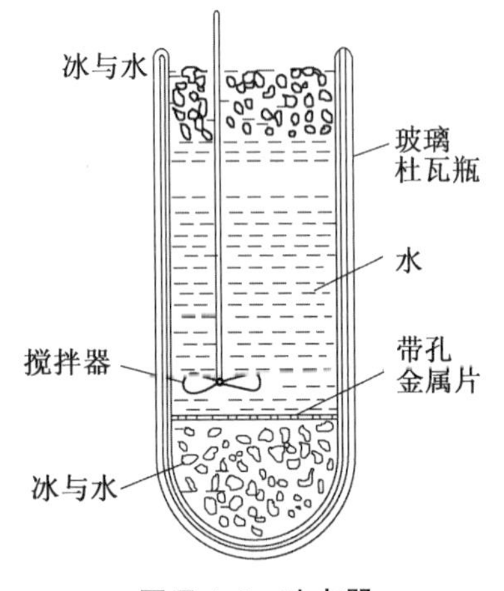

图Ⅲ-1-3　冰点器

检定零位的恒温器称为冰点器。冰点器如图Ⅲ-1-3 所示。容器为真空杜瓦瓶，起绝热保温作用。在容器中盛以冰水混合物，但应注意冰中不能有任何盐类存在，否则会降低冰点。对冰、水的纯度应予以特别注意，冰融化后水的电导率不应超过 10×10^{-5} s • cm^{-1}(20 ℃)。

当零位变化值得到后，应依此对原检定证书上的分度修正值作相应修正。

【例】 一支 0～50 ℃的水银温度计的检定证书上的修正值如表Ⅲ-1-3 所示。

表Ⅲ-1-3

示　值(℃)	+0.011	10.000	20.000	30.000	40.000	50.000
改正值(℃)	−0.011	−0.015	−0.020	+0.008	−0.033	0.000

测温后，再测得零位为 +0.019 ℃，比原来的零位值上升了 +0.008 ℃，由于零位的变化对各示值影响是相同的，各点的修正值都要相应加上 −0.008 ℃，即修正值改为表Ⅲ-1-4。

表Ⅲ-1-4

示　值(℃)	+0.011	10.000	20.000	30.000	40.000	50.000
改正值(℃)	−0.019	−0.023	−0.028	−0.000	−0.041	−0.008

测温时，温度计示值 25.040 ℃时实际值应为

$$25.040+\frac{(0.000)-(-0.028)}{10}\times 5.040=25.054(℃)$$

③ 分度校正。水银温度计的毛细管内径、截面不可能绝对均匀，水银的视膨胀系数并不是一个常数，而与温度有关。因而水银温度计温标与国际实用温标存在差异，必须进行分度校正。

标准温度计和精密温度计可由制造厂或国家计量机构进行校正，给予检定证书。实验室中对于没有检定证书的温度计，以标准水银温度计为标准，同时测定某一系统的温度，将对应值一一记录下来，作出校正曲线。也可以纯物质的熔点或沸点作为标准，进行校正。若校正时的条件(浸入的多少)与使用时差不多，则使用时一般不需再作露出部分校正。

(2) 使用注意事项

① 在对温度计进行读数时，应注意使视线与液柱面位于同一平面(水银温度计按凸面之最高点读数)。

② 为防止水银在毛细管上附着，所以读数时应用手指轻轻弹动温度计。

③ 注意温度计测温时存在延迟时间，一般情形下温度计浸在被测物质中 1 min～6 min 后读数，延迟误差是不大的，但在连续记录温度计读数变化的实验中要注意这个问题。可用下式进行校正：

$$t-t_m=(t_0-t_m)e^{-\kappa x} \tag{1.18}$$

式中：t_0 为温度计起始温度；t_m 为被测物温度；t 为温度计读数；x 为浸入时间；κ 为常数。

在搅拌良好的条件下，普通温度计 $\frac{1}{\kappa}=2$ s，贝克曼温度计 $\frac{1}{\kappa}=9$ s。

④ 温度计尽可能垂直，以免因温度计内部水银压力不同而引起误差。

水银温度计是很容易损坏的仪器，使用时应严格遵守操作规程。万一温度计损坏，内部水银洒出，应严格按“汞的安全使用规程”处理。

1.3.2 贝克曼温度计

1. 结构和原理

贝克曼温度计是一种移液式内标温度计，如图Ⅲ-1-4所示。它的测量范围是$-20\sim150$ ℃，专用于测量温度差值，不能作温度值绝对测量。贝克曼温度计的结构特点是底部的水银贮球大，顶部有一个辅助水银贮槽，用来调节底部水银量，所以同一支贝克曼温度计可用于不同温区。

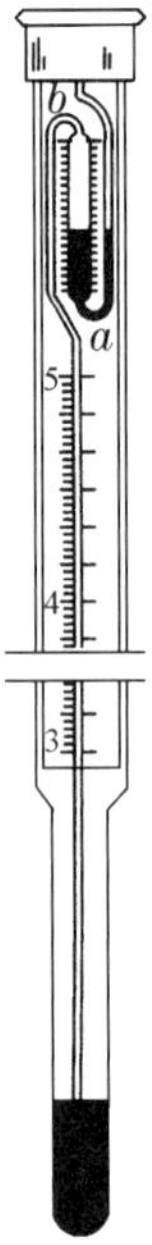

在温度计主标尺上，通常只有$0\sim5$ ℃或$0\sim6$ ℃的刻度范围，标尺上的最小分度值是0.01 ℃，可以读到±0.002 ℃。

由于贮液球中水银量是按照测温范围进行调整的，所以每支贝克曼温度计在不同温区的分度值是不同的。当贮液球中水银量增多，同样有1 ℃的温差，毛细管中的水银柱将会升得比主标尺上示值差1 ℃要高；相反，如果贮液球中水银量减少，这时水银柱升高够不上主标尺的1 ℃，因而贝克曼温度计不同的温区所得的温差读数必须乘上一个校正因子，才能得到真正的温度差，这一校正因子称为在该温区的平均分度值r。

图Ⅲ-1-4 贝克曼温度计

2. 贮液球水银量的调整方法

根据实验的需要，贝克曼温度计测量范围不同，必须把温度计的毛细管中的水银面调整在标尺的合适范围内。例如贝克曼温度计测定凝固点降低，在纯溶剂的凝固温度时，水银面应在标尺的1 ℃附近。因此在使用贝克曼温度计时，首先应该将它插入一个与所测起始温度相同的系统内。待平衡后，如果毛细管内水银面在所要求的合适刻度附近，就不必调整，否则应按下述步骤进行调整。

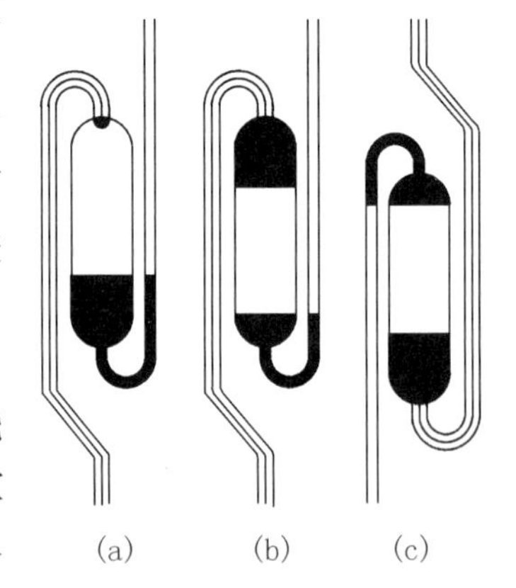

图Ⅲ-1-5 贝克曼温度计水银面

若贮液球中水银量过多，毛细管内水银面如图Ⅲ-1-5(a)所示时，把贝克曼温度计与另一支普通温度计一起插入盛水烧杯中。烧杯中水温应调节至所需的调试温度。设t为实验欲测的起始摄氏温度，在此温度下欲使贝克曼温度计中毛细管水银面在1 ℃附近，则使烧杯中水温为$t'=(t+4)+R$（R为a至b这一段毛细管所相当的温度，约为2 ℃）。待平衡后，如图Ⅲ-1-5(b)所示，用右手握住贝克曼温度计中部，从烧杯中取出（离开实验台），立即用左手沿温度计的轴向轻敲右手手腕，使水银在b点处断开（注意b点处不得有水银滞留）。这样就使得系统的起始温度恰好在贝克曼温度计的1°附近。

如贮液球中水银量过少，用右手握住温度计中部，将温度计倒置，用左手轻敲右手手腕，此时贮液球中水银会自动流向辅助贮槽，与辅助贮槽中的水银相连接，如图Ⅲ-1-5(c)所示。连好后将温度计正置，按上面所述方法调节水银量。有时也利用辅助贮槽背面的温度标尺进行调节。由于原理相同，在这里不再介绍。

贝克曼温度计测量精度高，但贮液球有大量的水银，调节使用比较麻烦，目前数字式的温度测量仪正在物理化学中普遍使用。

1.3.3 电阻温度计

电阻温度计是利用物质的电阻随温度而变化的特性制成的测温仪器。

任何物体的电阻都与温度有关。因此，都可以用来测温。但是，能满足实际要求的并不多。在实际应用上，不但要求有较高的灵敏度，而且要求有较高的稳定性和复现性。目前，按感温元件的材料来分有金属导体和半导体两大类。

金属导体有铂、铜、镍、铁和铑铁合金。目前大量使用的材料为铂、铜和镍。铂制成的为铂电阻温度计，铜制成的为铜电阻温度计，都属于定型产品。

半导体有锗、碳和热敏电阻(氧化物)等。

1. 铂电阻温度计

在常温下铂是对各种物质作用最稳定的金属之一，在氧化性介质中，即使在高温下，铂的物理和化学性能也都非常稳定。此外，现代铂丝提纯工艺的发展，保证它有非常好的复现性能，因而铂电阻温度计是国际实用温标中一种重要的内插仪器。铂电阻与专用精密电桥或电位计组成的铂电阻温度计有极高的精确度。铂电阻温度计感温元件是由纯铂丝用双绕法绕在耐热的绝缘材料如云母、玻璃或石英、陶瓷等骨架上制成的。如图Ⅲ-1-6 所示。在铂丝圈的每一端上都焊着两根铂丝或金丝，一对为电流引线，一对为电压引线。

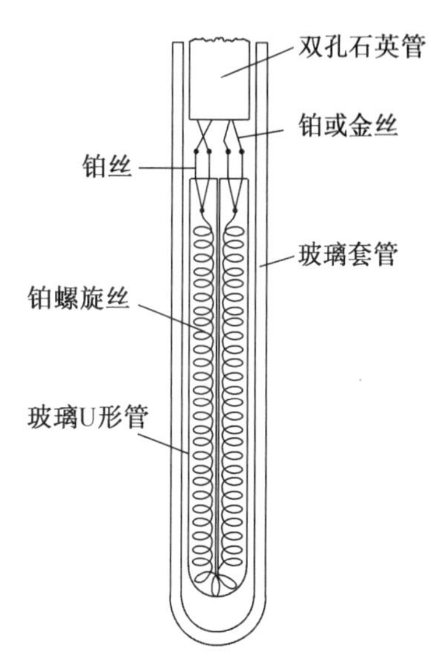

图Ⅲ-1-6 铂电阻感温元件

标准铂电阻温度计感温元件在制成前后，均须经过充分仔细清洗，再装入适当大小的玻璃或石英于套管中，进行充氦，封接和退火等一系列严格处理，才能保证具有很高的稳定性和准确度。

某种采用铂电阻作为传感器的数字温度计的测温电路如图Ⅲ-1-7 所示。温度计的传感器通常采用 100 Ω 铂电阻，不锈钢封装，连接至仪器的低漂移前置放大器。前置放大器对信号进行零点扣除、去除噪声、放大，然后将模拟信号送入 A/D 转换器(模数转换器)。A/D 转换器把模拟信号转换成数字信号然后传给单片机(有的单片机系统还有看门狗模块、启动模块

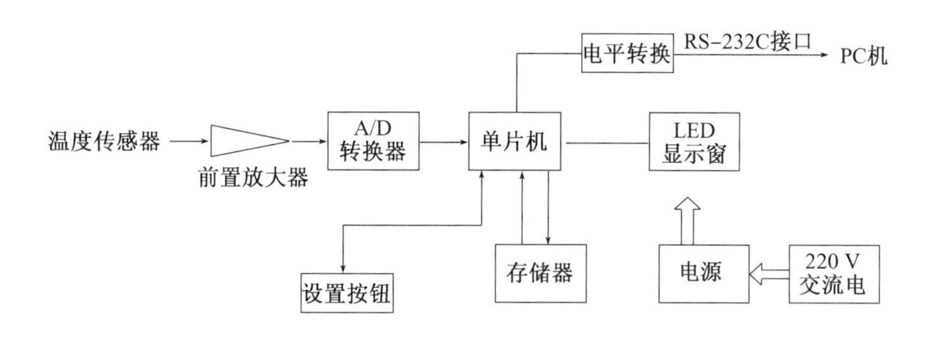

图Ⅲ-1-7 数字式温度计电路框图

等)。采集数据经过单片机的内部校正与标定后,一路经电平转换送到 RS232 串行接口,可连接至计算机或其他设备,另一路数据经过译码驱动送到仪器显示窗显示出温度值或温差值(温差测量仪的电路中比温度测量仪多一个“内部可调温度基准”模块,在更大范围内改变温度基准值之用)。

这种温度计使用简便,测温精密,稳定性也很好,在国内实验教学和科学研究中有代替贝克曼温度计的趋势。

2. 热敏电阻温度计

热敏电阻是金属氧化物半导体材料制成。热敏电阻可制成各种形状,如珠形、杆形、圆片形等,作为感温元件通常选用珠形和圆片形。

热敏电阻的主要特点:

(1) 有很大负电阻温度系数,因此其测量灵敏度比较高。

(2) 体积小,一般只有 $\varphi 0.2 \sim 0.5$ mm ,故热容量小,因此时间常数也小,可作为点温、表面温度以及快速变化温度的测量。

(3) 具有很大电阻值,其 R_0 值一般为 $10^2 \sim 10^5$ Ω 范围,因此可以忽略引接导线电阻,特别适用于远距离的温度测量。

(4) 制造工艺比较简单,价格便宜。

热敏电阻的缺点是测量温度范围较窄,特别是在制造时对电阻与温度关系的一致性很难控制,差异大,稳定性较差。作为测量仪表的感温元件就很难互换,给使用和维修都带来很大困难。

热敏电阻与金属导体的热电阻不同,属于半导体,具有负电阻温度系数,其电阻值随温度升高而减小。热敏电阻的电阻与温度的关系不是线性的,可以用下面经验公式来表示:

$$R_T = A_{e}^{\frac{B}{T}} \tag{1.19}$$

式中:R_T 为热敏电阻在温度 T 时的电阻值(Ω);T 为温度(K);A、B 为常数,它决定于热敏电阻的材料和结构,A 具有电阻量纲,B 具有温度量纲。

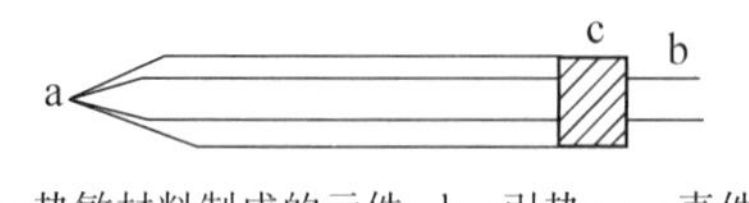

a—热敏材料制成的元件;b—引热;c—壳件。

图Ⅲ-1-8 珠形热敏电阻

珠形热敏电阻器的基本构造如图Ⅲ-1-8 所示。

在实验中可将热敏电阻作为电桥的一个臂,其余三个臂是纯电阻,如图Ⅲ-1-9 所示。图中 R_1、R_2 为固定电阻,R_3 为可调电阻,R_T 为热敏电阻,E 为工作电源。在某温度下将电桥调平衡,则没有电讯号输给检流计。当温度改变后,则电桥不平衡,将有电讯号输给检流计,只要标定出检流计光点相应于每 1 ℃所移动的分度数,就可以求得所测温差。

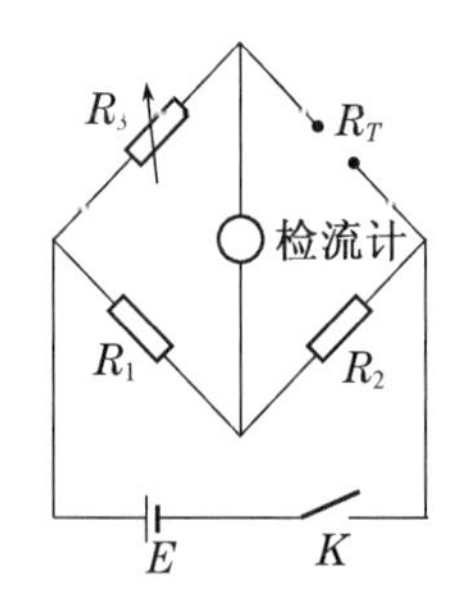

图Ⅲ-1-9 热敏电阻测温示意图

实验时要特别注意防止热敏电阻感温元件的两条引线间漏电,否则将影响所测得的结果和检流计的稳定性。

1.3.4 热电偶

1. 概述

热电偶在化学实验中,是温度测量的常用仪器,它不仅结构简单,制作方便,测温范围广

(—272～2 800 ℃),而且热容量小,响应快,灵敏度高,它又能直接地把温度量转换成电学量,适宜于温度的自动调节和自动控制。按照热电偶的材料来分,有廉金属,贵金属,难熔金属和非金属四大类。

廉金属中有铁-康铜、铜-康铜、镍铬-镍铝(镍硅)等。

贵金属中有铂铑$_{10}$-铂、铂铑$_{10}$-铂铑$_{6}$ 及铱铑系、铂铱系等。

难熔金属中有钨铼系、铌钛系等。

非金属中有二碳化钨-二碳化钼、石墨-碳化物等。

2. 热电偶的测温原理

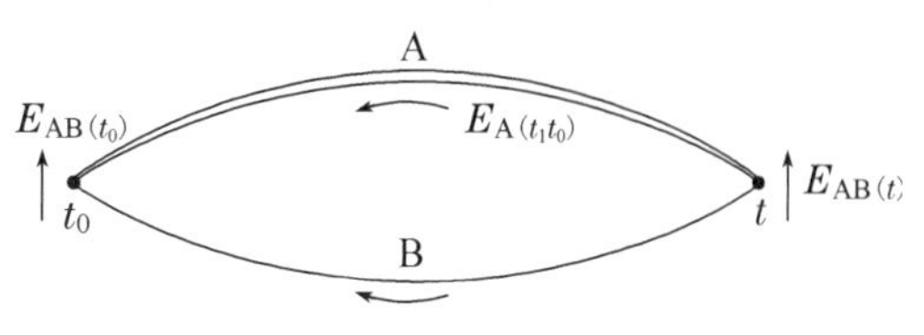

图Ⅲ-1-10　热电偶回路热电势分布

两种不同成分的导体 A 和 B 连接在一起形成一个闭合回路,如图Ⅲ-1-10 所示。当两个接点 1 和 2 温度不同时,例如 $t > t_0$,回路中就产生电动势 $E_{AB}(t, t_0)$,这种现象称为热电效应,而这个电动势称为热电势。热电偶就是利用这个原理来测量温度的。

导体 A 和 B 称为热电极,温度 t 端为感温部分,称为测量端(或热端),温度 t_0 端为连接显示仪表部分,称为参比端(或冷端)。

热电偶的热电势 $E_{AB}(t,t_0)$是由两种导体的接触电势和单一导体的温差电势所组成。有时又把接触电势称为珀尔帖电势,温差电势称为汤姆逊电势。

(1) 两种导体的接触电势　各种导体中都存在有大量的自由电子。不同成分的材料其自由电子的密度(即单位体积内自由电子数目)不同,因而当两种不同成分的材料接触在一起时,在接点处就会产生自由电子的扩散现象。自由电子从密度大的向密度小的方向扩散,这时电子密度大的电极因失去电子而带有正电,相反,电子密度小的电极由于接收到了扩散来的多余电子而带负电。这种扩散一直到动态平衡为止,从而得到一个稳定的接触电势。它的大小除和两种材料有关外,还与接点温度有关。

(2) 单一导体的温差电势　温差电势是因电极两端温度不同,存在温度梯度而产生电势。设热电极 A 两端温度分别为 t 和 t_0,t 为温度高的一端,t_0 为温度低的一端,由于两端温度不同,电子的能量在两端不同。温度高的一端比温度低的一端电子能量大,因而能量大的高温端电子,就要跑到温度低的电子能量小的另一端,使高温端失掉了一些电子带正电,低温端得到了一些电子带负电,于是电极两端产生了电位差,这就是温差电势。它也是一个动态平衡,电势的大小只与热电极和两接点温度有关。

3. 热电偶基本定律

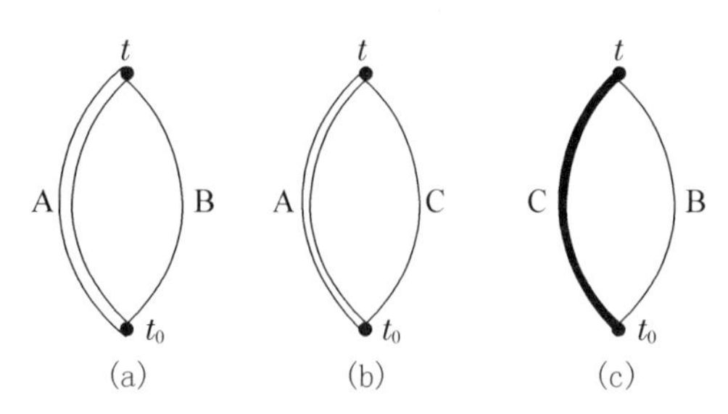

图Ⅲ-1-11　热电偶组成定则

(1) 中间导体定律　如图Ⅲ-1-11 所示,将 A、B 构成热电偶的 t_0 端断开,接入第三种导体 C,此时回路中总电势 $E_{ABC(t,t_0)}$ 如何变化? 首先假定三个接点温度同为 t_0,则不难证明:

$$E_{ABC(t_0)} = E_{AB(t_0)} + E_{BC(t_0)} + E_{CA(t_0)} = 0 \tag{1.20}$$

现设 AB 接点温度为 t,其余接点温度为 t_0,

并且 $t > t_0$，则回路中总电势等于各接点电势之和。即

$$E_{ABC(t,t_0)} = E_{AB(t)} + E_{BC(t_0)} + E_{CA(t_0)} \tag{1.21}$$

由式(1.20)得

$$E_{AB(t_0)} = -[E_{BC(t_0)} + E_{CA(t_0)}]$$

因此

$$E_{ABC(t,t_0)} = E_{AB(t)} - E_{AB(t_0)} = E_{AB(t,t_0)} \tag{1.22}$$

由上面推导而知，由 A，B 组成热电偶，当引进第三导体时，只要第三导体 C 两端温度相同，接入导体 C 后，对回路总电势无影响，这就是中间导体定律。根据这个道理可以把第三导体 C 换上毫伏表或电位差计，并保证两个接点温度一致就可以对热电势进行测量。

（2）标准电极定律　如果两种导体 A 和 B 分别与第三种导体 C 组成热电偶，所产生的热电势都已知，那么电极 A 和 B 组成的热电偶回路的热电势也可以知道。如图Ⅲ-1-11 所示。三对热电偶回路的热电势分别可由下式表示：

$$E_{AB(t,t_0)} = E_{AB(t)} - E_{AB(t_0)} \tag{1.23}$$

$$E_{AC(t,t_0)} = E_{AC(t)} - E_{AC(t_0)} \tag{1.24}$$

$$E_{BC(t,t_0)} = E_{BC(t)} - E_{BC(t_0)} \tag{1.25}$$

整理三式得（证明略）

$$E_{AB(t,t_0)} = E_{AC(t,t_0)} - E_{BC(t,t_0)} \tag{1.26}$$

$E_{AB(t,t_0)}$ 就是由热电极 A 和 B 组成的热电偶回路的热电势。

在这里采用的电极 C 称为标准电极，在实际运用中，一般标准电极材料为纯铂。电极 A、B 为参比电极。由于采用了参比电极，大大方便了热电偶的选配工作。只要知道一些材料与标准电极相配的热电势，就可以用上述定律求出任何材料配成热电偶的热电势。

4. 常用热电偶

（1）对热电偶材料的基本要求

根据热电偶的原理，似乎任意两种不同材料成分的导体都可以组成热电偶。因为当它们连接起来，两个接点的温度不同时，就有热电势产生。但实际情况并不是这样，要成为能在实验室或生产过程中检测温度用的热电偶，对其热电极材料是有一定要求的。

① 物理、化学性能稳定　在物理性能方面，在高温下不产生再结晶或蒸发现象，因为再结晶会使热电势发生变化；蒸发会使热电极之间互相污染引起热电势的变化。

在化学性能方面，应在测温范围内不易氧化或还原，不受化学腐蚀，否则会使热电极变质引起热电势变化。

② 热电性能好　热电势与温度的关系要呈简单的函数关系，最好呈线性关系；微分热电势要大，可以有高的测量灵敏度；在测量范围内长期使用后，热电势不产生变化。

③ 电阻温度系数要小，导电率要高。

④ 有良好的机械加工性能，有好的复制性，价格要便宜。

上述要求是理想的，并非每种热电偶都要全部符合。而是在选用时，根据测温的具体条件，加以考虑。

（2）常用热电偶

目前国内外热电偶材料的品种非常多。我国根据科学实验和生产需要，暂时选择六种热电偶材料为定型产品。它们有统一的热电势与温度的关系分度表，可以与现成的仪表配套。对于非定型产品，只有在定型产品满足不了时才选用。

表Ⅲ-1-5 表示常用热电偶的分度号，测量温度范围和允许误差。

表Ⅲ-1-5 分度号、测量温度范围和允许误差

名称	分度号	测量温度范围	允许误差（℃）	
			温度范围	误差
铜-康铜	CK	−200～+300	−200～−40 −40～+80 +80～+300	±1.5%t ±0.6 ±0.75%t
镍铬-考铜	EA-2	0～+800	≤400	±4
镍铬-康铜	NK	0～+800	>400	±1%t
铁-康铜	FK	0～+800	≤400 >400	±3 ±0.75%t
镍铬-镍硅	EU-2	0～+1 300	≤400	±3
镍铬-镍铝		0～+1 100	>400	±0.75%t
铂铑$_{10}$-铂	LB-3	0～+1 600	≤600 >600	±3 ±0.5%t
铂铑$_{30}$-铂铑$_{6}$	LL-2	0～+1 800	≤600 >600	±3 ±0.5%t
钨铼$_{5}$-钨铼$_{20}$	WR	0～+2 800	≤1 000 1 000～2 000	±10 +1%t

注：表中 t 为被测温度的绝对值。

热电偶的分度号是热电偶分度表的代号，在热电偶和显示仪表配套时必须注意其分度号是否一致，若不一致就不能配套使用。

下面对热电偶的主要性能、特点和用途作一简要介绍，它们之间的特点是在互相比较的基础上叙述的。

① 铜-康铜热电偶　铜-康铜热电偶适用于负温的测量，使用上限为 300 ℃。能在真空、氧化、还原或惰性气体中使用。其性能稳定，在潮湿气氛中能耐腐蚀，尤其是在 −200 ～ 0 ℃下，使用稳定性很好。在 −200 ～ 300 ℃ 区域内测量灵敏度高，且价格最便宜。

铜-康铜热电偶测量 0 ℃以上温度时，铜电极是正极，康铜（成分 60%铜、40%镍）是负极。测量低温时，由于工作端温度低于自由端，所以电势的极性会发生变化。

② 铁-康铜热电偶　铁-康铜热电偶适用于真空、氧化、还原或者惰性气体中，测量范围为 −200 ～ 800 ℃。但其常用温度是 500 ℃以下，因为超过该温度，铁热电极的氧化速率加快。

③ 镍铬-考铜热电偶　镍铬-考铜（或康铜）热电偶测量范围为 −200 ℃ ～ 800 ℃，适用于氧化或惰性气体中的温度测量，不适用于还原性气氛。它与其他热电偶比较，耐热和抗氧化性能比铜-康铜、铁-康铜好。它微分热电势大，也就是说灵敏度高，可以用来做成热电偶堆或测量变化范围较小的温度。但是考铜热电极不易加工，难于控制。因而将要被康铜电极所代替。

④ 镍铬-镍硅（镍铬-镍铝）热电偶　镍铬-镍硅热电偶性能好，是目前使用最多的一个品种，由镍铬-镍铝热电偶演变而来，它们共同使用一个统一的分度表。

镍铬-镍铝和镍铬-镍硅的共同特点是：热电势与温度的关系近似呈线性，使显示仪表刻度均匀，微分热电势较大，仅次于铜-康铜和镍铬-考铜，因此灵敏度还是比较高的，稳定性和均匀性都很好，它们的抗氧性能比其他廉金属热电偶好，广泛应用于 500 ～ 1 300 ℃ 范围的氧化性与惰性气体中，但不适用于还原性及含硫气氛中，除非加以适当保护。在真空气氛中，正极镍铬中铬优先蒸发，将改变它们的分度特性。

另外，镍铬-镍铝热电偶经一段时期使用后，出现热电势不稳定现象，特别在温度高于 700 ℃ 中使用时将出现示值偏高。这可能由于气体腐蚀和污染引起电极的化学成分改变，晶粒长大，内部发生相变，使镍铬电极热电势越来越趋向于正值，镍铝电极的热电势越来越趋向负值，这样两个热电极叠加，使示值偏高。

经过研究，在镍基中加入 2.5%硅及少量钴、锰等元素成镍硅电极，无论是抗氧性能，还是均匀性和热电势的稳定性方面都优于镍铬电极，同时它对标准铂极的热电势不变。

⑤ 铂铑$_{10}$-铂热电偶　铂铑$_{10}$-铂热电偶属贵金属热电偶，可长时间在 0～1 300 ℃间工作，它除了耐高温外，还是所有热电偶中精度最高的，它的物理、化学性能好，因此热电势稳定性好，作为传递国际温标的标准仪器。它适用于氧化性和惰性气体中，但是它的热电势较小，微分热电势也很小，灵敏度低，因而要选择较精密的显示仪表与它配套，才能保证得到准确的测量结果。

铂铑$_{10}$-铂热电偶不能在还原性气体中或含有金属或非金属蒸气的气体中使用，除非用非金属套管保护，更不允许直接插入金属的保护套管中。铂铑$_{10}$-铂热电偶中，负极铂丝的纯度要求很高。在长期高温下使用，极易玷污，铑会从正极的铂铑合金中扩散到铂负极中去，会导致热电势下降，从而引起分度特性改变。在这种情况下铂铑$_{30}$-铂铑$_{6}$ 热电偶将更好，更稳定。

⑥ 铂铑$_{30}$-铂铑$_{6}$ 热电偶　凡是铂铑$_{30}$-铂热电偶所具备的优点，铂铑$_{30}$-铂铑$_{6}$ 热电偶基本上都具备，其测量温度范围是目前最高的（0 ～ 1 800 ℃）。它不存在负极铂丝所存在的缺点，因为它的负极是由铂铑合成的，因此长期使用后，热电势下降的情况不严重。

5. 热电偶的结构和制备

（1）对热电偶的结构要求

为了保证热电偶的正常工作，对热电偶的结构提出如下要求：

① 热电偶的热接点要焊接牢固；

② 两电极间除了热接点外，必须有良好的绝缘，防止短路；

③ 导线与热电偶的参比端的联结要可靠、方便；

④ 热电偶在有害介质中测量温度时，保护管应保证把被测介质与热电极隔绝开来。

（2）热电偶的制备

在设计制备热电偶时，热电极的材料，直径的选择，应根据测量范围，测定对象的特点，以及电极材料的价格，机械强度、热电偶的电阻值而定。贵金属材料一般选用直径 0.5 mm；普通金属电极由于价格较便宜，直径可以粗一些，一般为 1.5～3 mm。

热电偶的长度应由它的安装条件及需要插入被测介质的深度决定，可以从几百毫米到几米不等。

热电偶接点常见结构形式如图Ⅲ-1-12 所示。

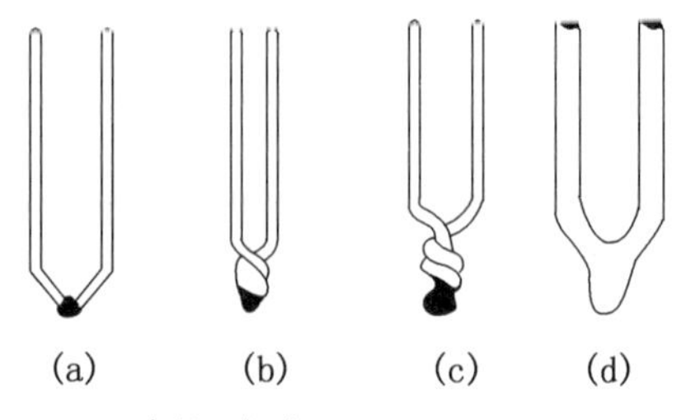

（a）直径一般为 0.5 mm；

（b）直径一般为 1.5 ～ 3 mm；

（c）直径一般为 3 ～ 3.5 mm；

（d）热电极直径大于 3.5 mm 才采用。

图Ⅲ-1-12　热电偶接点常见结构

热电偶热接点可以是对焊，也可以预先把两端线绕在一起再焊。应注意绞焊圈不宜超过2～3圈，否则工作端将不是焊点，而向上移动，测量时有可能带来误差。

普通热电偶的热接点可以用电弧、乙炔焰、氢氧吹管的火焰来焊接。当没有这些设备时，也可以用简单的点熔装置来代替。用一只调压变压器把市用220 V电压调至所需电压，以内装石墨粉的铜杯为一极，热电偶作为另一极，把已经绞合的热电偶接点处，沾上一点硼砂，熔成硼砂小珠，插入石墨粉中(不要接触铜杯)，通电后，使接点处发生熔融，成一光滑的圆珠即成。

热电偶在装入保护管之前，为了防止热电极短路，一般要用绝缘瓷管套好。

(3) 热电偶的结构形式

热电偶的结构形式可分为普通热电偶，铠装热电偶，薄膜热电偶。

① 普通热电偶　普通热电偶主要用于测量气体、蒸气、液体等介质的温度。由于应用广泛，使用条件大部分相同，所以大量生产了若干通用标准型式，供选择使用。其中棒型、角型、锥型等，并且分别做成无专门固定装置、有螺纹固定装置及法兰固定装置等多种形式。

② 铠装热电偶　铠装热电偶是由热电极、绝缘材料和金属保护套管三者组合成一体的特殊结构的热电偶，铠装热电偶与普通结构的热电偶比较起来，具有许多特点。

首先铠装热电偶的外径可以加工得很小，长度可以很长(最小直径可达0.25 mm，长度几百米)。它的热响时间很小，最小可达毫秒数量级，这对采用电子计算机进行检测控制具有重要意义。它节省材料，有很大的可挠性。其次寿命长，具有良好的机械性能，耐高压，有良好的绝缘性。

③ 薄膜热电偶　薄膜热电偶是由两种金属薄膜连接在一起的一种特殊结构的热电偶。测量端既小又薄，厚度可达0.01～0.1 μm。因此热容量很小，可应用于微小面积上的温度测量。反应速度快，时间常数可达微秒级。薄膜热电偶分为片状、针状或热电极材料直接镀在被测物表上三大类。

薄膜热电偶是近年发展起来的一种新的结构形式。随着工艺、材料的不断改进，是一种很有前途的热电偶。

(4) 热电偶的使用注意事项

① 热电偶使用前，注意挑选合适的热电偶，即温度范围合适，环境气氛适应，同时参比端的温度恒定。测温前要测试确定热电偶的正、负极。

② 热电偶使用前，要求对热电偶的热电势误差进行检验，绘制温度与热电势的标准曲线(又称工作曲线)。

③ 测量较低热电势时，如灵敏度不够，可以把数个热电偶串联使用，增大温差电势，增加测量精度。几个热电偶串联成热电堆的温差电势等于各个热电偶电势之和。

6. 热电偶的温度-热电势标准线的制备

用一系列温度恒定的标准系统，如CO_2的升华点，水的冰点与沸点，硫的沸点；以及铋、镉、铅、锌、银、金的熔点。把被检验的热电偶测量端插入标准系统，参比端插入冰水平衡系统，测定其热电势。具体装置如图Ⅲ-1-13所示。操作时，先把含有标

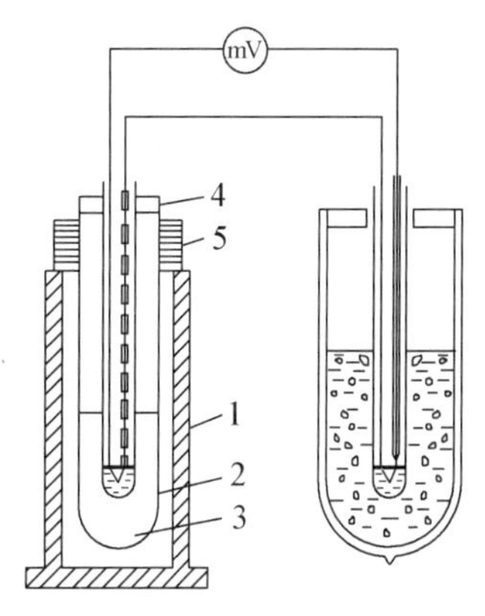

1—电炉；2—样品管；3—样品；4—软木塞；5—石棉布套。

图Ⅲ-1-13　热电偶校正装置

准系统的试管轻插入电炉，用 100 V 电压进行加热，直至试管中的样品熔融，停止加热。用热电偶套管轻轻搅拌样品，保持冷却速度 3 ~ 4 $K \cdot min^{-1}$，每分钟读一次数据，即可得到一条热电势～时间曲线。从此曲线的转折平线可得到相应的热电势和温度数值。选择几个不同的样品重复测定，即可得到热电偶的工作曲线。

1.4 热效应的测量方法

热化学的数据主要是通过量热实验获得。量热实验所用的仪器为量热计，量热计的测量原理及工作方式文献中公开报道已有上百种，并各具有不同的特色。根据测量原理可以分成补偿式和温差式两大类。

1.4.1 补偿式量热法

补偿式量热的测定是把研究系统置于一等温量热计中，这种量热计的研究系统与环境之间进行热交换时，两者的温度始终保持恒定，并且与环境温度相等。反应过程中研究系统所放出的或吸收的热量是依赖恒温环境中的某物理量的变化所引起的热流给予连续的补偿。利用相变潜热或电－热效应是常用的方法。

1. 相变补偿量热法

将一反应系统置于冰水浴中（冰量热计）。研究系统被一层纯的固体冰包围，而且固体冰与液相水处于相平衡。研究系统发生放热反应时，则部分冰融化为水，只要知道冰单位质量的融化焓，测出熔化冰的质量，就可以求得所放出的热量。反之，研究系统发生吸热反应，也同样可以通过冰增加的质量求得热效应。这种量热计除了冰－水为环境介质外，也可采用其他类型的相变介质。这种量热计测量简单，具有灵敏度及准确度高的优点，但也有其局限性，热效应必须是处于相变温度这一特定条件下发生。

2. 电效应补偿量热法

对于研究系统所发生的过程是一个吸热反应时，可以利用电加热器提供热流对其进行补偿，使温度保持恒定。但要求做到加热时，热损失和所加入的热流相比较可小到忽略不计。这时所吸的热量可由测量电加热器中的电流 I 和电压 V 直接求得：

$$\Delta H = Q_p = \int V(t) I(t) \mathrm{d}t \tag{1.27}$$

在实验“溶解热的测定”中，就是运用电热补偿法的典例。

为了能精确测量不大的热流，可以借助标准电阻，并用电位差计法测量。标准电阻与加热器串联接入电路，用电位差计测量标准电阻和加热器上的电压降，即可准确求得热效应。

1.4.2 温差式量热法

研究系统在量热计中发生热效应时，如果与环境之间不发生热交换，热效应会导致量热计的温度发生变化。通过在不同时间测量温度变化即可求得反应热效应。

1. 绝热式量热计

这类量热计的研究系统与环境之间应不发生热交换，这当然是理想状态的。环境与系统之间不可能不发生热交换，因此所谓绝热式量热计只能近似视为绝热。为了尽可能达到绝热效果，所用的量热计一般都采用真空夹套，或在量热计的外壁涂以光亮层，尽量减少由于对流和辐射引起的热损耗。氧弹式量热计结构原理如图Ⅲ-1-15 所示。

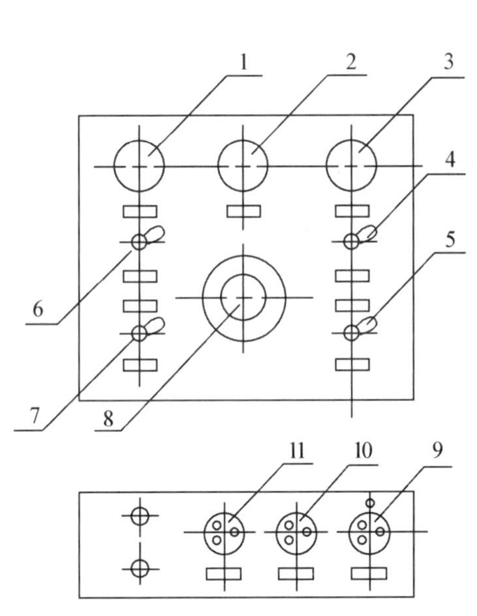

1—总电源指示灯；2—计时指示灯；3—点火指示灯；4—搅拌开关；5—点火开关；6—总电源开关；7—计时开关；8—调节点火电流电位器；9—搅拌器插座(220 V)；10—振动插座；11—照明插座。

图Ⅲ-1-14 控制箱面板示意图

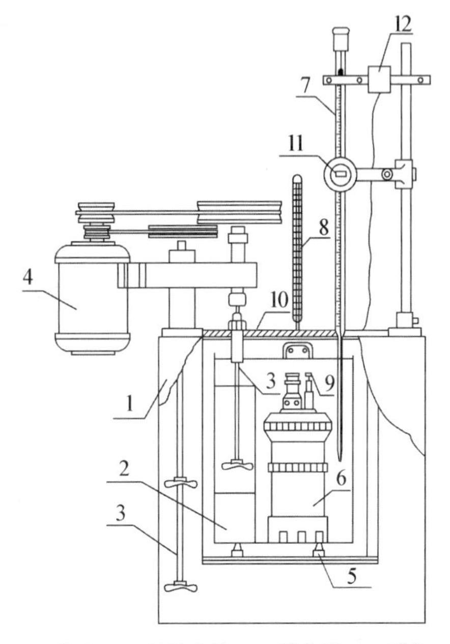

1—外壳；2—量热容器；3—搅拌器；4—搅拌马达；5—绝热支柱；6—氧弹；7—贝克曼温度计；8—工业用玻套温度计；9—电极；10—盖子；11—放大镜；12—电动振动装置。

图Ⅲ-1-15 氧弹式量热计结构图

当一个放热反应在绝热量热计中进行时，量热计与研究系统的温度会发生变化。如果能知道量热计的各个部件，工作介质及研究系统的总体热容，就可以方便地从其总体的温度变化求出反应过程放出的热量。

$$Q_V = C_{量热计} \cdot \Delta T \tag{1.28}$$

式中：$C_{量热计}$ 为量热计的总体热容，ΔT 则是根据时间变化而测量出的温差。在整个实验过程中，系统与环境的热交换即热损耗是在所难免。因此 $C_{量热计}$ 必须用已知热效应值的标准物质在相应的实验条件下进行标定，再用雷诺(Reynolds)作图法予以修正。绝热式量热计结构简单，计算方便，应用较广，适用于测量反应速度较快，热效应较大的反应。

为了使实验能在更好的“绝热”条件下进行，减少实验误差。在仪器的内筒和外筒中都安上一个铂电阻感温元件，并配有可控硅电子元件，自动跟踪研究系统的温度变化，并维持环境与系统的温度保持平衡，达到绝热的目的。此仪器的结构原理如图Ⅲ-1-16 所示。

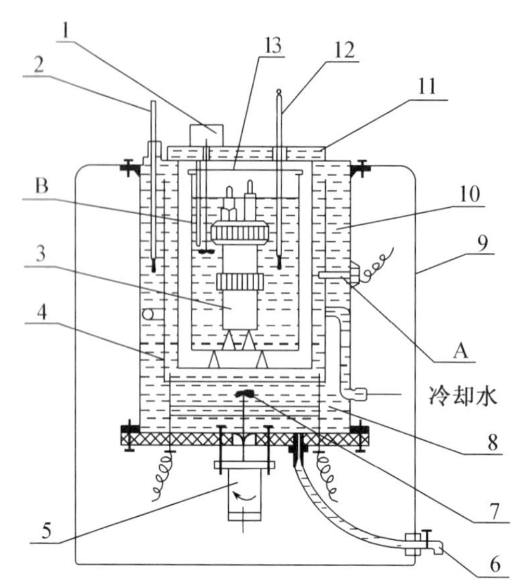

1—内筒搅拌器；2—外筒贝克曼温度计；3—氧弹；4—外筒搅拌筒；5—外筒搅拌电机；
6—外筒放水龙头；7—外筒搅拌器；8—外筒加热极板；9—外壳；10—外筒；11—水帽；
12—内筒贝克曼温度计；13—内筒；A、B. 铂电阻传感器。

图Ⅲ-1-16　结构原理示意图

2. 热导式量热计

此类量热计是量热容器放在一个容量很大的恒温金属块中，并且由导热性能良好热导体把它紧密接触联系起来，如图Ⅲ-1-17 所示。

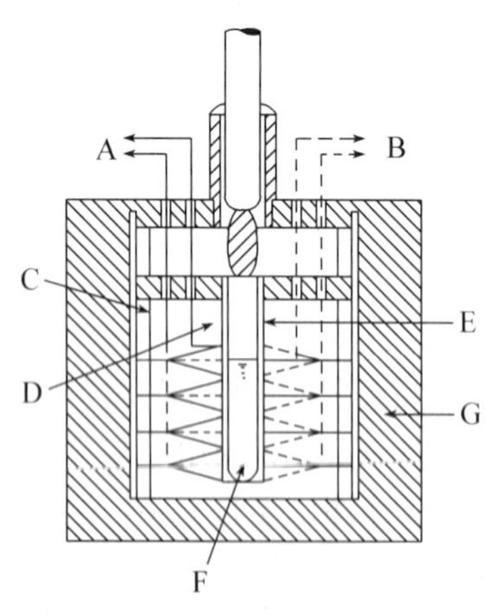

A—热电偶；B—制冷器；C—恒温导热体；D—内室；
E—镀银夹套；F—反应管；G—恒温外套。

图Ⅲ-1-17　热导式量热计

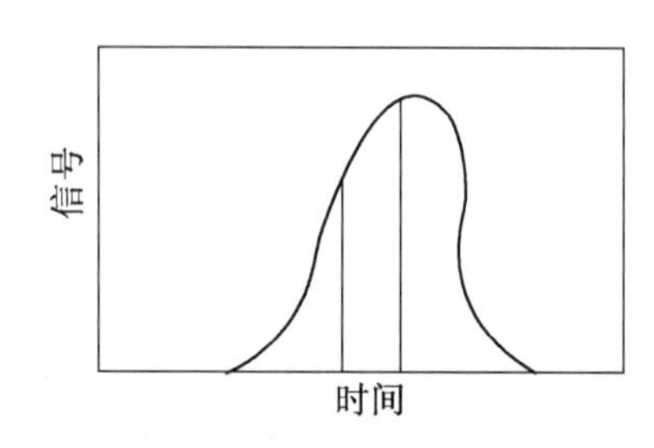

图Ⅲ-1-18　热导式量热计记录曲线

当量热器中产生热效应时，一部分热使研究系统温度升高，另一部分由热导体传递给环境(恒温金属块)，只要测出量热容器与恒温金属块之间的温差随时间的变化作图，如图Ⅲ-1-18。曲线下的面积正比于反应中流出的总热量。

热导式量热计要求环境是具有很大热容的受热器，它的温度不因热流的流入、流出而改变。沿热导体流过的热量大小可由热导体(热电偶)的某物理量的变化(由温差所引起的电动势变化)而计算出来。

可用 Tian 方程来描述:

$$p=\frac{\mathrm{d}Q}{\mathrm{d}t}=\frac{\mathrm{d}Q_c}{\mathrm{d}t}+\frac{\mathrm{d}Q_\varphi}{\mathrm{d}t}=C_p\frac{\mathrm{d}(\Delta T)}{\mathrm{d}t}+np\Delta T \qquad (1.29)$$

式中:C_p 为量热容器及其内含物的总热容;p 为热导材料的热导系数;n 为热电偶数目。由于热电堆输出的电动势与 ΔT 成正比,而记录仪响应值 h 与电动势成正比,所以 h 正比于 ΔT,设比例常数为 G,则式(1.28)积分,得到从 $t_1 \to t_2$ 时间内产生的热量:

$$Q=\frac{C_p}{G}\int_{t_1}^{t_2}\frac{\mathrm{d}h}{\mathrm{d}t}\mathrm{d}t+\frac{np}{G}\int_{t_1}^{t_2}h\mathrm{d}t=\frac{C_p}{G}(h_2-h_1)+\frac{np}{G}A \qquad (1.30)$$

A 为 $t_1 \to t_2$ 时间内记录曲线下面积,h_1 和 h_2 分别为 t_1 和 t_2 时曲线的峰高。此热谱曲线的峰面积由电能进行标定。

热导式量热计适用于研究反应速度慢,热量小的过程,如生物过程热效应。

第2章　温度的控制技术

物质的物理性质和化学性质，如折光率、黏度、蒸气压、密度、表面张力、化学平衡常数、反应速率常数、电导率等都与温度有密切的关系。许多物理化学实验不仅要测量温度，而且需要精确地控制温度。实验室中所用的恒温装置一般分成高温恒温(＞250 ℃)；常温恒温(室温～250 ℃)及低温恒温(室温～－218 ℃)三大类。

控温采用的方法是把待控温系统置于热容比它大得多的恒温介质浴中。

2.1　常温控制

在常温区间，通常用恒温槽作为控温装置，恒温槽是实验工作中常用的一种以液体为介质的恒温装置，用液体作介质的优点是热容量大，导热性好，使温度控制的稳定性和灵敏度大为提高。

根据温度的控制范围可用下列液体介质：

－60 ～ 30 ℃ 用乙醇或乙醇水溶液；

0 ～ 90 ℃ 用水；

80 ～ 160 ℃ 用甘油或甘油水溶液；

70 ～ 300 ℃ 用液体石蜡、汽缸润滑油、硅油。

2.1.1　恒温槽的构造及原理

恒温槽的构件组成如图Ⅲ-2-1所示。

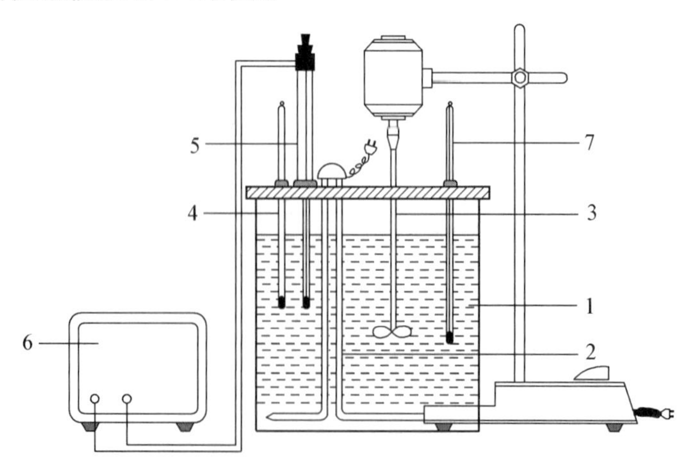

1—浴漕；2—加热器；3—搅拌器；4—温度计；5—水银定温计；6—恒温控制器；7—贝克曼温度计。

图Ⅲ-2-1　常温恒温槽构件组成图

1. 槽体

如果控制温度与室温相差不大,可用敞口大玻缸作为浴槽,对于较高和较低温度,应考虑保温问题。具有循环泵的超级恒温槽,有时仅作供给恒温液体之用,而实验在另一工作槽内进行。这种利用恒温液体作循环的工作槽可做得小一些,以减小温度控制的滞后性。

2. 搅拌器

加强液体介质的搅拌,对保证恒温槽温度均匀起着非常重要的作用。搅拌器的功率、安装位置和桨叶的形状,对搅拌效果有很大影响。恒温槽愈大,搅拌功率也该相应增大。搅拌器应装在加热器上面或靠近加热器,使加热后的液体及时混合均匀再流至恒温区。搅拌桨叶应是螺旋式或涡轮式,且有适当的片数、直径和面积,以使液体在恒温槽中循环。为了加强循环,有时还需要装导流装置。在超级恒温槽中用循环流代替搅拌,效果仍然很好。

3. 加热器

若恒温的温度高于室温,则需不断向槽中供给热量以补偿其向四周散失的热量;若恒温的温度低于室温,则需不断从恒温槽取走热量,以抵偿环境向槽中传热。在前一种情况下,通常采用电加热器间歇加热来实现恒温控制。对电加热器的要求是热容量小,导热性好,功率适当。

4. 感温元件

它是恒温槽的感觉中枢,是提高恒温槽精度的关键部件。感温元件的种类很多,如接触温度计(或称水银定温计)、热敏电阻感温元件等。这里仅以接触温度计为例说明它的控温原理。接触温度计的构造如图Ⅲ-2-2所示。其结构与普通水银温度计不同,它的毛细管中悬有一根可上下移动的金属丝,从水银槽也引出一根金属丝,两根金属丝再与温度控制系统连接。在定温计上部装有一根可随管外永久磁铁旋转的螺杆。螺杆上有一指示金属片(标铁),金属片与毛细管中金属丝(触针)相连。当螺杆转动时金属片上下移动即带动金属丝上升或下降。

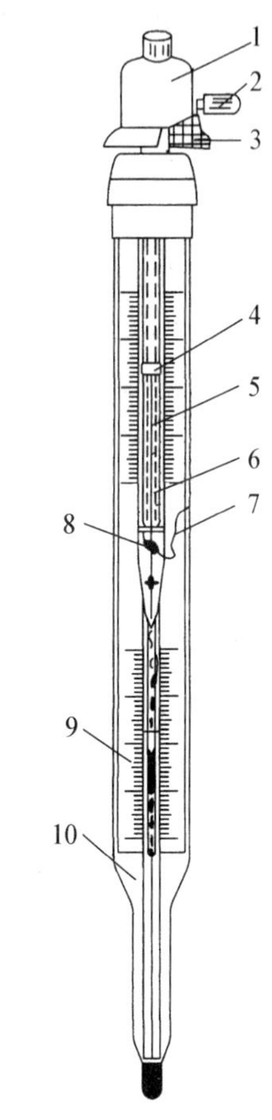

1—调节帽;2—固定螺丝;3—磁钢;4—指示铁;5—钨丝;6—调节螺杆;7—铂丝接点;8—铂弹簧;9—水银柱;10—铂丝接点。

图Ⅲ-2-2 水银定温计

调节温度时,先转动调节磁帽,使螺杆转动,带着金属片移动至所需温度(从温度刻度板上读出)。当加热器加热后,水银柱上升与金属丝相接,线路接通,使加热器电源被切断,停止加热。由于水银定温计的温度刻度很粗糙,恒温槽的精确温度应该由另一精密温度计指示。当所需的控温温度稳定时,将磁帽上的固定螺丝旋紧,使之不发生转动。

水银定温计的控温精度通常为±0.1 ℃,甚至可达±0.05 ℃,对一般实验来说是足够精密的了。水银定温计允许通过的电流很小,约为几个毫安以下,不能同加热器直接相连。因为加热器的电流约为1 A左右,所以在定温计和加热器中间加一个中间媒介,即电子管继电器。

5. 电子管继电器

电子管继电器由继电器和控制电路两部分组成，其工作原理如下。

可以把电子管的工作看成一个半波整流器（图Ⅲ-2-3），R_0-C_1 并联电路的负载，负载两端的交流分量用来作为栅极的控制电压。当定温计触点为断路时，栅极与阴极之间由于 R_1 的耦合而处于同位，也即栅偏压为零。这时板流较大，约有 18 mA 通过继电器，能使衔铁吸下，加热器通电加热；当定温计为通路，板极是正半周，这时 R_0-C_1 的负端通过 C_2 和定温计加在栅极上，栅极出现负偏压，使板极电流减少到 2.5 mA，衔铁弹开，电加热器断路（R_0 为 220 V、直流电阻约 2 200 Ω 的电磁继电器）。

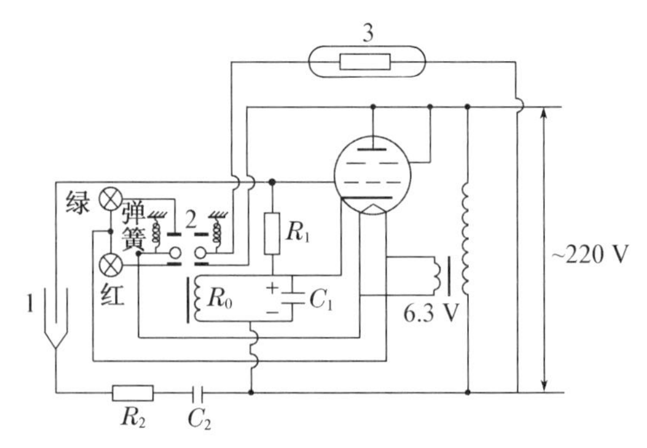

1—水银定温计；2—衔铁；3—电热器。

图Ⅲ-2-3　电子继电器线路图

因控制电压是利用整流后的交流分量，R_0 的旁路电容 C_1 不能过大，以免交流电压值过小，引起栅偏压不足，衔铁吸下不能断开；C_1 太小，则继电器衔铁会颤动，这是因为板流在负半周时无电流通过，继电器会停止工作，并联电容后依靠电容的充放电而维持其连续工作，如果 C_1 太小就不能满足这一要求。C_2 用来调整板极的电压相位，使其与栅压有相同峰值。R_2 用来防止触电。

电子继电器控制温度的灵敏度很高。通过定温计的电流最多为 30 μA，因而定温计使用寿命很长，故获得普遍使用。

随着电子技术的发展，电子继电器中电子管大多已为晶体管所代替，WMZK-01 型的控温仪是用热敏电阻作为感温元件的晶体管继电器。它的温控系统，由直流电桥电压比较器、控温执行继电器等部分组成。当感温探头热敏电阻感受的实际温度低于控温选择温度时，电压比较器输出电压，使控温继电器输出线柱接通，恒温槽加热器加热，当感温探头热敏电阻感受温度与控温选择温度相同或高于时，电压比较器输出为“0”，控温继电器输出线柱断开，停止加热，当感温探头感受温度再下降时，继电器再动作，重复上述过程达到控温目的。其面板图，使用接线图如图Ⅲ-2-4 和图Ⅲ-2-5 所示。

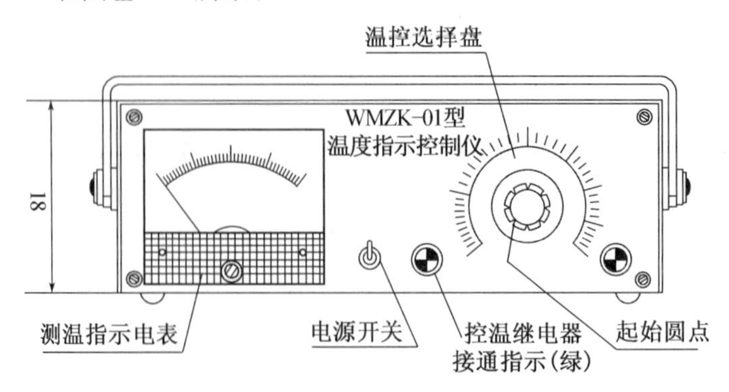

图Ⅲ-2-4　控温仪面板图

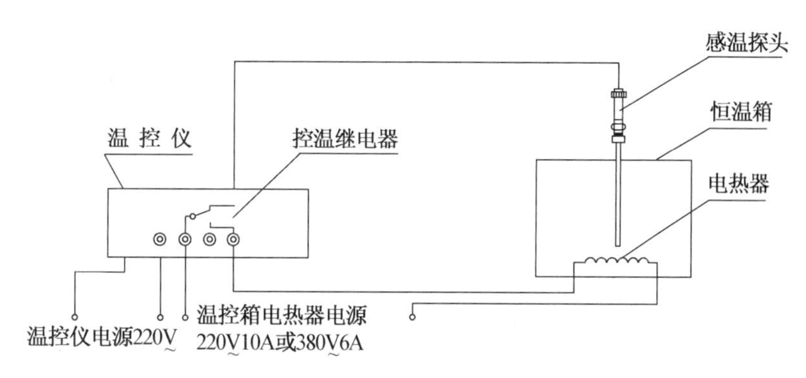

图Ⅲ-2-5 控温仪接线图

使用该仪器时须注意感温探头的保护。感温探头中热敏电阻是采用玻璃封结，使用时应防止与较硬的物件相撞，用毕后感温探头头部用保护帽套上，感温探头浸没深度不得超过200 mm。使用时若继电器跳动频繁或跳动不灵敏，可将电源相位反接。

该仪器主要技术指标如表Ⅲ-2-1所示。

表Ⅲ-2-1 主要技术指标

控温范围	−50～+50 ℃	10～50 ℃	10～100 ℃	50～200 ℃	20～300 ℃
控制动作灵敏度	1 ℃	0.6 ℃	1 ℃	1 ℃	2 ℃
测温误差	±3 ℃	±1 ℃	±2 ℃	±5 ℃	±10 ℃
温控选择盘误差	±3 ℃	±2 ℃	±2 ℃	±5 ℃	±10 ℃
工作环境温湿度	0～40 ℃ 相对湿度不超过80%				
控温继电器输出	220 V～ 10 A 或 380 V 6 A(阻性)				
仪器电源	220 V～ ±10% 50 Hz±2%				
仪器消耗功率	<6 W				

2.1.2 恒温槽的性能测试

恒温槽的温度控制装置属于“通”“断”类型，当加热器接通后，恒温介质温度上升，热量的传递使水银温度计中水银柱上升。但热量传递需要时间，因此常出现温度传递的滞后。往往是加热器附近介质的温度超过指定温度，所以恒温槽的温度高于指定温度。同理降温时也会出现滞后现象。由此可知恒温槽控制的温度有一个波动范围，并不是控制在某一固定不变的温度。并且恒温槽内各处的温度也会因搅拌效果优劣而不同。控制温度的波动范围越小，各处的温度越均匀，恒温槽的灵敏度越高。灵敏度是衡量恒温槽性能优劣的主要标志。它除与感温元件、电子继电器有关外，还与搅拌器的效率、加热器的功率等因素有关。

恒温槽灵敏度的测定是在指定温度下(如30 ℃)用较灵敏的温度计记录温度随时间的变化，每隔一分钟记录一次温度计读数，测定30 min。然后以温度为纵坐标、时间为横坐标绘制成温度-时间曲线。如图Ⅲ-2-6所示。图中(a)表示恒温槽灵敏度较高；(b)表示灵敏度较差；(c)表示加热器功率太大；(d)表示加热器功率太小或散热太快。

恒温槽灵敏度 t_E 与最高温度 t_1、最低温度 t_2 的关系式为

$$t_E = \pm \frac{t_1 - t_2}{2} \tag{2.1}$$

t_E 值愈小,恒温槽的性能愈佳,恒温槽精度随槽中区域不同而不同。同一区域的精度又随所用恒温介质、加热器、定温计和继电器(或控温仪)的性能质量不同而异,还与搅拌情况以及所有这些元件间的相对配置情况有关,它们对精度的影响简述如下。

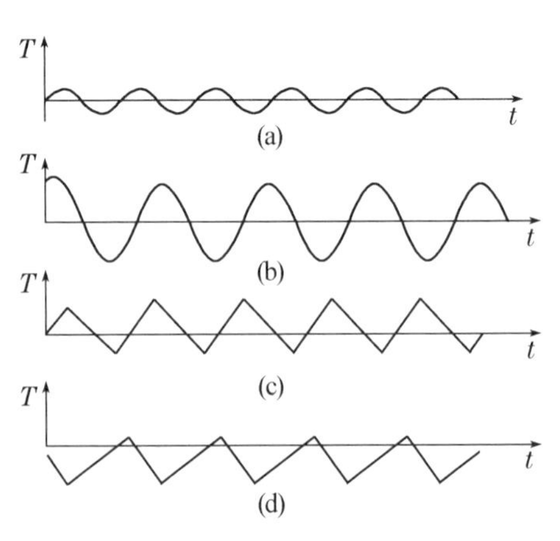

图Ⅲ-2-6　灵敏度曲线

(1) 恒温介质　介质流动性好,热容大,则精度高。

(2) 定温计　定温计的热容小,与恒温介质的接触面积大,水银与铂丝和毛细管壁间的黏附作用小,则精度好。

(3) 加热器　在功率足以补充恒温槽单位时间内向环境散失能量的前提下,加热器功率愈小,精度愈好。另外,加热器本身的热容愈小,加热器管壁的导热效率愈高,则精度愈好。

(4) 继电器　电磁吸引电键,后者发生机械运动所需时间愈短,断电时线圈中的铁芯剩磁愈小,精度愈好。

(5) 搅拌器　搅拌速度需足够大,使恒温介质各部分温度能尽量一致。

(6) 部件的位置　加热器要放在搅拌器附近,以使加热器发出的热量能迅速传到恒温介质的各个部分。定温计要放在加热器附近,并且让恒温介质的旋转能使加热器附近的恒温介质不断地冲向定温计的水银球。被研究的系统一般要放在槽中精度最好的区域。测定温度的温度计应放置在被研究系统的附近。

2.2　自动控温简介

实验室内都有自动控温设备,如电冰箱、恒温水浴、高温电炉等。现在多数采用电子调节系统进行温度控制,具有控温范围广、可任意设定温度、控温精度高等优点。

电子调节系统种类很多,但从原理上讲,它必须包括三个基本部件,即变换器、电子调节器和执行机构。变换器的功能是将被控对象的温度信号变换成电信号;电子调节器的功能是对来自变换器的信号进行测量、比较、放大和运算,最后发出某种形式的指令,使执行机构进行加热或制冷。电子调节系统按其自动调节规律可以分为断续式二位置控割和比例-积分-微分控制两种。

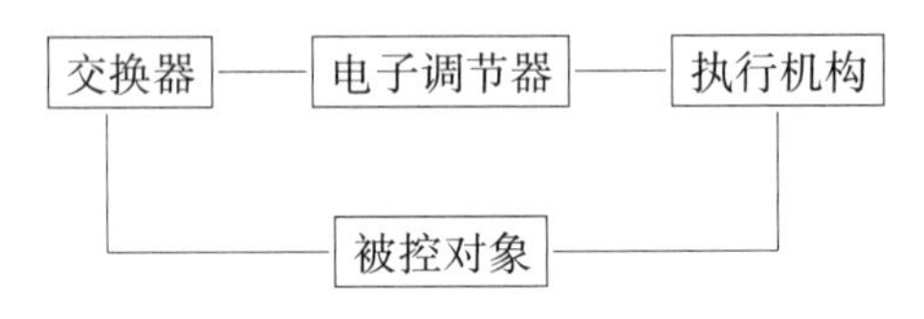

图Ⅲ-2-7　电子调节系统的控温原理

2.2.1 断续式二位置控制

实验室常用的电烘箱、电冰箱、高温电炉和恒温水浴等，大多采用这种控制方法。变换器的形式分为：

（1）双金属膨胀式。利用不同金属的线膨胀系数不同，选择线膨胀系数差别较大的两种金属，线膨胀系数大的金属棒在中心，另外一个套在外面，两种金属内端焊接在一起，外套管的另一端固定，在温度升高时，中心金属棒便向外伸长，伸长长度与温度成正比。通过调节触点开关的位置，可使其在不同温度区间内接通或断开，达到控制温度的目的。其缺点是控温精度差，一般只有几 K 范围。

（2）若控温精度要求在 1 K 以内，实验室多用导电表（电接点温度计）作变换器。

（3）动圈式温度控制器。由于温度控制表、双金属膨胀类变换器不能用于高温，因而产生了可用于高温控制的动圈式温度控制器。采用能工作于高温的热电偶作为变换器。

2.2.2 比例-积分-微分控制（简称 PID）

随着科学技术的发展，要求控制恒温和程序升温或降温的范围日益广泛，要求的控温精度也大大提高，在通常温度下，使用上述的断续式二位置控制器比较方便，但是由于只存在通断两个状态，电流大小无法自动调节，控制精度较低，特别在高温时精度更低。20 世纪 60 年代以来，控温手段和控温精度有了新的进展，控温仪广泛采用 PID 控制器。PID 控制器就是根据系统的误差，利用比例、积分、微分计算出控制量进行控制的。

温度 PID 控制是一个反馈调节的过程：炉温用热电偶测量，由毫伏定值器给出与设定温度相应的毫伏值，热电偶的热电势与定值器给出的毫伏值比较实际温度（PV）和设定温度（SV）的偏差，如有偏差，说明炉温偏离设定温度；偏差值被放大后经过 PID 调节器运算来获得控制信号，该信号经可控硅触发器推动可控硅执行器，控制加热丝的加热时间，达到控制加热功率的目的，从而使偏差消除，炉温保持在所要求的温度控制精度范围内。

比例调节作用，就是要求输出电压能随偏差（炉温与设定温度之差）电压的变化，自动按比例增加或减少。但在比例调节时会产生“静差”，要使被控对象的温度能在设定温度处稳定下来，必须使加热器继续给出一定热量，以补偿炉体与环境热交换产生的热量损耗。但由于在单纯的比例调节中，加热器发出的热量会随温度回升时偏差的减小而减少，当加热器发出的热量不足以补偿热量损耗时，温度就不能达到设定值，这被称为“静差”。

为了克服“静差”需要加入积分调节，也就是输出控制电压与偏差信号电压与时间的积分成正比，只要有偏差存在，即使非常微小，经过长时间的积累，就会有足够的信号去改变加热器的电流，当被控对象的温度回升到接近设定温度时，偏差电压虽然很小，加热器仍然能够在一段时间内维持较大的输出功率，因而消除“静差”。

微分调节作用，就是输出控制电压与偏差信号电压的变化速率成正比，而与偏差电压的大小无关。在情况多变的控温系统，如果偏差电压的突然变化，微分调节器会减小或增大输出电压，以克服由此而引起的温度偏差，保持被控对象的温度稳定。

PID 控制器的参数整定是控制系统设计的核心内容。它是根据被控过程的特性确定 PID 控制器的比例系数、积分时间和微分时间的大小。PID 控制器参数整定的方法有很多，概括起来有两大类：一是理论计算整定法。它主要是依据系统的数学模型，经过理论计算确定控制器参数。这种方法所得到的计算数据未必可以直接用，还必须通过工程实际进行调整和修改。二是工程整定方法，它主要依赖工程经验，直接在控制系统的试验中进行，方法简单、易于掌握，在工程实际中被广泛采用。

PID 控制器参数的工程整定方法，主要有临界比例法、反应曲线法和衰减法。三种方法各有其特点，其共同点都是通过试验，然后按照工程经验公式对控制器参数进行整定。但无论采用哪一种方法所得到的控制器参数，都需要在实际运行中进行最后调整与完善。一般采用的是临界比例法，利用该方法进行 PID 控制器参数的整定步骤如下：① 首先预选择一个足够短的采样周期让系统工作；② 仅加入比例控制环节，直到系统对输入的阶跃响应出现临界振荡，记下这时的比例放大系数和临界振荡周期；③ 在一定的控制度下通过公式计算得到 PID 控制器的参数。

现在的智能数字温控仪一般都有自整定（AT）功能。初次使用时按一下 AT 键，PID 参数将在三次调整周期内自动完成。

第3章 压力的测量技术及仪器

压力是描述系统状态的重要参数之一，许多物理化学性质，例如蒸气压、沸点、熔点几乎都与压力密切相关。在研究化学热力学和动力学中，压力是一个十分重要的参数，因此，正确掌握测量压力的方法、技术是十分重要的。

物化实验中，涉及高压(钢瓶)、常压，以及真空系统(负压)。对于不同压力范围，测量方法不同，所用仪器的精确度也不同。

3.1 压力的定义、单位

3.1.1 压力的定义和单位

工程上把垂直均匀作用在物体单位面积上的力称为压力。而物理学中则把垂直作用在物体单位面积上的力称为压强。在国际单位制中，计量压力量值的单位为“牛顿/平方米”。它就是“帕斯卡”，其表示的符号是 Pa，简称“帕”。物理概念就是 1 牛顿的力作用于 1 平方米的面积上所形成的压强(即压力)。

实际在工程和科学研究中常用到的压力单位还有以下几种：物理大气压、工程大气压、毫米水柱和毫米汞柱。各种压力单位可以按照定义互相换算。压力单位“帕斯卡”是国际上正式规定的单位，而其他单位如“物理大气压”和“巴”两个压力单位暂时保留与“帕”一起使用。

3.1.2 压力的习惯表示方式

地球上总是存在着大气压力，为便于在不同场合表示压力的数值，所以习惯上使用不同的压力表示方式。

(1) 绝对压力　以 P 表示。指实际存在的压力，又叫总压力。

(2) 相对压力　以 p 表示。指和大气压力(P_0)相比较得出的压力，即是绝对压力与用测压仪表测量时的大气压力的差值，称为表压力。

$$p = P - P_0 \tag{3.1}$$

(3) 正压力　绝对压力高于大气压力时，表压力大于 0。此时为正压力，简称压力。

(4) 负压力　绝对压力低于大气压力时，表压力小于 0。此时为负压力，简称负压。又名“真空”，负压力的绝对值大小就是真空度。

(5) 差压力　当任意两个压力 P_1 和 P_2 相比较，其差值称为差压力，简称压差。

实际上测压仪表大部分都是测压差的，因为都是将被测压力与大气压力相比较而测出的两个压力之差值，以此来确定被测压力之大小。

表Ⅲ-3-1 压力单位名称表

序号	压力单位名称	符号	单位	说明	和"帕"的关系
1	帕斯卡	Pa	牛顿/米^2 (N/m^2)	1 牛顿=1 千克·米·秒$^{-2}$ =10^5 达因	
2	标准大气压(物理大气压)	atm		在标准状态下 760 mmHg 高。Hg 的密度=13 595.1 kg·m^{-3}；g=9.806 65 m·s^{-2}	1 atm=1.013 25×10^5 Pa
3	毫米汞柱(乇)	Torr	mmHg	温度=0℃的纯汞汞柱 1 mm 高对底面积的静压力	1 mmHg=1.333 224×10^2 Pa
4	巴	bar	10^6 达因/厘米^2 dyne/cm^2		1 bar=10^5 Pa
5	毫米水柱		mmH$_2$O	温度为 T=4℃时的纯水	1 mm H$_2$O=9.806 383 Pa

3.2 常用测压仪表

3.2.1 液柱式测压仪表

这类仪表有以下特点：

① 测压范围为低于 1 000 mmHg 的压力、压差。

② 测量精度较高。

③ 结构简单，使用方便。

④ 管中所充液最常用为水银。不仅有毒，且玻璃管易破碎，读数精度常不易保证。

液柱式压力计常用的有 U 形压力计、单管式压力计、斜管式压力计，其结构虽然不同，但其测量原理是相同的。物化实验中用得最多的是 U 形压力计。图Ⅲ-3-1 为两端开口的 U 形压力计。其工作原理如下：

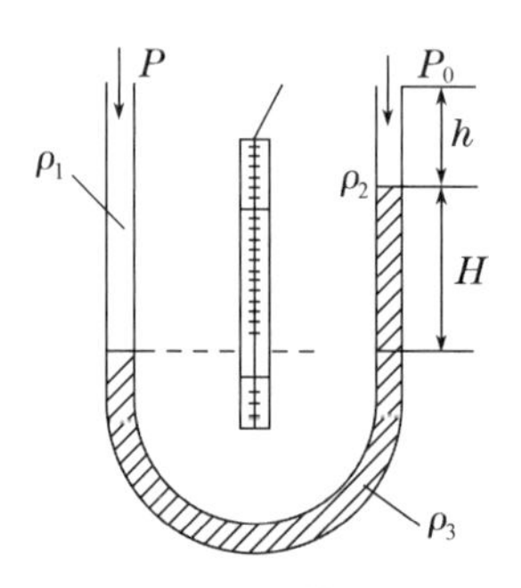

图Ⅲ-3-1 U 形管式差压计

根据液体静力学的平衡原理得

$$P+(H+h)\rho_1 g = H\rho_3 g + h\rho_2 g + P_0 \qquad (3.2)$$

式中：P 为被测压力；ρ_1，ρ_2 为充液上面的保护氛质或空气密度；ρ_3 为充液(水银或水、酒精等)密度；P_0 为大气压力；h 为充液高位面到被测压力 P 的连接口处高度；g 为重力加速度；H 为 U 形管压力计两边液柱高度之差。

式(3.2)也可变形为

$$P-P_0 = h(\rho_2-\rho_1)g + H(\rho_3-\rho_1)g \qquad (3.3)$$

当 $\rho_1=\rho_2$ 时，则

$$P-P_0 = H(\rho_3-\rho_1)g \qquad (3.4)$$

从公式看，选用的充液密度愈小，其 H 愈大，测量灵敏度愈高。由于 U 形压力计两边玻

璃管的内径并不完全相等,因此在确定 H 值时不可用一边的液柱高度变化乘 2,以免引进读数误差。

因为U形管压力计是直读式仪表,所以都采用玻璃管,为避免毛细现象过于严重地影响到测量精度,内径不要小于 10 mm,标尺分度值最小一般为 1 mm。

U形管压力计的读数需进行校正,其主要是环境温度变化所造成的误差。在通常要求不很精确的情况下,只需对充液密度改变时,对压力计读数进行温度校正,即校正至 273.2 K 时的值。

$$\Delta h_0 = \Delta h_t \cdot \frac{\rho_t}{\rho_0} \tag{3.5}$$

充液为汞时 ρ_t/ρ_0 的值如表Ⅲ-3-2 所示。

表Ⅲ-3-2 汞 ρ_t/ρ_0 值

T(K)	273.2	273.8	283.2	288.2	293.2	298.2	303.2	308.2	313.2
ρ_t/ρ_0	1.000	0.999 1	0.998 2	0.997 3	0.996 4	0.995 5	0.994 6	0.993 7	0.992 8

3.2.2 弹性式压力计

利用弹性元件的弹性力来测量压力,是测压仪表中相当主要的形式。由于弹性元件的结构和材料不同,它们具有各不相同的弹性位移与被测压力的关系。物化实验室中接触较多的为单管弹簧管式压力计,压力由弹簧管固定端进入,通过弹簧管自由端的位移带动指针运动,指示出压力值。如图Ⅲ-3-2 所示。常用弹簧管截面有椭圆形和扁圆形两种,可适用一般压力测量。还有偏心圆形等适用于高压测量,测量范围很宽。

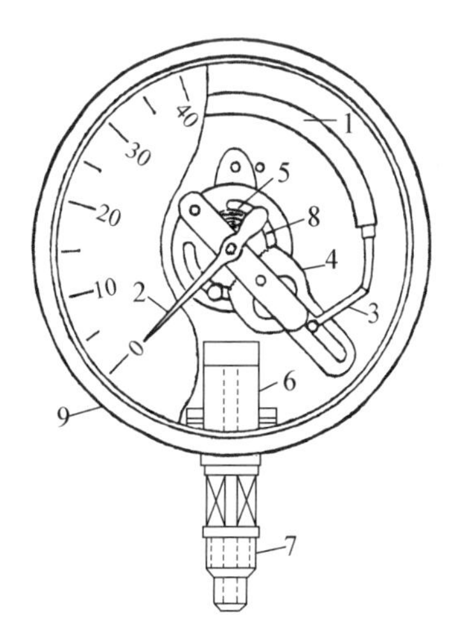

1—金属弹簧管；2—指针；3—连杆；
4—扇形齿轮；5—弹簧；6—座底；
7—测压接头；8—小齿轮；9—外壳。

图Ⅲ-3-2 弹簧式压力表

弹性式压力表使用时注意事项如下:

(1) 合理选择压力表量程。为了保证足够的测量精度,选择的量程应于仪表分度标尺的 1/2 ~ 3/4 范围内。

(2) 使用环境温度不超过 35 ℃,超过 35 ℃应给予温度修正。

(3) 测量压力时,压力表指针不应有跳动和停滞现象。

(4) 对压力表应进行定期校验。

3.2.3 电测压力计

电测压力计由压力传感器、测量电路和电性指示器三部分组成,电测压力计有多种类型,根据压力传感器的不同类型而区分。

1. 霍尔压力变送器

霍尔压力变送器是一种将弹性元件感受压力变化时自由端的位移,通过霍尔元件转换成电压信号输出的压力计。

霍尔元件是一块半导体,它是一种磁电转换元件,其测压原理如下。

把一霍尔片固定在弹性元件上,当弹性元件受压变形而产生位移时带动霍尔片运动。霍尔片放在具有均匀梯度磁场内(不均匀磁场),磁场分布如图Ⅲ-3-3。当霍尔片随压力变化运动时,使作用于霍尔片上的磁场强度变化,霍尔电势也随之发生变化。由于左、右两对磁极的磁场方向相反,所以霍尔片在两个磁场内所形成霍尔电势也是反相的。故总的输出电势为两个霍尔电势之差。如果一开始霍尔片处于两个磁场的正中位置,则两个霍尔电势大小相等、方向相反、总输出为零。由于弹性元件的位移带动霍尔片偏离正中位置,则因两个磁场强度不同,就有正比于位移的霍尔电势输出,这样就实现了将机械位移转变成电压信号的目的。

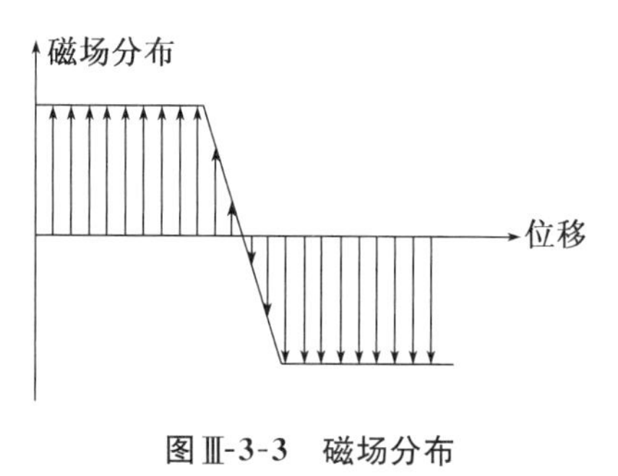

图Ⅲ-3-3　磁场分布

2. 电位器压力变送器

电位器压力变送器常常与动圈式仪表相配合使用。其原理是将测压弹性元件受压以后发生位移带动电位器滑动触点的位移,因而被测压力之变化就转换成了电位器阻值的变化。把该电位器与其他电阻组成一电桥,当电位器阻值变化时,电桥输出一个不平衡电压,加到动圈表头内动圈的两端,指示出压力大小。

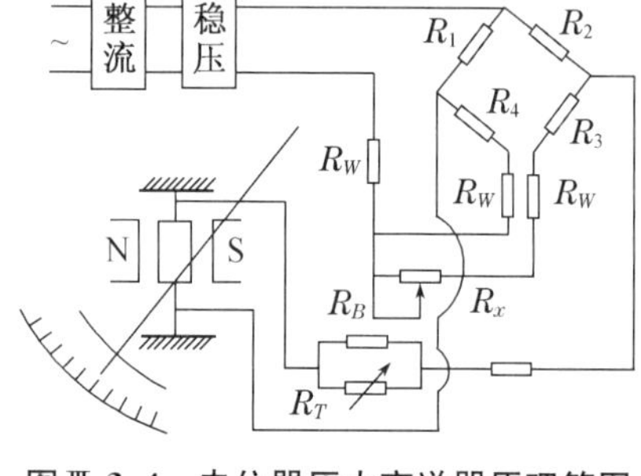

图Ⅲ-3-4　电位器压力变送器原理简图

3. 压电式压力传感器

压电式压力传感器是利用某些材料(如压电晶体、压电陶瓷钛酸钡等)的压电效应原理制成。压电效应是指这些电解质物质在沿一定方向受到外力作用而变形时内部会产生极化现象,同时在表面产生电荷,当去掉外力,又重新回到不带电状态。这种将机械能转变为电能现象称为顺压电现象。因此只要将这种电位引出输入记录仪,通过微机就可进行信号处理。

4. 压阻式压力传感器

压阻式压力传感器是利用某些材料(如硅、锗等半导体)受外界压力应变时,引起电阻率变化的原理制成的,其结构示意图如图Ⅲ-3-5所示,传感器的敏感元件是用某些材料(如单晶硅)的压阻效应,采用IC工艺技术扩散成四个等值应变电阻,组成惠斯登电桥。不受压力作用时,电桥处于平衡状态,当受到压力作用时,电桥的一对桥臂阻力变大,另一对变小,电桥失去平衡。若对电桥加一恒定的电压或电流,便可检测对应于所加压力的电压或电流信号,从而达到测量气体、液体压力大小的目的。

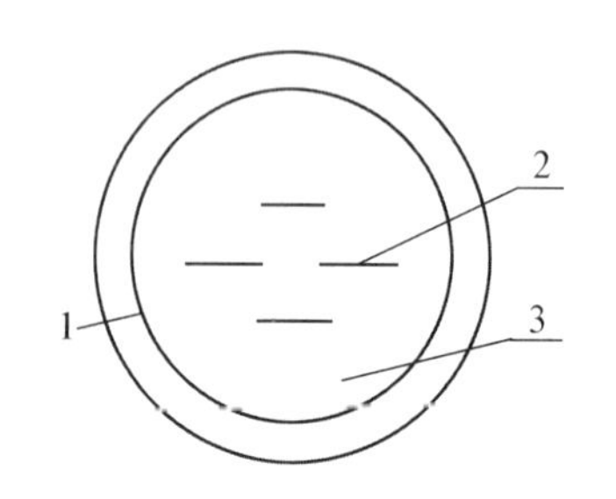

1—不锈钢膜;2—硅应变电阻;3—绝缘层。
图Ⅲ-3-5　压阻式传感器结构图

压阻传感器与压电传感器相比,它表现出显著的特点是响应快,尺寸小,电磁脉冲干扰低。

5. 数字式低真空压力测试仪

在“饱和蒸气压测定实验”中,替代U形管汞压力仪的数字式低真空压力测试仪就是运用压阻式压力传感器,测定实验系统与大气压间的压差的仪器。

其测压接口在仪器后面板。使用时,先把仪器按要求连接在实验系统,要注意实验系统不能漏气。打开电源预热 10 min,选择测量单位,调节旋钮,使数字显示为零。然后开动真空泵,仪器上显示的数字即为实验系统与大气压的压差。

3.3 气 压 计

测量大气压强的仪器称为气压计。实验室常用的有福廷(Fotin)式气压计、固定槽式气压计和空盒气压表等类型。

3.3.1 福廷式气压计

1. 福廷式气压计结构

福廷式气压计是用一根一端封闭的玻璃管,盛水银后倒置在水银槽内,外套是一根黄铜管,玻璃管顶为真空,水银槽底部为一鞣性羚羊皮囊封袋,皮囊下部由调节螺旋支撑,转动螺旋可调节水银槽面的高低。水银槽上部有一倒置的固定象牙针,针尖处于黄铜管标尺的零点,称为基准点。黄铜标尺上附有游标尺。结构见图Ⅲ-3-6。

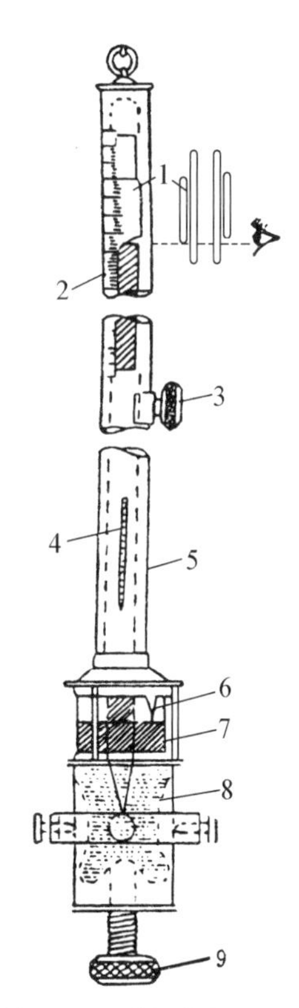

1—游标尺;2—黄铜管标尺;3—游标尺调节螺旋;4—温度计;5—黄铜管;6—象牙针;7—水银槽;8—羚羊皮囊;9—调节螺旋。

图Ⅲ-3-6 福廷式气压计

2. 福廷式气压计使用步骤

首先旋转底部调节螺旋,仔细调节水银槽内水银面恰好与象牙针尖接触(利用水银槽反面的白色板反光,仔细观察)。然后转动气压计旁的游标尺调节螺旋,调节游标尺,直至游标尺两边的边缘与水银面凸面相切,切点的两侧露出三角形的小孔隙,这时游标尺零分度线对应的黄铜标尺的分度即为大气压强的整数部分。其小数部分借助于游标尺,从游标尺上找出一根恰好与黄铜标尺上某一分度线吻合的分度线,则该游标尺上的分度线即为小数部分的读数。

游标尺上共有 20 个分度,相当于标尺上 19 个分度。因此除游标尺零分度线外只可能有一条分度线与标尺分度线吻合,这样游标尺上 20 个分度相当于标尺上的一个分度(1 mmHg,SI 单位为 133.322 Pa),游标尺上的一分度为 1/20 mmHg,即 0.05 mmHg,SI 单位为 6.666 Pa。

记下读数后旋转底部螺丝,使水银面与象牙针脱离接触,同时记录温度和气压计仪器校正值。

3. 福廷式气压计读数校正

人们规定温度为 0 ℃,纬度为 45°,海平面上同 760 mm 水银柱高相平衡的大气压强为标准大气压(760 mmHg,SI 单位为 $1.013\,25\times10^{5}$ Pa)。然而实际测量的条件不尽符合上述规定,因此实际测得的值除应校正仪器误差外,还需进行温度、纬度和海拔高度的校正。

(1) 仪器校正　气压计本身不够精确，在出厂时都附有仪器误差校正卡。每次观察气压读数，应根据该卡首先进行校正。若仪器校正值为正值，则将气压计读数加校正值，若校正值为负值，则将气压计读数减去校正值的绝对值。气压计每隔几年应由计量单位进行校正，重新确定仪器的校正值。

(2) 温度校正　温度的变化引起水银密度的变化和黄铜管本身长度的变化，由于水银的密度随温度的变化大于黄铜管长度随温度的变化，因此当温度高于 0 ℃时，气压计读数要减去温度校正值，而当温度低于 0 ℃时，气压计读数要加上温度校正值。

温度校正值按下式计算：

$$p_0 = \frac{1+\beta t}{1+\alpha t} p = \left[1 - t\left(\frac{\alpha - \beta}{1+\alpha t}\right)\right] p \tag{3.6}$$

式中：p 为气压计读数；t 为测量时温度(℃)；α 为水银在 0 ～ 35 ℃ 之间的平均体膨胀系数，为 0.000 181 8 K^{-1}；β 为黄铜的线膨胀系数，为 0.000 018 4 K^{-1}；p_0 为读数校正到 0 ℃时的数值。

为了使用方便，常将温度校正值列成表，如果测量温度 t 及气压 p 不是整数，使用该表时可采用内插法，也可用上面公式计算。

表Ⅲ-3-3　气压计温度校正值①

温度(℃)	740 mmHg	750 mmHg	760 mmHg	770 mmHg	780 mmHg
0	0.00	0.00	0.00	0.00	0.00
1	0.12	0.12	0.12	0.13	0.13
2	0.24	0.25	0.25	0.25	0.15
3	0.36	0.37	0.37	0.38	0.38
4	0.48	0.49	0.50	0.50	0.51
5	0.60	0.61	0.62	0.63	0.64
6	0.72	0.73	0.74	0.75	0.76
7	0.85	0.86	0.87	0.88	0.89
8	0.97	0.98	0.99	1.01	1.02
9	1.09	1.10	1.12	1.13	1.15
10	1.21	1.22	1.24	1.26	1.27
11	1.33	1.35	1.36	1.38	1.40
12	1.45	1.47	1.49	1.51	1.53
13	1.57	1.59	1.61	1.63	1.65
14	1.69	1.71	1.73	1.76	1.78
15	1.81	1.83	1.86	1.88	1.91
16	1.93	1.96	1.98	2.01	2.03
17	2.05	2.08	2.10	2.13	2.16
18	2.17	2.20	2.23	2.26	2.29
19	2.29	2.32	2.35	2.38	2.41
20	2.41	2.44	2.47	2.51	2.54
21	2.53	2.56	2.60	2.63	2.67
22	2.65	2.69	2.72	2.76	2.79
23	2.77	2.81	2.84	2.88	2.92
24	2.89	2.93	2.97	3.01	3.05

(续表Ⅲ-3-3)

温度(℃)	740 mmHg	750 mmHg	760 mmHg	770 mmHg	780 mmHg
25	3.01	3.05	3.09	3.13	3.17
26	3.13	3.17	3.21	3.26	3.30
27	3.25	3.29	3.34	3.38	3.42
28	3.37	3.41	3.46	3.51	3.55
29	3.49	3.54	3.58	3.63	3.68
30	3.61	3.66	3.71	3.75	3.80
31	3.73	3.78	3.83	3.88	3.93
32	3.85	3.90	3.95	4.00	4.05
33	3.97	4.02	4.07	4.13	4.18
34	4.09	4.14	4.20	4.25	4.31
35	4.21	4.26	4.32	4.38	4.43

① 可根据 1 mmHg = 133.322 Pa 将 mmHg 为单位的大气压强，换算成 SI 单位中以 Pa 为单位的值。由于现用气压计的读数均为 mmHg，所以此处仍用 mmHg 为单位。

(3) 海拔高度和纬度的校正，由于重力加速度随高度和纬度而改变，因此若测量大气压所在处的海拔高度为 h(m)，纬度为 L(度)，则对已经过温度校正的读数 p_0 进一步进行海拔高度和纬度校正：

$$p_s = p_0(1 - 2.6 \times 10^{-3}\cos 2L)(1 - 3.14 \times 10^{-7}h) \tag{3.7}$$

【例】 江苏某地位于北纬 32°，海拔高度 10 m，室温 25 ℃时，在压力计上测得大气压为 759.6 mmHg，该气压计的仪器校正值为+0.4 mmHg，试计算校正后的正确大气压。

解：仪器校正　$759.6 + 0.4 = 760.0$(mmHg)

温度校正　由表Ⅲ-3-3 查得 760 mmHg，25 ℃时，温度校正值为 3.09 mmHg，故

$$760.0 - 3.09 = 756.9(\text{mmHg})$$

纬度与海拔校正　$756.9 \times [1 - 2.6 \times 10^{-3}\cos(2 \times 32)] \times (1 - 3.14 \times 10^{-7} \times 10) = 756.0(\text{mmHg}) = 1.008 \times 10^5(\text{Pa})$

在一般情况下，纬度和海拔高度校正值较小，可以忽略不计。

3.3.2 固定槽式气压计

固定槽式气压计与福廷式气压计结构基本相同，只是该气压计装在体积固定的槽中，在测量时只需读取玻管内水银柱高度而不需调节槽内水银面的高低。当气压变动时槽内水银面的升降已计入气压计的标度内(即已有管上的刻度补偿)，因此，气压计所用玻管和水银槽内径在制造时严格控制，使与铜管上的刻度标尺配合。由于不需调节水银面高度，固定槽式气压计使用方便，并且测量精度不低于福廷式气压计。其结构如图Ⅲ-3-7

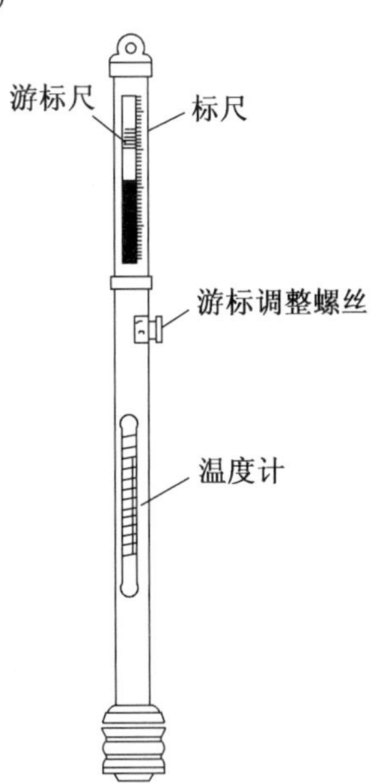

图Ⅲ-3-7　固定槽式气压计

所示。其操作除不需调节水银槽水银面与象牙针尖相切外，其余同福廷式气压计。其读数校正与福廷式气压计完全相同。若读数的单位是毫巴(mbar)，只需乘 3/4 即为 mmHg 值。

3.3.3 空盒气压表

空盒气压表是由随大气压变化而产生轴向移动的空盒组作为感应元件，通过拉杆和传动机构带动指针，指示出大气压值。如图Ⅲ-3-8所示。

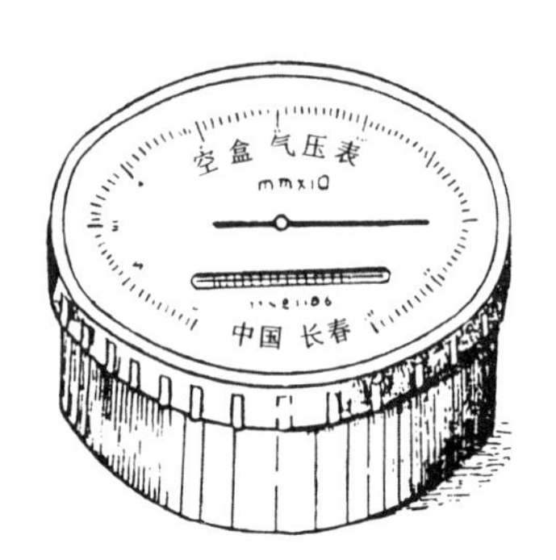

图Ⅲ-3-8　空盒气压表

当大气压增加时，空盒组被压缩，通过传动机构，指针顺时针转动一定角度；当大气压减小时，空盒组膨胀，通过传动机构使指针逆向转动一定角度。

空盒气压表测量范围 600 ～ 800 mmHg，温度在 −10 ～ 40 ℃ 之间，度盘最小分度值为0.5 mmHg。读数经仪器校正和温度校正后，误差不大于 1.5 mmHg。气压计的仪器校正值为 +0.7 mmHg。温度每升高 1 ℃，气压校正值为−0.05 mmHg。仪器刻度校正值见表Ⅲ-3-4。

表Ⅲ-3-4　仪器刻度校正值(mmHg)

仪器示度	校正值	仪器示度	校正值
790	−0.8	690	+0.2
780	−0.4	680	+0.2
770	0.0	670	0.0
760	0.0	660	−0.2
750	+0.1	650	−0.1
740	+0.2	640	0.0
730	+0.5	630	−0.2
720	+0.7	620	−0.4
710	+0.4	610	0.6
700	+0.2	600	−0.8

例如，16.5 ℃时在空盒气压表上读数为 724.2 mmHg，考虑：

仪器校正值　+0.7 mmHg

温度校正值　16.5 × (−0.05) = −0.8(mmHg)

仪器刻度校正值由表Ⅲ-3-4 得+0.6 mmHg，校正后大气压为

$$724.2 + 0.7 - 0.8 + 0.6 = 724.7(\text{mmHg}) = 9.662 \times 10^4(\text{Pa})$$

空盒气压表体积小，重量轻，不需要固定，只要求仪器工作时水平放置。但其精度不如福廷式、固定槽式气压计。

3.4 真空技术简介

真空技术在化学化工、医学、电子学气相反应动力学以及吸附系统的研究等方面都有十分广泛的应用，因而真空的获得与测量在化学实验技术上是非常重要的。

真空是指一个系统的压力低于标准大气压的气态空间。一般把系统压力在 $1.013\times10^{5}\sim1\ 333$ Pa 称为粗真空；1 333～0.133 3 Pa 称为低真空；0.133 3～1.333×10^{-6} Pa 称为高真空；1.333×10^{-6} Pa 以下称为超真空。本节将以线上拓展形式介绍真空的获得、测量以及真空装置的使用等，请微信扫码浏览。

· 真空技术

3.5 高压钢瓶及其使用

3.5.1 钢瓶标记

在实验室中，常会使用各种气体钢瓶。气体钢瓶是贮存压缩气体和液化器的高压容器。容积一般为 40～60 L，最高工作压力为 15 MPa，最低的也在 0.6 MPa 以上。在钢瓶的肩部用钢印打出下述标记：

① 制造厂；② 制造日期；③ 气瓶型号、编号；④ 气瓶质量；⑤ 气体容积；⑥ 工作压力；⑦ 水压试验压力；⑧ 水压试验日期及下次送验日期。

为了避免各种钢瓶使用时发生混淆，常将钢瓶漆上不同颜色，写明瓶内气体名称。

表Ⅲ-3-5 各种气体钢瓶标志

气体类别	瓶身颜色	字样	标字颜色	腰带颜色
氮气	黑	氮	黄	棕
氧气	天蓝	氧	黑	
氢气	深绿	氢	红	红
压缩空气	黑	压缩空气	白	
液氨	黄	氨	黑	
二氧化碳	黑	二氧化碳	黄	黄
氦气	棕	氦	白	
氯气	草绿	氯	白	
石油气体	灰	石油气体	红	

3.5.2 钢瓶使用注意事项

(1) 各种高压气体钢瓶必须定期送有关部门检验。一般气体的钢瓶至少 3 年必须送检一次，充腐蚀性气体钢瓶至少每两年送验一次，合格者才能充气。

(2) 钢瓶搬运时，要戴好钢瓶帽和橡皮腰圈，轻拿轻放。要避免撞击、摔倒和激烈振动，以防爆炸，放置和使用时，必须用架子或铁丝固定牢靠。

(3) 钢瓶应存放在阴凉、干燥、运离热源的地方，避免明火和阳光曝晒。钢瓶受热后，气体膨胀，瓶内压力增大，易造成漏气，甚至爆炸。可燃性气体钢瓶与氧气钢瓶必须分开存放。氢气钢瓶最好放置在实验大楼外专用的小屋内，以确保安全。

(4) 使用气体钢瓶，除 CO_2、NH_3 外，一般要用减压阀。各种减压阀中，只有 N_2 和 O_2 的减压阀可相互通用外，其他的只能用于规定的气体，不能混用，以防爆炸。

(5) 钢瓶上不得沾染油类及其他有机物，特别在气门出口和气表处，更应保持清洁。不可用棉麻等物堵漏，以防燃烧引起事故。

(6) 可燃性气体如 H_2，C_2H_2 等钢瓶的阀门是“反扣”(左旋)螺纹，即逆时针方向拧紧；非燃性或助燃性气体如 N_2、O_2 等钢瓶的阀门是正扣的(右旋)螺纹，即顺时针拧紧。开启阀门时应站在气表一侧，以防减压阀万一被冲出受到击伤。

(7) 可燃性气体要有防回火装置。有的减压阀已附有此装置，也可在导气管中填装铁丝网防止回火，在导气管中加接液封装置也可起防护作用。

(8) 不可将钢瓶中的气体全部用完，一定要保留 0.05 MPa 以上的残留压力。可燃性气体 C_2H_2 应剩余 0.2 MPa ～0.3 MPa (约 2 ～ 3 kg/cm^2 表压)，H_2 应保留2 MPa，以防重新充气时发生危险。

3.5.3 气表的作用与使用

氧气减压阀俗称氧气表，其结构如图Ⅲ-3-9所示。阀腔被减压阀门分为高压室和低压室两部分。前者通过减压阀进口与氧气瓶连接，气压可由高压表读出，表示钢瓶内的气压；低压室经出口与工作系统连接，气压由低压表给出。当顺时针方向(右旋)转动减压阀手柄时，手柄压缩主弹簧，进而传动弹簧垫块、薄膜和顶杆，将阀门打开。高压气体即由高压室经阀门节流减压后进入低压室。当达到所需压力时，停止旋转手柄。停止用气时，逆时针(左旋)转动手柄，使主弹簧恢复自由状态，阀门封闭。

减压阀装有安全阀，当压力超过许用值或减压阀发生故障时即自动开启放气。

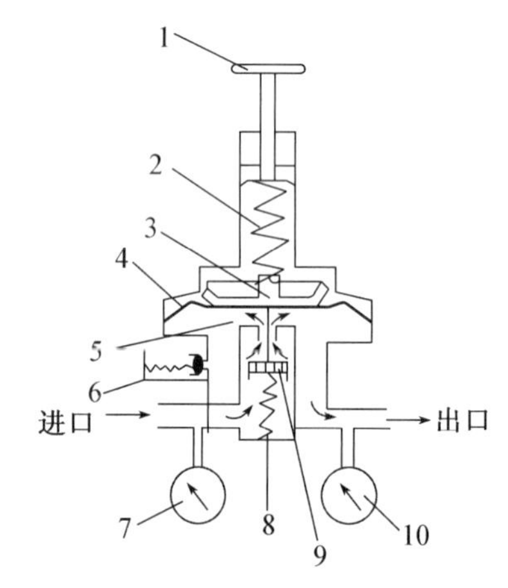

1—手柄；2—主弹簧；3—弹簧垫块；4—薄膜；5—顶杆；6—安全阀；7—高压表；8—弹簧；9—阀门；10—低压表。

图Ⅲ-3-9 减压阀的结构

3.5.4 氧气钢瓶的使用

按图Ⅲ-3-10装好氧气减压阀。使用前，逆时针方向转动减压阀手柄至放松位置。此时减压阀关闭。打开总压阀，高压表读数指示钢瓶内压力。(表压)用肥皂水检查减压阀与钢瓶连接处是否漏气。不漏气，则可顺时针旋转手柄，减压阀门即开启送气，直到所需压力时，停止转动手柄。

停止用气时，先关钢瓶阀门。并将余气排空，直至高压表和低压表均指到“0”。逆时针转动手柄至松的位置。此时减压阀关闭。保证下次开启钢瓶阀门时，不会发生高压气体直接冲进充气系统，保护减压阀的调节压力的作用，以免失灵。

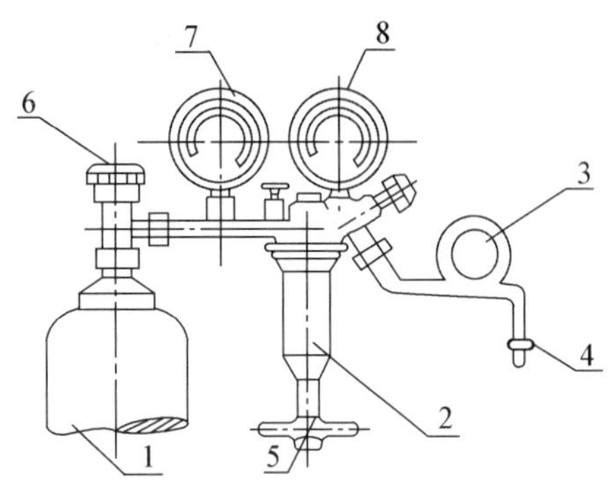

1—氧气瓶；2—减压阀；3—导气管；4—接头；
5—减压阀旋转手柄；6—总阀门；
7—高压表；8—低压表。

图Ⅲ-3-10 减压阀的安装

第 4 章　溶液相关参数的测定技术及仪器

4.1　液体黏度的测定

流体黏度是相邻流体层以不同速度运动时所存在内摩擦力的一种量度。

黏度分绝对黏度和相对黏度。绝对黏度有两种表示方法：动力黏度和运动黏度。动力黏度是指当单位面积的流层以单位速度相对于单位距离的流层流出时所需的切向力，用希腊字母 η 表示黏度系数（俗称黏度），其单位是帕斯卡秒，用符号 Pa · s 表示。运动黏度是液体的动力黏度与同温度下该液体的密度 ρ 之比，用符号 ν 表示，其单位是平方米每秒（m^2/s）。

相对黏度是某液体黏度与标准液体黏度之比，无量纲。

化学实验室常用玻璃毛细管黏度计测量液体黏度。此外，恩格勒黏度计、落球式黏度计、旋转式黏度计等也广泛使用。

4.1.1　毛细管黏度计

有乌氏黏度计和奥氏黏度计。这两种黏度计比较精确，使用方便，适合于测定液体黏度和高聚物相对摩尔质量。

玻璃毛细管黏度计的使用原理：

测定黏度时通常测定一定体积的流体流经一定长度垂直的毛细管所需的时间，然后根据泊塞耳（Poiseuille）公式计算其黏度。

$$\eta = \pi p r^4 t / 8Vl \tag{4.1}$$

式中：V 为时间 t 内流经毛细管的液体体积；p 为管两端的压力差；r 为毛细管半径；l 为毛细管长度。

直接由实验测定液体的绝对黏度是比较困难的。通常采用测定液体对标准液体（如水）的相对黏度，已知标准液体的黏度就可以标出待测液体的绝对黏度。

假设相同体积的待测液体和水，分别流经同一毛细管黏度计，则

$$\eta_{待} = \pi r^4 p_1 t_1 / 8Vl$$

$$\eta_{水} = \pi r^4 p_2 t_2 / 8Vl$$

两式相比，得

$$\eta_{待} / \eta_{水} = p_1 t_1 / p_2 t_2 = hg\rho_1 t_1 / hg\rho_2 t_2 = \rho_1 t_1 / \rho_2 t_2 \tag{4.2}$$

式中：h 为液体流经毛细管的高度；ρ_1 为待测液体的密度；ρ_2 为水的密度。

因此，用同一根玻璃毛细管黏度，在相同的条件下，两种液体的黏度比即等于它们的密度与流经时间的乘积比。若将水作为已知黏度的标准液（其黏度和密度可查阅手册），则通过式（4.2）计算出待测液体的绝对黏度。

4.1.2　乌氏黏度计

乌氏黏度计的外形各异但基本的构造如图Ⅲ-4-1所示，其使用方法亦尽相同，参看“实验二十四实验步骤”。

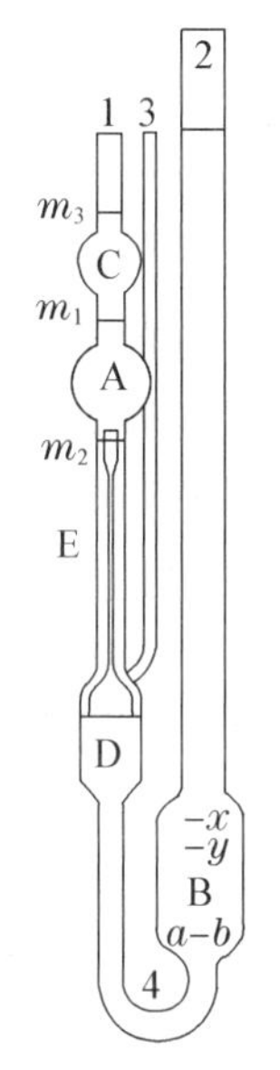

1—主管；2—宽管；3—支管；4—弯管；A—测定球；B—贮器；C—缓冲球；D—悬挂水平贮器；E—毛细管；x、y—充液线；m_1、m_2—环形测定线；m_3—环形刻线；a、b—刻线。

图Ⅲ-4-1　乌氏黏度计

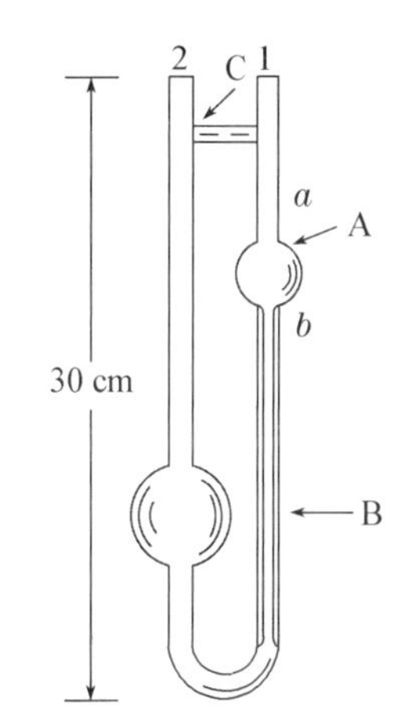

A—球；B—毛细管；C—加固用的玻棒；a、b—环形测定线。

图Ⅲ-4-2　奥氏黏度计

4.1.3　奥氏黏度计

奥氏黏度的结构如图Ⅲ-4-2所示，适用于测定低黏滞性液体的相对黏度，其操作方法与乌氏黏度计类似。但是，由于乌氏黏度计有一支管3，测定时管1中的液体在毛细管下端出口处与管2中的液体断开，形成了气承悬液柱。这样流液下流时所受压力差ρgh与管2中液面高度无关，即与所加的待测液的体积无关故可以在黏度计中稀释液体。而奥氏黏度计测定时，标准液和待测液的体积必须相同，因为液体下流时所受的压力差ρgh与管2中液面高度有关。

4.1.4　使用玻璃毛细管黏度计注意事项

(1) 黏度计必须洁净，先用经2号砂芯漏斗过滤过的洗液浸泡一天。如用洗液不能洗干净，则改用5%的氢氧化钠乙醇溶液浸泡，再用水冲净，直至毛细管壁不挂水珠，洗干净的黏度计置于110 ℃的烘箱中烘干。

(2) 黏度计使用完毕，立即清洗，特别测高聚物时，要注入纯溶剂浸泡，以免残存的高聚物黏结在毛细管壁上而影响毛细管孔径，甚至堵塞。清洗后在黏度计内注满蒸馏水并加塞，防止落进灰尘。

(3) 黏度计应垂直固定在恒温槽内，因为倾斜会造成液位差变化，引起测量误差，同时会使液体流经时间t变大。

(4) 液体的黏度与温度有关,一般温度变化不超过 ±0.3 ℃。

(5) 毛细管黏度计的毛细管内径选择,可根据所测物质的黏度而定,毛细管内径太细,容易堵塞,太粗测量误差较大,一般选择测水时流经毛细管的时间大于 100 s,在 120 s 左右为宜。表Ⅲ-4-1 是乌氏黏度计的有关数据。

表Ⅲ-4-1　乌氏黏度计有关数据

毛细管内径(mm)	测定球容积(mL)	毛细管长(mm)	常　数(k)	测量范围(10^{-6} $m^2 \cdot s^{-1}$)
0.55	5.0	90	0.01	1.5～10
0.75	5.0	90	0.03	5～30
0.90	5.0	90	0.05	10～50
1.1	5.0	90	0.5	20～100
1.6	5.0	90	0.5	100～500

毛细管黏度计种类较多,除乌氏黏度计和奥氏黏度计外,还有平氏黏度计和芬氏黏度计,乌氏黏度计和奥氏黏度计适用于测定相对黏度,平氏黏度计适用于石油产品的运动黏度,而芬氏黏度计是平氏黏度计的改良,其测量误差小。

4.1.5　落球式黏度计

1. 落球式黏度计的测定原理

落球法黏度计是借助于固体球在液体中运动受到黏性阻力,测定球在液体中落下一定距离所需的时间,这种黏度计尤其适用于测定具有中等黏性的透明液体。

根据斯托克斯(Stokes)方程式:

$$F = 6\pi r\eta v \tag{4.3}$$

式中:r 为球体半径;v 为球体下落速度;η 为液体黏度,在考虑浮力校正之后,重力与阻力相等时,则

$$\frac{4}{3}\pi r^3(\rho_s - \rho)g = 6\pi r\eta v \tag{4.4}$$

故

$$\eta = \frac{2gr^2(\rho_s - \rho)}{9v} \tag{4.5}$$

式中:ρ_s 为球体密度;ρ 为液体密度;g 为重力加速度。

落球速度可由球降落距离 h 除以时间 t 而得 $v=\frac{h}{t}$,代入(4.5)式得

$$\eta = \frac{2gr^2 t}{9h}(\rho_s - \rho) \tag{4.6}$$

当 h 和 r 为定值时则得

$$\eta = kt(\rho_s - \rho) \tag{4.7}$$

式中:k 为仪器常数,可用已知黏度的液体测得。

落球法测相对黏度的关系式为

$$\frac{\eta_1}{\eta_2}=\frac{(\rho_s-\rho_1)t_1}{(\rho_s-\rho_2)t_2} \tag{4.8}$$

式中：ρ_1，ρ_2 分别为液体 1 和 2 的密度；t_1，t_2 分别为球落在液体 1 和 2 中落下一定距离所需的时间。

2. 落球式黏度计的测定方法

落球式黏度计如图Ⅲ-4-3 所示，其测试方法如下。

(1) 用游标卡尺量出钢球的平均直径，计算球的体积。称量若干个钢球，由平均体积和平均质量计算钢球的密度 ρ_s。

(2) 将标准液(如甘油)注入落球管内并高于上刻度线 a。将落球管放入恒温槽内，使其达到热平衡。

(3) 钢球从黏度计上圆柱管落下，用停表测定钢球由 a 落到刻度 b 所需时间。重复 4 次，计算平均时间。

(4) 将落球黏度计处理干净，按照上述测定方法测待测液体。

(5) 标准液体的密度和黏度可从手册中查得，待测液的密度用比重瓶法测得。

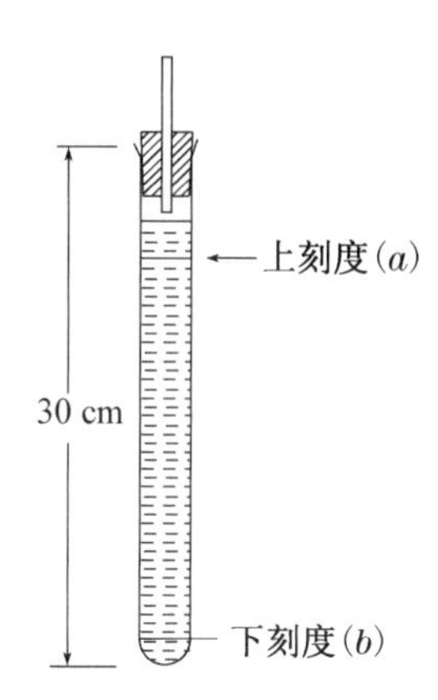

图Ⅲ-4-3 落球式黏度计

落球式黏度计测量范围较宽，用途广泛，尤其适合于测定较高透明度的液体。但对钢球的要求较高，钢球要光滑而圆，另外要防止球从圆柱管下落时与圆柱管的壁相碰，造成测量误差。

4.2 密度的测定

密度的定义为质量除以体积。用字母 ρ 表示，其单位是千克每立方米，用符号 kg/m^3 表示。

物质的密度与物质的本性有关，且受外界条件(如温度、压力)的影响。压力对固体、液体密度的影响可以忽略不计，但温度对密度的影响却不能忽略，因此，在表示密度时，应同时表明温度。

在一定的条件下，物质的密度与某种参考物质的密度之比称为相对密度，过去称为比重，现已废止①。通过参考物质的密度，可以把相对密度换算成密度。

密度的测定可用于鉴定化合物纯度和区别组成相似而密度不同的化合物。本节重点介绍液体密度的测定，适当介绍固体密度的测定。

4.2.1 液体密度的测定

1. 比重计法

市售的成套比重计是在一定温度下标度的，根据液体相对密度的大小，选择一支比重计，在比重计所示的温度下插入待测液体中，从液面处的刻度可以直读出该液体的相对密度。比重计测定液体的相对密度操作简单，方便，但不够精确。

① 本书暂时保留某些使用已久的仪器名称，如比重计、比重瓶、比重管等。

2. 比重瓶法

分常量法和小量法两种。

(1) 常量法　取一清洁干燥的 10 mL 容量瓶在分析天平上称量，然后注入待测液体至容量瓶刻度，再称量。将二次质量之差除以 10 mL，即得该液体在室温下的密度。

(2) 小量法　测定易挥发性液体的密度，一般用比重管测定。其测定方法如下：将比重管(图Ⅲ-4-4)洗净，干燥后挂在天平上称量得 m_0。将待测液体由 B 支管注入，使充满刻度 S 左边空间和 B 端。盖上 A，B 两支管的磨口小帽，将比重管吊浸在恒温槽中恒温 5～10 min，然后拿掉两小帽，将比重管 B 端略倾斜抬起，用滤纸从 A 支管吸去管内多余液体，以调节 B 支管的液面至刻度 S。从恒温槽中取出比重管，并将两个小帽套上。用滤纸吸干管外所沾之水，称重为 m。同样用上述方法称出水的质量 m_{H_2O}。

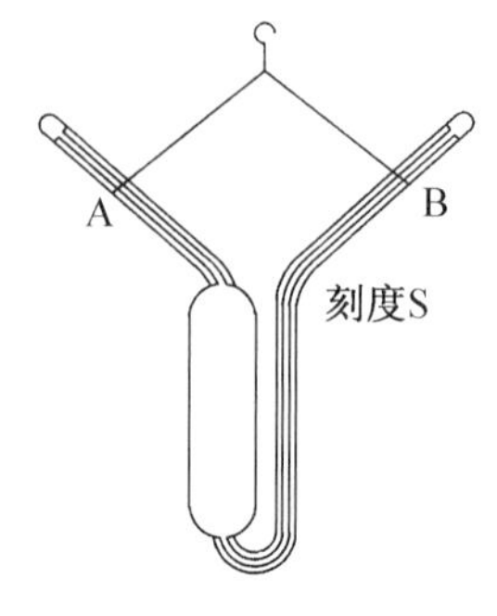

图Ⅲ-4-4　比重管

在某温度时被测液体的密度为

$$\rho = \frac{m - m_0}{m_{H_2O} - m_0} \times \rho_{H_2O} \tag{4.9}$$

小量法也可以用比重瓶测定。将比重瓶(图Ⅲ-4-5)洗净，烘干，在分析天平上称重为 m_0。然后向瓶中注入蒸馏水，盖上瓶塞放入恒温槽中恒温15 min，用滤纸或清洁的纱布擦干比重瓶外面的水，再称重得 m_{H_2O}。

同样，按上述方法测定待测液体的质量 m，待测液体的密度按式(4.9)计算。

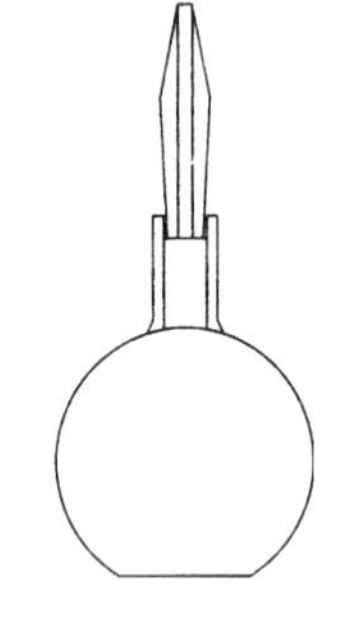
图Ⅲ-4-5　比重瓶

3. 落滴法

此法对于测定很少液体的密度特别有用，准确度比较高，可用来测定溶液中浓度微小变化，在医院中可用于测定血液组成的改变，在同位素重水分析中是一种很有用的方法，它的缺点是液滴滴下来的介质难于选择，因此影响它的应用范围。

根据斯托克斯公式，即一个微小液滴在一个不溶解介质中降落，当降落速度 v 恒定时，满足公式：

$$v = \frac{2gr^2(\rho - \rho_0)}{9\eta} \tag{4.10}$$

式中：g 为重力加速度；r 为液滴半径；ρ 为液滴密度；ρ_0 为介质密度；η 为介质黏度。

如果使半径为 r 的液滴降落，通过一定距离 s，降落时间为 t，则 $v=\frac{s}{t}$，代入(4.10)式，则

$$\frac{s}{t} = \frac{2gr^2(\rho - \rho_0)}{9\eta} \tag{4.11}$$

上式 s 和 r 若为定值时则得

$$\frac{1}{t} = k(\rho - \rho_0) \tag{4.12}$$

从式中可看出，$\frac{1}{t}$与样品的密度成正比，如果测出几个已知密度样品的$\frac{1}{t}$，作出 $\frac{1}{t}$-ρ 直线，然后，测定未知样品的$\frac{1}{t}$，则可从直线得到未知样品的密度。

4.2.2 利用液体的密度测定固体的密度

1. 浮力法

测定固体密度比较困难，常用浮力法测定。其原理是纯固体的晶体悬浮在液体中时既不能浮在液面，也不能沉在底部，如图Ⅲ-4-6所示。此时，固体的密度与该液体的密度相等，只需测出液体密度便知该固体的密度。其实验方法如下：

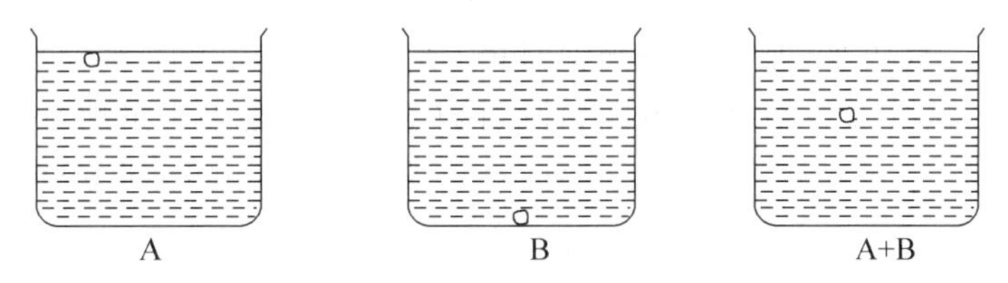

图Ⅲ-4-6 浮力法测定固体密度

首先选择合适的液体A，使晶体浮在液面（液体A的密度大于晶体的密度）。再选择液体B，使晶体沉在底部（液体的密度小于晶体的密度）。最后准备A和B的混合液，使晶体悬浮在其中。测定混合液密度，即为该固体的密度。必须注意固体在A、B液体中不发生溶解、吸附现象。

2. 比重瓶法

固体密度测定也可用比重瓶。其方法是首先称出空比重瓶的质量为m_0，再向瓶内注入已知密度的液体（该液体不能溶解待测固体，但能润湿待测固体），盖上瓶塞。置于温恒槽中恒温15 min，用滤纸小心吸去比重瓶塞子上毛细管口溢出的液体，取出比重瓶擦干，称出质量为m_1。倒去液体，吹干比重瓶，将待测固体放入瓶内，恒温后称得质量为m_2。然后向瓶内注入一定量上述已知密度的液体。将瓶放在真空干燥内，用油泵抽气约3～5 min，使吸附在固体表面的空气全部抽走，再往瓶中注入上述液体，并充满。将瓶放入恒温槽恒温，然后称得质量为m_3，则固体的密度可由式(4.13)计算：

$$\rho_s = \frac{m_2 - m_0}{(m_1 - m_0) - (m_3 - m_2)} \times \rho \tag{4.13}$$

4.3 酸度的测定

酸度计又称pH计，是测定溶液pH的常用仪器，其基本结构由两部分组成即电极和电计。电极是pH计的检测部分，电计是pH计的指示部分。pH计种类较多，它们主要利用一对电极测定不同pH溶液中产生不同的电动势，这对电极一根称为指示电极，其电极的电势随着被测溶液的pH而变化，通常使用玻璃电极。另一根电极称为参比电极，其电极电势与被测溶液的pH无关，通常使用甘汞电极。

4.3.1 酸度计的测量原理

当玻璃电极与甘汞电极和被测溶液组成电池时，就能测得电池的电动势E，求出溶液的pH。

$$Ag + AgCl(s) \left| \begin{matrix} HCl \\ (0.1\ mol \cdot kg^{-1}) \end{matrix} \right\vdots \text{溶液}(pH = x) \left| \text{摩尔甘汞电极} \right.$$

玻璃膜

在 298 K 时，则

$$E = \varphi_{\text{甘汞}} - \varphi_{\text{玻}} = 0.2800 - \left(\varphi_{\text{玻}}^{\ominus} - \frac{RT}{F}2.303 \times pH\right)$$
$$= 0.2800 - (\varphi_{\text{玻}}^{\ominus} - 0.05916 \times pH)$$

移项经整理后得

$$pH = \frac{E - 0.2800 + \varphi_{\text{玻}}^{\ominus}}{0.05916}$$

由于玻璃电极玻璃膜内外溶液的 pH 不同，薄膜与溶液发生离子交换，因而产生膜电位，即 $\varphi_{\text{玻}} = \varphi_{\text{内参}} + \varphi_{\text{膜}} = \varphi_{\text{玻}}^{\ominus} - \frac{RT}{F}2.303\,pH = \varphi_{\text{玻}}^{\ominus} - 0.05916\,pH$。由于玻璃球内氢离子不变，所以玻璃电极电势亦即电池电动势随待测氢离子的活度不同而变化。

式中 $\varphi_{\text{玻}}^{\ominus}$ 对某给定的玻璃电极是常数，但对于不同玻璃电极它们的 $\varphi_{\text{玻}}^{\ominus}$ 值也未尽相同。原则上若用已知 pH 缓冲溶液测得 E，就能求出该电极的 $\varphi_{\text{玻}}^{\ominus}$ 值。但实际使用时，每次先用已知 pH 溶液，在 pH 计上进行调整使 E 和 pH 满足上式，然后再来测定未知液的 pH，而不必计算出 $\varphi_{\text{玻}}^{\ominus}$ 的具体数值。

pH 计种类很多，如 25 型酸度计、pHS-2 型酸度计、pHS-3 型酸度计等，上述酸度计均使用玻璃电极和饱和甘汞电极，而 pHS-3D 型数字显示的酸度计使用的一对电极是复合电极。

4.3.2 pHS-3D 型酸度计

pHS-3D 型酸度计可测量溶液的 pH，mV 值和温度，具有温度自动补偿功能，且无须补充氯化钾溶液。

pHS-3D 型酸度计外形结构如图Ⅲ-4-7 所示。

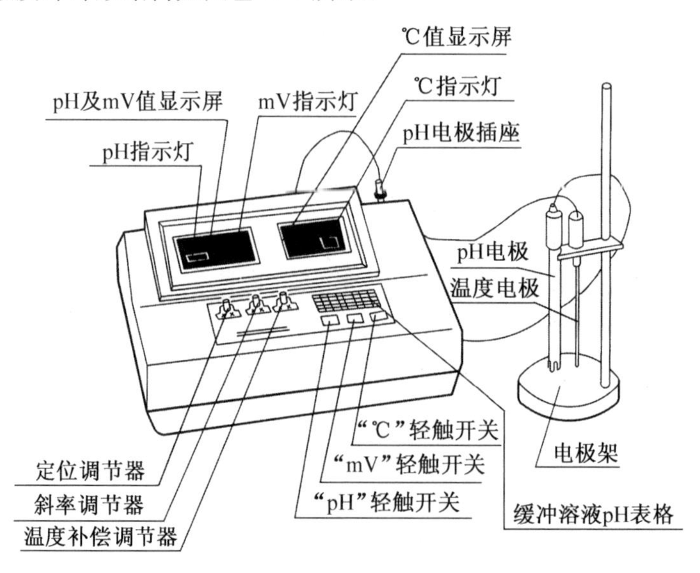

图Ⅲ-4-7 pHS-3D 型酸度计外形结构

pHS-3D型酸度计所采用的一对电极是将玻璃电极和Ag－AgCl参比电极合并制成复合电极。其结构如图Ⅲ-4-8所示。

该电极的电极球泡是由具有氢功能的锂玻璃熔融吹制而成呈球形，膜厚0.1 mm左右。电极支持管其膨胀系数与电极球泡玻璃一致，是由电绝缘性优良的铝玻璃制成。内参比电极为Ag－AgCl电极。内参比液是零电位pH为7的含有氯离子的电介质溶液，为中性磷酸盐和氯化钾的混合溶液。外参比电极为Ag－AgCl电极。外参比溶液为3.3 mol/L的氯化钾溶液，经氯化银饱和，加适量琼脂，使溶液呈凝胶状，不易流失。液接界是沟通外参比溶液和被测溶液的连接部件。其电极导线为聚乙烯金属屏蔽线，内芯与内参比电极连接，屏蔽层与外参比电极连接。

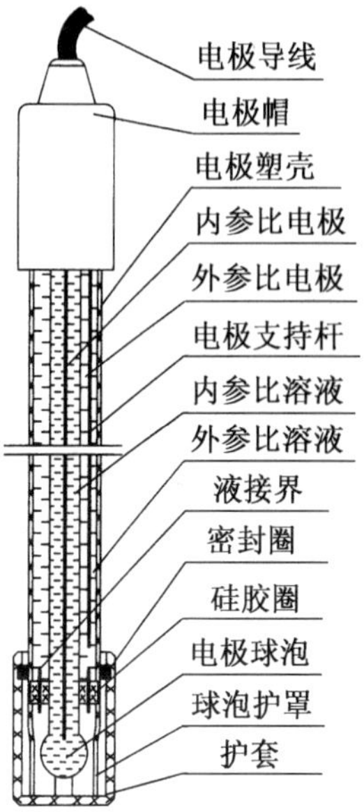

图Ⅲ-4-8 pH复合电极结构

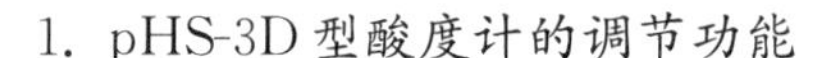

1. pHS-3D型酸度计的调节功能

（1）定位调节

由于不同的玻璃电极$\varphi^{\ominus}_{玻}$不尽相同，存在不对称电势，当内外参比液均相同时，按理说电池电动势应为零，实际上有几毫伏到几十毫伏的电势差存在，这说明玻璃膜内外两界面是不对称的，这一电势差称为不对称电势，主要与玻球材质，吹制工艺，玻球表面被侵蚀或玷污等因素有关，为了消除这种不对称电势，从而使测量标准化就叫定位。$\varphi^{\ominus}_{玻}$可以用已知pH的缓冲溶液，测得E值，求$\varphi^{\ominus}_{玻}$。实际上操作时利用pH计的定位旋钮调正到已知的缓冲溶液的pH，就实现了定位，消除不对称电势及液接界电势的影响。

（2）斜率调节

pH电极的实际斜率与理论值$\left(\frac{2.303RT}{F}\right)$总有一定偏差，大多低于理论值，使用时间长，电极老化，偏差更大。因此对电极的斜率进行补偿使测量标准化。

（3）温度补偿调节

电池电动势与溶液的温度成正比，因此在仪器中设置温度补偿器，使电极在不同温度条件下，产生相同的电位变化。温度补偿调节有手动和自动补偿两种，手动调节控制调整仪器放大器的反馈量。自动温度补偿在仪器中加一只温度电极，将温度电极浸置溶液中，改变放大器的增益达到自动补偿的目的。上述补偿只能补偿斜率项$\left(\frac{2.303RT}{F}\right)$。受温度影响的还有玻璃电极标准电势、参比电极电势、液接界电势等，它们与温度并非严格的线性关系，因此，不管手动还是自动温度补偿，都不是很充分的。要想得到精密准确的测量结果，样品溶液与标准溶液应在相同的温度下测量。

2. pHS-3D型酸度计的测量步骤

（1）插上电源按下开关使仪器预热30 min。

（2）将复合电极在蒸馏水中洗净，并用滤纸吸干，插入插座中。

（3）插入温度电极，测量缓冲溶液的温度，并将温度电极浸在缓冲溶液中（或者拔下温度电极，将温度补偿旋钮调节至该温度值）。

(4) 将复合电极浸入 pH = 7 的缓冲液中，搅动后静止放置，调节定位旋钮，使仪器稳定显示该缓冲溶液在此温度下的 pH，如 pH = 7 的缓冲液在 20 ℃时 pH = 6.88（具体数值查仪器面板上的表格）。

(5) 取出复合电极，用蒸馏水洗净，并用吸水纸吸干电极。将复合电极插入 pH = 4（或 pH = 9）的缓冲溶液中，搅动后静止放置，调节斜率旋钮使仪器稳定显示该缓冲溶液在此温度下的 pH（具体数值查仪器面板上的表格，如 pH = 4 的缓冲溶液在 20 ℃时 pH = 4）。

(6) 重复(4)(5)步骤，使电极在两种缓冲溶液中稳定显示出相应数值，仪器标定即完成。

(7) 将电极取出、洗净、吸干浸入被测溶液中，搅动后静止放置，读取显示器上的数值，即为被测溶液的 pH（进行高精度测量时，测量和标定应在相同温度下进行）。

3. 注意事项

(1) 仪器标定校准次数取决于试样、电极性能及对测量精度要求，高精度测试应及时标定，并使用新鲜配制的标准液，一般精度测试（≤± 0.1pH），经一次标定可连续使用一周左右。在下列情况下必须重新标定。

① 长期未用的电极和新换电极。

② 测量浓酸（pH < 2）或浓碱（pH > 12）以后。

③ 测量含有氟化物的溶液和较浓的有机液以后。

④ 被测溶液温度与标定时温度相差过大时。

(2) 仪器用已知 pH 的标准缓冲液进行标定时，为了提高测量精密度，缓冲溶液的 pH 要可靠，且其 pH 愈接近被测值愈好。一般 pH 的测定与标准液的 pH 之间不超过 3。即测量酸性溶液时使用 pH = 4 缓冲液作斜率标定，测量碱性溶液时使用 pH = 9 缓冲液作斜率标定。

(3) 新的或长期未使用的复合电极，使用前应在 3.3 mol/L 氯化钾溶液浸泡约 8 h，电极应避免长期浸在蒸馏水中，并防止和有机硅油接触。

(4) 电极的玻璃球不能与硬物接触，任何破损和擦毛都会使电极失效。pH 电极长期使用会逐渐老化，响应慢、斜率偏低、读数不准，电极使用周期为 1～2 年。

(5) 脱水性强的溶液如无水乙醇、浓硫酸会引起球泡玻璃膜表面失水、破坏电极的氢功能，强碱性溶液也会腐蚀玻璃膜而使电极失效，测量这类溶液应快速操作，测定后立即用蒸馏水洗涤干净。

(6) 玻璃球泡被污染或老化，可将电极用 0.1 mol/L 稀盐酸浸泡清洗，或将电极下端浸泡在 4%HF（氢氟酸）中 3～4 s，用蒸馏水洗净，然后在氯化钾溶液中浸泡，使之复新。

玻璃电极玻球和液接界被污染，视被污染情况选用不同的清洗剂。如被无机金属氧化物污染，用低于 1 mol/L 的稀酸清洗；被有机油类污染，选用弱碱性的稀洗涤剂；被树脂高分子物质污染，选用稀酒精或丙酮清洗；被颜料类物质污染，选用稀漂白液；被蛋白质血球沉淀物污染，选用酸性酶溶液（如食母生片）。

4.4 折射率的测定

4.4.1 物质的折射率与物质浓度的关系

折射率是物质的重要物理常数之一，测定物质的折射率可以定量地求出该物质的浓度或纯度。许多纯的有机物质具有一定的折射率，如果纯的物质中含有杂质其折射率发生变化，偏离了纯物质的折射率，杂质越多，偏离越大，纯物质溶解在溶剂中折射率也发生变化，如蔗糖溶解在水中随着浓度愈大，折射率越大，所以通过测定蔗糖的水溶液的折射率，也就可以定量地测出蔗糖水溶液的浓度。异丙醇溶解在环已烷中，浓度愈大其折射率愈小。折射率的变化与溶液的浓度、测试温度、溶剂、溶质的性质以及它们的折射率等因素有关，当其他条件固定时，一般情况下当溶质的折射率小于溶剂的折射率时，浓度愈大，折射率愈小。反之亦然。

测定物质的折射率，可以测定物质的浓度，其方法如下：

(1) 制备一系列已知浓度的样品，分别测定各浓度的折射率。

(2) 以浓度 c 与折射率 n_D^t 作图得一工作曲线。

(3) 测未知浓度样品的折射率，在工作曲线上可以查得未知浓度样品的浓度。

用折射率测定样品的浓度所需试样量少，操作简单方便，读数准确。

通过测定物质的折射率，还可以算出某些物质的摩尔折射度，反映极性分子的偶极矩，从而有助于研究物质的分子结构。

实验室常用的阿贝(Abbe)折射仪，它既可以测定液体的折射率，也可以测定固体物质的折射率，同时可以测定蔗糖溶液的浓度。其结构外形如图Ⅲ-4-9所示。

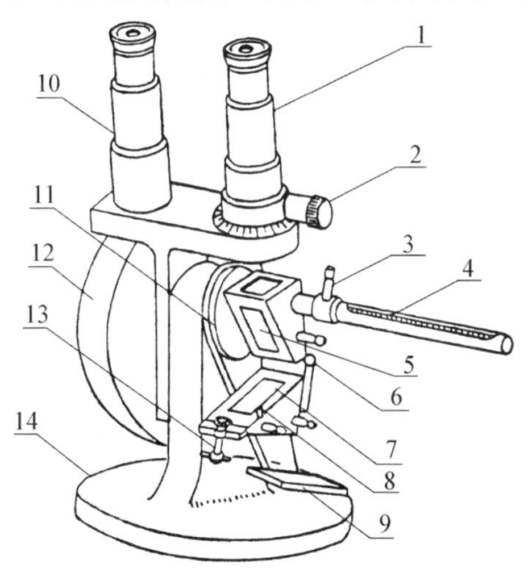

1—测量望远镜；2—消失散手柄；3—恒温水入口；4—温度计；
5—测量棱镜；6—铰链；7—辅助棱镜；8—加液槽；9—反射镜；
10—读数望远镜；11—转轴；12—刻度盘罩；13—闭合旋钮；14—底座。

图Ⅲ-4-9 阿贝折射仪外形图

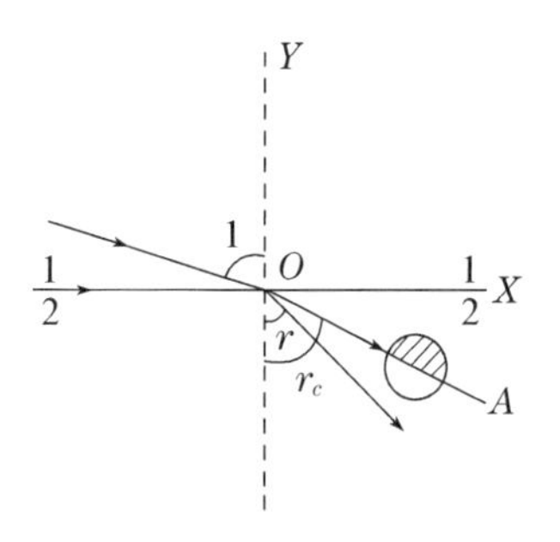

图Ⅲ-4-10 光的折射

4.4.2 阿贝折射仪的结构原理

当一束单色光从介质Ⅰ进入介质Ⅱ(两种介质的密度不同)时,光线在通过界面时改变了方向,这一现象称为光的折射,如图Ⅲ-4-10 所示。

根据折射率定律入射角 i 和折射角 r 的关系为

$$\frac{\sin i}{\sin r}=\frac{n_{Ⅱ}}{n_{Ⅰ}}=n_{Ⅰ,Ⅱ} \tag{4.14}$$

式中:$n_{Ⅰ}$,$n_{Ⅱ}$ 为分别为介质Ⅰ和介质Ⅱ的折射率;$n_{Ⅰ,Ⅱ}$ 为介质Ⅱ对介质Ⅰ的相对折射率。

若介质Ⅰ为真空,因规定 $n=1.000\,00$,故 $n_{Ⅰ,Ⅱ}=n_{Ⅱ}$ 为绝对折射率。但介质Ⅰ通常用空气,空气的绝对折射率为 1.000 29,这样得到的各物质的折射率称为常用折射率,也可称为对空气的相对折射率。同一种物质的两种折射率表示法之间的关系为

$$\text{绝对折射率} = \text{常用折射率} \times 1.000\,29$$

由式(4.14)可知,当 $n_{Ⅰ}<n_{Ⅱ}$ 时,折射角 r 则恒小于入射角 i。当入射角增大到 90°时,折射角也相应增大到最大值 r_c,r_c 称为临界角。此时介质Ⅱ中从 OY 到 OA 之间有光线通过为明亮区,而 OA 到 OX 之间无光线通过为暗区,临界角 r_c 决定了半明半暗分界线的位置。当入射角 i 为 90°时,式(4.14)可写为

$$n_{Ⅰ}=n_{Ⅱ}\sin r_c \tag{4.15}$$

因而在固定一种介质时,临界折射角 r_c 的大小与被测物质的折射率呈简单的函数关系,阿贝折射仪就是根据这个原理而设计的。图Ⅲ-4-11 是阿贝折射仪光学系统的示意图。

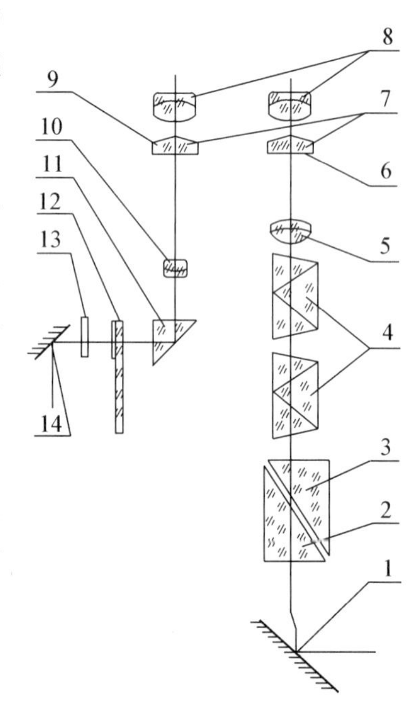

1—反学镜;2—辅助棱镜;3—测量棱镜;4—消失散棱镜;5—物镜;6—分划板;7、8—目镜;9—分划板;10—物镜;11—转向棱镜;12—照明度盘;13—毛玻璃;14—小反光镜。

图Ⅲ-4-11 光学系统示意图

它的主要部分是由两块折射率为 1.75 的玻璃直角棱镜构成。辅助棱镜的斜面是粗糙的毛玻璃,测量棱镜是光学平面镜。两者之间约有 0.1～0.15 mm 厚度空隙,用于装待测液体,并使液体展开成一薄层。当光线经过反光镜反射至辅助棱镜的粗糙表面时,发生漫散射,以各种角度透过待测液体,因而从各个方向进入测量棱镜而发生折射。其折射角都落在临界角 r_c 之内,因为棱镜的折射率大于待测液体的折射率,因此入射角从 0°～90° 的光线都通过测量棱镜发生折射。具有临界角 r_c 的光线从测量棱镜出来反射到目镜上,此时若将目镜十字线调节到适当位置,则会看到目镜上呈半明半暗状态。折射光都应落在临界角 r_c 内,成为亮区,其他为暗区,构成了明暗分界线。

由式(4.15)可知,若棱镜的折射率 $n_{棱}$ 为已知,只要测定待测液体的临界角 r_c,就能求得待测液体的折射率 $n_{液}$。事实上测定 r_c 值很不方便,当折射光从棱镜出来进入空气又产生折射,折射角为 r_c'。$n_{液}$ 与 r_c'间有如下关系:

$$n_{液}=\sin\beta\sqrt{n_{棱}^2-\sin^2 r_c'}-\cos\beta\sin r_c' \tag{4.16}$$

式中:β 为常数;$n_{棱}=1.75$。测出 r_c'即可求出 $n_{液}$。由于设计折射仪时已经把读数 r_c'换算成 $n_{液}$ 值,只要找到明

暗分界线使其与目镜中的十字线吻合，就可以从标尺上直接读出液体的折射率。

阿贝折射仪的标尺上除标有 1.300 ～ 1.700 折射率数值外，在标尺旁边还标有 20 ℃糖溶液的百分浓度的读数，可以直接测定糖溶液的浓度。

在指定的条件下，液体的折射率因所用单色光的波长不同而不同。若用普通白光作光源（波长 4 000 ～ 7 000 Å），由于发生色散而在明暗分界线处呈现彩色光带，使明暗交界不清楚，故在阿贝折射仪中还装有两个各由三块棱镜组成的阿密西（Amici）棱镜作为消色棱镜（又称补偿棱镜）。通过调节消色散棱镜，使折射棱镜出来的色散光线消失，使明暗分界线完全清楚，这时所测的液体折射率相当于用钠光 D 线（5 890Å）所测得的折射率 n_D。

4.4.3 阿贝折射仪的使用方法

将阿贝折射仪放在光亮处，但避免阳光直接曝晒。用超级恒温槽将恒温水通入棱镜夹套内，其温度以折射仪上温度计读数为准。

扭开测量棱镜和辅助棱镜的闭合旋钮，并转动镜筒，使辅助棱镜斜面向上，若测量棱镜和辅助棱镜表面不清洁，可滴几滴丙酮，用擦镜纸顺单一方向轻擦镜面（不能来回擦）。

用滴管滴入 2 ～ 3 滴待测液体于辅助棱镜的毛玻璃面上（滴管切勿触及镜面），合上棱镜，扭紧闭合旋钮。若液体样品易挥发，动作要迅速，或将两棱镜闭合，从两棱镜合缝处的一个加液小孔中注入样品（特别注意不能使滴管折断在孔内，以致损伤棱镜镜面）。

转动镜筒使之垂直，调节反射镜使入射光进入棱镜，同时调节目镜的焦距，使目镜中十字线清晰明亮。再调节读数螺旋，使目镜中呈明半暗状态。

调节消色散棱镜至目镜中彩色光带消失，再调节读数螺旋，使明暗界面恰好落在十字线的交叉处。如此时又呈现微色散，必须重调消色散棱镜，直到明暗界面清晰为止。

从望远镜中读出标尺的数值即 n_D，同时记下温度，则 n_D^t 为该温度下待测液体的折射率。每测一个样品需重测 3 次，3 次误差不超过 0.000 2，然后取平均值。

测试完后，在棱镜面上滴几滴丙酮，并用擦镜纸擦干。最后用两层擦镜纸夹在两镜面间，以防镜面损坏。

对有腐蚀性的液体如强酸、强碱以及氟化物，不能使用阿贝折射仪测定。

4.4.4 阿贝折射仪的校正

折射仪的标尺零点有时会发生移动，因而在使用阿贝折射仪前需用标准物质校正其零点。

折射仪出厂时附有一已知折射率的“玻块”，一小瓶 α-溴萘。滴 1 滴 α-溴萘在玻块的光面上，然后把玻块的光面附着在测量棱镜上，不需合上辅助棱镜，但要打开测量棱镜背的小窗，使光线从小窗口射入，就可进行测定。如果测得的值与玻块的折射率值有差异，此差值为校正值，也可以用钟表螺丝刀旋动镜筒上的校正螺丝进行，使测得值与玻块的折射率相等。

这种校正零点的方法，也是使用该仪器测定固体折射率的方法，只要将被测固体代替玻块进行测定。

在实验室中一般用纯水作标准物质（$n_D^{25} = 1.332\,5$）来校正零点。在精密测量中，须在所测量的范围内用几种不同折射率的标准物质进行校正，考察标尺刻度间距是否正确，把一系列的校正值画成校正曲线，以供测量对照校正。

4.4.5 温度和压力对折射率的影响

液体的折射率是随温度变化而变化的，多数液态的有机化合物当温度每增高 1 ℃时，其折射率下降 $3.5\times10^{-4}\sim5.5\times10^{-4}$。纯水的折射率在 15～30 ℃之间，温度每增高 1 ℃，其折射率下降 1×10^{-4}。若测量时要求准确度为 $\pm1\times10^{-4}$，测温度应控制在 $(t\pm0.1)$℃，此时阿贝折射仪需要有超级恒温槽配套使用。

压力对折射率有影响，但不明显，只有在很精密的测量中，才考虑压力的影响。

4.4.6 阿贝折射仪的保养

仪器应放置在干燥，空气流通的室内，防止受潮后光学零件发霉。

仪器使用完毕后要做好清洁工作，并将仪器放入箱内，箱内放有干燥剂硅胶。

经常保持仪器清洁，严禁油手或汗手触及光学零件。如光学零件表面有灰尘，可用高级麂皮或脱脂棉轻擦后，再用洗耳球吹去。如光学零件表面有油垢，可用脱脂棉蘸少许汽油轻擦后再用二甲苯或乙醚擦干净。

仪器应避免强烈振动或撞击，以防止光学零件损伤而影响精度。

4.4.7 WYA－2S 数字阿贝折射仪简介

本仪器广泛使用于石油、化学、制药、制糖、食品工业等及有关高等院校和科研机构测定透明、半透明液体或固体的折射率 n_D，还可按糖品统一分析国际委员会(ICUMSA)1974 年公布的蔗糖溶液折射率 n_D 和该蔗糖溶液质量分数(锤度 Brix)的转换公式直接显示被测蔗糖溶液质量分数(锤度 Brix)的数值，并能自动校正温度对蔗糖溶液质量的分数(锤度 Brix)值的影响。仪器还可显示样品的温度。

1. *原理*

数字阿贝折射仪测定透明或半透明物质的折射率原理是基于测定临界角，由目视望远镜部件和色散校正部件组成的观察部件来瞄准明暗两部分的分界线，也就是瞄准临界的位置，并由角度-数字转换部件将角度置换成数字量，输入微机系统进行数据处理，而后数字显示出被测样品的折射率或锤度。其原理如图Ⅲ-4-12 所示。

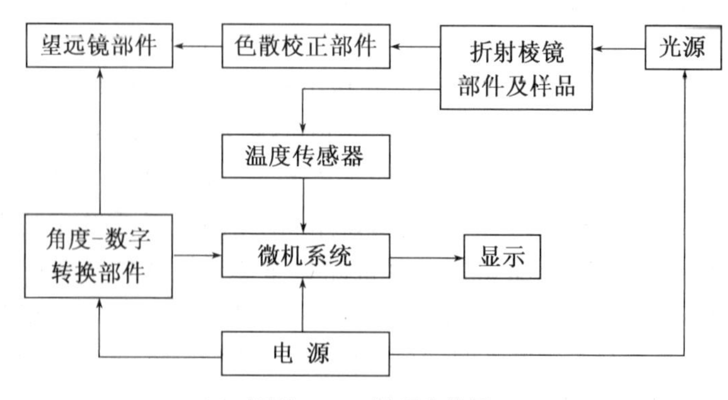

图Ⅲ-4-12 原理方块图

2. 仪器结构

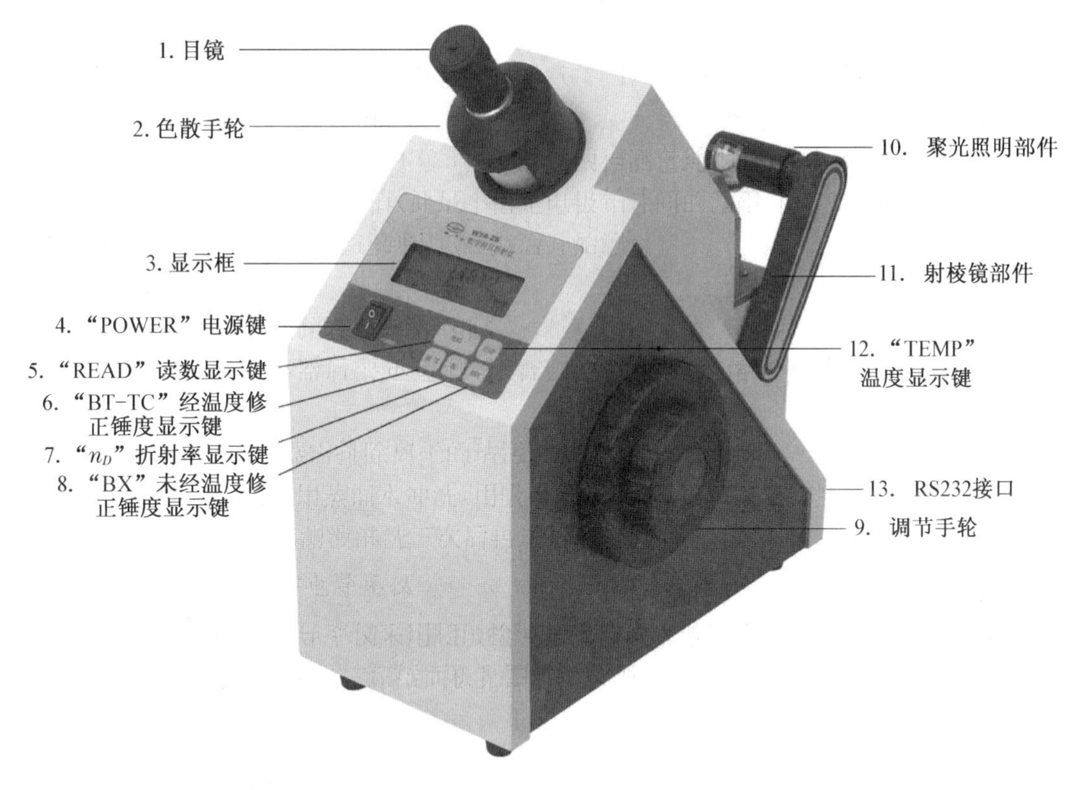

图Ⅲ-4-13 仪器结构

3. 操作步骤及使用方法

(1) 按下“POWER”波形电源，聚光照明部件中照明灯亮，同时显示窗显示“00000”。有时显示窗先显示“-”，数妙后显示“00000”。

(2) 打开折射棱镜部件，移去擦镜纸，这张擦镜纸是仪器不使用时放在两棱镜之间，防止在关上棱镜时，可能留在棱镜上细小硬粒弄坏棱镜工作表面。擦镜纸只需用单层。

(3) 检查上、下棱镜表面，并用水或酒精小心清洁其表面。测定每一个样品以后也要仔细清洁两块棱镜表面，因为留在棱镜上少量的原来样品将影响下一个样品的测量准确度。

(4) 将被测样品放在下面的折射镜的工作表面上。如样品为液体，可用干净滴管吸 1～2 滴液体样品放在棱镜工作表面上，然后将上面的进光棱镜盖上。如样品为固体，则固体必须有一个经过抛光加工的平整表面。测量前需将这个抛光表面擦清，并在下面的折射棱镜工作表面上滴 1～2 滴折射率比固体样品折射率高的透明液体(如溴代萘)，然后将固体样品抛光面放在折射棱镜工作表面上，使其接触良好(图Ⅲ-4-14)。测固体样品时不需将上面的进光棱镜盖上。

图Ⅲ-4-14　折射棱镜工作表面

(5) 旋转聚光照明部件的转臂和聚光镜筒使上面的进光棱镜的进光表面(测液体样品)或固体样品前面的进光表面(测固体样品)得到均匀照明。

(6) 通过目镜观察视场,同时旋转调节手轮,使明暗分界线落在交叉线视场中。如从目镜中看到视场是暗的,可将调节手轮逆时针旋转。看到视场是明亮的,则将调节手轮顺时针旋转。明亮区域是在视场顶部。在明亮视场情况下可旋旋转目镜,调节视度看清晰交叉线。

图Ⅲ-4-15

(7) 旋转目镜方缺口里的色散校正手轮,同时调节聚光镜位置,使视场中明暗两部分具有良好的反差和明暗分界线具有最小的色散。

(8) 旋转调节手轮,使明暗分界线准确对准交叉线的交点(图Ⅲ-4-15)。

(9) 按"READ"读数显示键,显示窗中 00000 消失,显示"-",数秒后"-"消失,显示被测样品的折射率。如要知道该样品的锤度值,可按"BX"未经温度修正的锤度显示键或按"BX－TC"经温度修正锤度(按 ICUMSA)显示键。"n_D""BX－TC"及"BX"三个键是用于选定测量方式。经选定后,再按"READ"键,显示窗就按预先选定的测量方式显示。有时按"READ"显示"-",数秒后"-"消失,显示窗全暗,无其他显示,反映该仪器可能存在故障,此时仪器不能正常工作,需进行检查修理。当选定测量方式为"BX－TC"或"BX"时如果调节手轮旋转超出锤度测量范围(60%～95%),按"READ"后,显示窗将显示"·"。

(10) 检测样品温度,可按"TEMP"温度显示键,显示窗将显示样品温度。除了按"READ"键后,显示窗显示"-"时,按"TEMP"键无效,在其他情况下都可以对样品进行温度检测。显示为温度时,再按"n_D""BX－TC"或"BX"键,显示将是原来的折射率或锤度。

(11) 样品测量结束后,必须用酒精或水(样品为溶液)进行小心清洁。

(12) 本仪器折射棱镜部件中有通恒温水结构,如需测定样品在某一特定温度下的折射率,仪器可外接恒温器,将温度调节到你所需温度再进行测量。

(13) 计算机可用 RS2323 连接线与仪器连接。首先,送出一个任意的字符,然后等待接收信息(参数:波特率 2 400,数据位 8 位,停止位 1 位,字节总长 18)。

注:仪器在极罕见的情况下,可能出现自动复位或死机的现象,只要关闭电源后重新开启即可恢复,这是由于外界强静电或外界电网波动所引起的。

4. 仪器校准

仪器定期进行校准,或对测量数据有怀疑时,也可以对仪器进行校准。校准用蒸馏水或玻璃标准块。如测量数据与标准有误差,或用钟表螺丝刀通过色散校正手轮中的小孔(图Ⅲ-4-16),小心旋转里面的螺钉,使分划板上交叉线上下移动,然后再进行测量,直到测数符合要求为止。

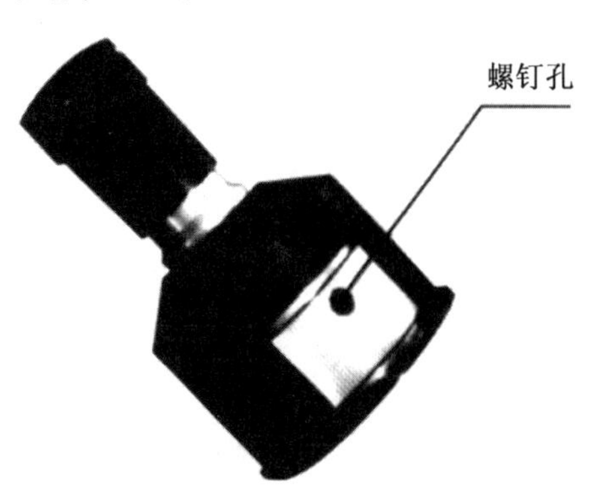

图Ⅲ-4-16 色散校正手轮小孔

样品为标准块时,测数要符合标准块上所标定的数据。如样品为蒸馏水时测数要符合表Ⅲ-4-2。

表Ⅲ-4-2 测数标准

温度(℃)	折射率(n_D)	温度(℃)	折射率(n_D)
18°	1.333 16	25°	1.332 50
19°	1.333 08	26°	1.332 39
20°	1.332 99	27°	1.332 28
21°	1.332 89	28°	1.332 17
22°	1.332 80	29°	1.332 05
23°	1.332 70	30°	1.331 93
24°	1.332 60		

5. 数字阿贝折射仪的特点

测定液体或固体的折射率和糖水溶液中干固物的百分含量即 Brix,采用目视瞄准,数显读数测定。锤度可进行温度修正,配有标准打印接口,可直接打印输出数据。

4.5 旋光度的测定

许多物质具有旋光性,如石英晶体、酒石酸晶体、蔗糖、葡萄糖、果糖的溶液等。当平面偏振光线通过具有旋光性的物质时,它们可以将偏振光的振动面旋转某一角度,使偏振光的振动面向左旋的物质称左旋物质,向右旋的称右旋物质。因此通过测定物质旋光度的方向和大小,可以鉴定物质。

4.5.1 旋光度与物质浓度的关系

旋光物质的旋光度,除了取决于旋光物质的本性外,还与测定温度、光经过物质的厚度、光源的波长等因素有关,若被测物质是溶液,当光源波长、温度、厚度恒定时,其旋光度与溶液的浓度成正比。

1. 测定旋光物质的浓度

先将已知浓度的样品按一定比例稀释成若干不同浓度的试样，分别测出其旋光度。然后以横轴为浓度，纵轴为旋光度，绘成 $c-\alpha$ 曲线。然后取未知浓度的样品测其旋光度，根据旋光度在 $c-\alpha$ 曲线上，查出该样品的浓度。

2. 根据物质的比旋光度测出物质的浓度

物质的旋光度由于实验条件的不同有很大的差异，所以提出了物质的比旋光度。规定以钠光D线作为光源，温度为20 ℃、样品管长为10 cm，浓度为每立方厘米中含有1 g旋光物质此时所产生的旋光度，即为该物质的比旋光度，通常用符号 $[\alpha]_t^D$ 表示。D表示光源，t 表示温度。

$$[\alpha]_t^D = \frac{10\alpha}{L \cdot c} \tag{4.17}$$

比旋光度是度量旋光物质旋光能力的一个常数。

根据被测物质的比旋光度，可以测出该物质的浓度，其方法如下：

(1) 从手册上查出被测物质的比旋光度 $[\alpha]_t^D$。

(2) 选择一定厚度(最好10 cm)的旋光管。

(3) 在20 ℃时测出未知浓度样品的旋光度，代入(4.17)式即可求出浓度 c。

测定旋光度的仪器通常使用旋光仪。

4.5.2 旋光仪的构造和测试原理

普通光源发出的光称自然光，其光波在垂直于传播方向的一切方向上振动，如果我们借助某种方法，从这种自然聚集体中挑选出只在平面内的方向上振动的光线，这种光线称为偏振光。尼柯尔(Nicol)棱镜就是根据此原理设计的。旋光仪的主体是两块尼柯尔棱镜，尼柯尔棱镜是将方解石晶体沿一对角面剖成两块直角棱镜，再由加拿大树脂沿剖面粘合起来。如图Ⅲ-4-17所示。

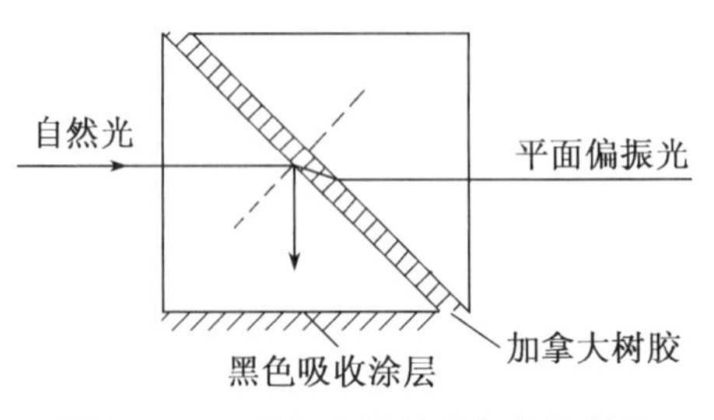

图Ⅲ-4-17 尼柯尔棱镜的起偏振原理

当光线进入棱镜后，分解为两束相互垂直的平面偏振光，一束折射率为1.658的寻常光，一束折射率为1.486的非寻常光，这两束光线到达方解石与加拿大树脂黏合面上时，折射率为1.658的一束光线就被全反射到棱镜的底面上(因加拿大树脂的折射率为1.550)。若底面是黑色涂层，则折射率为1.658的寻常光将被吸收，折射率为1.486的非寻常光则通过树脂而不产生全反射现象，就获得了一束单一的平面偏振光。用于产生偏振光的棱镜称起偏镜，从起偏镜出来的偏振光仅限于在一个平面上振动。假如再有另一个尼柯尔棱镜，其透射面与起偏镜的透射面平行，则起偏镜出来的一束光线也必能通过第二个棱镜，第二个棱镜称检偏镜。若起偏镜与检偏镜的透射面相互垂直，则由起偏镜出来的光线完全不能通过检偏镜。如果起偏镜和检偏镜的两个透射面的夹角(θ)在0°～90°之间，则由起偏镜出来的光线部分透过检偏镜，如图Ⅲ-4-18所示。一束振幅为E的OA方向的平面偏振光，可以分解成为互相垂直的两个分量，其振幅分别为$E\cos\theta$和$E\sin\theta$。但只有与OB重合的具有振幅为$E\cos\theta$的偏振光才能透过检偏镜，透过检偏镜的振幅为$OB = E\cos\theta$，由于光的强度I正比于光的振幅的平方，因此：

$$I = OB^2 = E^2\cos^2\theta = I_0\cos^2\theta \tag{4.18}$$

式中：I为透过检偏镜的光强度；I_0为透过起偏镜的光强度。当$\theta = 0°$时，$E\cos\theta = E$，此时透过检偏镜的光最强。当$\theta = 90°$时，$E\cos\theta = 0$，此时没有光透过检偏镜，光最弱。旋光仪就是利用透光的强弱来测定旋光物质的旋光度。

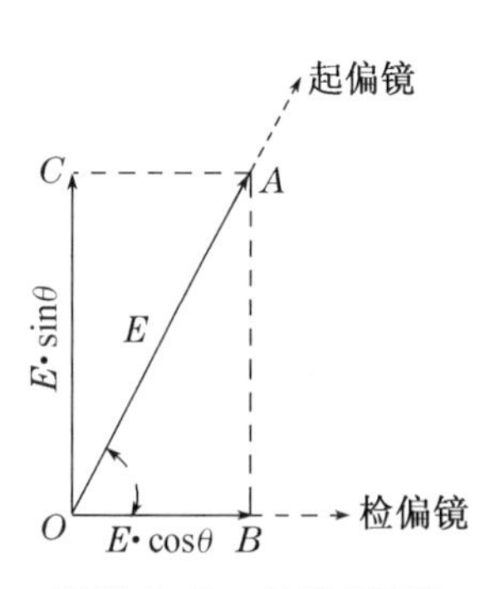

图Ⅲ-4-18 偏振光强度

旋光仪的结构示意图如图Ⅲ-4-19所示。

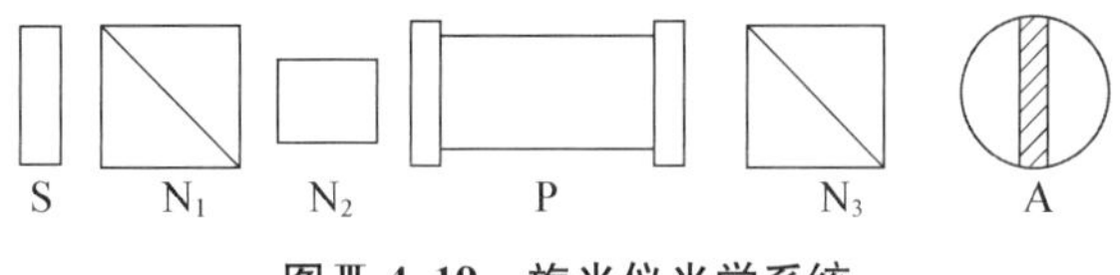

图Ⅲ-4-19 旋光仪光学系统

图中，S为钠光光源，N_1为起偏镜，N_2为一块石英片，N_3为检偏镜，P为旋光管(盛放待测溶液)，A为目镜的视野，N_3上附有刻度盘，当旋转N_3时，刻度盘随同转动，其旋转的角度可以从刻度盘上读出。

若转动N_3的透射面与N_1的透射面相互垂直，则在目镜中观察到视野呈黑暗。若在旋光管中盛以待测溶液，由于待测溶液具有旋光性，必须将N_3相应旋转一定的角度α，目镜中才会又呈黑暗，α即为该物质的旋光度。但人们的视力对鉴别二次全黑相同的误差较大(可差$4°\sim6°$)，因此设计了一种三分视野或二分视野，以提高人们观察的精确度。

为此，在N_1后放一块狭长的石英片N_2，其位置恰巧在N_1中部。石英片具有旋光性，偏振光经N_2后偏转了一角度α，在N_2后观察到的视野如图Ⅲ-4-20(a)。OA是经N_1后的振动方向，OA'是经N_1后再经N_2后的振动方向，此时左右两侧亮度相同，而与中间不同，α角称为半荫角。如果旋转N_3的位置使其透射面OB与OA'垂直，则经过石英片N_2的偏振光不能透过N_3。目镜视野中出现中部黑暗而左、右两侧较亮，如图Ⅲ-4-20(b)所示。若旋转N_3使OB与OA垂直，则目镜视野中部较亮而两侧黑暗，如图Ⅲ-4-20(c)所示。如调节N_3位置使OB的位置恰巧在图Ⅲ-4-20(c)和图Ⅲ-4-20(b)的情况之间，则可以使视野三部分明暗相同，如图Ⅲ-4-20(d)所示。此时OB恰好垂直于半荫角的角平分线OP。由于人们视力对选择明暗相同的三分视野易于判断，因此在测定时先在P管中盛无旋光性的蒸馏水，转动N_3，调节三分视野明暗度相同，此时的读数作为仪器的零点。当P管中盛具有旋光性的溶液后，由于OA和OA'的振动方向都被转动过某一角度，只要相应地把检偏镜N_3转动某一角度，才能使三分视野的明暗度相同，所得读数与零点之差即为被测溶液的旋光度。测定时若需将检偏镜N_3顺时针方向转某一角度，使三分视野明暗相同，则被测物质为右旋。反之则为左旋，常在角度前加负号表示。

若调节检偏镜N_3使OB与OP重合，如图Ⅲ-4-20(e)所示，则三分视野的明暗也应相同，但是OA与OA'在OB上的光强度比OB垂直OP时大，三分视野特别亮。由于人们的眼睛对弱亮度变化比较灵敏，调节亮度相等的位置更为精确。所以总是选取 OB 与 OP 垂直的情况作为旋光度的标准。

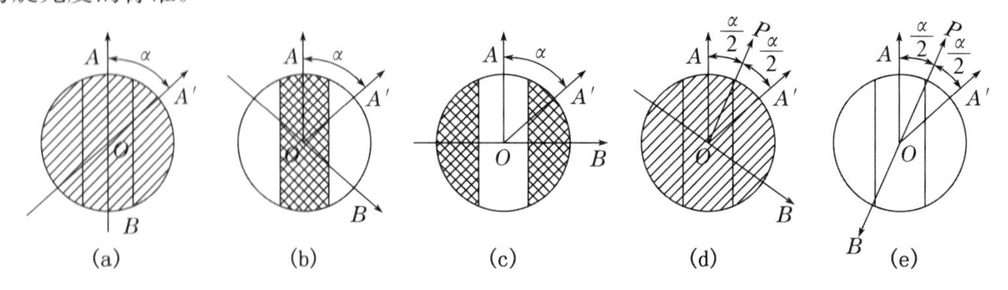

图Ⅲ-4-20　旋光仪的测量原理

4.5.3　旋光度的测定

1. 旋光仪零点校正

把旋光管一端的管盖旋开（注意盖内玻片，以防跌碎），洗净旋光管，用蒸馏水充满，使液体在管口形成一凸出的液面，然后沿管口将玻片轻轻推入盖好（旋光管内不能有气泡，以免观察时视野模糊）。旋紧管盖，用干净纱布擦干旋光管外面及玻片外面的水渍。把旋光管放入旋光仪中，打开电源，预热仪器数分钟。旋转刻度盘直至三分视野中明暗度相等为止，以此为零点。

2. 旋光度的测定

把具有旋光性的待测溶液装入旋光管，按上法进行测定，记下测得的旋光数据。

4.5.4　自动指示旋光仪结构及测试原理

目前国内生产的旋光仪，其三分视野检测、检偏镜角度的调整，采用光电检测器、通过电子放大及机械反馈系统自动进行，最后数字显示，这种仪器具有体积小、灵敏度高、读数方便、减少人为地观察三分视野明暗度相等时产生的误差，对低旋光度样品也能适应。

W22-2 自动数字显示旋光仪，其结构原理如图Ⅲ-4-21 所示。

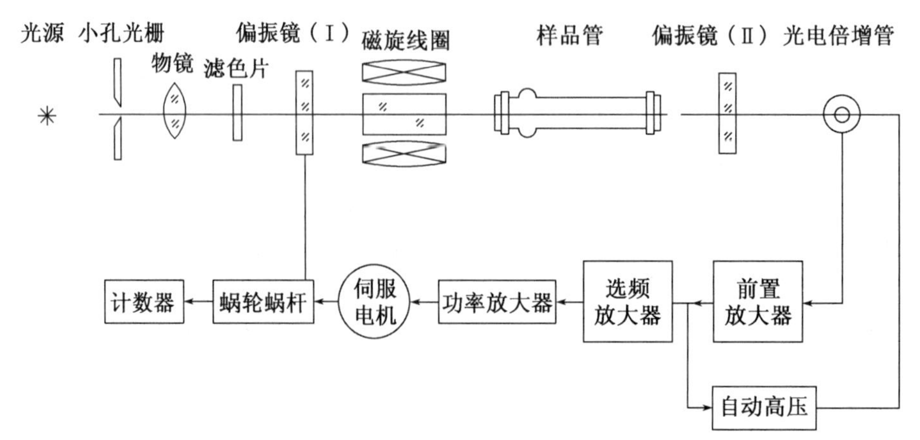

图Ⅲ-4-21　自动旋光仪结构原理图

该仪器以 20 W 钠光灯作光源，由小孔光栅和物镜组成一个简单的光源平行光管，平行光经偏振镜（Ⅰ）变为平面偏振光，当偏振光经过有法拉第效应的磁旋线圈时，其振动面产生50 Hz的一定角度的往复摆动。通过样品后偏振光振动面旋转一个角度，光线经过偏振镜（Ⅱ）投射到光电倍增管上，产生交变的电讯号，经功率放大器放大后显示读数。仪器示数平衡后，伺服电机通过蜗轮蜗杆将偏振镜（Ⅰ）反向转过一个角度，补偿了样品的旋光度，仪器回到光学零点。

4.5.5 影响旋光度测定因素

1. 溶剂的影响

旋光物质的旋光度主要取决于物质本身的构型。另外，与光线透过物质的厚度，测量时所用的光的波长和温度有关。被测物质是溶液，则影响因素还包括物质的浓度，溶剂可能也有一定的影响，因此旋光物质的旋光度，在不同的条件下，测定结果往往不一样。由于旋光度与溶剂有关，故测定比旋光度$[\alpha]_t^{\mathrm{D}}$值时，应说明使用什么溶剂，如不说明一般溶剂为水。

2. 温度的影响

温度升高会使旋光管长度增大，但降低了液体的密度。温度的变化还可能引起分子间缔合或离解，使分子本身旋光度改变，一般说，温度效应的表达式如下：

$$[\alpha]_t^{\lambda}=[\alpha]_{20℃}^{\mathrm{D}}+Z(t-20) \tag{4.19}$$

式中：Z 为温度系数；t 为测定时温度。

各种物质的 Z 值不同，一般均在 $-0.01/1$ ℃ ～ $-0.04/1$ ℃ 之间。因此测定时必须恒温，在旋光管上装有恒温夹套，与超级恒温槽配套使用。

3. 浓度和旋光管长度对比旋光的影响

在固定的实验条件下，通常旋光物质的旋光度与旋光物的浓度成正比，因为视比旋光为一常数，但是旋光度和溶液浓度之间并非严格地呈线性关系，所以旋光物质的比旋光度严格地说并非常数，在给出$[\alpha]_t^{\lambda}$值时，必须说明测量浓度，在精密的测定中比旋光度和浓度之间的关系一般可采用拜奥特(Biot)提出的三个方程式之一表示：

$$[\alpha]_t^{\lambda}=A+Bq \tag{4.20}$$

$$[\alpha]_t^{\lambda}=A+Bg+Cq^2 \tag{4.21}$$

$$[\alpha]_t^{\lambda}=A+\frac{Bq}{C+q} \tag{4.22}$$

式中：q 为溶液的百分浓度；A，B，C 为常数。式(4.20)代表一条直线，式(4.21)为一抛物线，式(4.22)为双曲线。常数 A、B、C 可从不同浓度的几次测量中加以确定。

旋光度与旋光管的长度成正比。旋光管一般有 10 cm、20 cm、22 cm 三种长度。使用10 cm长的旋光管计算比旋光度比较方便，但对旋光能力较弱或者较稀的溶液，为了提高准确度，降低读数的相对误差，可用 20 cm 或 22 cm 的旋光管。

4.6 介电常数的测定

4.6.1 介电常数与浓度的关系

介电常数是一个重要的物理量,其定义为

$$\varepsilon = \frac{c}{c_0} \tag{4.23}$$

式中:c_0 为电容器两板极间处于真空时的电容量;c 为充以电解质时的电容量。对溶液而言,介电常数与溶液的浓度有关,对稀溶液,可以近似表示为

$$\varepsilon_{溶} = \varepsilon_1(1 + \alpha x_2) \tag{4.24}$$

式中:ε_1 为溶剂的介电常数;$\varepsilon_{溶}$,x_2 为溶液的介电常数和溶质的摩尔分数;α 为常数。由(4.24)式可以看出稀溶液的介电常数与浓度呈线形关系。

4.6.2 电解质稀溶液浓度的测定

(1) 配制一系列已知浓度的电解质溶液。并分别测定其介电常数。

(2) 以 $\varepsilon_{溶}$-x_2 作图。

(3) 测定未知浓度样品的介电常数 ε,在 $\varepsilon_{溶}$-x_2 图上,查出该样品的溶质的摩尔分数。

测定介电常数的仪器采用小电容仪,PCM-1A 型小电容仪是南京大学应物所研制的,该仪器体积小,操作方便,且数字显示。

4.6.3 PCM-1A 型精密电容测量仪

该仪器由信号、桥路、指示放大器、数字显示器、电源等五部分组成,PCM-1A 小电容仪主要测量无线电元件的小电容分布。若要测定溶液介电常数,还需另外配置一个特殊设计的电容池,如图Ⅲ-4-22 所示。

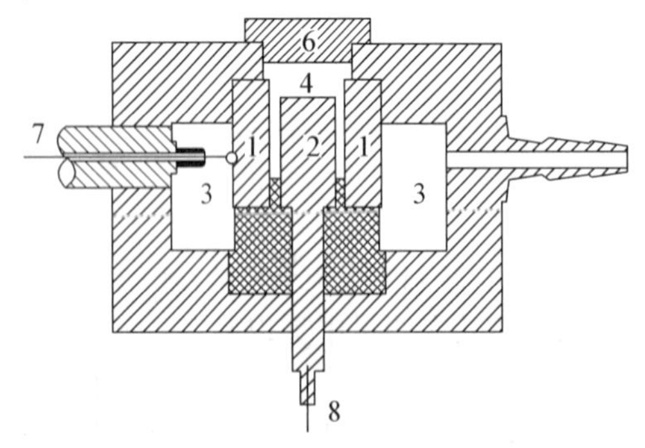

1—外电极;2—内电极;3—恒温室;4—样品室;5—绝缘板;6—池盖;7—外电极接线;8—内电极接线。

图Ⅲ-4-22 电容池

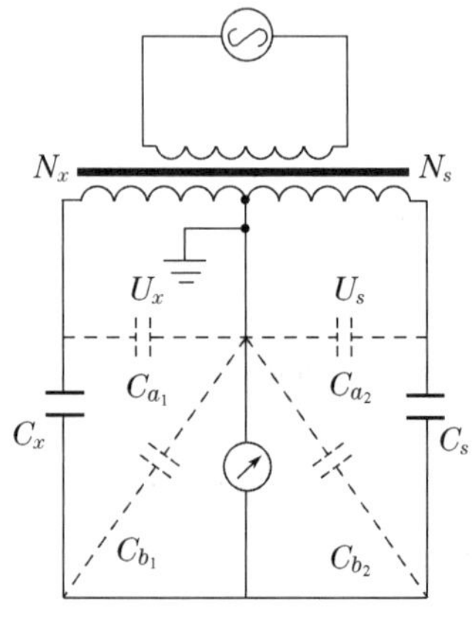

图Ⅲ-4-23 电容电桥原理图

PCM-1A 型小电容测量仪测量原理如图Ⅲ-4-23 所示。

电容的平衡条件是

$$C_x/C_s = u_s/u_x \tag{4.25}$$

测量 C_x 的精度取决于做比较用的标准元件 C_s 和比臂分压比 u_s/u_x。C_x 为电容池两极间实测电容，C_s 为标准的差动电容器，调节 C_s，只有当 $C_s = C_x$ 时，$u_s = u_x$。此时指示放大器输出趋于零，C_s 值可读出，C_x 值便可求得。

由于在小电容测量仪测定电容时，除电容池两极间的电容 C_c 外，整个测试系统中还有分布电容 C_d 的存在，所以实测电容应为 C_c 和 C_d 之和，即

$$C_x = C_c + C_d \tag{4.26}$$

C_c 随所测物质而异，而 C_d 对一台仪器(包括所配的电容池)来说是一定值，故需先测出 C_d 值，并在以后各次测量中扣除 C_d 值，才能得到待测物的电容 C_c。其测定方法为先测定一已知介电常数 $\varepsilon_{标}$ 的标准物的电容 $C'_{标}$，则

$$C'_{标} = C_{标} + C_d \tag{4.27}$$

而不放样品时所测电容 $C'_{空气}$ 为

$$C'_{空气} = C_{空气} + C_d \tag{4.28}$$

两式相减得

$$C'_{标} - C'_{空} = C_{标} - C_{空气} \tag{4.29}$$

已知物质介电常数 ε 等于电解质的电容与真空时的电容之比，如果把空气的电容近似看作真空时的电容，则可得

$$\varepsilon_{标} = C_{标} / C_{空气} \tag{4.30}$$

所以式(4.29)变为

$$C'_{标} - C'_{空气} = \varepsilon_{标} \cdot c_{空气} - C_{空气} = (\varepsilon_{标} - 1)C_{空气} \tag{4.31}$$

$$C_{空气} = (C'_{标} - C'_{空气})/(\varepsilon_{标} - 1) \tag{4.32}$$

从而求出

$$C_d = C'_{空气} - C_{空气}$$

式中：$C'_{空气}$ 为实测的二板极间空气电容；$C_{空气}$ 是通过式(4.32)计算出的电容。

4.6.4 测量方法

PCM-1A 型精密小电容测量仪板面如图Ⅲ-4-24 所示。

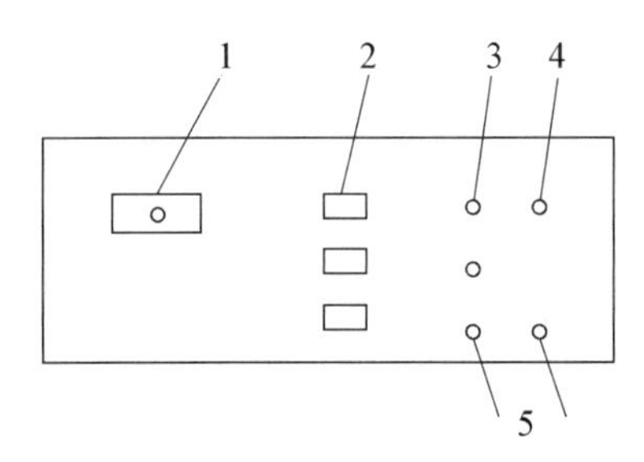

1—数字显示屏；2—量程开关；3—调零旋钮；4—灯源电泡；5—电极接头。

图Ⅲ-4-24 PMC-1A 板面图

其测量方法如下：

(1) 将电容池的两极分别接入 PCM-1A 小电容仪的电极接头处。

(2) 接通电源，按下小电容仪背后的电源开关，使仪器预热 10 min。

(3) 旋调零旋钮，使数字显示屏显示为 0。

(4) 根据被测样品选择量程。并按下量程开关，此时数字显示的值为空气实测电容值 $C'_{空}$。

(5) 用 1 mL 的针筒抽取 1 mL 被测溶液，注入电容池，并加塞盖上电容池，此时数字显示值即为被测溶液的实际测定的电容值 C_x。

(6) 用针筒抽出电容池中的样品，用洗耳球吹干电容池，使数字显示值为空气的电容 $C'_{空}$。

4.6.5 实验注意事项

水是极性分子，介电常数很大，所以防止被测样品吸水，在测定时随时在电容池上加盖既防止样品吸水，又防止样品挥发。

要保持小电容池清洁干燥，测定样品后一定要用洗耳球吹干，待数字显示恢复到空气的电容 $C'_{空}$后才可进行另外样品的测定。

4.7 吸光度的测定

在电磁波谱中紫外可见波长为 4～800 nm，4～200 nm 为远紫外区，又称真空紫外区，要测定这一区域的仪器的光路系统必须抽真空，防止潮湿空气、氧气、氯气及二氧化碳等对这一段电磁波产生吸收而干扰，波长 200～400 nm 为近紫外区，玻璃对 300 nm 以下的电磁波辐射产生强烈吸收，故采用石英比色皿。波长 400～800 nm 称可见光区。本节主要介绍紫外光栅分光光度计，其波长范围在 220～800 nm。

4.7.1 吸光度与浓度的关系

当溶液中的物质在光的照射激发下，物质中的原子和分子所含的能量以多种方式和光相互作用，而产生对光的吸收效应，物质对光的吸收具有选择性，不同的物质有各自的吸收光带，所以色散后的光谱通过某一物质时，某些波长会被吸收。在一定波长下，溶液中某一物质的波长与光能量减弱的程度有一定的比例关系，符合比色原理，根据朗伯-比尔(Lambert-Beer)定律：溶液的吸光度与吸光物质的浓度及吸光层厚度成正比。即 $A = \lg \frac{I_0}{I} = kcl$ 。

4.7.2 溶液浓度的测定

(1) 吸收曲线的测定：以被测样品在不同波长下测定吸光度 A，以吸光度 A 对波长 λ 作图，图中最大吸收峰波长，即为该样品的特征吸收峰波长。

(2) 工作曲线的测定：配制一系列已知浓度的样品，分别在特征吸收峰的波长下，测定吸光值，以 $A-c$ 作图，得到该样品的工作曲线。

(3) 以未知浓度的样品在特征吸收峰的波长下，测定吸光值。测得的吸光度值对照工作曲线，求得样品的浓度。

测定吸光度值的仪器，使用分光光度计。国产的分光光度计种类、型号较多，实验室常用的有 72 型、721 型、722 型、752 型等。752 型为紫外光栅分光光度计，既可测定波长 200～

400 nm的近紫外区，又可测定波长 400～800 nm 的可见光区。

4.7.3 752 型紫外光栅分光光度计的结构原理

752 型紫外光栅分光光度计由光源室、单式器、样品室、光电管暗盒、电子系统及数字显示器等部件组成，仪器的工作原理方框图如图Ⅲ-4-25 所示。

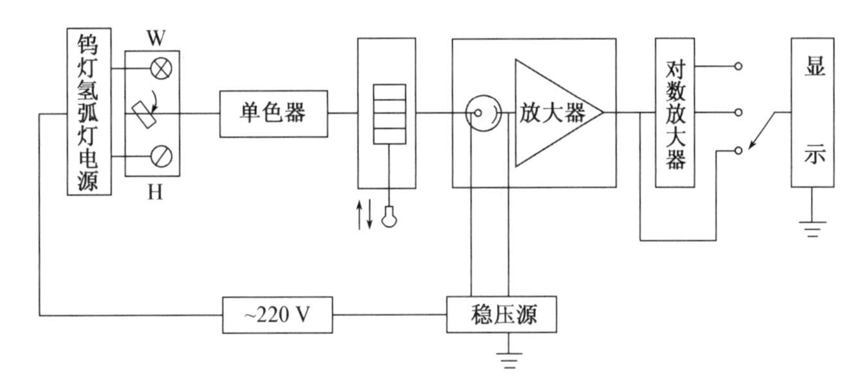

图Ⅲ-4-25 工作原理方框图

仪器内部光路如图Ⅲ-4-26 所示。

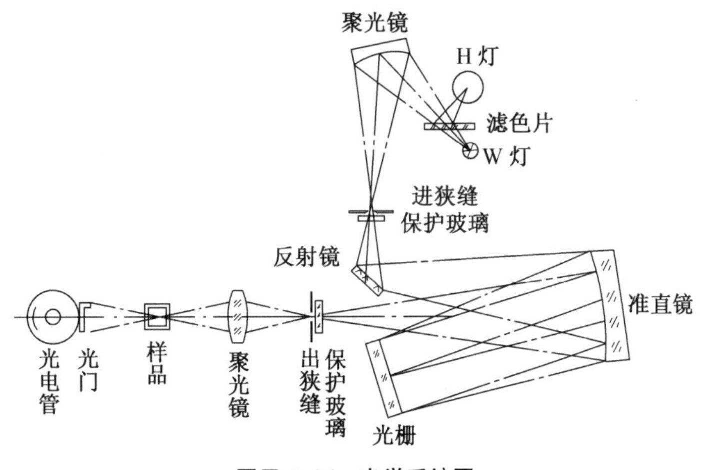

图Ⅲ-4-26 光学系统图

从钨灯或氢灯发出的连续辐射经滤色片选择骤光镜聚光后投向单色器进狭缝，此狭缝正好处于聚光镜及单色器内准直镜的焦平面上，因此进入单色器的复合光通过平面反射镜反射及准直镜准直变成平行光射向色散元件光栅，光栅将入射的复合光通过衍射作用形成按照一定顺序均匀排列的连续单色光谱，此时单色光谱重新回到准直镜上，由于仪器出射狭缝设置在准直镜的焦面上，这样，从光栅色散出来的光谱经准直镜后利用聚光原理成像在出射狭缝上，出射狭缝选出指定带宽的单色光通过聚光镜落在试样室被测样品中心，样品吸收后透射的光经光门射向光电管阴极面。根据光电效应原理，会产生一股微弱的光电流。此光电流经微电流放大器的电流放大，送到数字显示器显示，测出 $I\%$值，另外微电流放大器放大的电流，通过对数放大器以实现对数转换，使数字显示器显示 A 值。根据朗伯-比尔定律，样品浓度与吸光度正比，则可根据不同的需要，直接测出被测样品的浓度 c 值。

4.7.4 752 型紫外光栅分光光度计的操作步骤

752 型紫外光栅分光光度计的面板如图Ⅲ-4-27 所示。

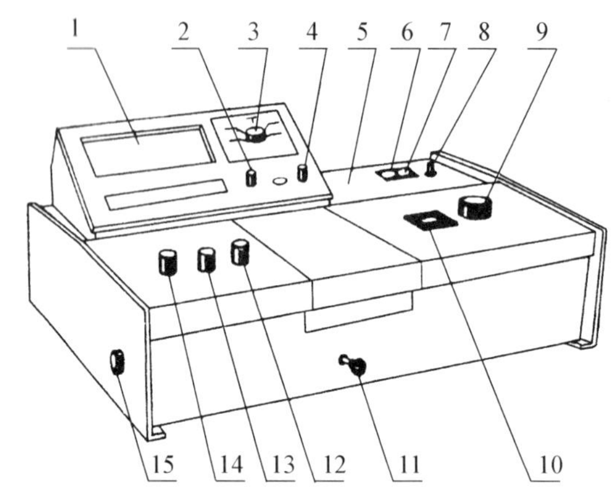

1—数字显示器；2—吸光度调零旋钮；3—选择开关；4—浓度旋钮；5—光源室；6—电源开关；
7—氢灯电源开关；8—氢灯触发按钮；9—波长手轮；10—波长刻度窗；11—试样架拉手；
12—100%T 旋钮；13—0%T 旋钮；14—灵敏度旋钮；15—干燥器。

图Ⅲ-4-27 仪器面板图

(1) 将灵敏旋钮调至“1”挡(放大倍数最小)。

(2) 按电源开关，钨灯点亮，若测试不需紫外部分，仪器预热即可使用。若需用紫外部分则按“氢灯”开关，氢灯电源接通，再按氢灯触发按钮，氢灯点亮，仪器预热 30 min(仪器背后有一只钨灯开关，如不需用钨灯时，可将其关闭)。

(3) 选择开关置于“T”。

(4) 打开试样室盖，调节 0%旋钮，使数字显示为“000.0”。

(5) 将波长置于所需测的波长。

(6) 将装有参比溶液和被测溶液的比色皿置于比色皿架中。

(7) 盖上样品室盖，将参比溶液比色皿置于光路，调节透光率“100”旋钮，使数字显示为 100.0%(T)。如果显示不到 100.0%(T)，则可适当增加灵敏度的挡数(同时应重复操作“4”，调整仪器的 000.0)。此时将被测溶液置于光路数字显示值为透光率。

(8) 若不需测透光率，仪器显示 100.0%(T)后，即将选择开关置于“A”，旋动吸光度旋钮，使数字显示为“000.0”。然后将被测溶液置于光路，数字显示值即为溶液的吸光度。

(9) 浓度 c 的测量，将选择开关由“A”旋至“c”，将已知标定浓度的溶液置于光路，调节浓度旋钮使数字显示为标定值，将被测溶液置于光路，即可显示出相应的浓度值。

4.7.5 操作注意事项

(1) 测定波长在 360 nm 以上时，可用玻璃比色皿，测定波长在 360 nm 以下时，需用石英比色皿。比色皿外部要用吸水纸吸干，不能用手触摸光面的表面。

(2) 每套仪器配套的比色皿不能与其他仪器的比色皿单个调换。因损坏需增补时，应经校正后才可使用。

(3) 开启关闭样品室盖时,需轻轻地操作,防止损坏光门开关。

(4) 不测量时,应使样品室盖处于开启状态,否则会使光电管疲劳,数字显示不稳定。

(5) 如大幅度调整波长时,需等数分钟才能工作,因为光能量变化急剧,使光电管受光后响应缓慢,需一移光响应平衡时间。

(6) 保持仪器洁净,干燥。

第5章　电化学测量技术及仪器

电化学测量技术在物化实验中占有重要地位,常用来测定电解质溶液的热力学函数。在平衡条件下,电势的测量可应用于活度系数的测量、溶度积、pH 等的测定。在非平衡条件下,电势的测定常用于定性、定量分析、扩散系数的测定以及电极反应动力学与机理的研究等。

电化学测量技术内容丰富多彩,除了传统的电化学研究方法外,目前利用光、电、声、磁、辐射等实验技术来研究电极表面,逐渐形成一个非传统的电化学研究方法的新领域。

作为基础物理化学实验课程中的电化学部分,主要介绍传统的电化学测量与研究方法。只有掌握了这些基本方法,才有可能理解和运用近代研究方法。

5.1　电导测量及仪器

5.1.1　电导及电导率

电解质电导是熔融盐和碱的一种性质,也是盐、酸液和碱水溶液的一种性质。电导这个物理化学参量不仅反映了电解质溶液中离子存在的状态及运动的信息,而且由于稀溶液中电导与离子浓度之间的简单线性关系,而被广泛用于分析化学与化学动力学过程的测试。

电导是电阻的倒数,因此电导值的测量,实际上是通过电阻值的测量再换算的。溶液电导测定,由于离子在电极上会发生放电,产生极化。因而测量电导时要使用频率足够高的交流电,以防止电解产物的产生。所用的电极镀铂黑减少超电位,并且用零点法使电导的最后读数是在零电流时记取,这也是超电位为零的位置。

对于化学家来说,更感兴趣的量是电导率。

$$\kappa - G\frac{l}{A} \tag{5.1}$$

式中:l 为测定电解质溶液时两电极间距离,单位为 m;A 为电极面积,单位 m^2;G 为电导,单位 S(西门子);κ 为电导率,指面积为 1 m^2,两电极相距 1 m 时,溶液的电导,单位 S/m(西门子每米)。

电解质溶液的摩尔电导率 Λ_m 是指把含有 1 mol 的电解质溶液置于相距为 1 m 的两个电极之间的电导。若溶液浓度为 c(mol/L),则含有 1 mol 电解质溶液的体积为 $10^{-3}\ m^3/c$。摩尔电导率的单位为 $S \cdot m^2/mol$。

$$\Lambda_m = \kappa \times \frac{10^{-3}}{c} \tag{5.2}$$

若用同一仪器依次测定一系列液体的电导,由于电极面积(A)与电极间距离(l)保持不变，则相对电导就等于相对电导率。

5.1.2 电导的测量及仪器

1. 平衡电桥法

测定电解质溶液电导时，可用交流电桥法，其简单原理如图Ⅲ-5-1所示。

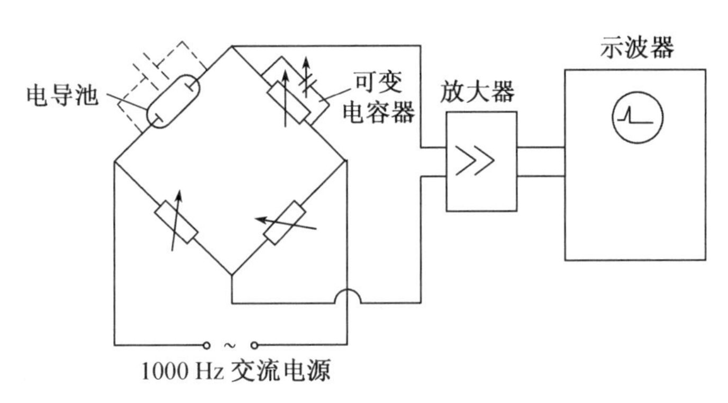

图Ⅲ-5-1 交流电桥装置示意图

将待测溶液装入具有两个固定的镀有铂黑的铂电极的电导池中，电导池内溶液电阻为

$$R_x = \frac{R_2}{R_1} \cdot R_3 \tag{5.3}$$

因为电导池的作用相当于一个电容器，故电桥电路就包含一个可变电容C，调节电容C来平衡电导池的容抗，将电导池接在电桥的一臂，以1 000 Hz的振荡器作为交流电源，以示波器作为零电流指示器（不能用直流检流计），在寻找零点的过程中，电桥输出信号十分微弱，因此示波器前加一放大器，得到R_x后，即可换算成电导。

2. DDS-11型电导率仪

测量电解质溶液的电导率时，目前广泛使用DDS-11型电导率仪，它的测量范围广，操作简便，当配上适当的组合单元后，可达到自动记录的目的。

（1）测量原理

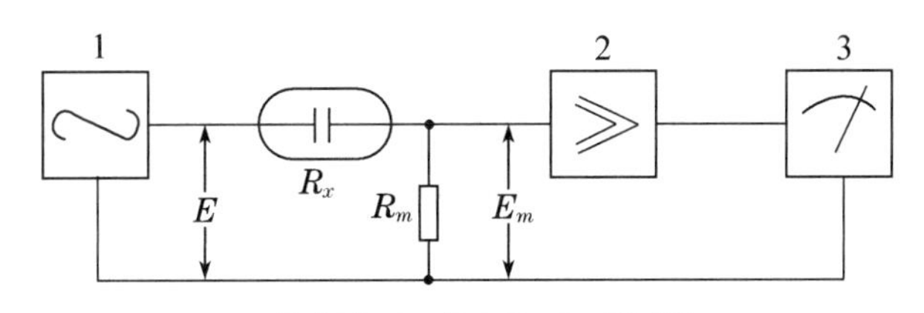

1—振荡器；2—放大器；3—指示器。

图Ⅲ-5-2 测量示意图

由图Ⅲ-5-2可知

$$E_m = ER_m/(R_m + R_x) = ER_m/(R_m + Q/\kappa) \tag{5.4}$$

由式(5.4)可知，当E、R_m和Q均为常数时，由电导率κ的变化必将引起E_m作相应变化，所以测量E_m的大小，也就测得液体电导率的数值。

（2）测量范围

① 测量范围　$0 \sim 10^5$ μs/cm，分 12 个量程。

② 配套电极　DJS-1 型光亮电极，DJS-1 型铂黑电极，DJS-10 型铂黑电极。

③ 量程范围与配用电极列在表Ⅲ-5-1 中。

表Ⅲ-5-1　量程范围及套用电极

量　程	电导率(μs/cm)	测量频率	配套电极
1	0～0.1	低　周	DJS-1 型光亮电极
2	0～0.3	低　周	DJS-1 型光亮电极
3	0～1	低　周	DJS-1 型光亮电极
4	0～3	低　周	DJS-1 型光亮电极
5	0～10	低　周	DJS-1 型光亮电极
6	0～30	低　周	DJS-1 型铂黑电极
7	$0 \sim 10^2$	低　周	DJS-1 型铂黑电极
8	$0 \sim 3\times10^2$	低　周	DJS-1 型铂黑电极
9	$0 \sim 10^3$	高　周	DJS-1 型铂黑电极
10	$0 \sim 3\times10^3$	高　周	DJS-1 型铂黑电极
11	$0 \sim 10^4$	高　周	DJS-1 型铂黑电极
12	$0 \sim 10^5$	高　周	DJS-10 型铂黑电极

(3) 使用方法

DDS-11 A 型电导率仪的面板如图Ⅲ-5-3 所示。

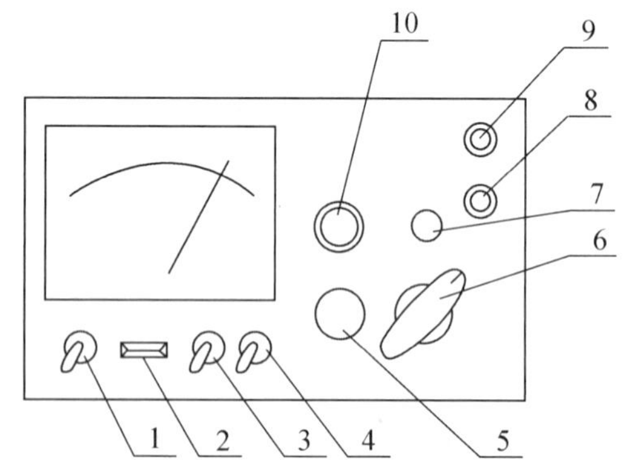

1—电源开关；2—氖泡；3—高周、低周开关；4—校正、测量开关；5—校正调节器；6—量程选择开关；7—电容补偿调节器；8—电极插口；9—10mV 输出插口；10—电极常数调节器。

图Ⅲ-5-3　仪器面板图

① 未开电源前，观察表头指针是否指在零，如不指零，则应调整表头上的调零螺丝，使表针指零。

② 将校正、测量开关拨在"校正"位置。

③ 将电源插头先插妥在仪器插座上，再接电源。打开电源开关，并预热几分钟，待指针完全稳定下来为止。调节校正调节器，使电表满度指示。

④ 根据液体电导率的大小选用低周或高周，将开关指向所选择频率(参看表Ⅲ-5-1)。

⑤ 将量程选择开关拨到所需要的测量范围。如预先不知道待测液体的电导率范围，应先把开关拨在最大测量档，然后逐档下调。

⑥ 根据液体电导率的大小选用不同电极，使用 DJS-1 型光亮电极和 DJS-1 型铂黑电极时，把电极常数调节器调节在与配套电极的常数相对应的位置上。例如，配套电极常数为 0.95，则电极常数调节器上的白线调节在 0.95 的位置处。如选用 DJS-10 型铂黑电极，这时应把调节器调在 0.95 位置上，再将测得的读数乘以 10，即为待测液的电导率。

⑦ 电极使用时，用电极夹夹紧电极的胶木帽，并通过电极夹把电极固定在电极杆上，将电极插头插入电极插口内。旋紧插口上的紧固螺丝，再将电极浸入待测溶液中。

⑧ 将校正、测量开关拨在"校正"，调节校正调节器使之指示在满刻度。

⑨ 将校正、测量开关拨向测量，这时指示读数乘以量程开关的倍率，即为待测液的实际电导率。例如，量程开关放在 $0 \sim 10^3$ μs/cm 档，电表指示为 0.5 h，则被测液电导率为 0.5×10^3 μs/cm = 500 μs/cm。

⑩ 用量程开关指向黑点时，读表头上刻度（0 ～ 1.0 μs/cm）的数；量程开关指向红点时，读表头上刻度为（0 ～ 3）的数值。

⑪ 当用 0 ～ 0.1 μs/cm 或 0 ～ 0.3 μs/cm 这两档测量纯水时，在电极未浸入溶液前，调节电容补偿器，使电表指示为最小值(此最小值是电极铂片间的漏阻，由于此漏电阻的存在，使调节电容补偿器时电表指针不能达到零点)，然后开始测量。

（4）注意事项

① 电极的引线不能潮湿，否则测不准。

② 高纯水被盛入容器后要迅速测量，否则空气中 CO_2 溶入水中，引起电导率的很快增加。

③ 盛待测溶液的容器需排除离子的玷污。

④ 每测一份样品后，用蒸馏水冲洗，用吸水纸吸干时，切忌擦及铂黑，以免铂黑脱落，引起电极常数的改变。可将待测液淋洗三次后再进行测定。

3. DDS-11A(T)数字电导率仪

DDS-11A(T)数字电导率仪采用相敏检波技术和纯水电导率温度补偿技术。仪器特别适用于纯水、超纯水电导率测量。仪器面板见图Ⅲ-5-4 所示。

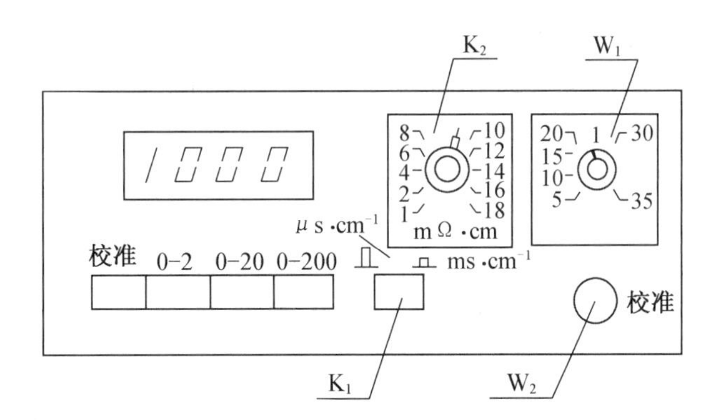

K_1—μS·cm^{-1}，mS·cm^{-1}为量程转换开关；K_2—纯水补偿转换开关；

W_1—温度补偿电位器；W_2—调节仪器满度(电极常数)电位器。

图Ⅲ-5-4 仪器面板图

（1）主要技术性能

① 测量范围 0 ～ 2 s/cm 。

② 精确度 ±1%(F·s) 。

③ 温度补偿范围 1～18 M·Ω·cm 纯水。

（2）仪器的使用

① 接通电源，预热 30 min。

② 将温度补偿电位器(W_1)旋钮刻度线对准 25 ℃，按下“校正”键，调节“校正”电位器(W_2)，使显值与所配用电极常数相同。例如，电极常数为 1.08，调节仪器数显为 1.080；电极

常数为 0.86，调节仪器数显为 0.860；若电极常数为 0.01、0.1 或 10 的电极，必须将电极上所标常数值除以标称值。如电极上所标常数为 10.5，则调节仪器数显为 1.050。即

$$\frac{10.5(\text{电极常数值})}{10(\text{电极常数标称值})}=1.050 \tag{5.5}$$

调节"校正"电位器时，电导电极需浸入待测溶液。

③ 测定时，按下相应的量程键，仪器读数即是被测溶液的电导率值。

若电极常数标称值不是 1，则所测的读数应与标称值相乘，所得结果才是被测溶液的电导率值。

如电极常数标称值是 0.1，测定时，数显值为 1.85 μs/cm，则此溶液实际电导率值是：

$$1.85\times0.1=0.185(\mu s/cm)$$

电极常数标称值是 10，测定时，数显值为 284 μs/cm，则此溶液实际电导率值是：

$$284\times10=2\,840(\mu s/cm)=2.84(ms/cm)$$

④ 温度补偿的使用

a. 根据所测纯水纯度（MΩ · cm），将纯水补偿转换开关（K_2）置于相应档位，温度补偿置于 25 ℃。

b. 按下校正键，调节校正旋钮，按电极常数调节仪器数显值。

c. 按下相应量程，调节温度补偿器（W_1）至纯水实际温度值，仪器数显值即换算成 25 ℃时纯水的电导率值。

（3）使用注意事项

① 电极的引线、连接杆不能受潮、玷污。

② 在 K_1（量程转换开关）转换时，一定要对仪器重新校正。

③ 电极选用一定要按表规定，即低电导时（如纯水）用光亮电极，高电导时用铂黑电极。

④ 应尽量选用读数接近满度值的量程测量，以减少测量误差。

⑤ 校正仪器时，温度补偿电位器（W_1）必须置于 25 ℃位置。

⑥ W_1 置于 25 ℃，K_2 不变，各量程的测量结果均未温度补偿。

表Ⅲ-5-2　电极选用表

量　程	开关（K_1）	测量范围 μs/cm	采用电极
0～2		0～2	J=0.01 或 0.1 电极
0～20	μs/cm	0～20	J=1 光亮电极
0～200		0～200	DJS-1 铂黑电极
0～2		0～2 000	DJS-1 铂黑电极
0～20	ms/cm	0～20 000	DJS-1 铂黑电极
0～20		$0\sim2\times10^5$	DJS-10 铂黑电极
0～200		$0\sim2\times10^6$	DJS-10 铂黑电极

5.2 原电池电动势的测量

原电池电动势是指当外电流为0时两电极间的电势差。而有外电流时，这两极间的电势差称为电池电压。

$$U = E - IR \tag{5.6}$$

因此，电池电动势的测量必须在可逆条件下进行，否则所得电动势没有热力学价值。所谓可逆条件，即电池反应是可逆的，测量时电池几乎没有电流通过。电池反应可逆，就是两个电极反应的正、逆速度相等，电极电势是该反应的平衡电势，它的数值与参与平衡的电极反应的各溶液活度之间关系完全由该反应的奈斯特方程决定。为此目的，测量装置中安排了一个方向相反而数值与待测电动势几乎相等的外加电动势来对消待测电动势，这种测定电动势方法称为对消法。

5.2.1 测量基本原理

对消法测电动势线路如图Ⅲ-5-5所示。图中整个 AB 线的电势差可以使它等于标准电池的电势差，这个通过“校准”的步骤来实现，标准电池的负端与 A 相连(即与工作电池呈对消状态)，而正端串联一个检流计，通过并联直达 B 端。调节可调电阻，使检流计指零，这就是无电流通过，这时 AB 线上的电势差就等于标准电池电势差。

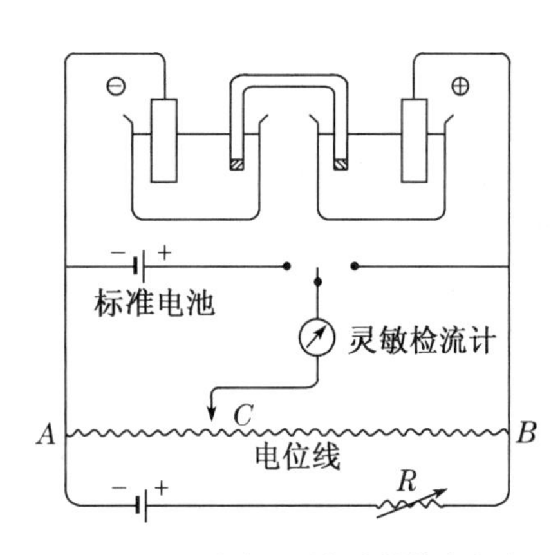

图Ⅲ-5-5 对消法测电动势基本电路

测未知电池时，负极与 A 相连接，而正极通过检流计连到探针 C 上，将探针 C 在电阻线 AB 上来回滑动，直到找出使检流计电流为零的位置。这时，

$$E_x = AC/AB\ (\text{通过 } AB \text{ 的电势差}) \tag{5.7}$$

5.2.2 液体接界电势与盐桥

1. 液体接界电势

当原电池含有两种电解质界面时，便产生一种称为液体接界电势的电动势，它干扰电池电动势的测定。

减小液体接界电势的办法常用“盐桥”。盐桥是在玻璃管中灌注盐桥溶液，把管插入两个互相不接触的溶液，使其导通。

2. 盐桥溶液

盐桥溶液中含有高浓度的盐溶液，甚至是饱和溶液，当饱和的盐溶液与另一种较稀溶液相接界时，主要是盐桥溶液向稀溶液扩散，因此减小了液接电势。

盐桥溶液中的盐的选择必须考虑盐溶液中的正、负离子的迁移速率都接近于0.5为佳，通常采用氯化钾溶液。

盐桥溶液还要不与两端电池溶液发生反应，如果实验中使用硝酸银溶液，则盐桥液就不能用氯化钾溶液，而选择硝酸铵溶液较为合适，因为硝酸铵中正、负离子的迁移速率比较接近。

盐桥溶液中常加入琼胶作为胶凝剂。由于琼胶含有高蛋白，所以盐桥溶液需新鲜配制。

5.2.3　电极与电极制备

原电池是由两个“半电池”所组成，每一个半电池由一个电极和相应的溶液组成。原电池的电动势则是组成此电池的两个半电池的电极电势的代数和。电极电势的测量是通过被测电极与参比电极组成电池，测此电池电动势，然后根据参比电极的电势求出被测电极的电极电势，因此在测量电动势过程中需注意参比电极的选择。

1. 第一类电极

只有一个相界面的电极，如气体电极，金属电极。

(1) 氢电极　氢电极是氢气与其离子组成的电极，把镀有铂黑的铂片浸入 $a_{H^+} = 1$ 的溶液中，并以 $p_{H_2} = 101\ 325$ Pa 的干燥氢气不断冲击到铂电极上，就构成了标准氢电极。其结构如图Ⅲ-5-6所示。

$$(Pt)H_2(p = 1.013 \times 10^5 \text{ Pa}) \mid H^+ (a_{H^+} = 1)$$

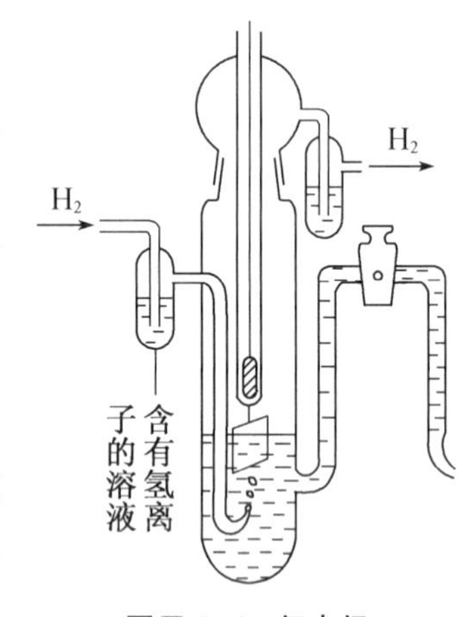

图Ⅲ-5-6　氢电极

标准氢电极是国际上一致规定电极电势为零的电势标准。任何电极都可以与标准氢电极组成电池，但是氢电极对氢气纯度要求高，操作比较复杂，氢离子活度必须十分精确，而且氢电极十分敏感，受外界干扰大，用起来十分不方便。

(2) 金属电极　其结构简单，只要将金属浸入含有该金属离子的溶液中就构成了半电池。如银电极就属于金属电极。

$$Ag \mid Ag^+ (a)$$

电极反应：$Ag \rightleftharpoons Ag^+ + e$

银电极的制备可以购买商品银电极（或银棒）。首先将银电极表面用丙酮溶液洗去油污，或用细砂纸打磨光亮，然后用蒸馏水冲洗干净，按图Ⅲ-5-7接好线路，在电流密度为 3～5 mA/cm^2 时，镀半小时，得到银白色紧密银层的镀银电极，用蒸馏水冲洗干净，即可作为银电极使用。

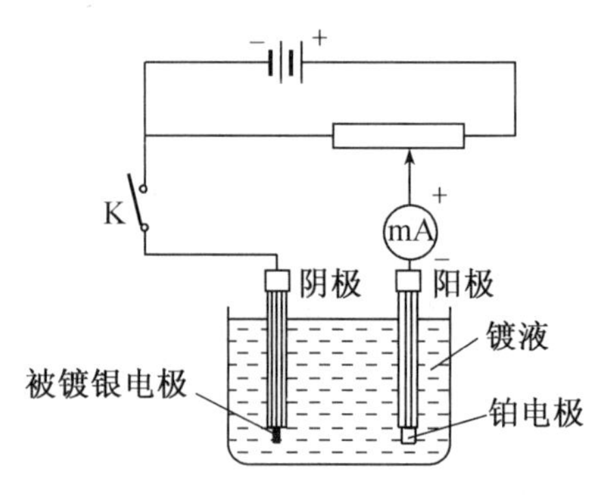

图Ⅲ-5-7　镀银线路图

2. 第二类电极

甘汞电极、银-氯化银电极等参比电极。

(1) 甘汞电极

实验室中常用的参比电极。其构造形状很多，有单液接和双液接两种。其构造如图Ⅲ-5-8所示。

不管哪一种形状，在玻璃容器的底部皆装入少量的汞，然后装汞和甘汞的糊状物，再注入氯化钾溶液，将作为导体的铂丝插入，即构成甘汞电极。甘汞电极表示形式如下：

$$Hg(l), Hg_2Cl_2(s) \mid KCl(a)$$

电极反应为

$$Hg_2Cl_2(s) + 2e^- \longrightarrow 2Hg(l) + 2Cl^-(a_{Cl^-})$$

$$\varphi_{甘汞} = \varphi^{\ominus}_{甘汞} - \frac{RT}{F}\ln a_{Cl^-} \tag{5.8}$$

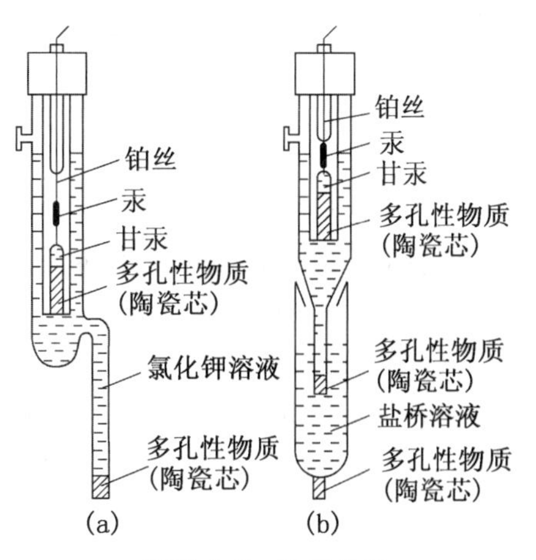

图Ⅲ-5-8 甘汞电极

从式中可见，$\varphi_{甘汞}$仅与温度和氯离子活度a_{Cl^-}有关，即与氯化钾溶液浓度有关。甘汞电极有0.1 mol/L、1.0 mol/L和饱和氯化钾甘汞电极。其中以饱和式甘汞电极最为常用(使用时电极内溶液中应保留少许氯化钾固体晶体以保证溶液的饱和)。不同甘汞电极的电极电势与温度的关系见表Ⅲ-5-3。

表Ⅲ-5-3 不同氯化钾溶液浓度的$\varphi_{甘汞}$与温度的关系

氯化钾溶液浓度(mol/L)	电极电势$\varphi_{甘汞}$(V)t^0_c
饱　和	$0.2412 - 7.6 \times 10^{-4}(t-25)$
1.0	$0.2801 - 2.4 \times 10^{-4}(t-25)$
0.1	$0.3337 - 7.0 \times 10^{-5}(t-25)$

甘汞电极具有装置简单，可逆性高，制作方便，电势稳定等优点。广泛作为参比电极应用。

(2) 银-氯化银电极

实验室中另一种常用的参比电极，是属于金属-微溶盐-负离子型电极。其电极反应及电极电势表示如下：

$$AgCl(s) + e^- \longrightarrow Ag(s) + Cl^-(a_{Cl^-})$$

$$\varphi_{Cl^-|AgCl|Ag} = \varphi^{\ominus}_{Cl^-|AgCl|Ag} - \frac{RT}{F}\ln a_{Cl^-} \tag{5.9}$$

从式中可见$\varphi_{Cl^-|AgCl|Ag}$也只与温度和溶液中氯离子活度有关。

氯化银电极的制备方法很多，较简单的方法是在镀银溶液中镀上一层纯银后，再将镀过银的电极作为阳极，铂丝作为阴极，在1 mol盐酸中电镀一层AgCl。把此电极浸入HCl溶液，就成了Ag-AgCl电极，制备Ag-AgCl电极时，在相同的电流密度下，镀银时间与镀氯化银的时间比最合适是控制在3∶1。

3. 氧化还原电极

将惰性电极插入含有两种不同价态的离子溶液中也能构成电极，如醌氢醌电极。

$$C_6H_4O_2 + 2H^+ + 2e^- \longrightarrow C_6H_4(OH)_2$$

其电极电势

$$\varphi = \varphi^{\ominus}_{醌氢醌} - \frac{RT}{2F}\ln\frac{a_{氢醌}}{a_{醌} \cdot a^2_{H^+}} \tag{5.10}$$

醌、氢醌在溶液中浓度很小,而且相等,即 $a_{氢醌}=a_{醌}$,则

$$\varphi=\varphi^{\ominus}_{醌氢醌}+\frac{RT}{F}\ln a_{H^+} \tag{5.11}$$

4. 旋转圆盘电极

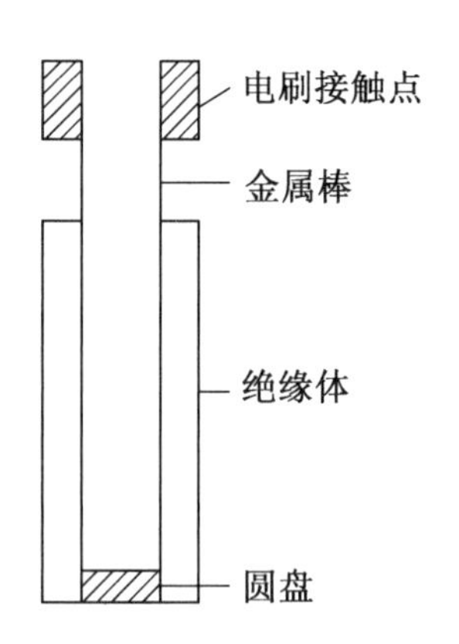

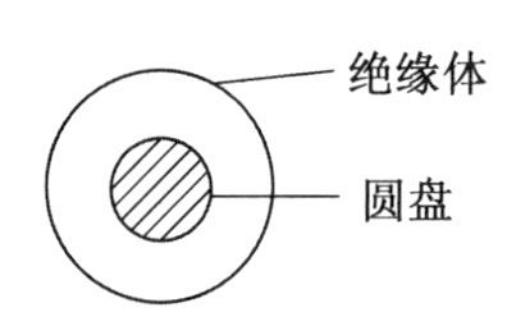

图Ⅲ-5-9 旋转圆盘电极结构示意图

旋转圆盘电极 RDE(ratating disk electrode)结构如图Ⅲ-5-9所示。把电极材料加工成圆盘后,用黏合剂将它封入高聚物(例如聚四氟乙烯)圆柱体的中心,圆柱体底面与研究电极表面在同一平面内,精密加工抛光。研究电极与圆柱中心轴垂直,处于轴对称位置。电极用电动机直接耦合或传动机构带动使电极无振动地绕轴旋转,从而使电极下的溶液产生流动,缩短电极过程达到稳定状态的时间,在电极上建立均匀而稳定的表面扩散层。电极上的电流分布也比较均匀稳定。

圆盘电极的旋转,引起了溶液中的对流扩散,加强了电活性物质的传质,使电流密度比静止的电极提高了1～2个数量级,所以用RDE研究电极动力学,可以提高相同数量级的速度范围。

对于25 ℃水溶液中,计算可得扩散电流密度为

$$i_d=-0.62nFD^{2/3}\nu^{-1/6}\omega^{1/2}(c_b-c^s) \tag{5.12}$$

极限扩散电流密度为

$$(i_d)_{\lim}=-0.62nFD^{2/3}\nu^{-1/6}\omega^{1/2}c_b \tag{5.13}$$

式中:F 为法拉第常数;D 为扩散系数;ν 为溶液的动力黏度系数(即黏度系数/密度);ω 为圆盘电极旋转角速度;n 为电极反应的电子得失数;c_b,c^s 分别表示反应物(或产物)的溶液浓度和电极表面浓度。

从计算式可以看出,旋转圆盘电极的应用较广,它可以测得扩散系数 D、电极反应得失电子数 n、电化学过程的速率常数和交换电流密度等动力学参数。

5.2.4 标准电池

标准电池是电化学实验中基本校验仪器之一,在20 ℃时电池电动势为1.018 6 V,其构造如图Ⅲ-5-10所示。电池由一H形管构成,负极为含镉(Cd)12.5%的镉汞齐,正极为汞和硫酸亚汞的糊状物,两极之间盛以 $CdSO_4$ 的饱和溶液,管的顶端加以密封。电池反应如下。

负极:$Cd(汞齐)\longrightarrow Cd^{2+}+2e^-$

$$Cd^{2+}+SO_4^{2-}+\frac{8}{3}H_2O\longrightarrow CdSO_4\cdot\frac{8}{3}H_2O(s)$$

正极:$Hg_2SO_4(s)+2e^-\longrightarrow 2Hg(l)+SO_4^{2-}$

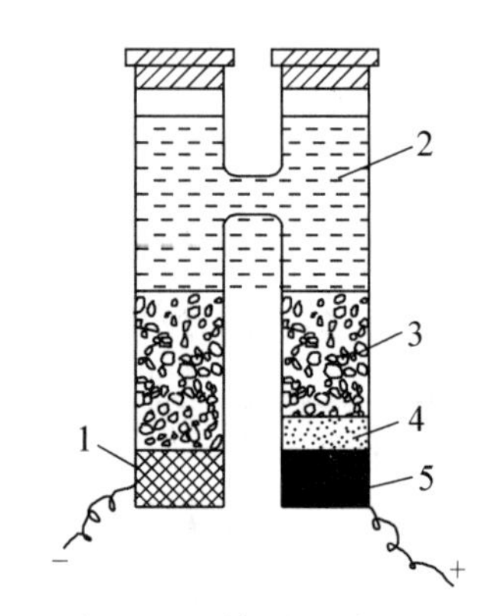

1—含Cd 12.5%的镉汞齐;2—汞;3—硫酸亚汞糊状物;4—硫酸镉晶体;5—硫酸镉饱和溶液。

图Ⅲ-5-10 标准电池

总反应：

$$Cd(汞齐) + Hg_2SO_4 + \frac{8}{3}H_2O \longrightarrow 2Hg(l) + CdSO_4 \cdot \frac{8}{3}H_2O$$

标准电池的电动势很稳定，重现性好，做电池的各物均极纯，并按规定配方工艺制作的电动势值基本一致。

标准电池经检定后，给出 20 ℃下的电动势值，其温度系数很小。但实际测量温度为 t ℃时，其电动势按下式进行校正：

$$E_t = E_{20} - 4.06 \times 10^{-5}(t - 20) - 9.5 \times 10^{-7}(t - 20)^2$$

使用标准电池时，注意以下几个方面：

(1) 使用温度　4～40 ℃ 。

(2) 正、负极不能接错。

(3) 不能振荡，不能倒置，携取要平稳。

(4) 不能用万用表直接测量标准电池。

(5) 标准电池只是校验器，不能作为电源使用，测量时间必须短暂，间歇按键，以免电流过大，损坏电池。

(6) 按规定时间，必须经常进行计量校正。

5.3 常用电气仪表

5.3.1 磁电系直流检流计

磁电系检流计是用来测量微小电流的一种仪表。它的灵敏度很高，所以常用来检查电路中有无电流通过。如在直流电位差计中和直流电桥中作指零仪器。

1. 检流计的结构及特点

磁电系检流计是一种具有特殊结构的磁电系测量机构，由于它需要有高的灵敏度，不采用轴承装置，因轴和轴承之间的摩擦对测量会有影响，因而多采用悬丝将动圈悬挂起来，并利用光点反射的方法来指示仪表活动部分的偏转。

图Ⅲ-5-11 为磁电系检流计的结构图。动圈由悬丝悬挂起来。悬丝用黄金或紫铜制成，除了用来产生小的反作用力矩外，还作为把电流引入动圈的引线，动圈的另一电流引线是金属皮，在动圈上端装有反射小镜，利用此小镜对光线的反射来指示活动部分的偏转。图Ⅲ-5-12 就是这种光标读数装置，在离小镜一定距离处安装一标尺，由小灯将一狭窄光束投向小镜，经小镜反射到标尺上，形成一条细小光带，指示出活动部分的偏转大小。这种检流计灵敏度很高，极易受外界振动的影响，使用时应将它放在稳固的位置或坚实的墙壁上，所以称为墙式检流计，如国产 AC 4 型检流计。

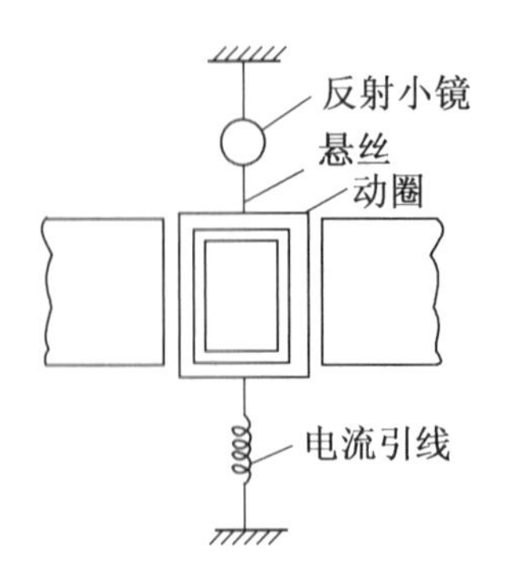

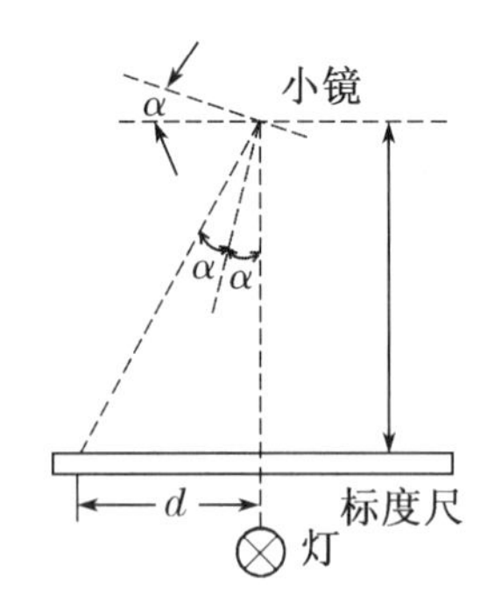

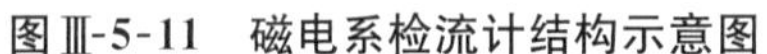

图Ⅲ-5-11　磁电系检流计结构示意图　　　图Ⅲ-5-12　光标读数装置

目前，实验室中使用较广的是携式检流计，这种检流计的活动部分，上、下固定连接在两根细薄的金属张丝(游丝)上，其读数有的用指针指示，有的用光标指示。

2. 检流计的主要技术特性及参数选择

(1) 活动部分运动特性及临界电阻

磁电系检流计的活动部分本身具有一定的惯性，在测量过程中，它不能立刻静止达到平衡位置，而有一个运动过程，这一运动过程与阻尼大小有关。

检流计在无限尼或阻尼很小时，活动部分将围绕平衡位置摆动，经过相当长的时间才逐渐达到平衡位置，此种状态称为"欠阻尼"状态。在阻尼很大时，则检流计的活动部分将无摆动地迅速到达平衡位置，称为"过阻尼"运动状态。如果阻尼由小增大到某一数值时，活动部分不再摆动，而是逐渐趋于最后位置，这种状态称为"临界阻尼"运动。从理论上可以证明，在临界阻尼的运动情况下，活动部分到达最后平衡位置所需时间最短。

值得注意的是，磁电系检流计阻尼力矩的大小与外接电路的电阻大小有关。由于动圈与外接测量电路形成闭合回路，当仪表的动圈在磁场中运动时，会产生感应电动势，它作用在此闭合回路中产生感应电流，此电流与永久磁铁的磁场作用而产生阻尼力矩，此阻尼力矩与动圈外测量线路的电阻大小有关。当外接电阻的数值使检流计恰好工作在临界阻尼情况下时，该外接电阻数值称为外临界电阻。

检流计外临界电阻是检流计的一个重要参数，通常在铭牌上标明。我们选用检流计作为指零仪器时，要保证检流计在稍微欠阻尼的情况下运动，就必须使所选择的检流计的外临界电阻略微比实际连接在检流计两端的电阻数值小一些。如果没有适当外临界电阻的检流计，应接入分流器或附加电阻以相匹配。

(2) 电流灵敏度及电流常数

检流计灵敏度通常以检流计活动部分的偏转角的增量 Δ_α 与被测量的增量 Δ_I 的比值来表示。如检流计对电流灵敏度为

$$S_i = \frac{\Delta_\alpha}{\Delta_I} = \frac{\alpha}{I}\ (\text{分度}/\mu\text{A}) \tag{5.14}$$

式中：S_i 为电流灵敏度；α 为偏转格数；I 为流过检流计的电流值。

通常在检流计的铭牌上标明的不是灵敏度，而是灵敏度的倒数，它表明检流计活动部分，每单位偏转或是位移所流过线圈的被测量的数值，称为检流计的电流常数，用 C_i 表示。

$$C_i = \frac{1}{S_i} = \frac{I}{\alpha}(\text{A/ 分度}) \tag{5.15}$$

在选取检流计时，应视测量的具体情况选取合适的灵敏度。若检流计灵敏度选得太高，则测量时平衡困难而费时；若灵敏度过低，则有可能达不到所要求的测量精度。

(3) 阻尼时间

阻尼时间是检流计在临界阻尼状态下工作时，由最大偏转状态切断电流开始，到指示器回到零位所需要的时间。

3. 国产检流计的主要技术特性

我国生产的检流计型号很多，现列出 AC 9 和 AC 15 型检流计的主要技术参数以供参考。

表Ⅲ-5-4　AC 9 型检流计主要技术参数

参　　数	测量单位	型　号				
		AC 9/1	AC 9/2	AC 9/3	AC 9/4	AC 9/5
内　　阻	Ω	不大于 1 500	不大于 1 000	不大于 100	不大于 50	不大于 30
外临界电阻	Ω	不大于 100k	不大于 10k	不大于 1k	不大于 500	不大于 40
电流常数	A/分度	不大于 3×10^{-10}	不大于 1.5×10^{-9}	不大于 3×10^{-9}	不大于 5×10^{-9}	不大于 1×10^{-8}
阻尼时间	s	<6	<6	<6	<6	<6

表Ⅲ-5-5　AC 15 型直流检流计

参　　数	测量单位	型　号						
		AC 15/1	AC 15/2	AC 15/3	AC 15/4	A C15/5	AC 15/6	
内　　阻	Ω	1.5k	500	100	50	30	——1 50	——2 500
外临界电阻	Ω	100k	10k	1k	500	40	500	10k
分 度 值	A/分度	3×10^{-10}	1.5×10^{-9}	3×10^{-9}	5×10^{-9}	1×10^{-8}	5×10^{-9}	1.5×10^{-9}
临界阻尼时间	s	4	4	4	4	4	4	

4. 检流计的使用与维护

(1) 在搬动检流计时，应将活动部分用止动器锁住，分流器开关放在短路档。无分流器开关的检流计，可用止动器或一根导线将接线柱两端短路。

(2) 在使用时应按正常使用位置安放好，对于装有水平仪的检流计应先调好水平位置，再检查检流计，看其偏转是否正常，有无卡滞现象，检查后，再接入测量线路中使用。

(3) 在测量范围未知的情况下使用检流计，应配置一个万用分流器或串联一个很大的保护电阻(如几个 MΩ)进行测试。当确信不会损坏检流计时，再逐渐提高检流计灵敏度。

(4) 绝不允许用万用表、欧姆表去测量检流计的内阻，避免通入过大电流烧坏检流计。

(5) 在接通电源时，应使电源开关所指示的位置与所使用电源电压值一致(特别注意不要将 220 V 的电源插入 6 V 插座内)。

(6) 如发现标尺上找不到光点影像时，可将检流计分流器旋钮置于“直接”处，并将检流计轻微摆动，如有光点掠过，则可调节零点调节器，将光点调至标尺零点。如无光点掠过，则应先

检查灯泡是否烧坏(打开小门即可),若灯泡未烧坏,则可能是悬丝断,需要更换。

(7) 对光,更换了新灯泡需要对光。可前后、左右调整灯座的相对位置,直到标尺上获得清晰光点,然后将灯座固定,盖上小门。

(8) 测定检流计参数时,应遵循试验条件

① 环境温度为(20±5)℃,相对湿度小于 80%;

② 除地磁场外,附近不应有铁磁性物质和外磁场;

③ 周围环境不应有剧烈震动。

(9) 测定检流计参数时按图Ⅲ-5-13 方法进行。

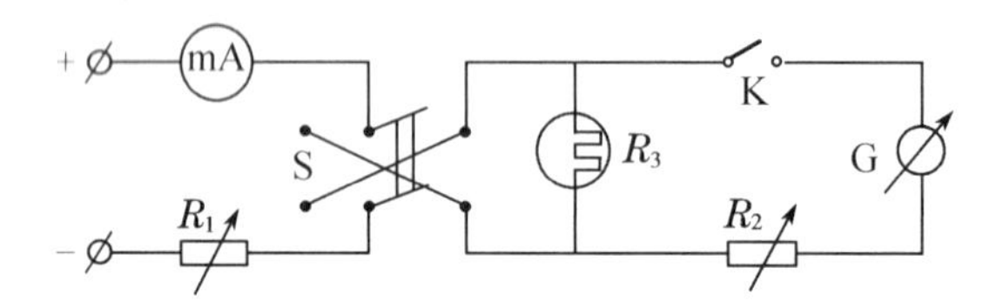

G—被测检流计;mA—1 级毫安表;R_3—0.1 Ω、1 Ω 或 10 Ω 的 0.02 级标准电阻;

R_1、R_2—电阻箱;S—电流方向转换开关;K—开关。

图Ⅲ-5-13 测量检流计参数线路图

① 外临界电阻测定　调节 R_1 使检流计光点偏转至标尺左边或右边的一半(25),再调节 R_2,使检流计活动部分的运动状态成周期性振荡,然后将电阻逐渐减少,直到光点回到标度尺零位,此时 R_2 的电阻值即为外临界电阻。

② 分度值测定　检流计在外临界状态下,调节 R_1,使光点稳定在标尺两极限分度线左右(左 50 或右 50 处),按下列公式计算电流分度值

$$C_I = \frac{I \times R_S}{\alpha(R_g + R_2 + R_S)} \text{(A/ 分度)} \tag{5.16}$$

式中:I 为输入电流(A);R_S 为标准电阻额定值(Ω);α 为检流计光点由零位向两边所偏转的分度平均值;R_g 为被测检流计内阻(Ω);R_2 为检流计外临界电阻(Ω)。

然后使检流计依次稳定在标度尺的 1/2 和 1/4 处,并读出它们所需要的电流值,再按上式计算检流计分度值。

③ 阻尼时间测定　预先调整检流计光点为满偏度,然后断开电源。阻尼时间的计算,从电源断开起,到光点离零位不超过 1 分度为止。此项测定必须使检流计在临界状态下进行。

5.3.2 直流稳压电源

化学实验中,大多数仪器和仪表常采用直流电源,它通常是用整流器把交流电交换而成的。由于交流电网 220 V 往往不稳定,低时只有 180 V,高时可达 240 V,因而整流后直流电压也不稳定。同时由于整流滤波设备存在内阻,当负载电流变化时,输出电压也会变化。因而为了得到一稳定的输出电压,实验室中直流电源一般采用直流稳压。

1. 直流稳压电源的原理

常采用串联负反馈电路的稳压电源。电路中,将一个可变电阻 R 和 R_{fz} 串联,通过改变 R 两端的压降来实现稳压的目的,如图Ⅲ-5-14(a)所示。

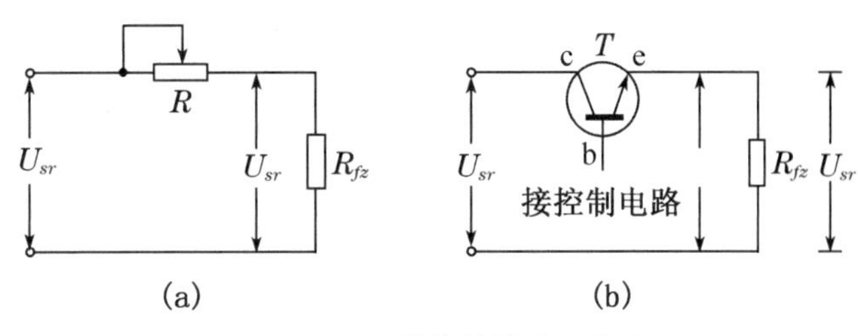

图Ⅲ-5-14 最简单的稳压方法

当输入电压 U_{sr} 增加时，若将可变电阻 R 的阻值增加，可将输入电压 U_{sr} 的增加量全部承担下来，使输出电压能维持不变。当输入电压 U_{sr} 不变，而负载电流增加时，可相应减小 R 的阻值，使 R 上的压降不变，维持输出电压不变。这就是串联型晶体管直流稳压电源稳压的基本原理。

若用晶体管 T 代替可变电阻 R，如图Ⅲ-5-14(b)所示。阻值的改变利用负反馈的原理，即以输出电压的变化量控制晶体管集电极与发射极之间的电阻值。由于该晶体管做调整用，故称为调整管。这种将调整管与负载串联的稳压电源，称为串联型晶体管稳压电源。

稳压电源一般都由变压器、整流滤波、调整元件、比较放大、基准电源和取样电阻等六个主要部分组成。如图Ⅲ-5-15 所示。其工作过程是当输出电压 U_{sc} 发生变化时，通过电阻分压器"取信号"与基准电源比较，放大器将误差信号放大，送到调整管基极，调整其电压，以达到稳定输出电压的目的。

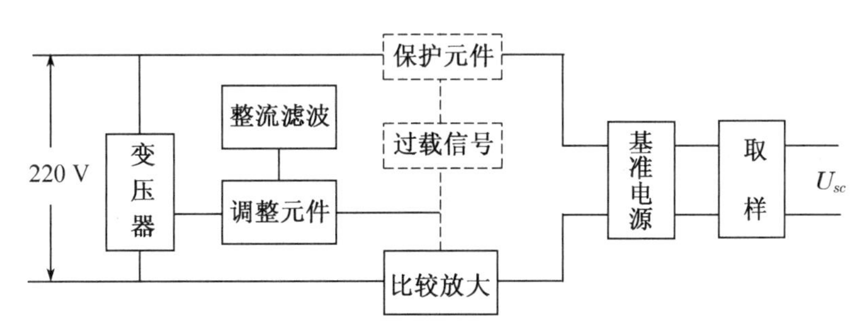

图Ⅲ-5-15 串联型稳压电源方框图

2. 稳压电源的主要技术指标

稳压电源的指标可分为两部分：一部分是特性指标，如输出电流、输出电压及电压调节范围；另一部分是质量指标，反映了稳压电源的优劣，包括稳定度、等效电阻(输出电阻)、纹波电压及温度系数等。关于质量指标含义如下。

(1) 由于输入电压变化而引起输出电压变化的程度用稳定度指标来表示，常用两种量度表示。

① 稳压系数 S　当负载不变时，输出电压的相对变化量与输入电压的相对变化量之比，即

$$S=\frac{\left(\dfrac{\Delta U_{sc}}{U_{sc}}\right)}{\left(\dfrac{\Delta U_{sr}}{U_{sr}}\right)}=\frac{\Delta U_{sc}}{\Delta U_{sr}}\cdot\frac{U_{sr}}{U_{sc}} \tag{5.17}$$

S 值的大小反映了稳压电源克服输入电压变化的能力。通常 S 约为 $10^{-2} \sim 10^{-4}$。

② 电压调整率　当输入电网电压波动为 $\pm 10\%$ 时，输出电压量的相对变化量 $\frac{\Delta U_{sc}}{U_{sc}}$ 的一般值为 $\left|\frac{\Delta U_{sc}}{U_{sc}}\right| \leqslant 1\%$、$0.1\%$ 甚至 0.01%。

(2) 由于负载变化而引起输出电压的变化，常用以下两种量度表示。

① 等效内阻 r_n（输出电阻）　它表示输出电压不变时，由于负载电流变化 ΔI_{fz} 引起输出电压变化 ΔU_{sc}，则

$$r_n = -\frac{\Delta U_{sc}}{\Delta I_{fz}}(\Omega) \tag{5.18}$$

② 电流调整率　用负载电流 I_{fz} 从零变到最大时输出电压的相对变化 $\frac{\Delta U_{sc}}{U_{sc}}$ 来表示。

(3) 最大纹波电压　是 50 Hz 或 100 Hz 的交流分量，通常用有效值或峰值表示。

(4) 温度系数　即使输入电压和负载电流都不变，由于环境温度的变化，也会引起输出电压的漂移，一般用温度系数 K_T 表示：

$$K_T = \frac{\Delta U_{sc}}{T}\bigg|_{\substack{\Delta U_{sr}=0\\ \Delta I_{fz}=0}} (\text{V}/\,^\circ\text{C}) \tag{5.19}$$

5.3.3　直流电位差计

电位差计是一种用比较法进行测量的校量仪器。

1. 直流电位差计工作原理

(1) 原理线路

直流电位差计原理线路图如图Ⅲ-5-16 所示。通常电阻 R_n、R_a、转换开关及相应接线端都装在仪器内部，标准电池 E_n、调节电阻 R、工作电源 E 和检流计 G 是辅助部分，它们可以装在仪器内部，也可外附。

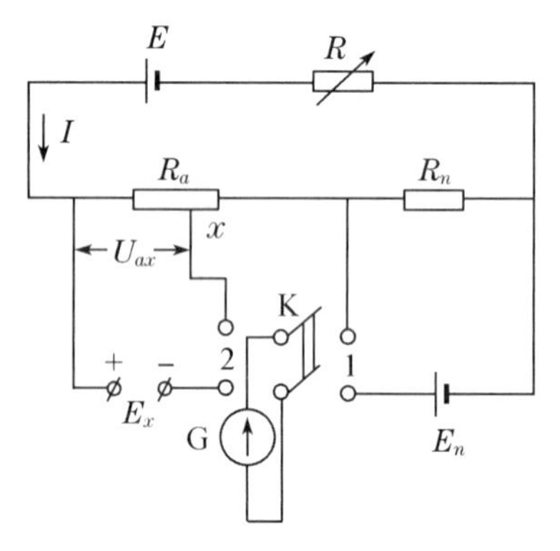

图Ⅲ-5-16　直流电位差计原理线路图

由工作电源 E、调节电阻 R、电阻 R_n，R_a 组成的电路称为工作电路。在补偿时，通过电阻 R_a 及 R_n 的电流 I，称为电位差计的工作电流。

标准电池是用来校准工作电流的。当把开关 K 倒向位置"1"时，检流计 G 接到标准电池 E_n 一边，调节电阻 R，使通过检流计的电流为零，这时表示标准电压 E_n 的电势和固定电阻 R_n 上的电压降相互补偿，故 $E_n = IR_n$。由于 E_n，R_n 都是正确已知的，因此相应的工作电流为

$$I = \frac{E_n}{R_n} \tag{5.20}$$

然后将开关 K 倒向位置"2"，这时检流计 G 接到被测电势一边，调节 R_a 上滑动触头 x，使检流计再次指零，由于滑动触头 x 位置的变化并不影响工作电路中的电阻大小，所以工作电流 I 是保持不变的，这样就是使被测电势 E_x 与已知标准电阻 R_a 段 ax 上电压 U_{ax} 相补偿（故也称 U_{ax} 为补偿电压），所以有

$$E_x = U_{ax}$$

$$E_x = IR_{ax} = \frac{E_n}{R_n} \cdot R_{ax} \tag{5.21}$$

式中：R_{ax}为R_a 的ax 段电阻值。

由于标准电池 E_n 的电动势是稳定的，因而选用一定大小的 R_n 就使得工作电流有一定的额定值。在这种情况下，电阻 R_a 上的分度可用电压来标明，从而可直接读出被测电动势 E_x 的大小。

(2) 测量步骤

在用电位差计测量电势的过程中，其测量步骤必须分为两步。

① 调节工作电流　开关 K 接到标准电池 E_n 一方，调节电阻 R 来调节工作电流，使检流计偏转为零。

② 测量被测电势　开关 K 接到 E_x 一方，这时只能调节标准电阻 R_a 上的滑动触头 x，以使检流计指零，读出被测量的大小。切不可再去变动调节电阻 R 的位置，以免引起工作电流的改变。

(3) 测量特点

① 电位差计达到平衡时，不从被测对象中取用电流，因此在被测电源的内部就没有电压降，测得结果是被测电源的电动势，而不是端电压。

② 准确度高　电位差计测量的准确度取决于标准电池和电阻的准确度，而这两者都可以做得很准确。所以检流计的灵敏度很高时，用电位差计测量的准确度也是很高的。

2. 看电位差计线路的方法

前面我们介绍了电位差计的原理线路，实际的电位差计线路较为复杂，对于高精度的电位差计更是如此。为了能看懂有关电位差计的线路，我们必须在直流电位差计的原理线路上熟悉它的三个组成部分。

(1) 工作电流回路　它一般由工作电源、工作电流调节变阻器 R、校准工作电流的固定电阻 R_n 和测量未知电压 E_x 时所用的可调电阻 R_a 所组成。

(2) 校准工作电流回路　它由标准电池 E_n、双刀双掷开关 K、检流计 G 和校准工作电流的固定电阻 R_n 组成。

(3) 测量回路　它包括测定电势 E_x、双刀双掷开关 K、检流计 G 和可调电阻 R_a 的一部分或全部(视被测电势 E_x 的大小而定)。

为了能掌握电位差计的线路，必须记住电位差计上述三个组成部分中所包含的特有元件，在看任一回路时，都不要混入其他回路的特有元件。只要遵循这一点再反复多次查看，就能看懂要了解的线路。

3. UJ25 型直流电位差计的简单介绍

UJ25 型是属于高阻电位差计。这种电位差计适用于测量内阻较大的电源电动势，以及较大的电阻上的电压降等。由于工作电流小，线路电阻大，故在测量过程中工作电流变化很小，故需用高灵敏度的检流计。

UJ25 型电位差计面板如图Ⅲ-5-17 所示。面板上有 13 个端钮，供接“电池”“标准电池”“电计”“未知”“屏蔽”之用。左下方有“标准”(N)、“未知”(X_1、X_2)、“断”转换开关。“粗”“细”“短路”为电计按钮。右下方是“粗”“中”“细”“微”四个调节工作电流的旋钮。其上方是两个

(A,B)标准电动势温度补偿旋钮。左面6个大旋钮,都有一个小窗孔,被测电动势值由此示出。使用方法如下。

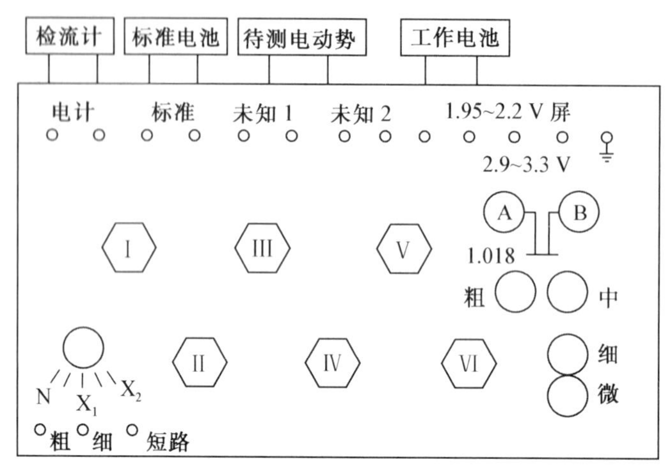

图Ⅲ-5-17 UJ25型电位差计测量电动势示意图

(1) 在使用前,应将(N,X_1,X_2)转换开关放在断的位置,并将下方三个电计按钮全部松开,然后依次接上工作电源、标准电池、检流计、以及被测电池。

(2) 温度校正标准电池电动势值。镉汞标准电池的温度校正公式为

$$E_t = E_0 - 4.06\times10^{-5}(t-20) - 9.5\times10^{-7}(t-20)^2 \tag{5.22}$$

式中:E_t为t ℃时标准电池电动势;t为环境温度(℃);E_0为标准电池20 ℃时的电动势。调节温度补偿旋钮(A,B),使数值为校正后之标准电池电势值。

(3) 将(N,X_1,X_2)转换开关放在"N"(标准)位置上,按"粗"电计按钮,旋动"粗""中""细""微"旋钮,调节工作电流,使检流计示零,然后再按"细"电计按钮,重复上述操作。注意按电计按钮时,不能长时间按住不放,需"按""松"交替进行防止被测电池、标准电池长时间有电流通过。

(4) 将(N,X_1,X_2)转换开关放在"X_1"或"X_2"(未知)的位置,调节各大旋钮,使电计在按"粗"时检流计零,再按"细"电计按钮,直至调节至检流计示零。读下大旋钮下方小孔示数,即为被测电池电动势值。

4. 直流电位差计使用注意事项

(1) 选择合适的电位差计　若测量内阻比较低的电动势(如热电偶电势),宜选用低阻电位差计,同时相应地选用外临界电阻较小的检流计。若测量的是内阻较大的电池电动势,则选用高阻电位差计,同时应选用外临界电阻较大的检流计。

(2) 工作电源要有足够容量,以保证工作电流的恒定不变。

(3) 接线时应注意极性与所标符号一致,不可接错,否则在测量时,会使标准电池和检流计受到损坏。

(4) 对被测电势应先确定极性及估计其电势的大约数值,才可以用电位差计进行测量。

(5) 在变动调节旋钮时,应在断开按钮的前提下进行。否则会使标准电池逐渐损坏,影响测量结果的准确性。

第 6 章　流动法实验技术及仪器

流体分为可压缩流体和不可压缩流体两类。流体的加料控制以及流量的测定在科学研究和工业生产上都有广泛应用。流动法所需设备和技术要求比较高;加料方式、加料的控制、流量的测定方法,也因实验的要求不一而有所不同,本章仅就实验室流动系统的实验技术作简单的介绍。

6.1　流体的加料方式

6.1.1　气体的加料方式

实验室常用带压力的气源,一般借用高压钢瓶的压力把气体输送到反应系统内,如氢气、氧气、氮气、氨气、乙炔气等都可采用这种方式。有时用电解法制备氢气、氧气,或用启普发生器产生二氧化碳气、硫化氢气作为常压气源,这些气体也可经压缩泵提高气体压力输入反应系统内。

6.1.2　液体的加料方式

1. 注射器加料法

在催化反应的研究和气相色谱研究的反应系统中,往往需加入微量或少量的液体,通常采用注射器加料。为了均匀的注入,可用同步电动机推动注射活塞均匀下降,如图Ⅲ-6-1 所示。这种加料方式设备简单,且不受系统压力的影响,但要防止易挥发性的液体从注射器磨口处挥发。因此在磨口处不断滴入加料液体,以减少这种影响。

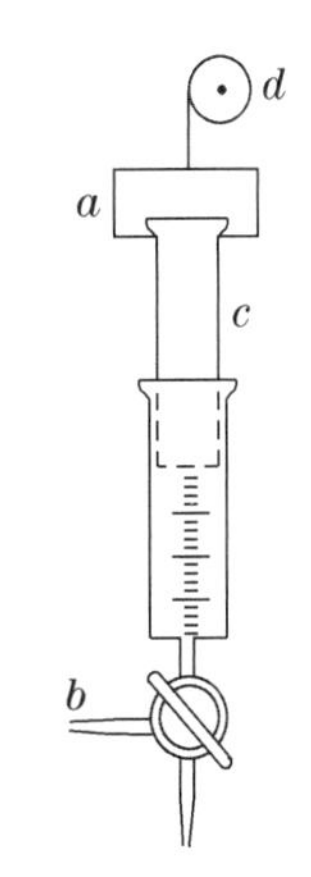

图Ⅲ-6-1　注射器式加料器示意图

2. 加料管和柱式进料泵

加料管一般用滴液漏斗,调节漏斗活塞,控制加料速度。由于加料速度随着管内液面的高度变化而变化,因此在使用过程中,需经常调节活塞,维持恒定的加料速度。也可以在管内液面上加一恒定压力来稳定加料速度。

柱式计量泵适用于压力系统的流体进料,其工作原理如图Ⅲ-6-2 所示。通过电动机使柱塞反复来回进出 B 室,当柱塞向外拉时,使 B 室为负压,此时钢珠①上浮,而钢珠②紧贴上板孔,液体由 A 室被抽至 B 室,C 室液体不能返流回 B 室。在柱塞推入时,钢珠①紧贴下板孔,阻止 B 室内液体返回 A 室,而钢珠②因 B 室增压而上浮,液体由 B 室流入 C 室。柱塞反复进出 B 室,形成一种脉冲式加料。如果用两台柱塞泵并联组合工作,则可得较平稳的连续进料。目前国内生产各种型号双柱塞微量计量泵,使两个柱塞分别正、反向交替运动，四通换向阀与柱塞换向时同步动作，达到介质自动切换，完成液体连续输送的目的。出口最大压力可达 1.961×10^{7} Pa，SY-09 胶管蠕动泵为四泵头叠联装置，选用不同规格胶管分别装入四个泵头之中，即可得到不同流量。它可单独或同时输液，流量连续可调。流量为 1～100 mL/h，最大工作压力为 1.961×10^{5} Pa。

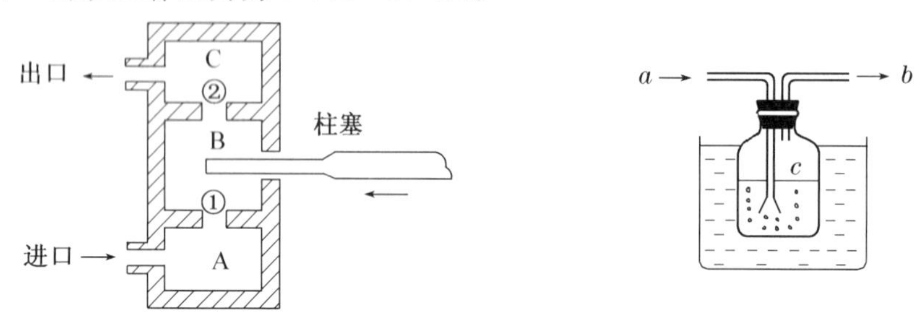

图Ⅲ-6-2　柱式计量泵工作原理　　　图Ⅲ-6-3　挥发式加料器

3. 挥发式加料器

又称饱和器。此加料器可根据实验的要求自行设计。图Ⅲ-6-3 为一种类型的挥发式加料器示意图。该加料器可与超级恒温槽配套使用，使其夹套内水恒温。气体从 a 进入，由 b 处带走器内的液体蒸气。只要在恒温下控制通入气体的流速，所带走的蒸气量就恒定，可以控制进料量和气液比。蒸气从 b 管进入反应系统，达到了液体加料目的。这种加料器适用于蒸气压较大的液体，当反应物由气体和液体组成时，使用更方便。

气液分子比的计算如下：假设通入气体的流速为 $V_{气}$(mL/min)，气体经挥发器带走器内液体蒸气，流速增大至($V_{气}+V_{液}$)，$V_{液}$ 为流速增值，系统压力为 p_0，实验恒温温度为 T，液体在 T 时饱和蒸气压为 p_S，n 为气液物质量之比。根据气体分压定律

$$\frac{n_{液}}{n_{气}+n_{液}}=\frac{p_S}{p_0} \tag{6.1}$$

根据分体积定律

$$\frac{n_{液}}{n_{气}+n_{液}}=\frac{V_{液}}{V_{气}+V_{液}} \tag{6.2}$$

从上述两式可得

$$\frac{V_{液}}{V_{气}+V_{液}}=\frac{p_S}{p_0} \tag{6.3}$$

$$n=\frac{n_{气}}{n_{液}}=\frac{V_{气}}{V_{液}} \tag{6.4}$$

将式(6.4)代入式(6.3)得

$$p_S=\frac{p_0}{1+n} \tag{6.5}$$

若需要控制一定的气液比，只要在一定系统压力 p_0 时控制液体的饱和蒸气压 p_S。液体的饱和蒸气压与温度有关，因此控制液体的温度即可以控制气液比。

应用挥发式加料器要求使用的气体不溶于进料的液体。在实验时常要求检查挥发式加料器所控制的气液比是否与公式计算相符，其方法是将饱和器恒温后，通入一恒定流速的气体，使带出的液体蒸气进入已经预先称重的装有过量硅胶的吸附管。为了使吸附完全，用冰盐水

冷却吸附管，并记录通气时间，经一定时间后再称量吸附管，其增量即为收集液体的质量。与计算值比较，两者相符则证明饱和器符合要求，若低于理论计算值，说明液体蒸发未达饱和状态。通过提高气体的预热温度，增加饱和器的数量，增加液层高度或降低气体流速，增加气体与液体的接触时间等方法以改善饱和状态，使之与理论计算值相符。

6.2 流体的稳压

6.2.1 稳压阀

稳压阀是实验室常用的稳压装置，其工作原理如图Ⅲ-6-4所示，稳压阀的腔A与腔B通过连动杆与孔的间隙相通，右旋调节手柄至一定位置时，系统达到平衡。如进气压力有微小的上升，则腔B的压力随之增加，波纹管向右伸张，压缩弹簧，阀针同时右移，减少了阀针与阀针座的间隙，气流阻力增大，则出口压力保持原有的平衡压力，同样进气口压力有微小下降时，系统也将自动恢复平衡状态，达到稳压效果。

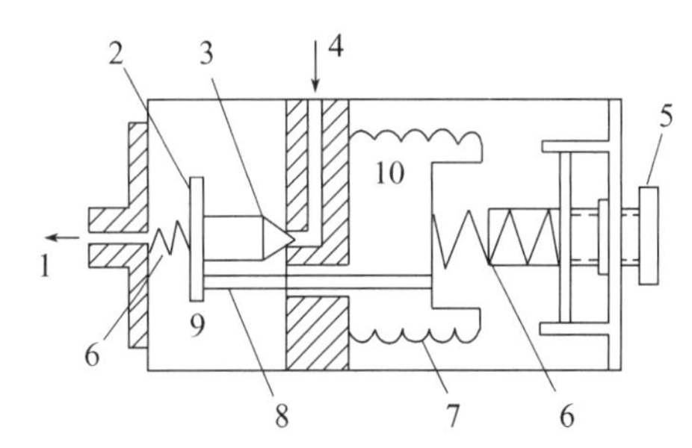

1—出气口；2—阀针座；3—阀针；4—进气口；5—调节手柄；6—压簧；7—波纹管；8—连动杆；9—腔A；10—腔B。

图Ⅲ-6-4 稳压阀工作原理示意图

使用此阀时应注意进口压力一般不超过 5.884×10^5 Pa，出口压力一般在 $9.807\times10^4\sim1.961\times10^5$ Pa 效果较好。使用的气源应干燥、无腐蚀性，气源压力应高于输出压力 4.903×10^4 Pa。不能把气体进出口接反，以免损坏波纹管。在停止工作时应把调节手柄左旋，使阀处于关阀状态，防止弹簧失效。

6.2.2 针形阀

针形阀是一种调节气体流速，控制气体流量的微量调节阀，也可以用于液体流量的控制。其结构主要由阀针、阀体和调节螺旋组成。针形阀的工作原理如图Ⅲ-6-5所示。阀针与阀体不能相对转动，只有调节螺旋与阀针或阀体可以相对转动。当调节螺旋右转时，阀针旋入进气孔道，则进气孔道的孔隙变小，气体阻力增大，流速减小。当调节螺旋左旋时，则进气孔道的孔隙增大，气体阻力减小，流速增大。

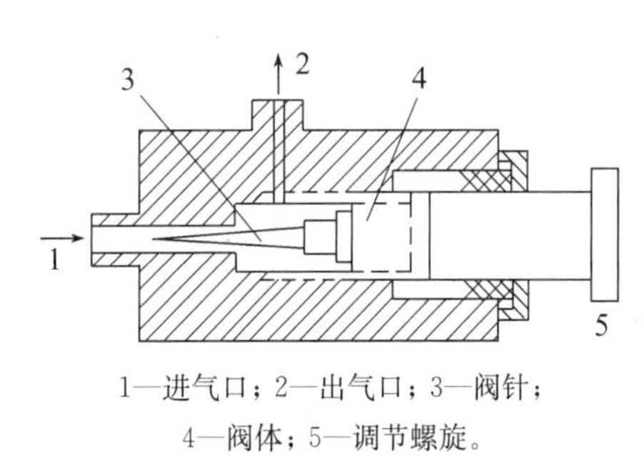

1—进气口；2—出气口；3—阀针；4—阀体；5—调节螺旋。

图Ⅲ-6-5 针形阀工作原理示意图

6.2.3 稳压装置

实验室常用的最简单的气体稳压装置如图Ⅲ-6-6所示。当低压气体流经针形阀调至一定流速后，一部分气体经稳压管的支管底部冒泡排空，另一部分经缓冲管和流速计进入系统。只要保持气体在稳压管底部均匀的冒泡，就可以使气体处于稳压状态，改变水准瓶的高低，可以调节气体流速大小。缓冲管是用内径小于 1 mm、长 1.5 m 左右的玻璃毛细管弯曲而成，其作用是抵消在稳压管中气泡逸出时气体流速的波动，保持气流稳定。也可以用大的缓冲瓶代替。

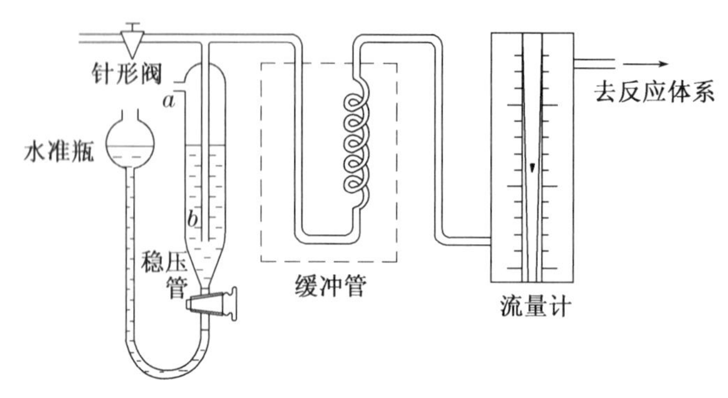

图Ⅲ-6-6　气体稳压系统流程示意图

6.3　气体的流量测量

测定流体流量的装置称为流量计或流速计。实验室常用的主要有毛细管流量计、转子流量计、皂膜流量计和湿式流量计。

6.3.1　毛细管流量计

又称锐孔流量计。其结构如图Ⅲ-6-7 所示。毛细管流量计是利用气体流过毛细管（锐孔）的节流作用使流速增大，压力减小，形成气体在毛细管前后存在的压力差，由 U 形管压力差计两侧的液面差 Δh 表示。若 Δh 值恒定，表示流量或流速恒定。当锐孔足够小时或毛细管长度与半径之比等于或大于 100 时，流速 V 和压力差 Δh 之间呈线性关系。

$$V = f \cdot \Delta h \cdot \rho / \eta \tag{6.6}$$

$$f = \pi r^4 / 8L \tag{6.7}$$

式中：f 为毛细管特征系数；r 为毛细管半径；L 为毛细管长度；ρ 为流量计所盛液体的密度；η 为气体黏度系数。

从上式可知，当流速 V 和毛细管长度 L 一定时，毛细管半径越小，Δh 越大。因此根据所测量流速范围，可以选用不同孔径的毛细管。

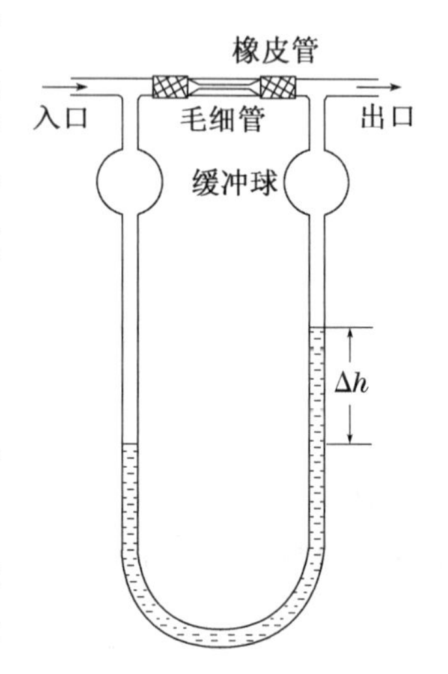

图Ⅲ-6-7　锐孔流量计工作原理示意图

U 形管压力计中液体用蒸馏水、硫酸、液状石蜡、水银、高沸点的有机液体等。在液体中可加入少量有色物质使其显色，便于读数。所选择的上述某种液体应考虑到与被测气体不相溶、不起化学变化。对流速小的被测气体采用密度小的液体，反之亦然。

当流量计的毛细管及U形管中的液体一定时，对于不同的被测气体，其流速 V 与 Δh 呈不同的线性关系，对于同一种被测气体，当毛细管更换后，其 V 与 Δh 的线性关系也与原来不同，必须通过实验标定 V 与 Δh 的线性关系，实验室常用皂膜流量计来进行标定。使用毛细管流量计时应保持其清洁、干燥，否则会影响测量的准确性。

6.3.2 转子流量计

转子流量计的构造原理如图Ⅲ-6-8所示。它是一根垂直的略呈锥形的玻璃管，内有一转子，锥形玻璃管截面积自上而下逐渐缩小，流体由下而上流过，由转子位置的高低测定流体的流量大小。转子流量计和锐孔流量计都是以节流作用为依据的，但锐孔流量计的孔截面积不变，流量与压力差成正比。而转子流量计压力差不变，流量与转子的位置成比例。当流体由下而上流经锥形管时，通过环隙所产生的阻力与转子净重平衡时，转子停留在一定位置，当流量增大时，转子升高，转子与锥形管间的环隙面积也随之增大，并重新达到受力平衡。所以利用转子在玻璃管内平衡位置随流量变化的特性，测量流体的流量。

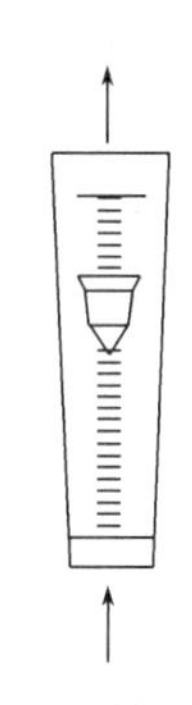

图Ⅲ-6-8 转子流量计

转子流量计测量的流量范围较宽，可以从每分钟几十毫升到几十升。测量小流量时，转子选用胶木、塑料；测量大流量时，选用不锈钢转子。

转子流量计玻璃上的刻度是对某一种流体流量刻画的，一般采用空气作标定介质，标定温度为20 ℃，压力为 1.013×10^5 Pa 。当实际测量时温度、压力可能不同，这需要进行换算。

若被测气体仅是温度、压力的变化，其校正式为

$$V_2 = V_1\sqrt{p_1T_1/p_2T_2} \tag{6.8}$$

式中：V_2 为被测气体流量（m^3/s）；V_1 为标定时气体流量（m^3/s）；p_1，T_1 为标定时气体压力（Pa）和温度（K）；p_2，T_2 为被测气体的压力（Pa）和温度（K）。

当被测气体的种类改变时，若被测气体黏度与标定介质相近，流量系数视为常数，可用下式换算：

$$V_2 = V_1\sqrt{\rho_1(\rho_f-\rho_1)/\rho_2(\rho_f-\rho_2)} \tag{6.9}$$

式中：ρ_1 为标定气体的密度；ρ_2 为测量气体的密度；ρ_f 为转子的密度。

使用转子流量计必须注意垂直安装，开动控制阀时需缓慢以防止损坏仪表，保持仪表清洁，严禁玷污仪表。

6.3.3 皂膜流量计

皂膜流量计是实验室常用的测定尾气，标定流量的一种流量计。其结构十分简便，可用滴定管改装而成。如图Ⅲ-6-9所示，橡皮头内装有肥皂水，当测定气体流经滴定管时，用手将橡皮头捏起，使气体将肥皂水吹起，在管内形成一圈圈均匀的肥皂薄膜，沿着管壁上升，以秒表记录皂膜移动一定体积所需时间，即可标出该气体的流速。皂膜流量

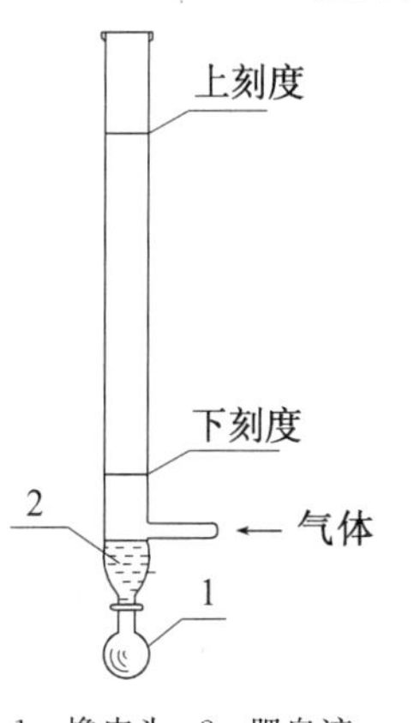

1—橡皮头；2—肥皂液。

图Ⅲ-6-9 皂膜流量计

计与毛细管和转子流量不同，它是间歇式的流量计，只限于对气体流量的测定。对测量范围小于 100 mL/min 的其他流量计进行标定，方便简便，准确性好。

6.3.4 湿式气体流量计

湿式气体流量计属于容积式流量计，是实验室常用的一种仪器。其结构主要由圆鼓形壳体、转鼓、传动记录器所组成。转鼓是由圆筒及四个弯曲形状的叶片构成，四个叶片构成体积相等的 A，B，C，D 四个小室，如图Ⅲ-6-10 所示。鼓的下半部浸没在水中，充水量由水位器指示。气体由中间进气管进入气室，迫使转鼓转动，而从顶部排出。其转动次数，通过记录器作出记录，并由指针显示体积。用秒表记录时间可以直接测定气体流量。使用前应调整好仪器水平位置，并使湿式流量计内水的液面到指示高度。被测气体应不溶于水，不腐蚀流量计部件，实验过程中应记录气体流经流量计时的温度。

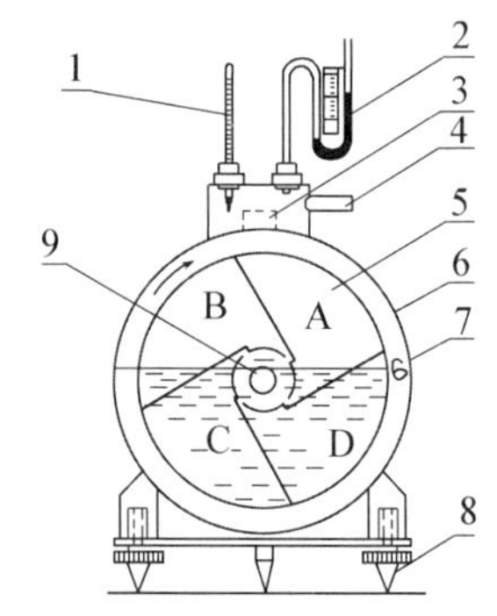

1—温度计；2—压差计；3—水平仪；4—排气管；5—转鼓；6—壳体；7—水位器；8—可调支脚；9—进气管。

图Ⅲ-6-10 湿式流量计结构简图

6.4 流量计的校正

6.4.1 湿式气体流量计的校正

湿式气体流量计一般用标准容量瓶进行校正，标准容量瓶的体积为 $V_{标}$，湿式流量计体积示值为 $V_{湿}$，两者差值为 ΔV。当流量计指针旋转一周时，刻度盘上总体积为 5 L。用 1 L 容量瓶进行 5 次校正，流量计总体积示值为 $\sum V_{湿}$，则平均校正系数为

$$C = \sum \Delta V / \sum V_{湿}$$

因此经校正后，湿式气体流量计的实际体积流量 V_S 与流量计示值 V'_S 之间关系为

$$V_S = V'_S + CV'_S$$

湿式流量计校正装置如图Ⅲ-6-11 所示。其校正步骤如下：开启三通活塞，使容量瓶和大气相通，而与湿式流量计断开。转动湿式流量计支脚螺丝，直至水平仪内气泡居中为止。向流量计内注入水，水的位置高低必须保持水位器中液面与针尖重合，向平衡瓶内注入水后，提高其位置，使容量瓶水面与上刻度线重合。此时可作校正试验，先转动三通活塞，使容量瓶与湿式流量计接通，缓慢放下平衡瓶，使容量瓶液面与下刻度线复合，气体体积恰好为 1 L。然后记下流量计的体积读数、温度和压力。

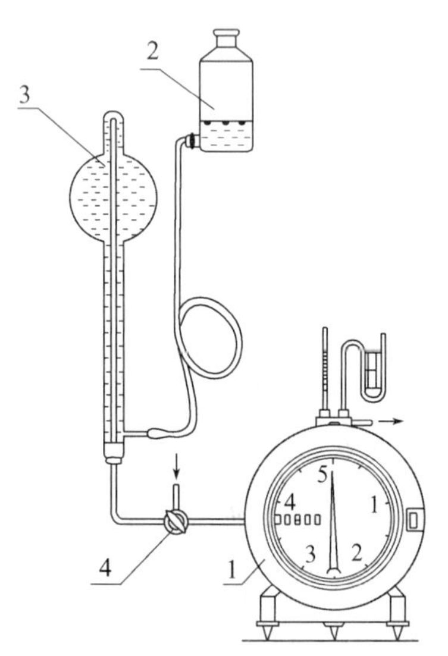

1—湿式流量计；2—平衡瓶；3—标准容量瓶；4—三通阀。

图Ⅲ-6-11 湿式流量计校正的实验装置

湿式流量计指针旋转一圈为 5 L，故依次对每 1 L 重复上述操作一次，共作 5 组数据，求其平均校正系数。

6.4.2 转子流量计的校正

转子流量计的校正装置如图Ⅲ-6-12 所示。其校正步骤如下：先将缓冲罐上的放空阀完全打开，同时关闭出气阀，然后启动压缩机，待压缩机运行正常后，旋转三通阀使转子流量计与系统相通。缓缓调节放空阀，使气体流量调到所需数值，湿式流量计运转数周后，可以开始测定，读取转子流量计示数，用秒表和湿式流量计测量流量值。

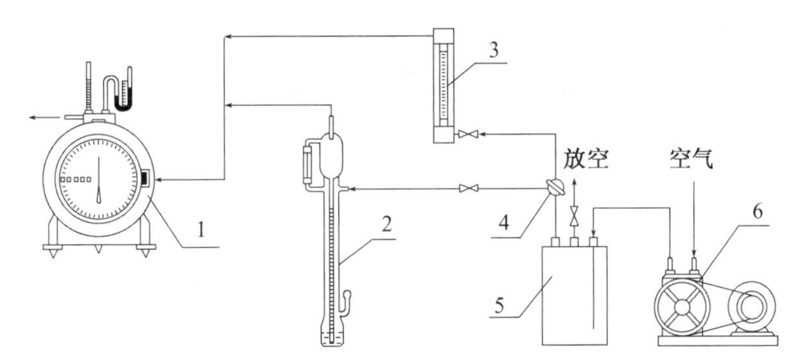

1—湿式流量计；2—毛细管流量计；3—转子流量计；
4—三通旋塞；5—缓冲罐；6—空气压缩机。

图Ⅲ-6-12 气体流量计的检定装置

在转子流量计测量范围内，测取 5 ～ 6 组数据。

6.4.3 毛细管流量计校正

毛细管流量计的校正装置流程与转子流量计是并联的，因此实验方法完全相同。实验室常用的最简单的方法是用皂膜流量计进行校正。

在实验过程中注意如下事项：

(1) 要经常注意湿式流量计的水位器和水平仪，不符合要求时要随时调整，以保测量准确。

(2) 校准物质是可压缩流体，所以校准时要记录温度和压力。

(3) 在使用气体压缩机前一定要打开放空阀，并用其调节进入系统的气体流量。

(4) 管道连接要严密，防止漏气，否则不能准确测量。

第7章 热分析实验技术及仪器

顾名思义，热分析是一种以热进行分析的方法。确切的定义为：在程序控制温度下，测量物质的物理性质随温度变化的函数关系的一类技术称为热分析，根据所测物理性质不同，热分析技术分类如表Ⅲ-7-1所示。

表Ⅲ-7-1 热分析技术分类

物理性质	技术名称	简　称	物理性质	技术名称	简　称
质　量	热重法 导数热重法 逸出气检测法 逸出气分析法	TG DTG EGD EGA	机械特性	机械热分析 动态热 机械热	TMA
			声学特性	热发声法 热传声法	
温　度	差热分析	DTA	光学特性	热光学法	
焓	差示扫描量热法①	DSC	电学特性	热电学法	
尺　度	热膨胀法	TD	磁学特性	热磁学法	

① DSC分类：功率补偿DSC和热流DSC。

热分析的内容目前已相当广泛，它是多种学科共同使用的一种技术。本章主要结合物理化学基础实验简单介绍DTA，DSC，TG，DTG等基本原理和技术。

7.1 差热分析法(DTA)

7.1.1 DTA的基本原理

物质在物理变化和化学变化过程中往往伴随着热效应，放热或吸热现象反映了物质热焓发生了变化。而差热分析法就是利用这一特点测量试样和参比物之间温度差对温度或时间的函数关系。差热分析可以获得两条曲线，一条是温度曲线，另一条为温差曲线。差热分析的原理如图Ⅲ-7-1所示。将试样和参比物分别放入坩埚，置于炉中程序升温，改变试样和参比物的温度。若参比物和试样的热容相同，试样又无热效应时，则两者的温差近似为0，此时得到一条平滑的基线。随着温度的增加，试样产生了热效应，而参比物未产生热效应，两者之间产生了温差，在DTA曲线中表现为峰，温差越大，峰也越大，温差变化次数多，峰的数目也多。峰顶向上的峰称放热峰，峰顶向下的峰称吸热峰。

图Ⅲ-7-2是典型的DTA曲线，图中表示出四种类型的转变：Ⅰ为二级转变，这是水平基线的改变；Ⅱ为吸热峰，是由试样的熔融或熔化转变引起的；Ⅲ为吸热峰，是由试样的分解或裂解反应引起的；Ⅳ为放热峰，这是由于试样结晶相变的结果。

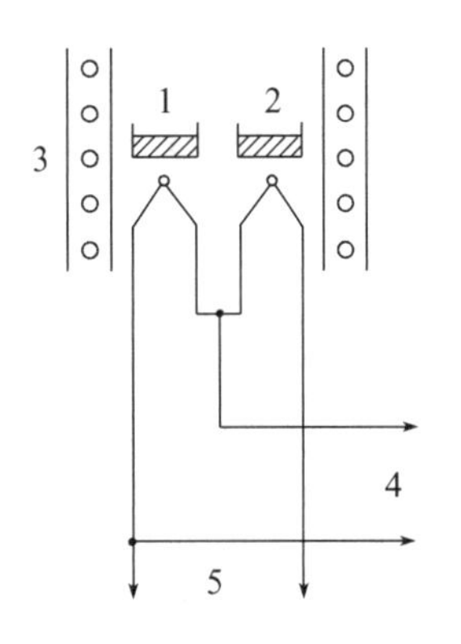

1—试样；2—参比物；3—炉丝；4—温度 T_s；5—温差 ΔT。

图Ⅲ-7-1 差热分析的原理

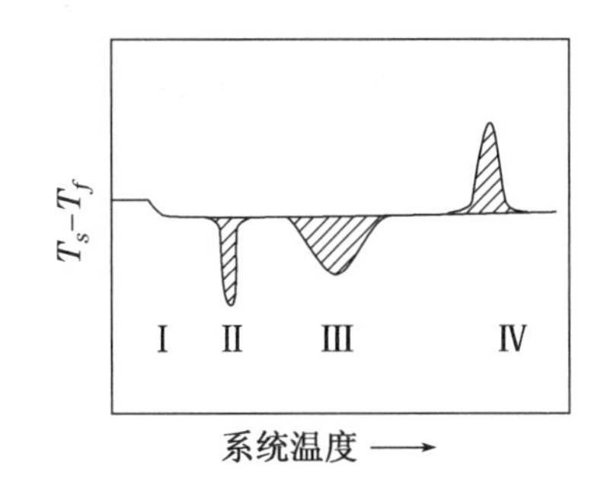

图Ⅲ-7-2 典型的 DTA 曲线

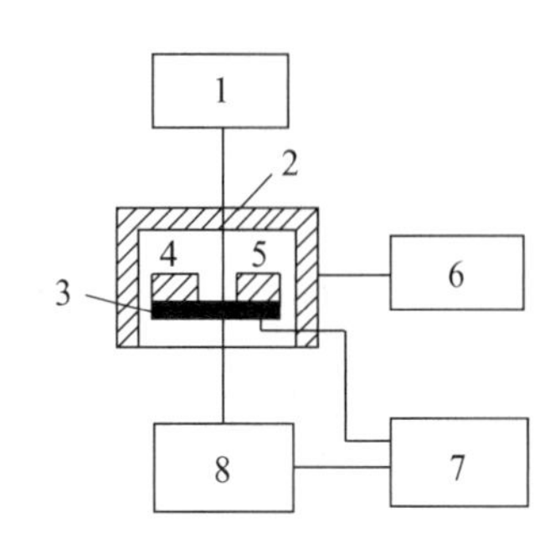

1—气氛控制；2—炉子；3—温度感敏器；4—样品；5—参比物；6—炉腔程序控温；7—记录仪；8—微伏放大器。

图Ⅲ-7-3 典型 DTA 装置的框块图

7.1.2 DTA 的仪器结构

DTA 分析仪种类繁多，但一般由下面几个部分组成：温度程序控制单元、可控硅加热单元、差热放大单元、记录仪和电炉等五部分组合而成。图Ⅲ-7-3 是典型的 DTA 装置的方框图。

仪器结构原理如下。

(1) 温度程序控制单元和可控硅加热单元

温度控制系统由程序信号发生器、微伏放大器、PID 调节器和可控硅执行元件五部分组成，如图Ⅲ-7-4 所示。

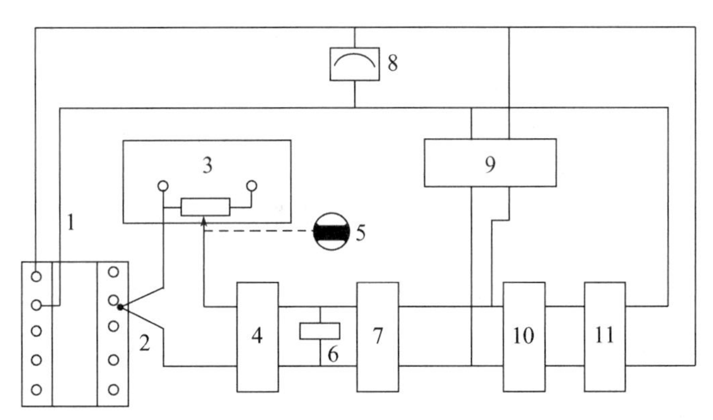

1—电炉；2—温控热电偶；3—程序信号发生器；4—微伏放大器；5—TD-I 电机；6—偏差指示；7—PID 调节；8—电炉指示；9—炉压反馈电路；10—可控硅触发器；11—可控硅执行元件。

图Ⅲ-7-4 温度程序系统方框图

程序信号发生器按给定的程序方式(升温、恒温、降温、循环)，给出毫伏信号。如温控热电偶的热电势与程序信号发生器给出的毫伏值不同时，说明炉温偏离给定值。此时，以偏差值经

微伏放大器放大，送入PID调节器。再经可控硅触发器导通可控硅执行元件，调整电炉的加热电流，从而使偏差消除，达到使炉温按一定速度上升、下降或恒定的目的。

(2) 差热放大单元

差热信号放大器用以放大温差电势，由于记录仪量程为毫伏级，而差热分析中温差信号很小，一般只有几微伏到几十微伏，因此差热信号在输入记录仪前必须经放大，其原理如图Ⅲ-7-5所示。

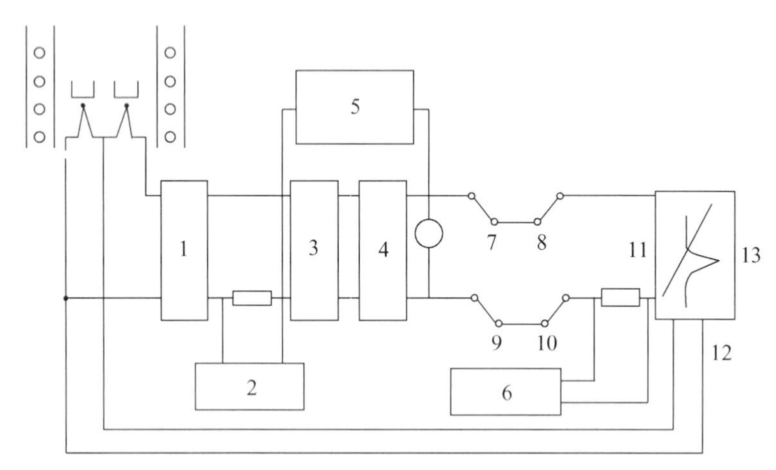

1—斜率调整电路；2—调零电路；3—微伏放大器；4—5G23集成电路；5—量程转换电路；
6—基线位移电路；7、8、9、10—DTA；11—蓝笔；12—红笔；13—记录仪。

图Ⅲ-7-5　差热放大器方框图

将差热信号(ΔT)通过斜率调整电路送入由微伏放大器和5G23集成电路组成的高增益放大电路，然后经过转换开关送至双笔记录仪，由蓝笔记录差热曲线。

在进行差热分析的过程中，如果升温时试样没有热效应，则温差热电势始终为零，差热曲线为一直线，称为基线。然而由于两个热电偶的热电势和热容量以及坩埚形状、位置等不可能完全对称，在温度变化时仍有不对称电势产生。此电势随温度升高而变化，造成基线不直。可以用斜率调整线路，选择适当的抽头加以调整，消除不对称电势。斜率调整的方法是将差热放大量程选择开关置于100 μV，程序升温选择“升温”。升温速率采用10 ℃/min，用移位旋钮使蓝笔处于记录纸中线附近，走纸速度选择300 mm/h，这时蓝笔所画出的应该是一条直线(坩埚中未放样品和参比物)。在升温过程中如果基线偏离原来的位置，则主要是由于热电偶不对称电势引起基线漂移。待炉温升到750 ℃时(视仪器使用的极限温度而定，如国产的CRY-1型差热分析仪的极限温度为800 ℃)，通过斜率调整旋钮校正到原来位置，基线向右倾斜，旋钮向左调；基线向左倾斜，旋钮向右调，调到基线位置。此外，基线漂移还和样品杆的位置、坩埚位置、坩埚的几何尺寸等因素有关。

由于电路元件的特性不可能完全一致，当放大器没有输入信号电压时，输出电压应为零。事实上仍有相当数量的输出电压，这称为初始偏差。此偏差可用调零电路加以消除，其方法是，将差热放大器单元量程选择开关置于“短路”位置，转动调零旋钮，使差热指示电表在零位置。如果仪器连续使用，一般不需要每次都调零。

7.1.3 实验操作条件选择

差热分析操作简单，但在实际工作中往往发现同一试样在不同仪器上测量，或不同的人在同一仪器上测量，所得到的差热曲线结果有差异。峰的最高温度、形状、面积和峰值大小都会发生一定变化。其主要原因是热量与许多因素有关，传热情况比较复杂所造成的。一般说来，一是仪器，二是样品。虽然影响因素很多，但只要严格控制某种条件，仍可获得较好的重现性。

1. 气氛和压力的选择

气氛和压力可以影响样品化学反应和物理变化的平衡温度、峰形。因此，必须根据样品的性质选择适当的气氛和压力，有的样品易氧化，可以通入 N_2，Ne 等惰性气体。

2. 升温速率的影响和选择

升温速率不仅影响峰温的位置，而且影响峰面积的大小，一般来说，在较快的升温速率下峰面积变大，峰变尖锐。但是快的升温速率使试样分解偏离平衡条件的程度也大，因而易使基线漂移。更主要的可能导致相邻两个峰重叠，分辨力下降。较慢的升温速率，基线漂移小，使系统接近平衡条件，得到宽而浅的峰，也能使相邻两峰更好地分离，因而分辨力高。但测定时间长，需要仪器的灵敏度高。一般情况下选择 8 ～ 12 ℃/min 为宜。

3. 试样的处理及用量

试样用量大，易使相邻两峰重叠，降低了分辨力。一般尽可能减少用量，最多大至毫克。样品的颗粒度在 100 ～ 200 目左右，颗粒小可以改善导热条件，但太细可能会破坏样品的结晶度。

参比物的颗粒及装填情况，紧密程度应与试样一致，以减少基线的漂移。

4. 参比物的选择

要获得平稳的基线，参比物的选择很重要。要求参比物在加热或冷却过程中不发生任何变化，在整个升温过程中选择比热、导热系数，粒度尽可能与试样一致或相近。

常用 α-三氧化二铝（Al_2O_3）或煅烧过的氧化镁（MgO）或石英砂。如分析试样为金属，也可以用金属镍粉作参比物。如果试样与参比物的热性质相差很远，则可用稀释试样的方法解决，主要是减少反应猛烈程度；如果试样加热过程中有气体产生时，可以减少气体大量出现，以免使试样冲出。选择的稀释剂不能与试样有任何化学反应或催化反应，常用的稀释剂有 SiC、铁粉、Fe_2O_3、玻璃珠、Al_2O_3 等。

5. 纸速的选择

在相同的实验条件下，同一试样如走纸速度快，峰的面积大，但峰的形状平坦，误差小。走纸速率小，峰面积小。因此，要根据不同样品选择适当的走纸速度。

不同条件的选择都会影响差热曲线，除上述外还有许多因素，诸如样品管的材料、大小和形状，热电偶的材质，以及热电偶插在试样和参比物中的位置等。市售的差热仪，以上因素都已固定，但自己装配的差热仪就要考虑这些因素。

7.1.4 DTA 曲线转折点温度和面积的测量

1. DTA 曲线转折点温度的确定

如图Ⅲ-7-6 所示，可以有下列几种方法：①曲线偏离基线点 T_a；②曲线的峰值温度 T_p；③曲线陡峭部分的切线与基线的交点 $T_{e,o}$（外推始点 extrapolatedonset），其中 $T_{e,o}$ 最为接近热力学的平衡温度。

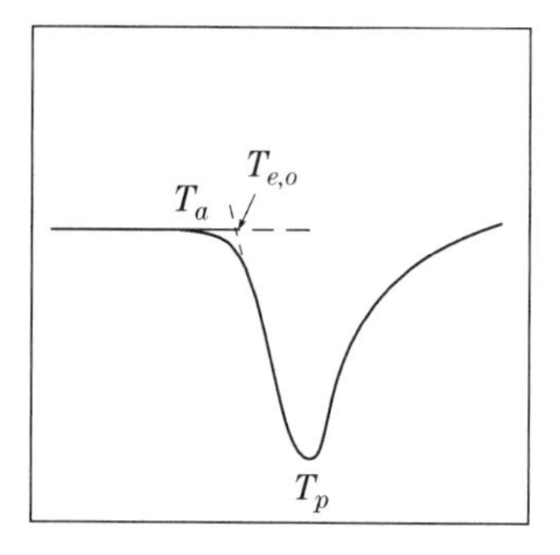

图Ⅲ-7-6 DTA 转变温度

2. DTA 峰面积的确定

一般有三种测量方法：①市售差热分析仪附有积分仪，可以直接读数或自动记录下差热峰的面积；②如果试样差热峰的对称性好，可作等腰三角形处理，用峰高乘以半峰宽（峰高1/2处的宽度）的方法求面积；③剪纸称量法，若记录纸质量较高，厚薄均匀，可将差热峰剪下来，在分析天平上称其质量，其数值可以代表峰面积。

7.2 差示扫描量热法(DSC)

在差热分析测量试样的过程中，当试样发生热效应（熔化、分解、相变等）时，由于试样内的热传导，试样的实际温度已不是程序升温所控制的温度（如在升温时）。由于试样的放热或吸热，促使温度升高或降低，因而进行热量的定量测定是困难的。要获得比较正确的热效应，可采用差示扫描量热法（differential scanning calorimetry）。

7.2.1 DSC 的基本原理

DSC 和 DTA 的仪器装置相似，所不同的是在试样和参比物的容器下装有两组补偿电热丝，如图Ⅲ-7-7 所示。

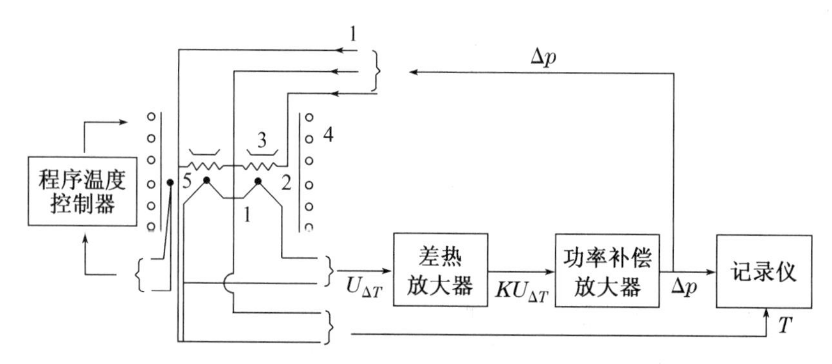

1—温差热电偶；2—补偿电热丝；3—坩埚；4—电炉；5—控温热电偶。

图Ⅲ-7-7 功率补偿式 DSC 原理

当试样在加热过程中由于热效应与参比物之间出现 ΔT 时，通过差热放大电路和差动热量补偿放大器，使流入补偿电热丝的电流发生变化。当试样吸热时，补偿放大使试样一边的电流增大；当试样放热时，补偿放大则使参比物一边的电流增大，直至两边热量平衡。始终保持 $\Delta T=0$ 。换句话说，试样在热反应时发生热量变化，由于及时输入电功率而得到补偿。所以实际记录的是试样和参比物下面两只电热补偿的热功率之差，随时间 t 的变化（$dH/dt-t$）。如果升温速率恒定，记录的也就是热功率之差随温度 T 的变化（$dH/dt-T$），见图Ⅲ-7-8。其峰面积 S 就是热效应数值：

$$\Delta H=\int\frac{dH}{dt}\cdot dt$$

如果事先用已知相变热的试样标定仪器常数，那待测样品的峰面积 S 乘仪器常数就可得到 ΔH 的绝对值。仪器常数的标定，可利用测定锡、铅、铟等纯金属的熔化，从其熔化热的文献值即可得到仪器常数。

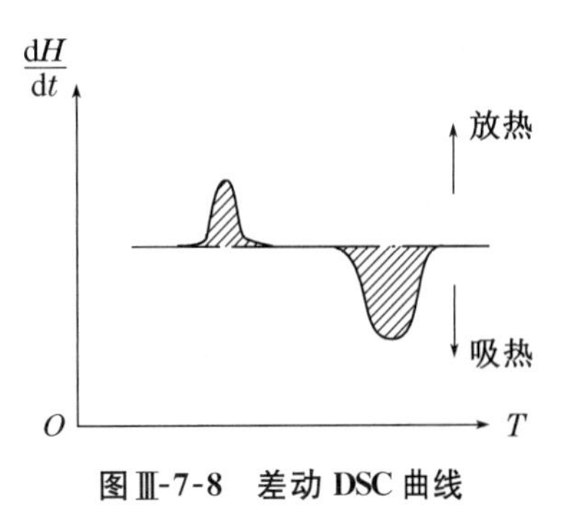

图Ⅲ-7-8 差动 DSC 曲线

7.2.2 DSC 的仪器结构

CDR-1 型差动热分析仪（又称差示扫描量热仪），既可做 DTA，也可做 DSC。其结构与 CRY-1 型差热分析仪结构相似，只增加了差动热补偿单元，其余装置皆相同。其仪器的操作也与 CRY-1 型差热分析仪基本一样，但需注意两点：

（1）将"差动""差热"开关置于"差动"位置，微伏放大器量程开关置于 $\pm 100\ \mu$V 处（不论热量补偿的量程选择在哪一档，在差动测量操作时，微伏放大器量程都放在 $\pm 100\ \mu$V 档）。

（2）将热补偿放大单元量程开关放在适当位置。如果无法估计确切的量程，则可放在量程较大位置，先预做一次。

不论是差热分析仪还是差示扫描仪在使用时，首先确定测量温度，选择何种坩埚，500 ℃以下用铝坩埚，500 ℃以上用氧化铝坩埚，还可根据需要选择镍、铂等坩埚。被测的样品如在升温过程中能产生大量气体，或能引起爆炸，或具有腐蚀性的都不能用。

7.2.3 DTA 和 DSC 应用讨论

DTA 曲线是以 ΔT 为纵坐标，时间 t 或温度 T 为横坐标，吸热反应峰向下，放热反应峰向上的曲线。DSC 曲线是以 dH/dt 为纵坐标，时间 t 或温度 T 为横坐标。但它们共同的特点是峰的位置、形状和峰的数目与物质的性质有关；故可以定性地用来鉴定物质；而峰面积的大小与反应热焓有关，即 $\Delta H=KS$，K 为仪器常数，S 为峰的面积。对 DTA 曲线来说 K 是与温度、仪器和操作条件有关的比例常数。对 DSC 曲线来说，K 是与温度无关的比例常数。用 DTA 仪进行定量分析时，如曲线中出现重叠峰，对每个不同峰面积计算总的 ΔH 时，采用不同 K 值计算各峰的 ΔH。而使用 DSC（差示扫描仪）仪进行定量分析时，由于 K 不随温度变化，只需一个 K 值。这说明在定量分析中 DSC 优于 DTA。但是，目前 DSC 仪测定的温度只能达到 700 ℃左右，温度再高时，只能用 DTA 仪了。

DTA 和 DSC 在化学领域和工业上得到广泛的应用，见表Ⅲ-7-2 和表Ⅲ-7-3。

表Ⅲ-7-2 DTA 和 DSC 在化学中特殊的应用

材　料	研究的类型	材　料	研究的类型
催化剂	相组成，分解反应，催化剂鉴定	配位化合物	脱水反应
聚合材料	相图，玻璃化转变，降解，熔化和结晶	碳水化合物	辐射损伤

(续表Ⅲ-7-2)

材　　料	研究的类型	材　　料	研究的类型
脂和油	固相反应	氨基酸和蛋白质	催化剂
润滑脂	反应动力学	金属盐水合物	吸附热
金属和非金属氧化物	反应热	铁磁性材料	居里点测定
煤和褐煤	聚合热	土　　壤	固化点测定
木材和有关物质	升华热	液晶材料	转变热
天然产物	转变热	生物材料	纯度测定
有机物	脱溶剂化反应	生物材料	热稳定性
黏土和矿物	脱溶剂化反应		氧化稳定性
金和合金	固—气反应		玻璃转变测定

表Ⅲ-7-3　DTA 和 DSC 在某些工业中的应用

测定或估计	陶瓷	冶金陶瓷	化学	弹性体	爆炸物	法医化学	燃料	玻璃	油墨	金属	油漆	药物	黄磷	塑料	石油	肥皂	土壤	织物	矿物
鉴定	√*		√	√	√	√	√		√	√		√	√	√	√	√	√	√	√
组分(定量)	√	√	√	√	√	√			√	√	√	√	√	√	√	√	√	√	√
相图	√	√	√					√		√			√	√	√	√			√
溶剂保留			√	√	√	√			√		√	√	√	√	√	√		√	
水化脱水	√		√			√						√	√				√	√	√
热稳定			√	√	√		√		√		√	√	√	√	√	√		√	√
氧化稳定			√	√	√		√		√	√	√	√	√	√	√	√		√	
聚合作用				√			√		√		√		√	√					
固化				√	√	√					√			√	√				
纯度			√			√						√				√			
反应性		√	√					√		√	√	√	√	√	√	√			√
催化活性	√	√	√				√	√		√									√
玻璃转化				√	√									√	√			√	
辐射效应	√	√				√	√	√		√	√		√	√	√			√	√
热化学常数	√	√	√	√	√	√	√	√	√	√	√	√	√	√	√	√	√	√	√

* 画钩者表示 DTA 或 DSC 可用于该测定。

7.3 热重法(TG和DTG)

7.3.1 TG和DTG的基本原理

热重法(TG)是连续测定试样受热反应而产生质量变化的一种方法。许多物质在加热过程中常伴随质量的变化，这种变化过程有助于研究晶体性质的变化，如熔化、蒸发、升华和吸附等物质的物理现象；也有助于研究物质的脱水、解离、氧化、还原等物质的化学现象。

进行热重分析的基本仪器为热天平。热天平一般包括天平、炉子、程序控温系统、记录系统等几个部分。有的热天平还配有通入气氛或真空装置。典型的热天平简单示意图如图Ⅲ-7-9。除热天平外，还有弹簧秤。目前国内还生产TG，DTG联用的示差天平。

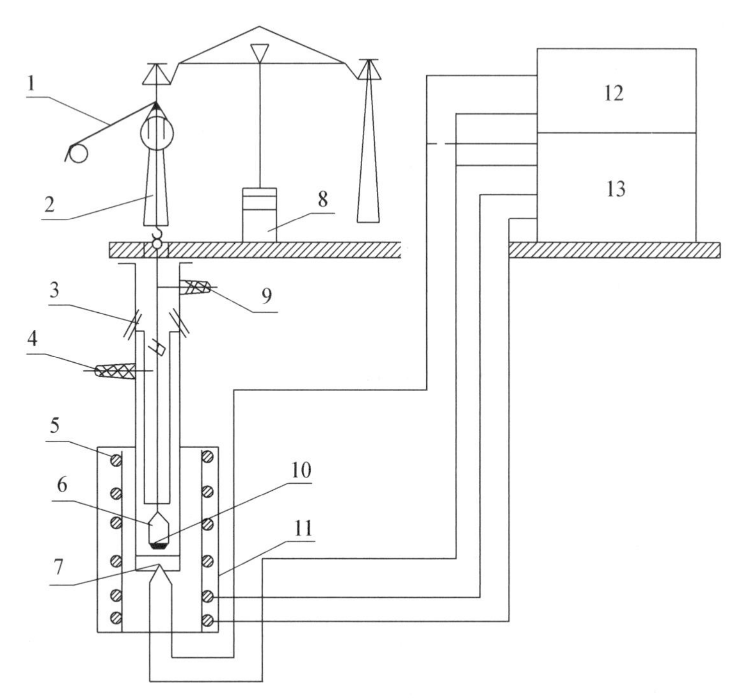

1—机械减码；2—吊挂系统；3—密封管；4—出气口；5—加热丝；6—样品盘；7—热电偶；8—光学读数；9—进气口；10—样品；11—管状电阻炉；12—温度读数表头；13—温控加热单元。

图Ⅲ-7-9 热天平原理图

通常热重分析法分为两大类：静态法和动态法。静态法是等压质量变化的测定，是指一物质的挥发性产物在恒定分压下，物质平衡与温度 T 的函数关系。以失重为纵坐标，温度 T 为横坐标作等压质量变化曲线图。等温质量变化的测定是指一物质在恒温下，物质质量变化与时间 t 的依赖关系，以质量变化为纵坐标，以时间为横坐标，获得等温质量变化曲线图。动态法是在程序升温的情况下，测量物质质量的变化对时间的函数关系。

以质量的变化数值对时间 t 或温度 T 作图，得热重曲线(TG曲线)，如图Ⅲ-7-10(a)的曲线。若以物质的质量变化速率$\frac{dm}{dt}$对温度 T 作图，即得微分热重曲线（DTG 曲线），如图Ⅲ-7-10(b)曲线。DTG 曲线上的峰代替 TG 曲线上的阶梯，峰面积正比于试样质量。DTG 曲线可以微分 TG 曲线得到，也可以用适当的仪器直接测得，DTG 曲线比 TG 曲线优越性大，它提高了 TG 曲线的分辨力。

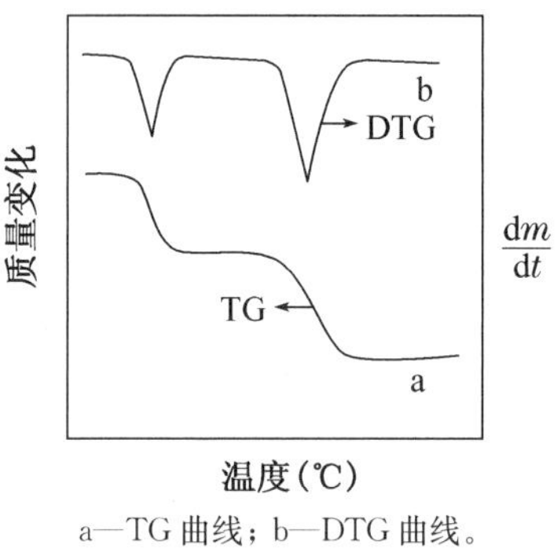

a—TG 曲线；b—DTG 曲线。

图Ⅲ-7-10

7.3.2 热重法的仪器结构和操作

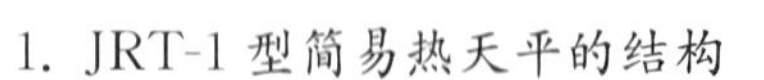
1. JRT-1 型简易热天平的结构

热天平由万分之一精度的减码天平、管式电阻炉、气路装置、温度控制单元和温度读数装置等主要部件组成，其结构原理如图Ⅲ-7-9 所示。

2. 仪器操作

(1) 调整天平空载平衡点。

(2) 将坩埚放在天平秤盘上称量，记下质量数值，然后装上样品称量。

(3) 将加热电炉降至最低位置，取下石英玻璃管，把天平大秤盘内的坩埚和样品移至铂金小秤盘内。

(4) 安装好石英玻璃管，并使玻璃管对准炉膛，将炉子升起，并拧紧固定螺丝。

(5) 开冷却水，并根据实验需要通入一定的气氛。

(6) 按照实验所要求的升温速率升温。

(7) 在升温过程中，定时记录质量变化值和温度变化值。

(8) 实验结束后，切断电炉电源，当温度指示低于 100 ℃时再切断冷却水。

3. 影响热重分析的因素

热重分析的实验结果受到许多因素的影响，基本可分两类：一是仪器因素，包括升温速率、炉内气氛、炉子的几何形状、坩埚的材料等；二是样品因素，包括样品的质量、粒度、装样的紧密程度、样品的导热性等。

在 TG 的测定中，升温速率增大会使样品分解温度明显升高。如升温太快，试样来不及达到平衡，会使反应各阶段分不开。合适的升温速率为 5 ～ 10 ℃/min 。

样品在升温过程中，往往会有吸热或放热现象，这样使温度偏离线性程序升温，从而改变了 TG 曲线位置。样品量越大，这种影响越大。对于受热产生气体的样品，样品量越大，气体越不易扩散。再则，样品量大时，样品内温度梯度也大，将影响 TG 曲线位置。总之实验时应根据天平的灵敏度，尽量减小样品量。样品的粒度不能太大，否则将影响热量的传递；粒度也不能太小，否则开始分解的温度和分解完毕的温度都会降低。

7.3.3 热重分析的应用举例

热重分析可以用简单的测量，获得大量的数据，因而在化学、冶金、地质和生物学等方面有着广泛应用。但它不能独立地解决许多问题，若把热重分析与磁性质、红外光谱、质谱、X 衍射、穆斯鲍尔谱等方法联合使用，将大大地扩展它的应用范围。在化学上还可以用来研究热化学反应、催化反应、吸附作用,以及测定动力学基本参数,进而研究反应机理等。现举反应活化能的测定为例。

对某一固体热分解反应,假定反应产物之一是挥发性物质,则

$$A_{(固)} \longrightarrow B_{(固)} + C_{(气)}$$

反应物质 A 的消失速度为

$$-\mathrm{d}x/\mathrm{d}t = kx^n \tag{7.1}$$

式中:x 为 t 时 A 的浓度(mol/L);k 为速率常数;n 为反应级数。

将阿仑尼乌斯(Arrhenius)方程 $k = A\mathrm{e}^{-E/RT}$ 代入式(7.1),则得

$$A\mathrm{e}^{-E/RT} = -(\mathrm{d}x/\mathrm{d}t)/x^n \tag{7.2}$$

式中:A 为指前因子;E 为活化能;T 为热力学温度;R 为气体常数。

对式(7.2)的对数形式微分,然后积分,得

$$-E(\mathrm{d}T/RT^2) = \mathrm{dln}(-\mathrm{d}x/\mathrm{d}t) - n\mathrm{dln}x \tag{7.3}$$

$$-E/R \cdot \Delta(1/T) = \Delta\ln(-\mathrm{d}x/\mathrm{d}t) - n\Delta\ln x \tag{7.4}$$

将上式两边除以 $\Delta\ln x$ 得

$$\frac{-\frac{E}{R}\cdot\Delta\left(\frac{1}{T}\right)}{\Delta\ln x} = \frac{\Delta\ln\left(-\frac{\mathrm{d}x}{\mathrm{d}t}\right)}{\Delta\ln x} - n \tag{7.5}$$

假定以 n_0 表示热重分析前物质 A 的物质的量,n_a 是时间 t 时 A 的物质的量,m_c 是热重分解反应终了时总的质量变化,m 是时间 t 的质量变化,根据物质的量和质量的关系:

$$-\mathrm{d}n_a/\mathrm{d}t = (-n_0/m_c)(\mathrm{d}m/\mathrm{d}t) \tag{7.6}$$

$$m_r = m_c - m \tag{7.7}$$

将式(7.6)和(7.7)代入式(7.5)得

$$\frac{\frac{-E}{2.303R}\Delta\left(\frac{1}{T}\right)}{\Delta\lg m_r} = \frac{\Delta\lg\frac{\mathrm{d}m}{\mathrm{d}t}}{\Delta\lg m_r} - n \tag{7.8}$$

式中:$\Delta\left(\frac{1}{T}\right)$为 TG 曲线上所取点之间 $1/T$ 之差;m_r 为 TG 曲线上所取点之间失重差值;$\mathrm{d}m/\mathrm{d}t$为 TG 曲线上所取各点的切线斜率。

如果以 $\Delta\lg(\mathrm{d}m/\mathrm{d}t)/\Delta\lg m_r - \Delta(1/T)/\Delta\lg m_r$ 作图,由直线斜率可得活化能 E,由截距可确定反应级数。

Freeman 和 Carroll 利用上述方法研究 $CaC_2O_4 \cdot H_2O$ 热分解反应。目前已有许多分解反应根据此法研究,最好是 TG 法和 DTA 法并用。

第8章　X射线衍射实验(粉末法)技术及仪器

8.1　X射线的产生及其性质

8.1.1　X射线的产生

在抽空到约1.333×10^{-4} Pa的X射线管中，用绕成螺线形的钨丝作阴极，通以几十毫安的电流，阴极因受热发射出电子，这些电子在几万伏的高压下加速运动，撞击到由一定金属(Cu，Fe，Mo等)制成的阳极靶上，在阳极即产生X射线。图Ⅲ-8-1为封闭式X射线管的结构图。

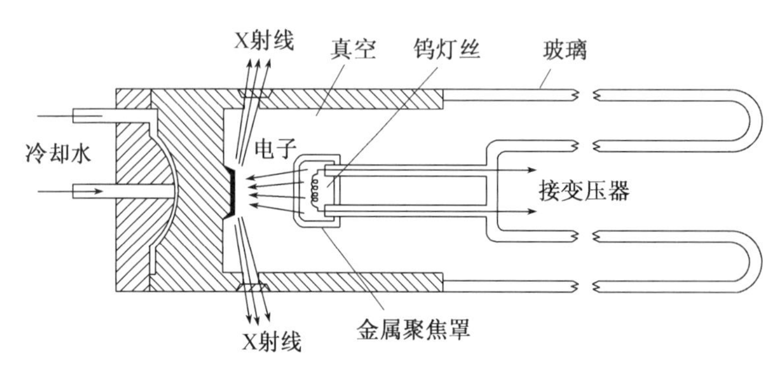

图Ⅲ-8-1　封闭式X射线管的结构图

X射线和普通的光波一样，也是一种电磁波，只是波长短而已。由X射线管产生的X射线，根据实验条件不同有两种类型。

(1) 白色X射线　又称连续X射线。它和可见的白光相似，所以称白色X射线。其产生机理较为复杂。一般可认为由高速电子在靶中运行，因受阻力速度减慢，从而将一部分电子的动能转化为X射线的辐射能。

(2) 特征X射线　又称标识X射线。它是在连续X射线的基础上叠加若干条具有一定波长的射线，它和可见光的单色光相似。当X光管的管压低于某元素的激发电压时，只产生连续X射线，当管压高于元素的激发电压时，在连续X射线的基础上产生标识射线；当管压继续增加，标识射线的波长不变，只是强度相应增加。标识射线有两个强度高峰K_α和K_β两条谱线，它们的波长只与阳极所用材料有关，这种特征X射线产生机理与靶物质的原子结构紧密相关。当具有足够能量的电子将阳极金属原子中内层电子轰击出来，使原子处于激发态，于是处在较外层的电子便跃入内层填补空位，并以光的形式将能量发射出来。所发射的X射线具有特定波长，如轰击出来的是K层电子(也称为K层激发)，然后由L层电子跃入填补，就产生了特征谱线K_α辐射。或是由M层电子跃入K层，则产生K_β辐射。若高速电子流将金属原子中 L 层电子轰击出来，而由 M 层、N 层电子补入，则产生 L 系辐射。

按照选择定则，由 L 层电子填入 K 层时，可产生两个波长相差很近的 K_{α_1} 和 K_{α_2} 线，其强度比约为 2∶1，当分辨率差时其波长近似为

$$\lambda_{K_\alpha} = \frac{2}{3}\lambda_{K_{\alpha_1}} + \frac{1}{3}\lambda_{K_{\alpha_2}}$$

如果采用原子序数较高的金属作为阳极，除产生 K 系特征 X 射线外，还可以得到 L、M 系等特征 X 射线，但在一般情况下，这些系列的 X 射线的谱线用处都不太大。

8.1.2 X 射线的吸收

在 X 射线的实验中，通常需要获得单色 X 射线光，滤法 K_β 线，采用 K_α 线。

X 射线和普通光一样，遵守 Beer-Lambert 定律：$I = I_0 e^{-\varepsilon l}$，吸收系数 ε 与原子序数 Z 和波长 λ 的关系：

$$\varepsilon \propto Z^4 \cdot \lambda^n \tag{8.1}$$

n 约为 2.5～3。当光强度为 I_0 的 X 射线，通过厚度为 l 的物质时，透光强度减小。吸收系数 ε 随 X 射线的波长减小而减小，当波长减小至某值时，其能量大到足以击出该物质原子内层 K 电子，并且使吸收突然增大，这个波长称为吸收限 $K(\lambda_k)$。

吸收现象本身经常用于在实验中获得单色 X 射线光。如果在 X 射线光路中放置一种物质(称滤光片或单色器)，这种物质的吸收限 K 的波长正好处于特征 X 射线 K_α 和 K_β 辐射波长之间，从而能将大部分的 K_β 辐射滤掉，而透过的 K_α 强度损失很小，得到基本上是单色的 K_α 辐射。滤光片的选择是根据阳极靶元素来确定的。一般而言，对于轻靶(原子序数小于40)，选用的滤光片元素的原子序数比靶元素原子序数小 1；对于重靶，滤光片元素的原子序数比靶元素原子序数小 2。例如铜靶产生特征 K_α 射线的 $\lambda = 1.541\,8$ Å，产生特征 K_β 射线的 $\lambda = 1.392\,17$ Å，而镍片的吸收限波长 $\lambda = 1.488\,0$ Å，因此可用镍滤光片滤去铜靶中产生的 K_β 线，而获得 K_α 辐射。除铜靶外，钼靶和铁靶也经常使用。例如，钼靶产生特征 K_α 射线 $\lambda = 0.710\,7$ Å，K_β 射线 $\lambda = 0.632\,25$ Å，锆的吸收限波长 $\lambda = 0.689\,0$ Å，因此可用锆片作滤光材料。

表Ⅲ-8-1 靶子的波长和滤光片的选择

靶子及其原子序数	K_α 辐射波长(Å)	K_β 辐射波长(Å)	滤光片的材料原子序数	K 临界吸收波长(Å)
铁 Fe(26)	1.937 3	1.756 5	锰 Mn(25)	1.896
镍 Ni(28)	1.659 1	1.500 1	钴 Co(27)	1.608 1
铜 Cu(29)	1.541 8	1.392 1	镍 Ni(28)	1.488 0
钼 Mo(42)	0.710 7	0.6322	锆 Zr(40)	0.689
银 Ag(47)	0.560 9	0.497 0	钯 Pd(46)	0.509

8.2 X 射线衍射仪

许多化合物及金属大都形成粉末状的微晶体，很难得到大的单晶。X 射线粉末法分为照相法和衍射计法两种，自动记录衍射计使用比较方便，故本章对照相法不做介绍。

每一个晶体都具有自己独特的晶体结构，当 X 射线通过某晶体时，可利用 X 射线衍射仪直接测定和记录所产生的晶体衍射方向（θ 角）和衍射线的强度（I 值）。根据所产生的衍射效应，可鉴别晶体物质的物相，确定简单结晶的物质结构。

图Ⅲ-8-2 为 X 衍射仪的构造方框图，主要由 X 射线发生器、测角仪和记录仪三部分组成。

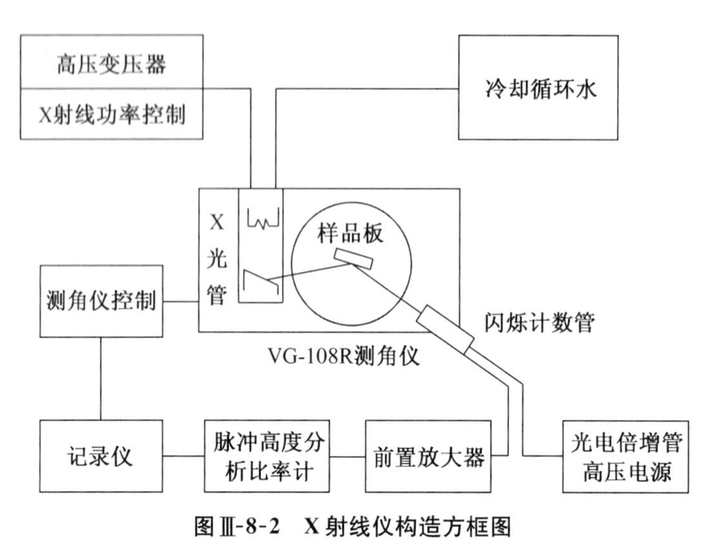

图Ⅲ-8-2　X 射线仪构造方框图

图Ⅲ-8-3 为测角仪的光路装置示意图。

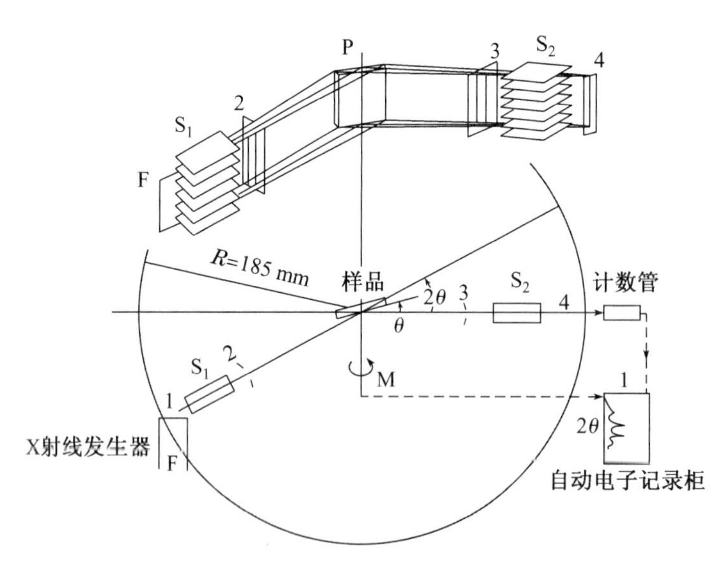

图Ⅲ-8-3　测角仪几何光路装置示意图

将平板状粉末样品装置在位于测角仪圆台中心的样品架上，固定在圆台边上的闪烁计算管装置将来自样品的衍射线通过铊活化的 NaI 晶体，经 X 射线照射后发出可见蓝光，再经光电倍增管将 X 射线光子能量放大，将衍射强度转为电讯号。这种讯号经放大器放大后，即由记录仪记录下来。在测量过程中样品和圆台各自不断转动，圆台连同计数管转动一周后，可记录来自各方向的衍射线。

8.3 实验条件的选择

8.3.1 狭缝的选择

衍射仪装置中共有五个狭缝，如图Ⅲ-8-3。两个梭拉狭缝 S_1，S_2 是由许多紧密相间平行和高度吸收的金属薄片组成，限制 X 射线在水平面上发散而到达样品。2 为发散狭缝(DS)是限制投照在样品上的 X 光束的宽度。3 为散射狭缝是排除 X 光机路上各种零配件所造成的散射和防止空气的散射线。4 为接收狭缝(RS)是限制进入检测器 X 光宽度。

(1) 对于衍射能力小的样品，衍射的 X 射线强度小，一般选用较大的发散狭缝。高角度扫描和样品面积大时，可用较大的发散狭缝。

(2) 接收狭缝大小的选择，是根据与时间常数 T 和扫描速度 S 三者之间相互关系，按照下式确定：

$$T \cdot S/R \geqslant 10$$

8.3.2 X 光管的选择

每一个 X 光管都有一固定的金属靶，因此产生的 X 射线波长也是确定的。晶体衍射所用 X 射线一般选用 0.5 ～ 2.5 Å，这是因为：

(1) 该波长范围与晶体点阵的面间距大致相当。

(2) 随着波长增加，样品和空气对 X 射线的吸收越来越大，因此波长大于 2.5 Å的 X 射线对晶体衍射一般不适用。

(3) 波长太短，衍射线条过分集中在低角度区，一些相隔较近的线条不易分辨。因此，波长小于 0.5 Å的 X 射线一般也不用。

表Ⅲ-8-2 列出了常用阳极靶元素的 K 系标识 X 射线。

表Ⅲ-8-2 常用阳极靶元素的 K 系标识 X 射线

靶元素	原子序数	波长(λ)			临界电压(kV)	适宜的工作电压(kV)	将被强烈吸收及散射的元素	
		K_α(Å)	K_β(Å)	λ_K(Å)			K_α	K_β
Cr	24	2.290 9	2.084 80	2.070 1	5.98	20～25	Ti,Sc,Ca	V
Fe	26	1.937 3	1.756 53	1.746 3	7.10	25～30	Cr,V,Ti	Mn
Co	27	1.790 2	1.620 75	1.608 1	7.71	30	Mn,Cr,V	Fe
Ni	28	1.659 1	1.500 10	1.488 0	8.29	30～35	Fe,Mn Cr	Co
Cu	29	1.541 8	1.392 17	1.380 4	8.86	35～40	Co,Fe,Mn	Ni Nb
Mo	42	0.710 7	0.632 25	0.619 8	20.0	50～55	Y,Sr Ru	Zr
Ag	47	0.560 9	0.497 01	0.435 5	25.5	55～60	Ru,Mo Nb	Pd Rh

注：K_α 的波长取 2 份 K_{α_1} 和 K_{α_2} 的波长平均值即 $\lambda_{K_\alpha} = \frac{2}{3}\lambda_{K_{\alpha_1}} + \frac{1}{3}\lambda_{K_{\alpha_2}}$

每一种元素都有一个确定的 K 吸收限(λ_K)。λ_K 为刚好能激发 K 层电子的辐射波长,当辐射的波长 $\lambda \leqslant \lambda_K$ 时,即可以将该元素原子的 K 层电子激发,外层电子跃入 K 层,填补空位。同时产生次生 X 射线,称为荧光辐射。

荧光辐射是造成衍射图背景加深的重要原因之一。为了尽可能避免或减少荧光辐射,必须选择合适的 X 射线波长,即选用合适的阳极靶。

选靶的基本原则是所用靶元素的标识线 K_α 要稍大于试样的 K 吸收限,这样就不能产生 K 系荧光辐射,但应注意也不能把阳极靶的波长选得过大,因为,阳极靶 K_α 波长比试样 λ_K 大很多,虽然不会产生 K 系荧光辐射,但试样对 X 射线的吸收程度增加,也是衍射实验所不希望的。最合理的选择是阳极靶波长稍大于试样的 K 吸收限,一般说来,$Z_{靶} < Z_{试样} + 1$,Z 为原子序数。即靶元素的原子序数应比试样中元素的原子序数小或者比样品中元素的原子序数大 5 以上(产生荧光辐射的概率减小)。

例如铜原子序数为 29,它的特征射线 CuK_α 的波长为 1.54 Å。由于铜的导热性能很好,可以制造较大功率的 X 光管,产生较强的 X 射线,同时 CuK_α 的波长也比较合适。因此在晶体衍射分析中使用铜靶最普遍。但样品中含 Mn,Fe,Co 等元素时不能用铜靶,由于 CuK_α 辐射能够激发这些元素的 K_α 线(即产生荧光辐射),使背景增大,掩盖了样品中的一些弱峰,甚至中等峰。但对于原子序数小于 20 以下的元素,由于其荧光 K_α 线波长较长,大部分可以被空气和样品吸收掉,对背景不会产生明显影响,因此可以用铜靶。

又如在测定铁时,最好选用钴靶或铁靶,而不能用镍靶,更不能用铜靶,因为铁的 λ_K = 1.746 3 Å,钴靶的 K_α 波长 =1.790 2 Å,因此钴钯不能激发铁的 K 系荧光辐射,由于钴钯 K_α 波长最靠近铁的 λ_K,所以铁对钴靶 K_α 辐射的吸收也最小,所以测定铁的试样时,选用钴靶是最理想的。而镍靶 K_α 波长=1.659 Å,小于铁的 λ_K,可以激发铁试样的 K 系荧光辐射,故不宜选用。

如果试样中含有多样元素,原则上应以其主要组分原子序数最小的元素来选择阳极靶。

8.3.3 X 光管压和管流的选择

从 X 射线管得到的 X 射线,既包括连续波,也包括特征波,而特征波与连续波的强度比跟加在 X 光管上的高压有关。轻靶所加高压为阳极靶激发电压的 3 ~ 5 倍时,特征波与连续波强度比最大,在这种电压下使用特征波是最经济的,所得谱线的噪声就比较小,特征 X 射线的强度由下式决定:

$$I_{特征} = ai(U - U_K)^n$$

式中:i 为管电流;U 为管电压;U_K 为激发电压;a 为系数。

I 特征线随着 U 增加而增加,但连续波的强度($I_{连续} = CZiU^2$)也随着增加,并且还会向短波长方向移动,不易被滤波片滤掉。因此需要适合的管压,才能保证得到适当强度的标识线。

一般地说,轻阳极靶 Cr,Fe,Cu,Co,Ni 可用 $U = (3 \sim 5)U_K$。重阳极靶 Mo,Ag 可用 $U = (2 \sim 3)U_K$,使用白色连续波长 X 射线时,通常都是用 W 靶。例如铜的激发电压为 8.8 kV,一般使用在 30 kV ~ 50 kV 之间。

X 射线管压高、管流大,X 射线强度就大,衍射线谱质量会比较好。但管压管流的最大值是受到仪器设计限制的,不能超过。管压与管流的乘积不能超过 X 光管额定功率,例如,若额定功率为 1 kW，当管压使用 40 kV 时，则允许最大管流为 25 mA，否则会烧坏高压变压器和 X 光管。在额定功率内，管压与管流的值是可以改变的，一般愿意使用较高的管压（在特征波比连续波为最佳的范围内）较低的管流。较低管流即灯丝电流小，灯丝不易挥发，将延长 X 光管的使用寿命。

8.3.4 冷却水使用

为了保护 X 光管，应合理使用冷却水。在 X 射线发生器内，提供给 X 光管的管压和管流，其能量是很大的。但通过阳极靶转化为 X 射线只占总能量的 1%左右，其他能量均转化为热能。这些热能使阳极靶产生很高的温度，如果不及时将这部分热能散发掉，会将靶击穿，造成 X 光管损坏，所以必须在阳极靶周围通以冷却水。该仪器配有一台冷却水循环装置，它将冷却水控制在 5～30 ℃ 范围循环使用。因此，主机开启前首先必须使冷却水正常循环。该仪器要求水的流量不少于 3 L/min。用循环水箱的 BV 阀控制其水压不得小于 2.5 kg/cm^2，但也不要大于 3 kg/cm^2。水压过大会造成冷却水连接管接头处漏水。

实验结束，在管压管流旋至 OFF 后，冷却水仍需继续循环 10 min，以便将靶上的剩余热量全部带走。

8.4 物 相 分 析

根据物质的晶体粉末衍射图，可以量出每一衍射线的 2θ，根据布拉格方程式算出每条衍射线的 d/n 值（或直接查晶体 X 射线衍射角与面间距换算表得 d/n 值），予以指标化。由每条衍射线的衍射峰面积或者用其相对高度计算衍射的强度 I/I_1，根据 d/n，I/I_1 的数据再去查对 PDF 或 ASTM 卡片（PDF 或 ASTM 卡片是国际专门研究机构——粉末衍射标准联合会收集了几万种晶体衍射标准数据后编制的系列卡片），即可知被测物质的化学式，习惯用名以及有的各种结晶学数据。

8.5 PDF 卡片的使用说明

8.5.1 PDF 卡片的内容

X 射线粉末衍射图谱是由粉末衍射标准联合会（Joint Committee on Powder Diffraction Standard，缩写 JCPDS）编辑出版。粉末衍射图（Powder Diffraction File，缩写为 PDF）过去称 ASTA 卡（是 American Society for Testing and Materials 的缩写）。PDF 自 1941 年以来，从文献上收集了几万种 X 光粉末衍射数据，并且每年增补一批，根据实验数据制成如表Ⅲ-8-3 的形式。

PDF 卡片按其内容分为 10 个区。

(1) 1A、1B、1C 是试样衍射图谱上三根最强的衍射线，对应面间距 d/n，简写为 d，1D 表示衍射线中最大的 d 值。

(2) 2A、2B、2C、2D 表示第 1 区内四条衍射线条的相对强度 I/I_1，以最强线 I_1 为 100，偶然也会出现比 100 大的数值。

表Ⅲ-8-3　PDF 卡片的样式

<table>
<tr><td>d</td><td>1A</td><td>1B</td><td>1C</td><td>1D</td><td colspan="2" rowspan="2">7</td><td colspan="4" rowspan="2">8</td></tr>
<tr><td>I/I_1</td><td>2A</td><td>2B</td><td>2C</td><td>2D</td></tr>
<tr><td colspan="5" rowspan="2">Rad. λ　Filter　Dia.
Cut off　I/I_1　Coll
Ref.　3　dCorr. abs. ?</td><td>d(Å)</td><td>I/I_1</td><td>hkl</td><td>d(Å)</td><td>I/I_1</td><td>hkl</td></tr>
<tr><td colspan="6" rowspan="4">9</td></tr>
<tr><td colspan="5">Sys.　S. G.
a_0　b_0　C_0　A　C
α　β　γ　Z　D_X
Ref　4</td></tr>
<tr><td colspan="5">$\varepsilon\alpha$　$n\omega\beta$　$\varepsilon\gamma$　sign
$2V$　D　mp　Color
Ref　5</td></tr>
<tr><td colspan="5">6</td></tr>
</table>

(3) "3"区为实验条件

Rad 为所用的特征 X 射线(如 CuK_α、FeK_α、MoK_α 等靶)；

λ 为所用的特征 X 射线的波长；

Filter 为滤波器的种类；

Dia 为照相机种类及直径；

Cut off 为所用仪器能测得的最大面间距 d；

Coll 为光栏的狭缝宽度或准直器孔径大小；

I/I_1 为相对强度的测量方法；

d Corr. abs? 为 d 值是否进行吸收校正?

Ref 为第"3"和"9"区中所用的文献。

(4) 物体的晶体学数据

Sys 为样品所属晶系；

S. G. 为样品所属空间群；

a_0, b_0, c_0 为点阵常数，$A = a_0/b_0$，$C = c_0/b_0$ 为轴比；

α, β, γ 为晶轴之间夹角；

Z 为单位晶胞中化学式单位的数目；

D_x 为从 X 射线测量中计算得到的密度；

V 为晶胞体积；

Ref 为本区中数据的参考文献。

(5) 光学及其他物理性质

$\varepsilon\alpha, n\omega\beta, \varepsilon\gamma$ 为折射率；

sign 为晶体的光学性质的“正”或“负”；

$2V$ 为光轴角；

D 为测量密度；

mp 熔点；

Color 为用眼睛或显微镜看到的样品颜色；

Ref 为本区参考文献。

有时其他一些数据如硬度(H)、矿物光泽等也列在这一部分。

(6) 试样的来源、化学分析数据、化学处理方法等

升华点(s. p)、分解温度(D. T)、转变点(T. P)、样品处理条件，获得衍射图谱的实验温度等。

(7) 样品的化学式及名称

(8) 样品的结构式或其矿物名称及通用名称

☆在右上角，表示卡片数据具有高度的可靠性。“0”表示可靠性低，如无“0”表示可靠程度高。

(9) d 为衍射线条的面间距

I/I_1 为与 d 值相对的相对强度；

h、k、l 为与 d 值相对应的衍射指标。

在第 9 区中，下列的一些符号可能使用：

b 为宽线、模糊或弥散线；

d 为双线；

n 为由于各种原因不能得出的线(不是所有资料上都有的线)；

n_c 为不可能用所设晶胞证明的线(与晶胞参数不符的数)；

n_i 为不能用所设晶胞指标化的线；

n_p 为所给定的空间群不允许的指标；

β 为由于存在 β 线重叠，使强度不能确定；

t_r 为 trace，痕量(非常弱的线)；

＋为指另外可能的指标。

(10) “10”栏为衍射卡片编号

例如 11-672，“11”为集号，“672”为卡片在 11 集中顺序号。

PDF 卡片分无机类和有机类，卡片总数约 5 万张，到 1990 年已出版 40 集。

8.5.2 卡片索引的使用方法

1. 数字索引

分为 Hanawalt 索引和 Fink 索引两类。

(1) Hanawalt 索引　它的编排方式是将每一个物质衍射线中选出八根最强线的 d 值，并估计其相对强度。其中三根最强的线必须在满足 $2\theta < 90^\circ$ 的范围内选取。设其强度降低顺序为 d_A，d_B，d_C，其他五条线相对强度降低顺序为 d_D，d_E，d_F，d_G，d_H。d 值的下标小字表示相对强度，“X”表示最强线，强度为 10，强度大于 10 的用“g”表示(例如以次强线的强度作为 10 时就会出现这种情况)。按强度由强到弱的次序排成一行，同时在后面还列入该物质的化学式及

卡片编号。例如：

4.05_x　2.49_2　2.84_1　3.14_1　1.87_1　2.47_1　2.12_1　1.93_1

…

SiO_2　11-695

实际编排时，为了查找方便，每张卡片上的三条最强线的 d 值分别归入相应的三大组，前三条作为循环置换，后五条的顺序不变，即

$$d_A, d_B, d_C, d_D, \cdots, d_H$$
$$d_B, d_C, d_A, d_D, \cdots, d_H$$
$$d_C, d_A, d_B, d_D, \cdots, d_H$$

若所选线中有两条以上的线强度相等，则 d 值大的线条优先排在前面。

在整个索引中，按 d 值大小分成若干大组(或区间)。如 d 值 5.49 ～ 5.00 Å 是一大组。在一个大组中每一项中第一个 d 值的大小决定了它落在索引哪个组，而该组中按第二个 d 值大小顺序排列。若某三个项的第二个 d 值相同，则按第一个 d 值的大小次序排列；若第一个 d 值也相同，则按第三个 d 值大小次序排列。

当所测试样品的组成完全未知时，可以利用数字索引，其方法如下：

① 从试样衍射图 $d-I$ 数据中按强度次序挑出八根最强的线，线的面间距 $d_1 \sim d_8$，特别是在 $2\theta < 90°$ 中选三条 d 值。

② 根据最强线条的面间距 d_1，在数字索引中找出所属的哈那瓦特大组，根据 d_2 值大致判断试样可能是什么物质。若实验值 $d_1, d_2, d_3, \cdots$ 及相对强度次序与索引卡上列出的某物质数据基本一致(一般允许误差 $+0.02$)，可初步确定试样中含有该物质，记下该物质的卡片编号。

但必须注意：① 试样的 $d-I$ 实验值与卡片上的 $d-I$ 值，在三条强线中有一条对不上，即可以否定。② 对于强度 I，由于实验条件的种种原因，可能会有出入，甚至有较大的出入。因此，最强线，次强线，再次强线的次序可能有颠倒。一般说来，强线应是强的，弱线还是弱的。某些强度弱的线也可能没有出来，由于强度的失真，择优取“向”使试样的检索工作要困难得多，特别是对比衍射强度值时，应作适当考虑，不能过分认真。

(2) Fink 索引　它是采用每一种物质挑选标准衍射线中最强的八条线的 d 值作为该物质的指标，按 d 值大小顺序进行排列。若 $d_1 > d_2 > d_3 > d_4 > d_5 > d_6 > d_7 > d_8$，则可循环排列成八行：

$$d_1 \quad d_2 \quad d_3 \quad d_4 \quad d_5 \quad d_6 \quad d_7 \quad d_8$$
$$d_2 \quad d_3 \quad d_4 \quad d_5 \quad d_6 \quad d_7 \quad d_8 \quad d_1$$
$$d_3 \quad d_4 \quad d_5 \quad d_6 \quad d_7 \quad d_8 \quad d_1 \quad d_2$$
$$\cdots$$
$$d_8 \quad d_1 \quad d_2 \quad d_3 \quad d_4 \quad d_5 \quad d_6 \quad d_7$$

按照第一 d 值的大小不同，该物质将出现在索引中八个不同的地方。

Fink 索引按各行第一个 d 值大小分区，在一个区内按第二个 d 值的递减排列。

Fink 索引的查阅方法：

① 从实验的谱图中挑选八根最强线，根据其 d 值大小递减排列，并循环排列成八行。

② 在索引中分别找出八个 d 值各自所属的区段，并逐一核对八个 d 值，如吻合良好，就抽出相应的编号卡片，再核对全部的 d 值、I 值，作出鉴定。

③ 鉴定过程中,应考虑到 d 值可能允许误差在 1% ~ 3% 范围内。

上述方法对单个物质的物相分析比较容易,但对混合物的物相分析要困难些,尤其是对两个以上的物相组成的混合物,其物相分析更困难些。因为各物相的衍射线条同时出现在试样图谱上,衍射线条可能互相重叠,衍射图谱上最强线不一定就是某一单相物质的最强线,衍射线的强度次序也可能发生变化。在这样的情况下,当图谱上最强线在索引中找不到卡片时,可以假设图谱上的次强线是物质的最强线,依次把其他强线作为次强线和再次强线,重新在索引中寻找对应的卡片。某物质被确定后,扣除该物相数据,对图谱上其他线条按上述方法继续确定混合物中其他物相,直至所有衍射数据都核对上为止。

对于混合物试样的分析,往往要辅以其他方法确定混合物中物相。

2. 字母索引

如果知道某化合物的英文名称或其化学式,可以直接从 Davey-KWIC 索引(Keyword in contex index)查得衍射数据。

Davey-KWIC 索引是按照无机化合物和矿物的英文名称字母顺序排列而成的。在索引中包括化合物名称、化学式、三条在 $2\theta < 90°$ 范围内最强线的 d 值和相对强度,卡片号码及显微胶卷的坐标号码。例如:

名称	化学式	三条最强线的 d 值	卡片编号
Benene	C_6H_6	4.47_x 3.12_2 4.76_1	10~800

另外,还有有机物分子式索引、无机物名称以及矿物名称索引。

第9章　气相色谱实验技术及仪器

色谱法是近代分析化学领域中的一种分离分析方法。色谱法的基本原理是使混合物中各组分在两相间进行分配，其中一相是不动的，称为固定相；另一相是推动混合物经过固定相的气体或液体，称为流动相。当流动相携带混合物经过固定相时，即与固定相发生相互作用。由于各组分的结构性质(溶解度、极性、蒸气压、吸附能力)不同，这种相互作用便有强弱的差异。因此在同一推动力作用下不同组分在固定相的滞留时间不同，从而按先后不同的次序从装有固定相的柱中流出，再经检测和记录便可作出定性或定量分析。

气相色谱法是色谱法中的一类。气相色谱的特点是以气体作为流动相，而固定相可以是固体或液体。如固定相为固体，称为气固色谱；如固定相为液体，则称为气液色谱。近几十年来，由于理论和技术日趋完善，气相色谱法有了迅速的发展。同时由于气相色谱法具有高选择性，高效能，高灵敏度，分析速度快和样品用量少等特点，它在科学研究和生产实际中的应用甚广。近20年来，气相色谱法在物理化学中的应用越来越多，已发展成为一种物化色谱法的专门研究方法。概括起来，物化色谱法的内容有下述几类：

(1) 各种热力学参数如潜热、沸点、蒸气压、相变点、气体第二维利系数、分配系数、活度系数、焓变和熵变、吸附热等的测定。

(2) 动力学和传质参数如反应速率常数、反应活化能、频率因子、脱附活化能、扩散系数等的测定以及研究反应机理等。

(3) 吸附剂、催化剂的宏观性质、吸附性能的研究如测定比表面、孔径分布、吸附等温线等，以及催化剂活性中心性质和反应性能的研究。

9.1　气相色谱仪的基本组成

气相色谱仪的气路一般有单柱单气路和双柱双气路两种。单柱单气路流程图如图Ⅲ-9-1。

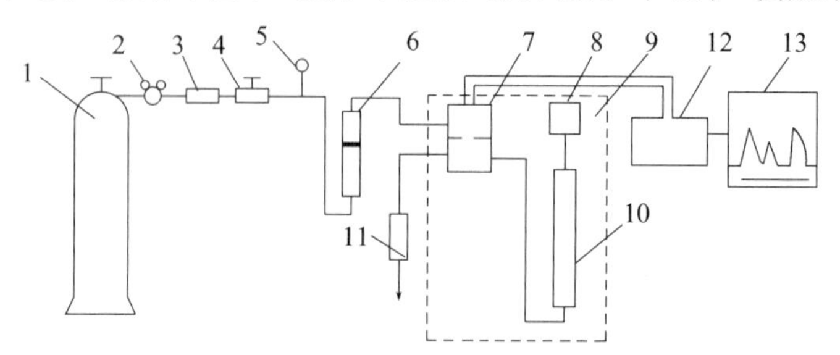

1—高压气瓶(载气源)；2—减压阀；3—净化器；4—稳压阀；5—压力表；6—转子流速计；7—检测器；8—汽化室；9—色谱恒温室；10—色谱柱；11—皂膜流速计；12—检测器桥路；13—记录仪。

图Ⅲ-9-1　气相色谱仪单气路流程示意图

双柱双气路与单柱单气路的不同之处是，载气经压力表和稳压阀后分成两路，分别经微调阀、流速计、气化室和色谱柱，最后进入检测器。双柱双气路的优点是可补偿变温和高温条件下固定相流失而产生的不稳定，减少由于载气流速不稳定对检测器产生的噪声，因此特别适合程序升温和痕量分析。

气相色谱仪主要由下述几部分组成。

9.1.1 流动相

气相色谱的流动相即为载气，其作用是携带样品通过色谱柱和检测器，最后放空。载气一般装于高压钢瓶，经减压、净化、稳压稳流和流速调节后进入色谱柱。载气种类主要有氢、氮、氦、氩和二氧化碳等气体，可根据检测器、色谱柱及分析要求选用载气。

9.1.2 进样系统

进样系统的作用是将气体或液体(若样品为固体，可配成溶液)样品定量快速地送进流动相，从而被流动相带入色谱柱进行分离。气体样品可用微量注射器或由六通阀定量进样。液体样品则采用微量注射器将其注入汽化器内，样品瞬间完成气化并被载气带入色谱柱。

9.1.3 固定相及色谱柱

气相色谱的固定相可按其在色谱条件下的物理状态分为固体固定相和液体固定相两大类，由此构成气固吸附色谱和气液分配色谱。气固吸附色谱的固定相是固体吸附剂，如活性炭、硅胶、氧化铝、分子筛和有机聚合高分子微球。气液分配色谱的固定相是高沸点的化合物，它可直接涂布于柱管内壁或可先涂布于惰性载体表面后再装入柱管，称之为固定液。固定液有甘油、硅油、液体石蜡和聚酯类物质。固定相的作用是将混合物中各组分分离，在色谱技术中起决定性的作用。

固定相和柱管组成色谱柱。柱管通常用不锈钢或玻璃制成。将固体吸附剂或涂布有固定液的颗粒载体均匀而紧密地填装于柱管内而成的色谱柱称为填充柱。将固定液直接涂布于细长的毛细管内壁上而成的色谱柱称为开管柱(柱管中心是空的)。填充柱方便，允许样品量大。开管柱渗透性好，传质阻力小，分离效能高，分析速度快，但允许样品量很小。对于易受金属表面影响而发生催化、分解的样品，应采用玻璃柱管。

9.1.4 检测器及记录仪

气相色谱检测器用于检测柱后流出物成分和浓度的变化，并以电压信号或电流信号输入记录仪。记录仪的作用是将信号放大并在纸上记录下色谱图，有的记录仪可同时打印出数据。检测器种类较多，气相色谱常用的检测器有热导检测器(TCD)、氢火焰离子检测器(FID)、电子捕获检测器(ECD)和火焰光度检测器(FPD)。新型的色谱仪检测器一般都接有能自动记录和处理数据的微处理机。

9.1.5 温度控制器

现代色谱仪的温度控制器大都采用可控硅电子线路控温，此类温控器控温精度较高。温度控制器用于对色谱柱、检测器和汽化器等处的温度控制。柱温直接影响柱的分离选择性和柱效，而检测器的温度则直接影响检测器灵敏度和稳定性，所以色谱仪必须有足够的控温精度。控温方式有恒温和程序升温两种。

9.2 气相色谱法的基本原理

气相色谱法是一种以气体为流动相，采用冲洗法的柱色谱分离技术。由于样品中各组分在色谱柱中的吸附能力或溶解度不同，或者说各组分在色谱柱中流动相和固定相的分配系数(即组分在两相中的吸附或溶解平衡常数)不同，它们经过色谱柱后就被分离出来。

对于气固色谱，组分的分配系数 K 为

$$K=\frac{\text{单位面积吸附表面吸附组分的量}}{\text{单位体积流动相中组分的量}}$$

对于气液色谱，组分的分配系数 K 为

$$K=\frac{\text{单位体积固定液中组分的量}}{\text{单位体积流动相中组分的量}}$$

在一定的条件下，每个组分对于某一对固定相和流动相的分配系数一定，这是由其自身性质决定的。如两组分的 K 值相差越小，它们在色谱柱中就越难分离；如它们的 K 值相差越大，则分离效果越好。相对而言，K 值小的组分在色谱中滞留的时间短，而 K 值大的组分则滞留时间长。分配系数 K 值的差异是分离的依据，而 K 值差异的大小是分离效果的决定因素。

在气固色谱的分离过程中，载气以一定流速携带着样品流入色谱柱，各组分在柱中的固定相和流动相间反复多次进行着吸附-解吸分配过程。由于各组分的分配系数 K 值不同，K 值大的组分被固定相吸附较强而随载气流移动的速度较慢，K 值小的组分被固定相吸附较弱而随载气流移动速度较快。经过一定长度的色谱柱后，样品中各组分便被分离开来，依次流出色谱柱并被检测器检测，由记录仪记录下色谱图。

在气液色谱的分离过程中，载气将样品带入色谱柱后，各组分便开始在固定液和流动相间反复多次进行着溶解-解析分配过程。由于各组分的分配系数 K 值不同，K 值大的组分在固定液中的溶解度大而随载气流移动的速度慢，K 值小的组分在固定液中溶解度小而随载气流移动的速度快。当经过足够长度的色谱柱后，各组分彼此分离并依次流出色谱柱，随后被检测和记录下来。

在色谱柱内，各组分的吸附-脱附或溶解-解析的分配过程往往进行成千上万次，所以即使各组分的 K 值相差微小，经足够次数的分配过程后终能彼此分离。

9.3 定性分析和定量分析

9.3.1 色谱流出曲线及有关术语

色谱定性分析和定量分析是根据色谱流出曲线图中反映出的各色谱峰的保留值和相对峰面积或峰高数据来实现的。典型的色谱流出曲线如图Ⅲ-9-2。图中每一个色谱峰对应于一个

组分。在一定的色谱条件下，峰的位置与对应组分的性质有关，而峰面积或峰高与对应组分的质量或浓度有关。

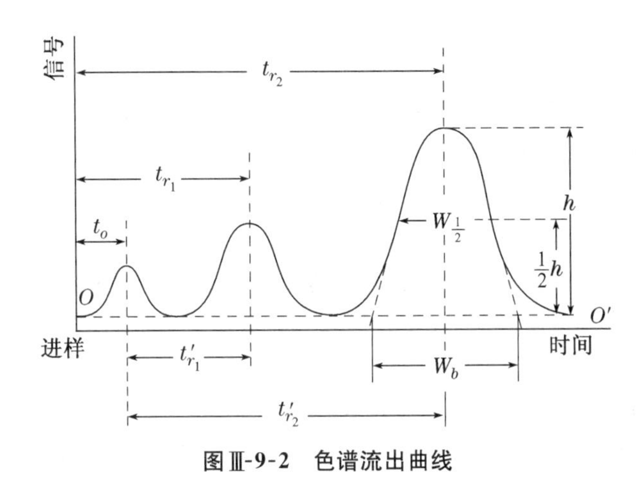

图Ⅲ-9-2 色谱流出曲线

(1) 基线 在实验条件下，当只有纯流动相通过检测器时所得到的信号-时间曲线(图Ⅲ-9-2 中 OO'线)。

(2) 死时间(t_o) 从进样开始到非滞留组分色谱峰顶的时间。

(3) 保留时间(t_r) 从进样开始到组分色谱峰顶的时间。

(4) 调整保留时间 (t'_r) $t'_r = t_r - t_o$。

(5) 峰高(h) 色谱峰顶到基线的垂直距离。

(6) 峰宽(W_b) 也称基线宽度。从峰两侧拐点作切线，两切线与基线的截距。

(7) 半峰宽($W_{\frac{1}{2}}$) 色谱峰高一半处的宽度。

9.3.2 定性分析

通过色谱的方法确定被分析组分为何物质即为色谱定性分析。对一个样品作色谱定性分析前，如能预先知道其可能含有的组分，则可有针对性地选择固定相。如样品组分复杂，则宜在分析前对样品作适当的处理。

气相色谱定性分析通常采用下述方法：

(1) 与已知纯物对照进行定性分析

保留值是表示组分通过色谱柱时被固定相保留在色谱柱内的程度。表示组分在柱内停留的时间称为保留时间。表示将组分洗脱出色谱柱所需载气的体积称为保留体积。在一定的色谱条件下，每个化合物都有其确定的保留值，可将保留值作为化合物的定性指标。在相同的色谱条件下，如样品中未知组分的保留值与纯物的保留值一致，即可确定该组分为何物质，这是主要的定性方法，常用于对组成简单的样品的定性分析。

(2) 利用保留值经验规律进行定性分析

实验结果表明，在一定的温度下，同系物的保留值的对数与组分分子中的碳原子数间有线性关系：

$$\lg R = A_1 + B_1 n \tag{9.1}$$

式中：R 为保留值；A_1，B_1 对给定色谱系统和同系物是常数；n 为分子中碳原子数。当知

道了某一同系物中几个物质的保留值后，就可以由(9.1)式作出 $\lg R-n$ 关系图，根据未知物的 R 值从图中找出 n，从而对其定性。

此外，同系物或同族化合物的保留值的对数与其沸点呈线性关系：

$$\lg R = A_2 + B_2 T \tag{9.2}$$

式中：A_2 和 B_2 对给定色谱系统和同系物为常数；T 为组分的沸点。根据这个规律，可按同族化合物沸点求出其保留值或根据保留值求沸点，从而对各组分定性。

(3) 利用文献保留值数据进行定性分析

如实际工作中遇到的未知样品组分较多，而实验室又不具有齐全的纯物质时，常可用已知物的文献保留值与未知物的保留值进行比较来作定性分析。保留值数据有相对保留值和保留指数。其中保留指数应用最多，因为保留指数仅与柱温和固定相性质有关，与其他色谱条件无关，其实验重现性较好。

利用文献保留值数据定性，需先知道未知物属于哪一类，然后根据类别查找文献中规定分离该类物质所需固定相与柱温条件，测得未知物的保留值，并与文献值对照。

(4) 利用其他仪器和化学方法定性

现代色谱设备有样品收集系统，可以很方便地收集色谱柱分离出的各组分，然后采用其他仪器或化学方法定性。其中色质联用最有效。色谱分离后的组分进入质谱仪检测，可以得到有关组分的元素组成、相对分子量和分子碎片的结构等信息。

9.3.3 定量分析

在一定的色谱操作条件下，通过检测器的组分 i 的质量(m_i)或浓度(c_i)与检测器上产生的信号(色谱图上表现为峰高 h_i 或峰面积 A_i)成正比关系：

$$m_i = f_i \cdot A_i \quad (\text{或 } m_i = f_i \cdot h_i) \tag{9.3}$$

在实际定量分析工作中，除了需要一张各组分获得良好分离的色谱图，还需要准确测定峰高或峰面积，准确求出定量校正因子 f_i 和正确选用定量计算方法。

1. 峰高的测量

从色谱图的基线到峰顶点的垂直距离即为峰高。如基线漂移，则由峰的起点到终点作校正线，峰顶点到校正线的垂直距离则为峰高。如图Ⅲ-9-3。峰高很少受相邻峰部分交叠的影响，因此它测量的准确度高于峰面积测量的准确度，在痕量定量分析多采用峰高。

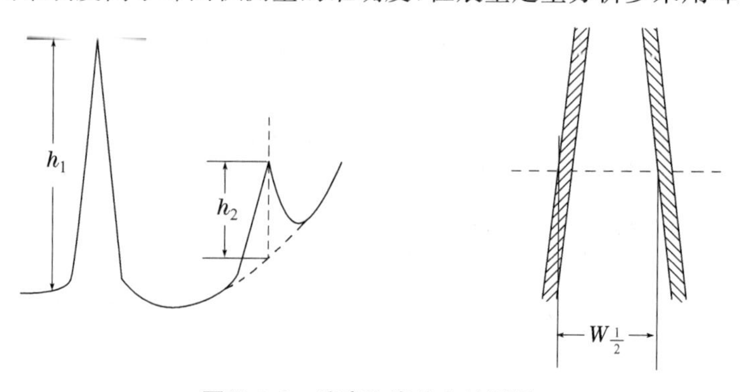

图Ⅲ-9-3 峰高和半峰宽的测量

2. 峰面积的测量

① 峰高乘半峰宽法　当色谱为对称峰时，可视其为一个等腰三角形，峰面积为

$$A = h \cdot W_{\frac{1}{2}} \tag{9.4}$$

半峰宽 $W_{\frac{1}{2}}$ 的测量如图Ⅲ-9-3。

② 峰高乘保留时间法　对于同系物，组分保留时间 t_r 近似地与半峰宽 $W_{\frac{1}{2}}$ 成正比，即有

$$A = h \cdot b \cdot t_r \tag{9.5}$$

式中：比例常数 b 在定量分析计算时可消去。该法对于测量窄峰及交叠峰比半峰宽法误差要小。

③ 剪纸称重法　对于不对称或分离不完全的色谱峰，如记录纸厚薄均匀，可将峰剪下称重，用峰质量进行定量计算。

④ 求积仪法　求积仪是手工测量峰面积的仪器。该法测量准确度取决于求积仪的精度和操作者的熟练程度。

⑤ 数字积分仪和计算机　能自动测量峰面积，自动处理数据并打印出定量分析结果。

3. 定量校正因子

实验表明，等量的同种物质在不同的检测器上有不同的响应信号，而等量的不同物质在同一检测器上产生的响应信号大小也不一样。为了对样品中各组分进行定量计算，就必须对响应值进行校正，即引入定量校正因子。

(1) 定量校正因子的表示方法

① 绝对校正因子(f_i)　绝对校正因子指某组分 i 通过检测器的量与检测器对该组分的响应信号之比，即

$$f_i = m_i / A_i \tag{9.6}$$

绝对校正因子 f_i 随色谱操作条件而变，因此其应用受到一定限制，故在定量分析工作中常采用相对校正因子或相对响应值。

② 相对校正因子(f'_i)　相对校正因子是组分 i 与基准物 S 的绝对校正因子之比，即

$$f'_i(m) = f_i / f_S = \frac{A_S \cdot m_i}{A_i \cdot m_S} \tag{9.7}$$

式中：$f'_i(m)$为相对质量校正因子；f_S 为基准物 S 的绝对校正因子；A_S，m_S 分别为基准物的峰面积和通过检测器的质量。

③ 相对响应值(S'_i)　相对响应值又称相对应答值、相对灵敏度等，是指组分 i 与其等质量的基准物 S 的响应值之比。当计量单位与相对校正因子相同时，相对响应值与相对校正因子的关系如下：

$$S_i(m) = \frac{1}{f'_i(m)} \tag{9.8}$$

如物质的量用体积或摩尔表示，则有相对体积校正因子或相对摩尔校正因子。峰高亦可作为定量校正因子的依据，只要将式(9.7)中的 A 换成 h 即可。

(2) 定量校正因子的测定

在一定的色谱条件下，单独测定待测纯组分，从测定量与响应信号就可求得该组分的绝对校正因子。将待测纯组分和标准物配成已知比例的混合试样进行测定，由两者的混合量及响应信号就可求得相对校正因子。

定量校正因子的测定条件最好与分析样品时的测定条件相近。

对于同一种检测器，相对校正因子在不同的实验室具有通用性，因此一般情况下可以从手册上查到。

4. 定量分析计算方法

常用的色谱定量分析计算方法有以下几种。

（1）归一化法　如样品中各组分能完全分离且色谱图上相应的各峰均可测量，同时又知道了各组分的定量校正因子，就可用归一化法求出组分 i 的含量 $p_i\%$。如使用相对质量校正因子，计算公式为

$$p_i\% = \frac{m_i}{m_1 + m_2 + \cdots + m_n} \times 100\% = \frac{A_i f'_i(m)}{A_1 f'_1(m) + A_2 f_2{}'(m) + \cdots + A_n f'_n(m)} \times 100\% \quad (9.9)$$

如各组分相对校正因子相近，可近似由下式求 $p_i\%$。

$$p_i\% = \frac{A_i}{\sum_1^n A_i} \times 100\% \quad (9.10)$$

归一化法不必定量进样，分离条件在一定范围内变化时对定量结果准确度影响较小，计算也较简单，可用于多组分混合物的常规分析。

（2）内标法　当样品中所有组分不能在色谱图上全部出峰或仅需分析样品中某几个组分时，可采用内标法。该法选择一种样品中不包含的纯物质加入待分析的样品中，该纯物质即为内标物。要求内标物在同样的色谱条件下出峰，并且在色谱图上的位置最好处于几个待测组分中间。测定它们的峰面积和相对质量校正因子即可由下式求出欲测组分的含量。

$$p_i\% = \frac{A_i \cdot f'_i(m)}{A_S \cdot f'_S(m)} \cdot \frac{m_S}{m} \times 100\% \quad (9.11)$$

式中：m_S 为内标物质量；m 为样品质量；A_s 和 $f'_S(m)$ 分别为内标物的峰面积和相对质量校正因子。

若内标物就是测定相对质量校正因子的基准物，即 $f'_S(m) = 1$，得

$$p_i\% = \frac{A_i \cdot f'_i(m)}{A_S} \cdot \frac{m_S}{m} \times 100\% \quad (9.12)$$

内标法要求准确称量较费时，在常规分析中不方便。但该法准确性较好，科研工作中普遍采用。

（3）外标法　如欲测定样品中组分 i 的含量，可用纯 i 配成已知浓度的标准样，在同样的色谱条件下，准确定量进样分析标准样和样品。根据组分量与相应峰面积或峰高呈线性关系，则在标样和未知样进样量相等时，可由下式计算组分 i 的含量：

$$p_i\% = \frac{A_i}{A_{is}} \cdot P_{is}\% \quad (9.13)$$

式中：$p_{is}\%$为标样中组分 i 的含量；A_{is} 为标样中组分 i 的峰面积。

在应用上也可用纯组分配制一系列不同浓度的标准样并定量进样分析，绘制出组分含量与峰面积（或峰高）的关系曲线。在相同的操作条件下测定未知样，根据组分的峰面积（或峰高）就可从曲线上求出其含量。

此法较方便，只要待测组分能分离出峰就行。但该法对色谱条件稳定性及进样精度要求严格，否则会影响定量分析的准确度。

9.4 操作技术

9.4.1 载气的选择和净化

气相色谱常用载气有氢气和氮气。使用热导检测器时，优先选用热导系数大的氢气，除非要分析氢气时才选用氮气。使用其他检测器时一般选用氮气。氦气虽有其独特优点，但因国内气源缺，成本高，一般很少应用。特殊用途需要时用氩气或二氧化碳气体。

不同的检测器、各种色谱柱和不同的分析对象，对载气纯度要求不同，净化方法亦有差异。载气在进入色谱仪前经过净化，净化的目的是去水、去氧、去总烃。

去水剂一般选用硅胶和5A分子筛，使用前均需在合适温度下活化，然后装入净化管并串联使用。除氧剂常用活性铜催化剂或105钯催化剂。而除总烃采用5A分子筛是较好的方法。

各类净化剂均应在失效前及时再活化或更换。

9.4.2 载体选择

市售载体在使用前应过筛，以除去过细的颗粒和粉末。否则，填充入柱后，会使柱的阻力过高，造成柱内流量不均匀。一般选用的载体颗粒在60～80目。采用短柱，可选用80～100目。对球形载体，可选用80～100目或更细(100～120目)。

表Ⅲ-9-1

样　　品	选用硅藻土载体	固　定　液	备　　注
非极性	未经处理载体	非 极 性	
极　性	酸、碱洗或经硅烷化处理载体	非 极 性	样品为酸性时，选用酸洗载体；碱性时，选用碱洗载体
极性及非极性	硅烷化载体	极性或非极性，含量＜5%(质量/质量)	
极性及非极性	酸洗载体	弱　极　性	
极性及非极性	硅烷化载体	弱极性，含量＜5%(质量/质量)	
极性及非极性	酸洗载体	极　　性	
化学稳定性低者	硅烷化载体	极　　性	对化学活性和极性特强的样品，可选用聚四氟乙烯等特殊载体

9.4.3 固定液选择

实际工作中遇到的样品千变万化，样品中组分的性质可能相似，也可差异很大，因此固定液的选择尚无严格规律可循。一般按“相似性原则”选择。所谓相似性原则，就是使所选择的固定液与组分间有某些相似性，如官能团、化学键、极性等，使两者之间的作用力增大，从而有较大的分配系数，实现良好的分离。

(1) 对非极性组分，一般选用非极性固定液。此时，分子间作用力为色散力，无特殊选择性，组分的分配系数大小主要由它们的蒸气压决定。分离次序将按沸点增加的次序。

(2) 对中等极性组分，一般选用中等极性固定液。当分子结构决定了组分与固定液分子间的作用力小，而组分沸点有较大差别，这时基本上按沸点顺序分离。若组分沸点近似，而组分与固定液分子间的作用力有足够的差别，此时按作用力顺序出峰，作用力小的先出峰。

(3) 对强极性组分，选用强极性固定液。对于能生成氢键的组分，选用氢键型固定液。此时分子间作用力起决定作用，组分按极性增加的次序出峰。同时含极性和非极性组分时，一般是非极性组分先出峰，除非它的沸点远高于极性组分。

9.4.4 固定液配比的选择

固定液配比(固定液重/载体重)与样品性质有关。高配比有利于分离，但组分保留时间延长，谱带展宽。低配比有利于快速分析，谱带狭窄，但分离度下降。若要改进分离度，就得增加柱长。

对于高沸点化合物，最好使用低配比柱。因为高沸点化合物的分配系数大，保留时间长，谱带展宽严重。采用低配比柱可以使用较低柱温，这给多种固定液的选择创造了条件。对于气体或低沸点化合物，宜采用高配比柱，因为这些样品的分配系数小，只有通过增加固定液量来增加分配比，以改进分离。若样品沸点范围宽，宜使用高配比柱，且在较高柱温下操作，或采用程序升温。载体比表面大，配比可高些；比表面小，配比应低些，以使固定液膜厚度合适。

合适的配比应在3%～20%范围内通过试验决定。

9.4.5 固定液的涂布

涂布固定液时要求做到：① 均匀分布；② 避免载体颗粒破碎；③ 避免结块。其目的是为了减少传质阻力，提高柱效。

涂布固定液时，选好合适的溶剂，按配比称取固定液，将其溶于溶剂中，若有不溶残渣应滤去。溶液量以正好能浸没载体为宜。再将按配比称量的载体慢慢倒入固定液溶液中，使所有颗粒润湿。最后用薄膜蒸发器使溶剂蒸发至干。

9.4.6 柱的填装

填装一般采用泵抽法。在柱一端塞上少许玻璃棉，裹上数层纱布，将柱端插入真空泵抽气橡皮管，在柱另一端接上漏斗。在抽气情况下不断从漏斗上加入固定相，同时轻轻敲打柱管，以使填充均匀、紧密，防止形成空隙。当固定相加至不再下沉时，移去漏斗，在此柱端也塞上少许玻璃棉。两端玻璃棉不宜过多，以防对痕量组分的吸附。

9.4.7 柱的老化

将柱接入色谱仪，但柱出口暂不与检测器相连，以防止老化过程从柱内带出的杂质污染检测器。填充固定相时接漏斗的柱端应作为载气入口柱端，否则固定相会在载气压力下，向填装松散的一端移动而产生空隙，使柱效下降。

在高于操作温度下，通入载气，将柱子加热数小时，甚至过夜，这一过程称为柱的老化。老化的目的是去除残余溶剂及固定液中杂质，并使固定液膜在呈液体状态下更趋均匀。老化时升温宜缓慢，最好从室温升至老化温度在数小时内完成。老化完毕，将载气出口柱端与检测器连接。选定各项色谱条件，并待基线平直后即可进样分析。

9.4.8 进样

色谱分析要求瞬间进样，操作方式常用注射器进样。对于气样，用 0.25 ～ 10 mL 医用注射器；对于液样，用 0.5 ～ 50 μL 微量注射器。进样量视样品浓度和固定液量而定。一般气样为 0.2 ～ 10 mL，液样为 0.1 ～ 10 μL。进样时应注意以下几点。

(1) 抽取气样时，应使气样袋或装气样的容器内的气体呈正压，此正压使注射器针芯推至刻度以上，然后拔出注射器，调节针芯至刻度处。进样时，应用食指给针芯一个横向的力，以防柱内压力将针芯顶出。

(2) 对于液体样品，汽化室温度要足够高。汽化温度一般比柱温高 30 ～ 70 ℃，以保证样品瞬时气化，使组分蒸气集中在最小的载气体积中，从而使谱带初始宽度压缩至最低限度。从理论上讲，汽化温度越高越有利，但对某些热稳定性差的样品，应采用较低汽化温度，并同时减少样品量。

(3) 用微量注射器抽取液样时，应先在样品中抽提数次，然后慢慢上提至刻度，停留片刻再将其拿出，擦干针尖外的残留液样。注意切忌将针芯抽出针管外，否则无法再将其送入针管。

(4) 应把注射器插到底，然后迅速推动针芯进样。进样速度过慢会使谱带初始宽度增加，妨碍良好的分离。

9.4.9 柱温的选择

柱温对分离的影响比较复杂。降低柱温会增加传质阻力，分子扩散速度减小，固定相的选择性增加，使组分的分配系数增加，保留时间增加。增加柱温的影响正好与上述情况相反。

柱温一般选在样品中组分的平均沸点左右，或更低一些，然后根据分离结果再做进一步调整。对于高沸点 (300 ～ 400 ℃) 化合物，一般采用低配比固定液，柱温可选在 200 ～ 250 ℃。对沸点在 200 ～ 300 ℃ 间的化合物，配比在 5% ～ 10% 间，柱温可选在 150 ～ 200 ℃。对沸点在 100 ～ 200 ℃ 间的化合物，配比在 10% ～ 15%，柱温可选在平均沸点的2/3左右。对气体或低沸点化合物，配比在 10% ～ 25%，柱温可选在 50 ℃以下。

对于宽沸程的样品，一般采用程序升温。

9.4.10 载气流速选择

载气流速(一般用线速表示，即 cm/s)应通过试验来选择。一般先选择一个大致的流速，然后根据分离情况及保留时间的长短再作调整直至满意。对于氢气，可选在 15 ～ 20 cm/s；对于氮气，可选在 10 ～ 12 cm/s。

求取线速的方法是：选用空气(对热导检测器)或甲烷(对氢火焰离子化检测器)作非滞留组分。在实验条件下注入一定体积的空气或甲烷，记下它们的死时间，以柱长除以死时间即求得线速。此线速为载气在柱内流动的平均速度。

9.4.11 样品量

样品量的大小直接关系到谱带的初始线宽。谱带初始线宽越宽，说明分离越不理想。只要检测器灵敏度足够高，样品量越小越有利于获得良好分离。当样品量超过临界样品量时，峰形不再对称，分离情况变坏，影响了保留时间及定量计算的准确性。

9.4.12 柱长

柱长增加 1 倍，分离度增加至$\sqrt{2}$倍，即分离度随柱长的平方根增加而增加。柱长一般为 0.5～6 m 。若柱长已较长，但分离结果仍不满意，则要从改进固定相上去考虑。

Ⅳ 附 录

附录 A 物理化学实验常用数据表

表Ⅳ-1 国际单位制的基本单位

量的名称	单位名称	单位符号
长 度	米	m
质 量	千克(公斤)	kg
时 间	秒	s
电 流	安〔培〕	A
热力学温度	开〔尔文〕	K
物质的量	摩〔尔〕	mol
发光强度	坎〔德拉〕	cd

摘自:迪安 JA. 兰氏化学手册[M]. 魏俊发,等译. 2 版. 北京:科学出版社,2003:2.2～2.3.

表Ⅳ-2 国际单位制的辅助单位

量的名称	单位名称	单位符号
平 面 角	弧 度	rad
立 体 角	球 面 度	sr

摘自:迪安 JA. 兰氏化学手册[M]. 魏俊发,等译. 2 版. 北京:科学出版社,2003:2.3.

表Ⅳ-3 国际单位制的一些导出单位

物 理 量	名 称	代 号		用国际制基本单位表示的关系式
		国 际	中 文	
频 率	赫 兹	Hz	赫	s^{-1}
力	牛 顿	N	牛	$m \cdot kg \cdot s^{-2}$
压 强	帕 斯 卡	Pa	帕	$m^{-1} \cdot kg \cdot s^{-2}$
能、功、热	焦 耳	J	焦	$m^2 \cdot kg \cdot s^{-2}$
功率、辐射通量	瓦 特	W	瓦	$m^2 \cdot kg \cdot s^{-3}$
电量、电荷	库 仑	C	库	$s \cdot A$
电位、电压、电动势	伏 特	V	伏	$m^2 \cdot kg \cdot s^{-3} \cdot A^{-1}$
电 容	法 拉	F	法	$m^{-2} \cdot kg^{-1} \cdot s^4 \cdot A^2$
电 阻	欧 姆	Ω	欧	$m^2 \cdot kg \cdot s^{-3} \cdot A^{-2}$
电 导	西 门 子	S	西	$m^{-2} \cdot kg^{-1} \cdot s^3 \cdot A^2$
磁 通 量	韦 伯	Wb	韦	$m^2 \cdot kg \cdot s^{-2} \cdot A^{-1}$
磁感应强度	特 斯 拉	T	特	$kg \cdot s^{-2} \cdot A^{-1}$
电 感	亨 利	H	亨	$m^2 \cdot kg \cdot s^{-2} \cdot A^{-2}$
光 通 量	流 明	lm	流	$cd \cdot sr$
光 照 度	勒 克 斯	lx	勒	$m^{-2} \cdot cd \cdot sr$
粘 度	帕斯卡秒	Pa·s	帕·秒	$m^{-1} \cdot kg \cdot s^{-1}$
表面张力	牛顿每米	N/m	牛/米	$kg \cdot s^{-2}$

（续表Ⅳ-3）

物理量	名称	代号		用国际制基本单位表示的关系式
		国际	中文	
热容量、熵	焦耳每开	J/K	焦/开	$m^2 \cdot kg \cdot s^{-2} \cdot K^{-1}$
比热	焦耳每千克每开	J/(kg·k)	焦/(千克·开)	$m^2 \cdot s^{-2} \cdot K^{-1}$
电场强度	伏特每米	V/m	伏/米	$m \cdot kg \cdot s^{-3} \cdot A^{-1}$
密度	千克每立方米	kg/m^3	千克/米^3	$kg \cdot m^{-3}$

摘自：迪安 JA. 兰氏化学手册[M]. 魏俊发，等译. 2 版. 北京：科学出版社，2003：2.3.

表Ⅳ-4　国际制词冠

因数	词冠	名称	词冠符号	因数	词冠	名称	词冠符号
10^{12}	tera	（太）	T	10^{-1}	deci	（分）	d
10^{9}	giga	（吉）	G	10^{-2}	centi	（厘）	c
10^{6}	mega	（兆）	M	10^{-3}	milli	（毫）	m
10^{3}	kilo	（千）	k	10^{-6}	micro	（微）	μ
10^{2}	hecto	（百）	h	10^{-9}	nano	（纳）	n
10^{1}	deca	（十）	da	10^{-12}	pico	（皮）	p
				10^{-15}	femto	（飞）	f
				10^{-18}	atto	（阿）	a

摘自：迪安 JA. 兰氏化学手册[M]. 魏俊发，等译. 2 版. 北京：科学出版社，2003：2.23.

表Ⅳ-5　单位换算表

单位名称	符号	折合 SI 单位制
力的单位		
1 公斤力	kgf	=9.806 65 N
1 达因	dyn	$=10^{-5}$ N
粘度单位		
泊	P	=0.1N·S/m^2
厘泊	CP	$=10^{-3}$N·S/m^2
压力单位		
毫巴	mbar	=100 N/m^2(Pa)
1 达因/厘米^2	dyn/cm^2	=0.1 N/m^2(Pa)
1 公斤·力/厘米^2	kg·f/cm^2	=98 066.5 N/m^2(Pa)
1 工程大气压	af	=98 066.5 N/m^2(Pa)
1 标准大气压	atm	=101 324.7 N/m^2(Pa)
1 毫米水高	mmH$_2$O	=9.806 65 N/m^2(Pa)
1 毫米汞高	mmHg	=133.322 N/m^2(Pa)

单位名称	符号	折合 SI 单位制
功能单位		
1 公斤力·米	kgf·m	=9.806 65J
1 尔格	erg	$=10^{-7}$J
升·大气压	1·atm	=101.328J
1 瓦特·小时	w·h	=3 600J
1 卡	cal	=4.186 8J
功率单位		
1 公斤力·米/秒	kgf·m/s	=9.806 65W
1 尔格/秒	erg/s	$=10^{-7}$W
1 大卡/小时	kcal/h	=1.163W
1 卡/秒	cal/s	=4.186 8W
比热单位		
1 卡/克·度	cal/g·℃	=4 186.8 J/kg·℃
1 尔格/克·度	erg/g·℃	$=10^{-4}$J/kg·℃
电磁单位		
1 伏·秒	V·s	=1Wb
1 安小时	A·h	=3 600C
1 德拜	D	$=3.334\times10^{-30}$ C·m
1 高斯	G	$=10^{-4}$T
1 奥斯特	Oe	$=(1\,000/4\pi)$A

摘自：迪安 JA. 兰氏化学手册[M]. 魏俊发，等译. 2 版. 北京：科学出版社，2003：2.33～2.49.

表Ⅳ-6 希腊字母表

大写	小写	英文名称	中文名称	英文读音	大写	小写	英文名称	中文名称	英文读音
Α	α	alpha	阿尔法	〔'ɑ:lfə〕或〔'ælfə〕	Ν	ν	nu	纽	〔nju:〕
Β	β	beta	贝塔	〔'beıtə〕或〔'bi:tə〕	Ξ	ξ	xi	克西	〔ksaı〕或〔qzaı，zaı〕
Γ	γ	gamma	伽马	〔'gɑ:mə〕或〔'gæmə〕	Ο	ο	omicron	奥密克戎	〔oʊ'maıkrən〕
Δ	δ	delta	德耳塔	〔'deltə〕	Π	π	pi	派	〔paı〕或〔pi:〕
Ε	ε	epsilon	艾普西隆	〔'epsılən〕或〔ep'saıən〕	Ρ	ρ	rhc	洛	〔roʊ〕
Ζ	ζ	zeta	截塔	〔'θi:tə〕或〔'θeıtə〕	Σ	σ	sigma	西格马	〔'sıgmə〕
Η	η	eta	艾塔	〔'eıtə〕或〔'i:tə〕	Τ	τ	tau	陶	〔taʊ〕
Θ	θ	theta	西塔	〔'zeıtə〕或〔'zi:tə〕	Υ	υ	upsilon	宇普西隆	〔ju:p'saılən〕或〔'ju:psılən〕
Ι	ι	iota	约塔	〔aı'oʊtə〕	Φ	φ	phi	斐	〔faı〕或〔fi:〕
Κ	κ	kappa	卡帕	〔'kæpə〕	Χ	χ	chi	喜	〔kaı〕
Λ	λ	lambda	兰布达	〔'læmdə〕	Ψ	ψ	psi	普西	〔psi:〕
Μ	μ	mu	米尤	〔mju:〕	Ω	ω	omiga	奥默伽	〔'oʊmıgə〕或〔oʊ'mi:gə〕

摘自：迪安 J A. 兰氏化学手册[M]. 魏俊发，等译. 2 版. 北京：科学出版社，2003：2. 23.

表Ⅳ-7 物理化学常数

常数名称	符号	数值	单位	相对标准偏差
真空光速	c_0	299 792 458	$m \cdot s^{-1}$	准确的
基本电荷	e	$1.602\,176\,53(14) \times 10^{-19}$	C	8.5×10^{-8}
阿伏伽德罗常数	N_A，L	$6.022\,141\,5(10) \times 10^{23}$	mol^{-1}	1.7×10^{-7}
原子质量单位	u	$1.660\,538\,86(28) \times 10^{-27}$	kg	1.7×10^{-7}
电子质量	m_e	$9.109\,382\,6(16) \times 10^{-31}$	kg	1.7×10^{-7}
质子质量	m_p	$1.672\,621\,71(29) \times 10^{-27}$	kg	1.7×10^{-7}
法拉第常数	F	96 485. 338 3(83)	$C \cdot mol^{-1}$	8.6×10^{-8}
普朗克常数	h	$6.626\,069\,3(11) \times 10^{-34}$	$J \cdot s$	1.7×10^{-7}
电子荷-质比	e/m_e	$1.758\,820\,12(15) \times 10^{11}$	$C \cdot kg^{-1}$	8.6×10^{-8}
里德伯常数	R_∞	10 973 731. 568 525(73)	m^{-1}	6.6×10^{-12}
玻尔磁子	μ_B	$927.400\,949(80) \times 10^{-26}$	$J \cdot T^{-1}$	8.6×10^{-8}
摩尔气体常数	R	8. 314 472(15)	$J \cdot mol^{-1} \cdot K^{-1}$	1.7×10^{-6}
玻尔兹曼常数	k	$1.380\,650\,5(24) \times 10^{-23}$	$J \cdot K^{-1}$	1.8×10^{-6}
万有引力常数	G	$6.674\,2(10) \times 10^{-11}$	$m \cdot kg^{-1} \cdot s^{-2}$	1.5×10^{-4}
重力加速度	g_n	9. 806 65(准确值)	$m \cdot s^{-2}$	准确的

摘自：Lide D R. CRC handbook of chemistry and physics[M]. 88th ed. Boca Raton：CRC Press，2007—2008：1-1～1-6.

表Ⅳ-8 纯水的蒸气压

t/℃	P/kPa	t/℃	P/kPa	t/℃	P/kPa	t/℃	P/kPa
0	0. 611 29	5	0. 872 60	10	1. 228 1	15	1. 705 6
1	0. 657 16	6	0. 935 37	11	1. 312 9	16	1. 818 5
2	0. 706 05	7	1. 002 1	12	1. 402 7	17	1. 938 0
3	0. 758 13	8	1. 073 0	13	1. 497 9	18	2. 064 4
4	0. 813 59	9	1. 148 2	14	1. 598 8	19	2. 197 8

（续表Ⅳ-8）

t/℃	P/kPa	t/℃	P/kPa	t/℃	P/kPa	t/℃	P/kPa
20	2.338 8	62	21.851	104	116.67	146	426.85
21	2.487 7	63	22.868	105	120.79	147	438.67
22	2.644 7	64	23.925	106	125.03	148	450.75
23	2.810 4	65	25.022	107	129.39	149	463.10
24	2.985 0	66	26.163	108	133.88	150	475.72
25	3.169 0	67	27.347	109	138.50	151	488.61
26	3.362 9	68	28.576	110	143.24	152	501.78
27	3.567 0	69	29.852	111	148.12	453	515.23
28	3.781 8	70	31.176	112	153.13	154	528.96
29	4.007 8	71	32.549	113	158.29	155	542.99
30	4.245 5	72	33.972	114	163.58	156	557.32
31	4.495 3	73	35.448	115	169.02	157	571.94
32	4.757 8	74	36.978	116	174.61	158	586.87
33	5.033 5	75	38.563	117	180.34	159	602.11
34	5.322 9	76	40.205	118	186.23	160	617.66
35	5.626 7	77	41.905	119	192.28	161	633.53
36	5.945 3	78	43.665	120	198.48	162	649.73
37	6.279 5	79	45.487	121	204.85	163	666.25
38	6.629 8	80	47.373	122	211.38	164	683.10
39	6.996 9	81	49.324	123	218.09	165	700.29
40	7.381 4	82	51.342	124	224.96	166	717.83
41	7.784 0	83	53.428	125	232.01	167	735.70
42	8.205 4	84	55.585	126	239.24	168	753.94
43	8.646 3	85	57.815	127	246.66	169	772.52
44	9.107 5	86	60.119	128	254.25	170	791.47
45	9.589 8	87	62.499	129	262.04	171	810.78
46	10.094	88	64.958	130	270.02	172	830.47
47	10.620	89	67.496	131	278.20	173	850.53
48	11.171	90	70.117	132	286.57	174	870.98
49	11.745	91	72.823	133	295.15	175	891.80
50	12.344	92	75.614	134	303.93	176	913.03
51	12,970	93	78.494	135	312.93	177	934.64
52	13.623	94	81.465	136	322.14	178	956.66
53	14.303	95	84.529	137	331.57	179	979.09
54	15.012	96	87.688	138	341.22	180	1 001.9
55	15.752	97	90.945	139	351.09	181	1 025.2
56	16.522	98	94.301	140	361.19	182	1 048.9
57	17.324	99	97.759	141	371.53	183	1 073.0
58	18.159	100	101.32	142	382.11	184	1 097.5
59	19.028	101	104.99	143	392.92	185	1 122.5
60	19.932	102	108.77	144	403.98	186	1 147.9
61	20.873	103	112.66	145	415.29	187	1 173.8

（续表Ⅳ-8）

t/℃	P/kPa	t/℃	P/kPa	t/℃	P/kPa	t/℃	P/kPa
188	1 200.1	230	2 795.1	272	5 674.0	314	10 410
189	1 226.9	231	2 846.7	273	5 762.7	315	10 551
190	1 254.2	232	2 899.0	274	5 852.4	316	10 694
191	1 281.9	233	2 952.1	275	5 943.1	317	10 838
192	1 310.1	234	3 005.9	276	6 035.0	318	10 984
193	1 338.8	235	3 060.4	277	6 127.9	319	11 131
194	1 368.0	236	3 115.7	278	6 221.9	320	11 279
195	1 397.6	237	3 171.8	279	6 317.0	321	11 429
196	1 427.8	238	3 228.6	280	6 413.2	322	11 581
197	1 458.5	239	3 286.3	281	6 510.5	323	11 734
198	1 489.7	240	3 344.7	282	6 608.9	324	11 889
199	1 521.4	241	3 403.9	283	6 708.5	325	12 046
200	1 553.6	242	3 463.9	284	6 809.2	326	12 204
201	1 586.4	243	3 524.7	285	6 911.1	327	12 364
202	1 619.7	244	3 586.3	286	7 014.1	328	12 525
203	1 653.6	245	3 648.8	287	7 118.3	329	12 688
204	1 688.0	246	3 712.1	288	7 223.7	330	12 852
205	1 722.9	247	3 776.2	289	7 330.2	331	13 019
206	1 758.4	248	3 841.2	290	7 438.0	332	13 187
207	1 794.5	249	3 907.0	291	7 547.0	333	13 357
208	1 831.1	250	3 973.6	292	7 657.2	334	13 528
209	1 868.4	251	4 041.2	293	7 768.6	335	13 701
210	1 906.2	252	4 109.6	294	7 881.3	336	13 876
211	1 944.6	253	4 178.9	295	7 995.2	337	14 053
212	1 983.6	254	4 249.1	296	8 110.3	338	14 232
213	2 023.2	255	4 320.2	297	8 226.8	339	14 412
214	2 063.4	256	4 392.2	298	8 344.5	340	14 594
215	2 104.2	257	4 465.1	299	8 463.5	341	14 778
216	2 145.7	258	4 539.0	300	8 583.8	342	14 964
217	2 187.8	259	4 613.7	301	8 705.4	343	15 152
218	2 230.5	260	4 689.4	302	8 828.3	344	15 342
219	2 273.8	261	4 766.1	303	8 952.6	345	15 533
220	2 317.8	262	4 843.7	304	9 078.2	346	15 727
221	2 362.5	263	4 922.3	305	9 205.1	347	15 922
222	2 407.8	264	5 001.8	306	9 333.4	348	16 120
223	2 453.8	265	5 082.3	307	9 463.1	349	16 320
224	2 500.5	266	5 163.8	308	9 594.2	350	16 521
225	2 547.9	267	5 246.3	309	9 726.7	351	16 725
226	2 595.9	268	5 329.8	310	9 860.5	352	16 931
227	2 644.6	269	5 414.3	311	9 995.8	353	17 138
228	2 694.1	270	5 499.9	312	10 133	354	17 348
229	2 744.2	271	5 586.4	313	10 271	355	17 561

（续表Ⅳ-8）

t/℃	P/kPa	t/℃	P/kPa	t/℃	P/kPa	t/℃	P/kPa
356	17 775	361	18 881	366	20 048	371	21 283
357	17 992	362	19 110	367	20 289	372	21 539
358	18 211	363	19 340	368	20 533	373	21 799
359	18 432	364	19 574	369	20 780	373.98	22 055
360	18 655	365	19 809	370	21 030		

摘自：Lide D R. CRC handbook of chemistry and physics[M]. 88th ed. Boca Raton：CRC Press. Inc，2007－2008：6－11～6－12.

表Ⅳ-9　水在不同温度下的折射率、黏度、介电常数

温度/℃	折射率 n_D	黏度 η/(mPa·s)	介电常数 ε	温度/℃	折射率 n_D	黏度 η/(mPa·s)	介电常数 ε
0	1.333 95	1.770 2	87.74	35	1.331 31	0.719 0	74.83
5	1.333 88	1.510 8	85.76	40	1.330 61	0.652 6	73.15
10	1.333 69	1.303 9	83.83	45	1.329 85	0.597 2	71.51
15	1.333 39	1.137 4	81.95	50	1.329 04	0.546 8	69.91
20	1.333 00	1.001 9	80.10	55	1.328 17	0.504 2	68.35
21	1.332 90	0.976 4	79.73	60	1.327 25	0.466 9	66.82
22	1.332 80	0.953 2	79.38	65	1.326 16	0.434 1	65.32
23	1.332 71	0.931 0	79.02	70	1.325 11	0.405 0	63.86
24	1.332 61	0.910 0	78.65	75	1.323 99	0.379 2	62.43
25	1.332 50	0.890 3	78.30	80		0.356 0	61.03
26	1.332 40	0.870 3	77.94	85		0.335 2	59.66
27	1.332 29	0.851 2	77.60	90		0.316 5	58.32
28	1.332 17	0.832 8	77.24	95		0.299 5	57.01
29	1.332 06	0.814 5	76.90	100		0.284 0	55.72
30	1.331 94	0.797 3	76.55				

摘自：Gokel G W. 有机化学手册[M]. 张书圣，温永红，丁彩凤，等译. 北京：化学工业出版社，2006：454.

表Ⅳ-10　一些物质的蒸气压

Vapor-pressure equation	dp/dT	$-[\mathrm{d}(\ln p)/\mathrm{d}(1/T)]$
$\log p = A - \dfrac{B}{t+C}$	$\dfrac{2.303pB}{(t+C)^2}$	$\dfrac{2.303BT^2}{(t+C)^2}$

式中：p 为蒸气压(mmHg)；t 为温度(℃)；T 为绝对温度

名称	分子式	英文名称	适用温度范围(℃)	A	B	C
1,2-二氯乙烷	$C_2H_4Cl_2$	1,2-Dichloroethane	－31～99	7.025 3	1 271.3	222.9
苯	C_6H_6	Benzene	－12～3	9.106 4	1 885.9	244.2
			8～103	6.905 65	1 211.033	220.790
苯胺	C_6H_7N	Aniline	102～185	7.320 10	1 731.515	206.049
苯乙烯	C_8H_8	Styrene	32～82	7.140 16	1 574.51	224.09
丙酮	C_3H_6O	Acetone	liq	7.117 14	1 210.595	229.664
醋酸	$C_2H_4O_2$	Acetic acid	liq	7.387 82	1 533.313	222.309

（续表Ⅳ-10）

名称	分子式	英文名称	适用温度范围(℃)	A	B	C
二氯甲烷	CH_2Cl_2	Dichloromethane	−40～40	7.409 2	1 325.9	252.6
环己烷	C_6H_{12}	Cyclohexane	20～81	6.841 30	1 201.53	222.65
甲苯	C_7H_8	Toluene	6～137	6.954 64	1 344.800	219.48
甲醇	CH_4O	Methanol	−14～65	7.897 50	1 474.08	229.13
			64～110	7.973 28	1 515.14	232.85
氯仿	$CHCl_3$	Chloroform	−35～61	6.493 4	929.44	196.03
四氯化碳	CCl_4	Tetrachloromethane		6.879 26	1 212.021	226.41
溴苯	C_6H_5Br	Bromobenzene	56～154	6.860 64	1 438.817	205.441
溴仿	$CHBr_3$	Tribromomethane	30～101	6.821 8	1 376.7	201.0
乙苯	C_8H_{10}	Ethylbenzene	26～164	6.957 19	1 424.255	213.21
乙醇	C_2H_6O	Ethanol	−2～100	8.321 09	1 718.10	237.52
乙醚	$C_4H_{10}O$	Diethyl ether	−61～20	6.920 32	1 064.07	228.80
乙酸甲酯	$C_3H_6O_2$	Methyl acetate	1～56	7.065 2	1 157.63	219.73
乙酸乙酯	$C_4H_8O_2$	Ethyl acetate	15～76	7.101 79	1 244.95	217.88
异丙醇	C_3H_8O	2-Propanol	0～101	8.117 78	1 580.92	219.61
正丁醇	$C_4H_{10}O$	1-Butanol	15～131	7.476 80	1 362.39	178.77
正己烷	C_6H_{14}	Hexane	−25～92	6.876 01	1 171.17	224.41

摘自：Speight J G. Lange's handbook of chemistry[M]. 16th ed. New York：McGraw-Hill，2005：2.297～2.313.

表Ⅳ-11 液体的折射率

名称	分子式	英文名称	相对分子量	折射率(n_D)
1，2-二氯乙烷	$C_2H_4Cl_2$	1，2-Dichloroethane	98.959	$1.442\ 2^{25}$
苯	C_6H_6	Benzene	78.112	$1.501\ 1^{20}$
苯胺	C_6H_7N	Aniline	93.127	$1.586\ 3^{20}$
苯乙烯	C_8H_8	Styrene	104.150	$1.544\ 0^{25}$
丙酮	C_3H_6O	Acetone	58.079	$1.358\ 8^{20}$
醋酸	$C_2H_4O_2$	Acetic acid	60.052	$1.372\ 0^{20}$
二氯甲烷	CH_2Cl_2	Dichloromethane	84.933	$1.424\ 2^{20}$
环己烷	C_6H_{12}	Cyclohexane	84.159	$1.423\ 5^{25}$
甲苯	C_7H_8	Toluene	92.139	$1.494\ 1^{25}$
甲醇	CH_4O	Methanol	32.042	$1.328\ 8^{20}$
氯仿	$CHCl_3$	Trichloromethane	119.378	$1.445\ 9^{20}$
四氯化碳	CCl_4	Tetrachloromethane	153.823	$1.460\ 1^{20}$
溴苯	C_6H_5Br	Bromobenzene	157.008	$1.559\ 7^{20}$
溴仿	$CHBr_3$	Tribromomethane	252.731	$1.594\ 8^{25}$
乙苯	C_8H_{10}	Ethylbenzene	106.165	$1.495\ 9^{20}$
乙醇	C_2H_6O	Ethanol	46.068	$1.361\ 1^{20}$
乙醚	$C_4H_{10}O$	Diethyl ether	74.121	$1.352\ 6^{20}$
乙酸甲酯	$C_3H_6O_2$	Methyl acetate	74.079	$1.361\ 4^{20}$
乙酸乙酯	$C_4H_8O_2$	Ethyl acetate	88.106	$1.372\ 3^{20}$
异丙醇	C_3H_8O	2-Propanol	60.095	$1.377\ 6^{20}$
正丁醇	$C_4H_{10}O$	1-Butanol	74.121	$1.398\ 8^{20}$
正己烷	C_6H_{14}	Hexane	86.175	$1.372\ 7^{25}$

* 上标表示温度。

摘自：Lide D R. CRC handbook of chemistry and physics[M]. 88th ed. Boca Raton：CRC Press，2007－2008：3－4～3－492.

表Ⅳ-12 水的密度

t/℃	ρ/(g·cm^{-3})	t/℃	ρ/(g·cm^{-3})	t/℃	ρ/(g·cm^{-3})	t/℃	ρ/(g·cm^{-3})	t/℃	ρ/(g·cm^{-3})
0.1	0.999 849 3	4.3	0.999 974 2	8.5	0.999 818 9	12.7	0.999 416 7	16.9	0.998 794 2
0.2	0.999 855 8	4.4	0.999 973 6	8.6	0.999 812 1	12.8	0.999 404 3	17.0	0.998 776 9
0.3	0.999 862 2	4.5	0.999 972 8	8.7	0.999 805 1	12.9	0.999 391 8	17.1	0.998 759 5
0.4	0.999 868 3	4.6	0.999 971 9	8.8	0.999 798 0	13.0	0.999 379 2	17.2	0.998 741 9
0.5	0.999 874 3	4.7	0.999 970 9	8.9	0.999 790 8	13.1	0.999 366 5	17.3	0.998 724 3
0.6	0.999 880 1	4.8	0.999 969 6	9.0	0.999 783 4	13.2	0.999 353 6	17.4	0.998 706 5
0.7	0.999 885 7	4.9	0.999 968 3	9.1	0.999 775 9	13.3	0.999 340 7	17.5	0.998 688 6
0.8	0.999 891 2	5.0	0.999 966 8	9.2	0.999 768 2	13.4	0.999 327 6	17.6	0.998 670 6
0.9	0.999 896 4	5.1	0.999 965 1	9.3	0.999 760 4	13.5	0.999 314 3	17.7	0.998 652 5
1.0	0.999 901 5	5.2	0.999 963 2	9.4	0.999 752 5	13.6	0.999 301 0	17.8	0.998 634 3
1.1	0.999 906 5	5.3	0.999 961 2	9.5	0.999 744 4	13.7	0.999 287 5	17.9	0.998 616 0
1.2	0.999 911 2	5.4	0.999 959 1	9.6	0.999 736 2	13.8	0.999 274 0	18.0	0.998 597 6
1.3	0.999 915 8	5.5	0.999 956 8	9.7	0.999 727 9	13.9	0.999 260 2	18.1	0.998 579 0
1.4	0.999 920 2	5.6	0.999 954 4	9.8	0.999 719 4	14.0	0.999 246 4	18.2	0.998 560 4
1.5	0.999 924 4	5.7	0.999 951 8	9.9	0.999 710 8	14.1	0.999 232 5	18.3	0.998 541 6
1.6	0.999 928 4	5.8	0.999 949 0	10.0	0.999 702 1	14.2	0.999 218 4	18.4	0.998 522 8
1.7	0.999 932 3	5.9	0.999 946 1	10.1	0.999 693 2	14.3	0.999 204 2	18.5	0.998 503 8
1.8	0.999 936 0	6.0	0.999 943 0	10.2	0.999 684 2	14.4	0.999 189 9	18.6	0.998 484 7
1.9	0.999 939 5	6.1	0.999 939 8	10.3	0.999 675 1	14.5	0.999 175 5	18.7	0.998 465 5
2.0	0.999 942 9	6.2	0.999 936 5	10.4	0.999 665 8	14.6	0.999 160 9	18.8	0.998 446 2
2.1	0.999 946 1	6.3	0.999 933 0	10.5	0.999 656 4	14.7	0.999 146 3	18.9	0.998 426 8
2.2	0.999 949 1	6.4	0.999 929 3	10.6	0.999 646 8	14.8	0.999 131 5	19.0	0.998 407 3
2.3	0.999 951 9	6.5	0.999 925 5	10.7	0.999 637 2	14.9	0.999 116 6	19.1	0.998 387 7
2.4	0.999 954 6	6.6	0.999 921 6	10.8	0.999 627 4	15.0	0.999 101 6	19.2	0.998 368 0
2.5	0.999 957 1	6.7	0.999 917 5	10.9	0.999 617 4	15.1	0.999 086 4	19.3	0.998 348 1
2.6	0.999 959 5	6.8	0.999 913 2	11.0	0.999 607 4	15.2	0.999 071 2	19.4	0.998 328 2
2.7	0.999 961 6	6.9	0.999 908 8	11.1	0.999 597 2	15.3	0.999 055 8	19.5	0.998 308 1
2.8	0.999 963 6	7.0	0.999 904 3	11.2	0.999 586 9	15.4	0.999 040 3	19.6	0.998 288 0
2.9	0.999 965 5	7.1	0.999 899 6	11.3	0.999 576 4	15.5	0.999 024 7	19.7	0.998 267 7
3.0	0.999 967 2	7.2	0.999 894 8	11.4	0.999 565 8	15.6	0.999 009 0	19.8	0.998 247 4
3.1	0.999 968 7	7.3	0.999 889 8	11.5	0.999 555 1	15.7	0.998 993 2	19.9	0.998 226 9
3.2	0.999 970 0	7.4	0.999 884 7	11.6	0.999 544 3	15.8	0.998 977 2	20.0	0.998 206 3
3.3	0.999 971 2	7.5	0.999 879 4	11.7	0.999 533 3	15.9	0.998 961 2	20.1	0.998 185 6
3.4	0.999 972 2	7.6	0.999 874 0	11.8	0.999 522 2	16.0	0.998 945 0	20.2	0.998 164 9
3.5	0.999 973 1	7.7	0.999 868 4	11.9	0.999 511 0	16.1	0.998 928 7	20.3	0.998 144 0
3.6	0.999 973 8	7.8	0.999 862 7	12.0	0.999 499 6	16.2	0.998 912 3	20.4	0.998 123 0
3.7	0.999 974 3	7.9	0.999 856 9	12.1	0.999 488 2	16.3	0.998 895 7	20.5	0.998 101 9
3.8	0.999 974 7	8.0	0.999 850 9	12.2	0.999 476 6	16.4	0.998 879 1	20.6	0.998 080 7
3.9	0.999 974 9	8.1	0.999 844 8	12.3	0.999 464 8	16.5	0.998 862 3	20.7	0.998 059 4
4.0	0.999 975 0	8.2	0.999 838 5	12.4	0.999 453 0	16.6	0.998 845 5	20.8	0.998 038 0
4.1	0.999 974 8	8.3	0.999 832 1	12.5	0.999 441 0	16.7	0.998 828 5	20.9	0.998 016 4
4.2	0.999 974 6	8.4	0.999 825 6	12.6	0.999 428 9	16.8	0.998 811 4	21.0	0.997 994 8

(续表Ⅳ-12)

t/℃	ρ/(g·cm^{-3})	t/℃	ρ/(g·cm^{-3})	t/℃	ρ/(g·cm^{-3})	t/℃	ρ/(g·cm^{-3})	t/℃	ρ/(g·cm^{-3})
21.1	0.997 973 1	25.3	0.996 970 7	29.5	0.995 800 9	33.7	0.994 475 9	37.9	0.993 006 2
21.2	0.997 951 3	25.4	0.996 944 7	29.6	0.995 771 2	33.8	0.994 442 5	38.0	0.992 969 5
21.3	0.997 929 4	25.5	0.996 918 6	29.7	0.995 741 3	33.9	0.994 409 1	38.1	0.992 932 8
21.4	0.997 907 3	25.6	0.996 892 5	29.8	0.995 711 3	34.0	0.994 375 6	38.2	0.992 896 0
21.5	0.997 885 2	25.7	0.996 866 3	29.9	0.995 681 3	34.1	0.994 342 0	38.3	0.992 859 1
21.6	0.997 863 0	25.8	0.996 839 9	30.0	0.995 651 1	34.2	0.994 308 3	38.4	0.992 822 1
21.7	0.997 840 6	25.9	0.996 813 5	30.1	0.995 620 9	34.3	0.994 274 5	38.5	0.992 785 0
21.8	0.997 818 2	26.0	0.996 787 0	30.2	0.995 590 6	34.4	0.994 240 7	38.6	0.992 747 9
21.9	0.997 795 7	26.1	0.996 760 4	30.3	0.995 560 2	34.5	0.994 206 8	38.7	0.992 710 7
22.0	0.997 773 0	26.2	0.996 733 7	30.4	0.995 529 7	34.6	0.994 172 8	38.8	0.992 673 5
22.1	0.997 750 3	26.3	0.996 706 9	30.5	0.995 499 1	34.7	0.994 138 7	38.9	0.992 636 1
22.2	0.997 727 5	26.4	0.996 680 0	30.6	0.995 468 5	34.8	0.994 104 5	39.0	0.992 598 7
22.3	0.997 704 5	26.5	0.996 653 0	30.7	0.995 437 7	34.9	0.994 070 3	39.1	0.992 561 2
22.4	0.997 681 5	26.6	0.996 625 9	30.8	0.995 406 9	35.0	0.994 035 9	39.2	0.992 523 6
22.5	0.997 658 4	26.7	0.996 598 7	30.9	0.995 376 0	35.1	0.994 001 5	39.3	0.992 486 0
22.6	0.997 635 1	26.8	0.996 571 4	31.0	0.995 345 0	35.2	0.993 967 1	39.4	0.992 448 3
22.7	0.997 611 8	26.9	0.996 544 1	31.1	0.995 313 9	35.3	0.993 932 5	39.5	0.992 410 5
22.8	0.997 588 3	27.0	0.996 516 6	31.2	0.995 282 7	35.4	0.993 897 8	39.6	0.992 372 6
22.9	0.997 564 8	27.1	0.996 489 1	31.3	0.995 251 4	35.5	0.993 863 1	39.7	0.992 334 7
23.0	0.997 541 2	27.2	0.996 461 5	31.4	0.995 220 1	35.6	0.993 828 3	39.8	0.992 296 6
23.1	0.997 517 4	27.3	0.996 433 7	31.5	0.995 188 7	35.7	0.993 793 4	39.9	0.992 258 6
23.2	0.997 493 6	27.4	0.996 405 9	31.6	0.995 157 2	35.8	0.993 758 5	40.0	0.992 220 4
23.3	0.997 469 7	27.5	0.996 378 0	31.7	0.995 125 5	35.9	0.993 723 4	41.0	0.991 83
23.4	0.997 445 6	27.6	0.996 350 0	31.8	0.995 093 9	36.0	0.993 688 3	42.0	0.991 44
23.5	0.997 421 5	27.7	0.996 321 9	31.9	0.995 062 1	36.1	0.993 653 1	43.0	0.991 04
23.6	0.997 397 3	27.8	0.996 293 8	32.0	0.995 030 2	36.2	0.993 617 8	44.0	0.990 63
23.7	0.997 373 0	27.9	0.996 265 5	32.1	0.994 998 3	36.3	0.993 582 5	45.0	0.990 21
23.8	0.997 348 5	28.0	0.996 237 1	32.2	0.994 966 3	36.4	0.993 547 0	46.0	0.989 79
23.9	0.997 324 0	28.1	0.996 208 7	32.3	0.994 934 2	36.5	0.993 511 5	47.0	0.989 36
24.0	0.997 299 4	28.2	0.996 180 1	32.4	0.994 902 0	36.6	0.993 475 9	48.0	0.988 93
24.1	0.997 274 7	28.3	0.996 151 5	32.5	0.994 869 7	36.7	0.993 440 3	49.0	0.988 48
24.2	0.997 249 9	28.4	0.996 122 8	32.6	0.994 837 3	36.8	0.993 404 5	50.0	0.988 04
24.3	0.997 225 0	28.5	0.996 094 0	32.7	0.994 804 9	36.9	0.993 368 7	51.0	0.987 58
24.4	0.997 200 0	28.6	0.996 065 1	32.8	0.994 772 4	37.0	0.993 332 8	52.0	0.987 12
24.5	0.997 174 9	28.7	0.996 036 1	32.9	0.994 739 7	37.1	0.993 296 8	53.0	0.986 65
24.6	0.997 149 7	28.8	0.996 007 0	33.0	0.994 707 1	37.2	0.993 260 7	54.0	0.986 17
24.7	0.997 122 4	28.9	0.995 977 8	33.1	0.994 674 3	37.3	0.993 224 6	55.0	0.985 69
24.8	0.997 099 0	29.0	0.995 948 6	33.2	0.994 641 4	37.4	0.993 188 4	56.0	0.985 21
24.9	0.997 073 5	29.1	0.995 919 2	33.3	0.994 608 5	37.5	0.993 152 1	57.0	0.984 71
25.0	0.997 048 0	29.2	0.995 889 8	33.4	0.994 575 5	37.6	0.993 115 7	58.0	0.984 21
25.1	0.997 022 3	29.3	0.995 860 3	33.5	0.994 542 3	37.7	0.993 079 3	59.0	0.983 71
25.2	0.996 996 5	29.4	0.995 830 6	33.6	0.994 509 2	37.8	0.993 042 8	60.0	0.983 20

（续表Ⅳ-12）

t/℃	ρ/(g·cm^{-3})	t/℃	ρ/(g·cm^{-3})	t/℃	ρ/(g·cm^{-3})	t/℃	ρ/(g·cm^{-3})	t/℃	ρ/(g·cm^{-3})
61.0	0.982 68	69.0	0.978 33	77.0	0.973 64	85.0	0.968 61	93.0	0.963 27
62.0	0.982 16	70.0	0.977 76	78.0	0.973 03	86.0	0.967 96	94.0	0.962 58
63.0	0.981 63	71.0	0.977 19	79.0	0.972 41	87.0	0.967 31	95.0	0.961 89
64.0	0.981 09	72.0	0.976 61	80.0	0.971 79	88.0	0.966 64	96.0	0.961 19
65.0	0.980 55	73.0	0.976 03	81.0	0.971 16	89.0	0.965 98	97.0	0.960 49
66.0	0.980 00	74.0	0.975 44	82.0	0.970 53	90.0	0.965 31	98.0	0.959 78
67.0	0.979 45	75.0	0.974 84	83.0	0.969 90	91.0	0.964 63	99.0	0.959 07
68.0	0.978 90	76.0	0.974 24	84.0	0.969 26	92.0	0.963 96	99.974	0.958 37

摘自：Lide D R. CRC handbook of chemistry and physics[M]. 88th ed. Boca Raton：CRC Press，Inc，2007-2008：6-6～6-7.

表Ⅳ-13 有机化合物的密度

下列几种有机化合物的密度可用方程式 $\rho_t = \rho_0 + 10^{-3}\alpha(t-t_0) + 10^{-6}\beta(t-t_0)^2 + 10^{-9}\gamma(t-t_0)^3$ 来计算。式中 ρ_0 为 $t=0$ ℃ 时的密度。单位为 g/cm^3；1 g/cm^3 = 10^3 kg/m^3 。

化合物	ρ_0	α	β	γ	温度范围
丙　酮	0.812 48	−1.100	−0.858		0～50
醋　酸	1.072 4	−1.122 9	0.005 8	−2.0	9～100
环己烷	0.797 07	−0.887 9	−0.972	1.55	0～60
氯　仿	1.526 43	−1.856 3	−0.530 9	−8.81	−53～+55
四氯化碳	1.632 55	−1.911 0	−0.690		0～40
乙　醇	0.785 06 (t_0=25℃)	−0.859 1	−0.56	−5	
乙　醚	0.736 29	−1.113 8	−1.237		0～70
乙酸乙酯	0.924 54	−1.168	−1.95	+20	0～40

摘自：National Research Council. International critical tables of numerical data，physics，chemistry and technology Ⅱ[M]. New York：McGraw-Hill book company，1939：28.

表Ⅳ-14 一些离子在水溶液中的摩尔离子电导率 Λ_x(25 ℃无限稀释)和离子扩散系数 D(稀溶液)

离子	Λ_x 10^{-4} m^2·S·mol^{-1}	D 10^{-5}·cm^2·s^{-1}	离子	Λ_x 10^{-4} m^2·S·mol^{-1}	D 10^{-5}cm^2·s^{-1}
Inorganic Cations			1/3[Co(en)$_3$]$^{3+}$	74.7	0.663
Ag^+	61.9	1.648	1/6[Co$_2$(trien)$_3$]$^{6+}$	69	0.306
1/3Al^{3+}	61	0.541	1/3Cr^{3+}	67	0.595
1/2Ba^{2+}	63.6	0.847	Cs^+	77.2	2.056
1/2Be^{2+}	45	0.599	1/2Cu^{2+}	53.6	0.714
1/2Ca^{2+}	59.47	0.792	D^+	249.9	6.655
1/2Cd^{2+}	54	0.719	1/3Dy^{3+}	65.6	0.582
1/3Ce^{3+}	69.8	0.620	1/3Er^{3+}	65.9	0.585
1/2Co^{2+}	55	0.732	1/3Eu^{3+}	68	0.604
1/3[Co(NH$_3$)$_6$]$^{3+}$	101.9	0.904	1/2Fe^{2+}	54	0.719

(续表Ⅳ-14)

离子	Λ_x 10^{-4} $m^2 \cdot S \cdot mol^{-1}$	D 10^{-5} $cm^2 \cdot s^{-1}$	离子	Λ_x 10^{-4} $m^2 \cdot S \cdot mol^{-1}$	D 10^{-5} $cm^2 \cdot s^{-1}$
$1/3Fe^{3+}$	68	0.604	ClO_3^-	64.6	1.720
$1/3Gd^{3+}$	67.3	0.597	ClO_4^-	67.3	1.792
H^+	349.65	9.311	$1/3[Co(CN)_6]^{3-}$	98.9	0.878
$1/2Hg^{2+}$	68.6	0.913	$1/2CrO_4^{2-}$	85	1.132
$1/2Hg^{2+}$	63.6	0.847	F^-	55.4	1.475
$1/3Ho^{3+}$	66.3	0.589	$1/4[Fe(CN_6)]^{4-}$	110.4	0.735
K^+	73.48	1.957	$1/3[Fe(CN)_6]^{3-}$	100.9	0.896
$1/3La^{3+}$	69.7	0.619	$H_2AsO_4^-$	34	0.905
Li^+	38.66	1.029	HCO_3^-	44.5	1.185
$1/2Mg^{2+}$	53.0	0.706	HF_2^-	75	1.997
$1/2Mn^{2+}$	53.5	0.712	$1/2HPO_4^{2-}$	57	0.759
NH_4^+	73.5	1.957	$H_2PO_4^-$	36	0.959
$N_2H_5^+$	59	1.571	$H_2PO_2^-$	46	1.225
Na^+	50.08	1.334	HS^-	65	1.731
$1/3Nd^{3+}$	69.4	0.616	HSO_3^-	58	1.545
$1/2Ni^{2+}$	49.6	0.661	HSO_4^-	52	1.385
$1/4[Ni_2(trien)_3]^{4+}$	52	0.346	$H_2SbO_4^-$	31	0.825
$1/2Pb^{2+}$	71	0.945	I^-	76.8	2.045
$1/3Pr^{3+}$	69.5	0.617	IO_3^-	40.5	1.078
$1/2Ra^{2+}$	66.8	0.889	IO_4^-	54.5	1.451
Rb^+	77.8	2.072	MnO_4^-	61.3	1.632
$1/3Sc^{3+}$	64.7	0.574	$1/2MoO_4^{2-}$	74.5	1.984
$1/3Sm^{3+}$	68.5	0.608	$N(CN)_2^-$	54.5	1.451
$1/2Sr^{2+}$	59.4	0.791	NO_2^-	71.8	1.912
Tl^+	74.7	1.989	NO_3^-	71.42	1.902
$1/3Tm^{3+}$	65.4	0.581	$NH_2SO_3^-$	48.3	1.286
$1/2UO_2^{2+}$	32	0.426	N_3^-	69	1.837
$1/3Y^{3+}$	62	0.550	OCN^-	64.6	1.720
$1/3Yb^{3+}$	65.6	0.582	OD^-	119	3.169
$1/2Zn^{2+}$	52.8	0.703	OH^-	198	5.273
Inorganic Anions			PF_6^-	56.9	1.515
$Au(CN)_2^-$	50	1.331	$1/2PO_3F^{2-}$	63.3	0.843
$Au(CN)_4^-$	36	0.959	$1/3PO_4^{3-}$	92.8	0.824
$B(C_6H_5)_4^-$	21	0.559	$1/4P_2O_7^{4-}$	96	0.639
Br^-	43	1.145	$1/3P_3O_9^{3-}$	83.6	0.742
Br_3^-	55.7	1.483	$1/5P_3O_{10}^{5-}$	109	0.581
BrO_3^-	78.1	2.080	ReO_4^-	54.9	1.462
CN^-	78	2.077	SCN^-	66	1.758
CNO^-	64.6	1.720	$1/2SO_3^{2-}$	72	0.959
$1/2CO_3^{2-}$	69.3	0.923	$1/2SO_4^{2-}$	80.0	1.065
Cl^-	76.31	2.032	$1/2S_2O_3^{2-}$	85.0	1.132
ClO_2^-	52	1.385	$1/2S_2O_4^{2-}$	66.5	0.885

（续表Ⅳ-14）

离子	Λ_x 10^{-4} $m^2\cdot S\cdot mol^{-1}$	D $10^{-5}\cdot cm^2\cdot s^{-1}$	离子	Λ_x 10^{-4} $m^2\cdot S\cdot mol^{-1}$	D $10^{-5}cm^2\cdot s^{-1}$
$1/2S_2O_6^{2-}$	93	1.238	$SeCN^-$	64.7	1.723
$1/2S_2O_8^{2-}$	86	1.145	$1/2SeO_4^{2-}$	75.7	1.008
$Sb(OH)_6^-$	31.9	0.849	$1/2WO_4^{2-}$	69	0.919

摘自：Lide D R. CRC handbook of chemistry and physics[M]. 88th ed. Boca Raton：CRC Press，2007-2008：5-76～5-77.

表Ⅳ-15　不同温度下水的表面张力 σ（$\times10^3$ N·m^{-1}）

t/℃	σ	t/℃	σ	t/℃	σ	t/℃	σ
0	75.64	17	73.19	26	71.82	60	66.18
5	74.92	18	73.05	27	71.66	70	64.42
10	74.22	19	72.90	28	71.50	80	62.61
11	74.07	20	72.75	29	71.35	90	60.75
12	73.93	21	72.59	30	71.18	100	58.85
13	73.78	22	72.44	35	70.38	110	56.89
14	73.64	23	72.28	40	69.56	120	54.89
15	73.49	24	72.13	45	68.74	130	52.84
16	73.34	25	71.97	50	67.91		

摘自：Dean J A. Lange's Handbook of Chemistry [M]. 11th ed. New York：McGraw-Hill，1973：10-265.

表Ⅳ-16　K型热电偶：镍-铬合金/镍-铝合金

温差电压用毫伏表示；参比温度为0℃。

℃	0	10	20	30	40	50	60	70	80	90
−200	−5.891	−6.035	−6.158	−6.262	−6.344	−6.404	−6.441	−6.458		
−100	−3.553	−3.852	−4.138	−4.410	−4.669	−4.912	−5.141	−5.354	−5.550	−5.730
−0	0.000	−0.392	−0.777	−1.156	−1.517	−1.889	−2.243	−2.586	−2.920	−3.242
0	0.000	0.397	0.798	1.203	1.611	2.022	2.436	2.850	3.266	3.681
100	4.095	4.508	4.919	5.327	5.733	6.137	6.539	6.939	7.338	7.737
200	8.137	8.537	8.938	9.341	9.745	10.151	10.560	10.969	11.381	11.793
300	12.207	12.623	13.039	13.456	13.874	14.292	14.712	15.132	15.552	15.974
400	16.395	16.818	17.241	17.664	18.088	18.513	18.839	19.363	19.788	20.214
500	20.640	21.066	21.493	21.919	22.346	22.772	23.198	23.624	24.050	24.476
600	24.902	25.327	25.751	26.176	26.599	27.022	27.445	27.867	28.288	28.709
700	29.128	29.547	29.965	30.383	30.799	31.214	31.629	32.042	32.455	32.866
800	33.277	33.686	34.095	34.502	34.909	35.314	35.718	36.121	36.524	36.925
900	37.325	37.724	38.122	38.519	38.915	39.310	39.703	40.096	40.488	40.879
1 000	41.269	41.657	42.045	42.432	42.817	43.202	43.585	43.968	44.349	44.729
1 100	45.108	45.486	45.863	46.238	46.612	46.985	47.356	47.726	48.095	48.462
1 200	48.828	49.129	49.555	49.916	50.276	50.633	50.990	51.344	51.697	52.049
1 300	52.398	52.747	53.093	53.439	53.782	54.125	54.466	54.807		

摘自：迪安JA. 兰氏化学手册[M]. 魏俊发，等译. 2版. 北京：科学出版社，2003：11.131.

表Ⅳ-17　S型热电偶:铂-10%铑合金/铂

温差电压用毫伏表示;参比温度为0 ℃。

℃	0	10	20	30	40	50	60	70	80	90
(0 ℃以下)		−0.052 7	−0.102 8	−0.150 1	−0.194 4	−0.235 7				
0	0.000 0	0.055 2	0.112 8	0.172 7	0.234 7	0.298 6	0.364 6	0.432 3	0.501 7	0.572 8
100	0.645 3	0.719 4	0.794 8	0.871 4	0.949 5	1.028 7	1.108 9	1.190 2	1.272 6	1.355 8
200	1.440 0	1.525 0	1.610 9	1.697 5	1.784 9	1.872 9	1.961 7	2.051 0	2.141 0	2.231 6
300	2.322 7	2.414 3	2.506 5	2.599 1	2.692 2	2.785 8	2.879 8	2.974 2	3.069 0	3.164 2
400	3.259 7	3.355 7	3.451 9	3.548 5	3.645 5	3.742 7	3.840 3	3.938 2	4.036 4	4.134 8
500	4.233 6	4.332 7	4.432 0	4.531 6	4.631 6	4.731 8	4.832 3	4.933 1	5.034 2	5.135 6
600	5.237 3	5.339 4	5.441 7	5.544 5	5.647 7	5.751 3	5.855 3	5.959 5	6.064 1	6.169 0
700	6.274 3	6.379 9	6.485 8	6.592 0	6.698 6	6.805 5	6.912 7	7.020 2	7.128 1	7.236 3
800	7.344 9	7.453 7	7.562 9	7.672 4	7.782 3	7.892 5	8.003 0	8.113 8	8.225 0	8.336 5
900	8.448 3	8.560 5	8.673 0	8.785 8	8.898 9	9.012 4	9.126 2	9.240 3	9.354 8	9.469 6
1 000	9.584 7	9.700 2	9.815 9	9.932 0	10.048 5	10.165 2	10.282 3	10.399 7	10.517 4	10.635 4
1 100	10.753 6	10.872 0	10.990 7	11.109 5	11.228 6	11.347 9	11.467 4	11.587 1	11.706 9	11.826 9
1 200	11.947 1	12.067 4	12.187 8	12.308 4	12.429 0	12.549 8	12.670 7	12.791 7	12.912 7	13.033 8
1 300	13.155 0	13.276 2	13.397 5	13.518 8	13.640 1	13.761 4	13.882 8	14.004 1	14.125 4	14.246 7
1 400	14.368 0	14.489 2	14.610 3	14.731 4	14.852 4	14.973 4	15.904 2	15.215 0	15.335 6	15.456 1
1 500	15.576 5	15.696 7	15.816 8	15.936 8	16.056 6	16.176 2	16.295 6	16.414 8	16.533 8	16.652 6
1 600	16.771 2	16.889 5	17.007 6	17.125 5	17.243 1	17.360 4	17.447 4	17.594 2	17.710 5	17.826 4
1 700	17.941 7	18.056 2	18.169 8	18.282 3	18.393 7	18.503 8	18.612 4			

摘自:迪安 JA. 兰氏化学手册[M]. 魏俊发,等译. 2版. 北京:科学出版社,2003:11.134.

表Ⅳ-18　T型热电偶:铜/铜-镍合金

温度电压用毫伏表示;参比温度为0 ℃。

℃	0	10	20	30	40	50	60	70	80	90
−200	−5.603	−5.753	−5.889	−6.007	−6.105	−6.181	−6.232	−6.258		
−100	−3.378	−3.656	−3.923	−4.177	−4.419	−4.648	−4.865	−5.069	−5.261	−5.439
−0	0.000	−0.383	−0.757	−1.121	−1.475	−1.819	−2.152	−2.475	−2.788	−3.089
0	0.000	0.391	0.789	1.196	1.611	2.035	2.467	2.908	3.357	3.813
100	4.277	4.749	5.227	5.712	6.204	6.702	7.207	7.718	8.235	8.757
200	9.286	9.820	10.360	10.905	11.456	12.011	12.572	13.137	13.707	14.281
300	14.860	15.443	16.030	16.621	17.217	17.816	18.420	19.027	19.638	20.252
400	20.869									

摘自:迪安 JA. 兰氏化学手册[M]. 魏俊发,等译. 2版. 北京:科学出版社,2003:11.135.

附录 B　非定性玻璃仪器的加工尺寸

实验 1

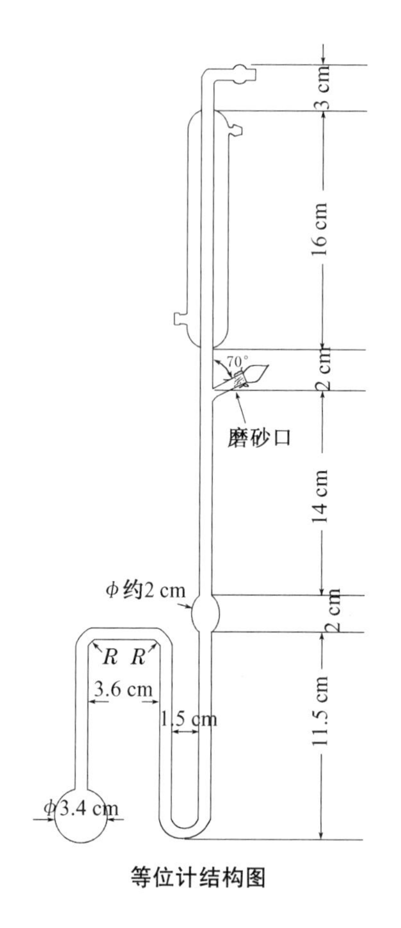

等位计结构图

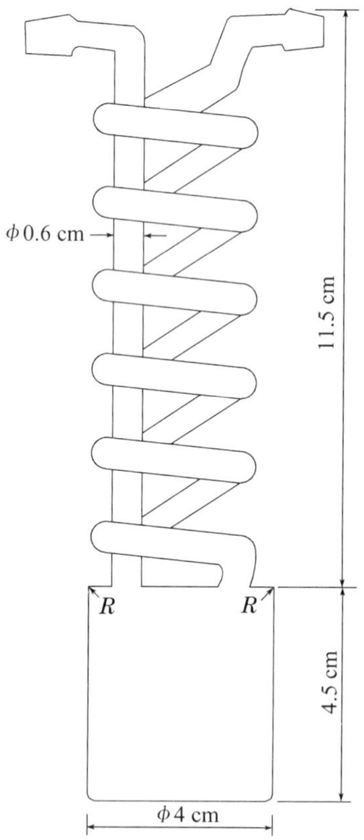

ϕ0.6 cm
11.5 cm
R R
4.5 cm
ϕ4 cm

冷阱结构图

实验 4

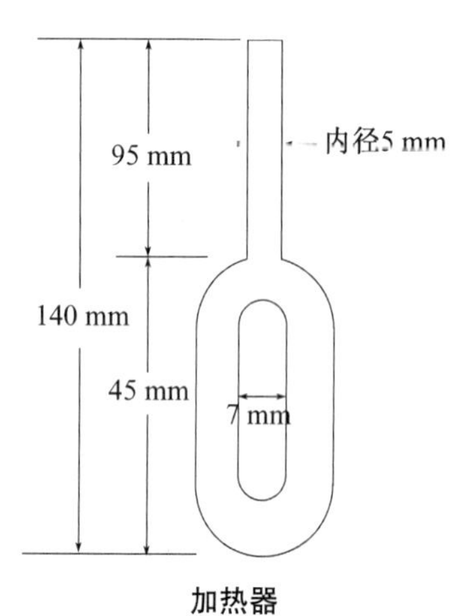

加热器

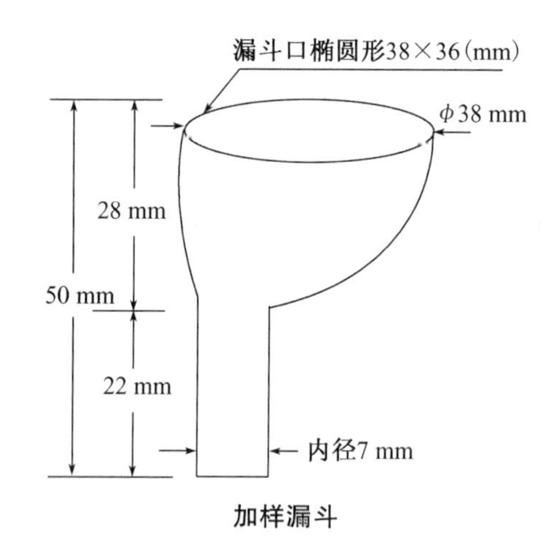

加样漏斗

实验 5

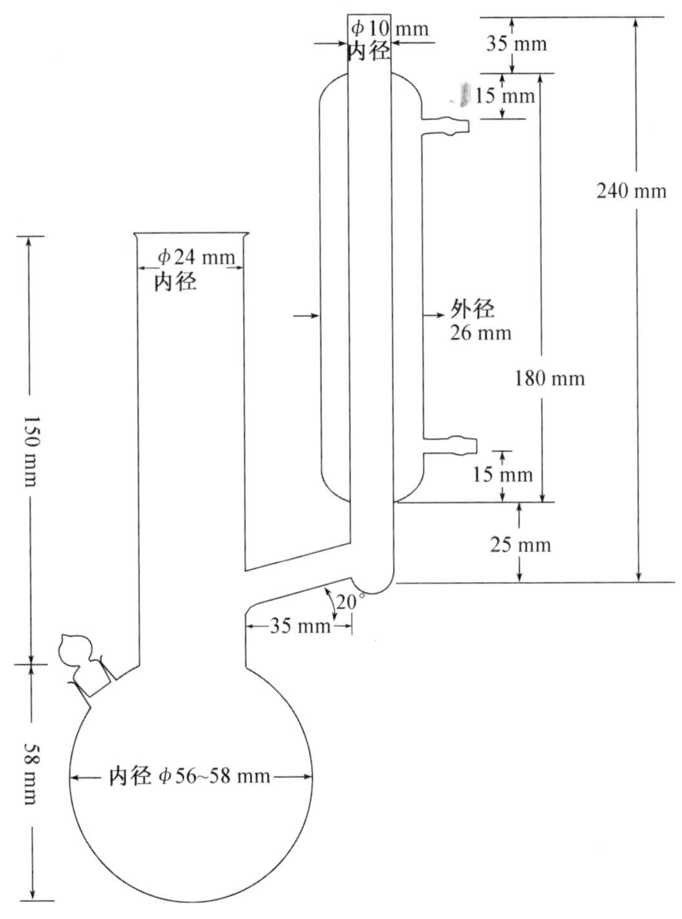

沸点仪结构图

实验 12　　实验 13

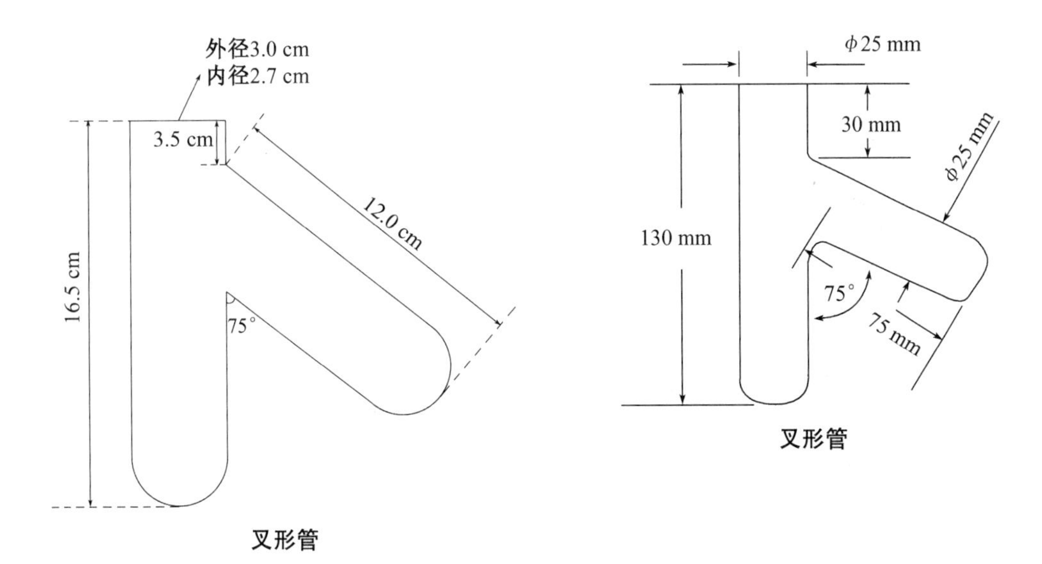

实验 14

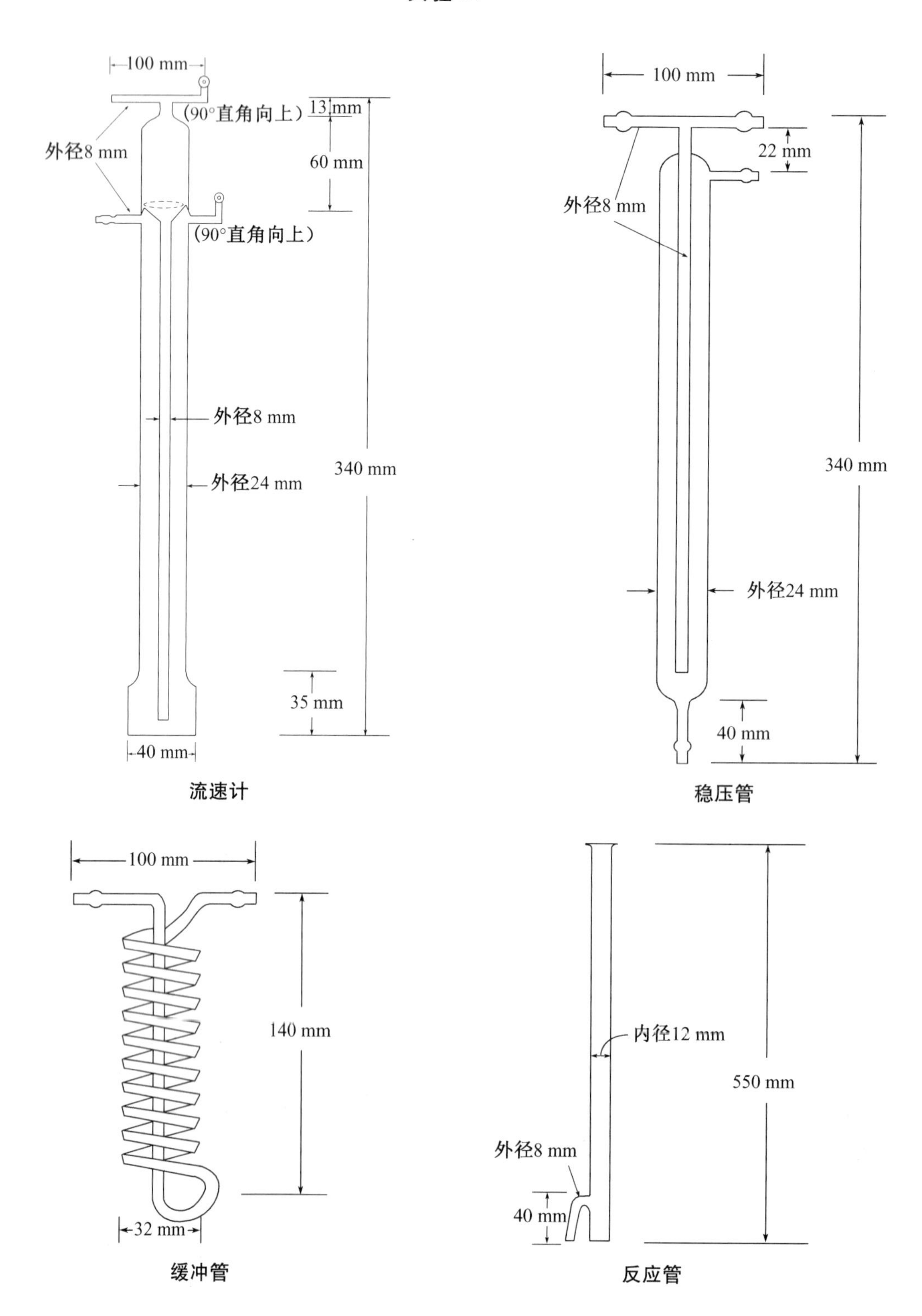
100 mm
(90°直角向上)
13 mm
外径8 mm
60 mm
(90°直角向上)
外径8 mm
外径24 mm
340 mm
35 mm
40 mm
流速计
100 mm
22 mm
外径8 mm
340 mm
外径24 mm
40 mm
稳压管
100 mm
140 mm
32 mm
缓冲管
内径12 mm
550 mm
外径8 mm
40 mm
反应管

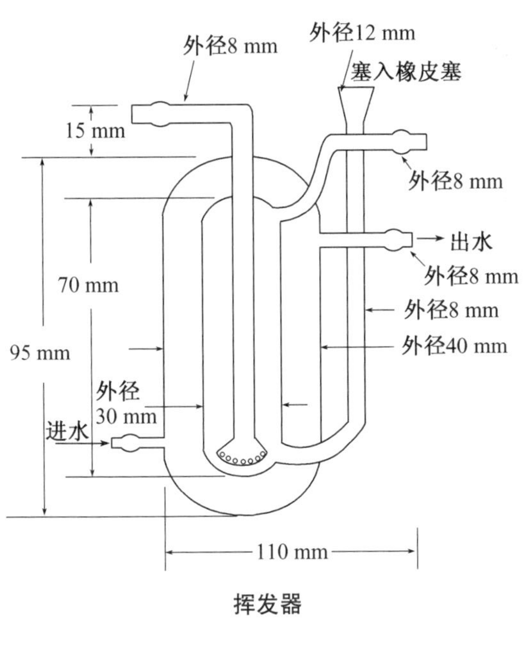

挥发器

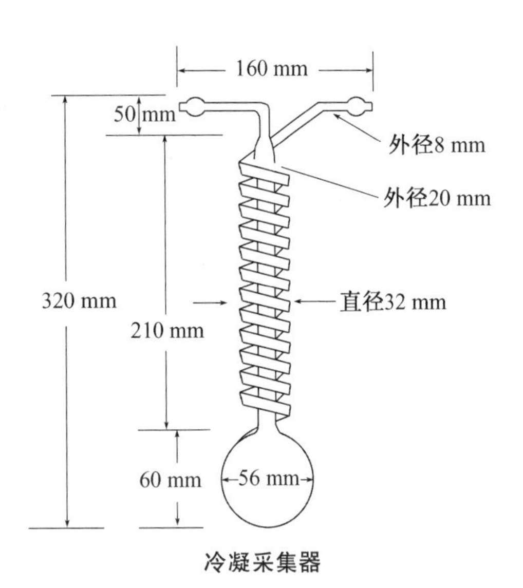

冷凝采集器

50 mm
160 mm
50 mm
65 mm
45 mm

实验 17

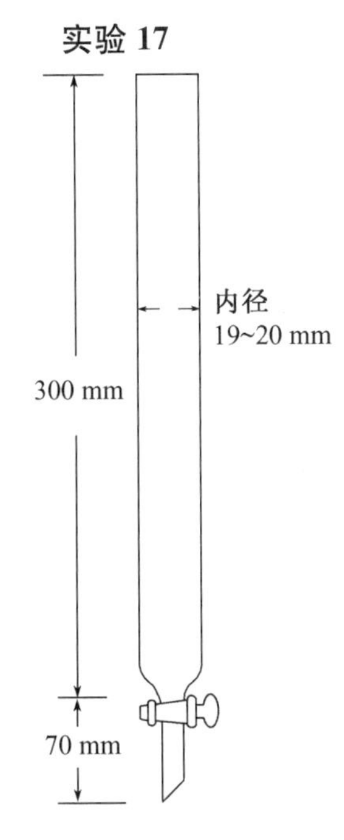

直形迁移管

实验 24

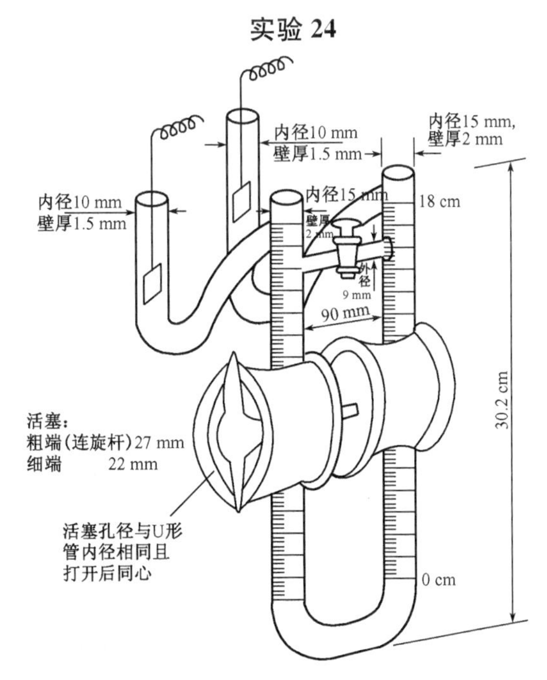

拉比诺维奇-付其曼 U 形电泳仪

实验 25

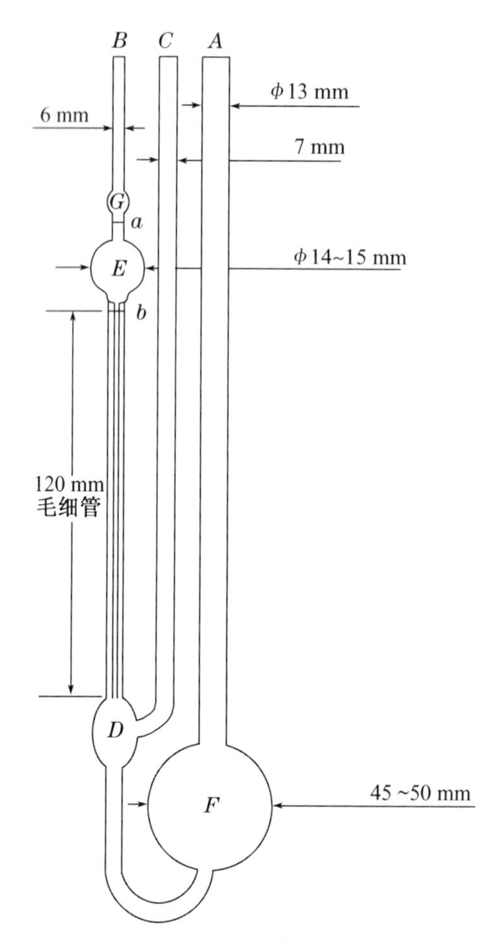

乌氏黏度计结构图

实验 27

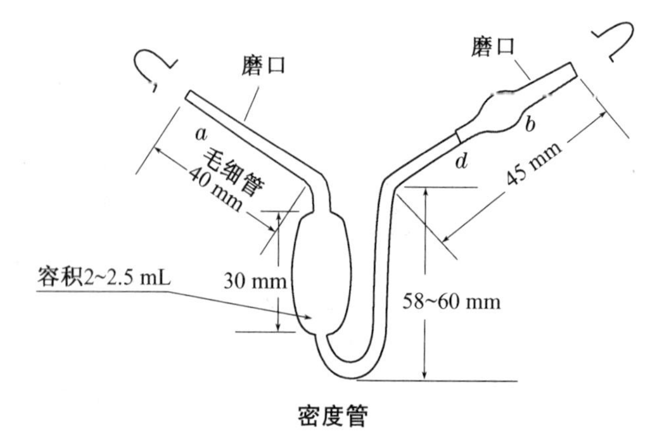

密度管

主要参考资料

[1] 邱金恒,孙尔康,吴强. 物理化学实验[M]. 北京:高等教育出版社,2010.
[2] 孙尔康,徐维清,邱金恒. 物理化学实验[M]. 南京:南京大学出版社,1998.
[3] 魏杰,白同春,柳闽生. 物理化学实验[M]. 南京:南京大学出版社,2018.
[4] 赵朴素. 物理化学实验[M]. 南京:南京大学出版社,2021.
[5] 傅献彩,沈文霞,姚天扬,等. 物理化学[M]. 5 版. 北京:高等教育出版社,2006.
[6] 顾良证,武传昌,岳瑛,孙尔康,徐维清. 物理化学实验[M]. 南京:江苏科学技术出版社,1986.
[7] 孙尔康,吴琴媛,周以泉,陆婉芳等. 化学实验基础[M]. 南京:南京大学出版社,1991.
[8] 蔡显鄂,项一非,刘衍光. 物理化学实验[M]. 北京:高等教育出版社,1993.
[9] 北京大学化学系物理化学教研室. 物理化学实验(修订本)[M]. 北京:北京大学出版社,1985.
[10] 罗澄源等. 物理化学实验[M]. 2 版. 北京:高等教育出版社,1984.
[11] J. M. 怀特. 物理化学实验[M]. 钱三鸿,等译. 北京:人民教育出版社,1982.
[12] H. D. 克罗克福特等. 物理化学实验[M]. 郝润蓉,等译. 北京:人民教育出版社,1981.
[13] Daniels F. Experimental physical chemistry 7th,ed[M]. New York: McGraw-Hill,1970.
[14] Shoemaker D P. Experiments in physical Chemistry[M]. New York: McGraw-Hill,1989.
[15] 陈镜泓,李传儒. 热分析及其应用[M]. 北京:科学出版社,1985.
[16] 神户博太郎. 热分析[M]. 刘振海,等译. 北京:化学工业出版社,1982.
[17] 周培源. 自动控制与仪表[M]. 北京:清华大学出版社,1987.
[18] 许顺生. 金属 X 射线学[M]. 上海:上海科技出版社,1962.
[19] 谢有畅,邵美成. 结构化学[M]. 北京:人民教育出版社,1980.
[20] 游效曾. 结构分析导论[M]. 北京:科学出版社,1980.
[21] 王金山. 核磁共振波谱仪与实验技术[M]. 北京:机械工业出版社,1982.
[22] A. 罗恩. 真空技术[M]. 真空技术翻译组译. 北京:机械工业出版社,1980.
[23] 真空设计手册编写组. 真空设计手册(上册)[M]. 北京:国防工业出版社,1979.
[24] 北京师范大学化学工程教研室. 化学工程基础实验[M]. 北京:人民教育出版社,1981.
[25] 顾庆超. 新编化学用表[M]. 南京:江苏教育出版社,1996.
[26] 迪安 J A. 兰氏化学手册[M]. 魏俊发译. 2 版. 北京:科学出版社,2003.
[27] 武汉大学化学与分子科学学院实验中心. 物理化学实验[M]. 武汉:武汉大学出版社,2004.
[28] 复旦大学等编. 庄继华等修订. 物理化学实验[M]. 3 版. 北京:高等教育出版社,2004.
[29] 兰州大学化学化工学院. 大学化学实验——基础化学实验(Ⅱ)[M]. 兰州:兰州大学出版社,2004.
[30] 北京大学化学学院物理化学实验教学组. 物理化学实验[M]. 4 版. 北京:北京大学出版社,2002.